사면 공학 실무

저자 | 배규진 · 백 용 · 김종민 · 박덕근 · 박종호 · 박혁진
송원경 · 송평현 · 유병옥 · 이승호 · 황영철

감수 | 신희순 · 김성환

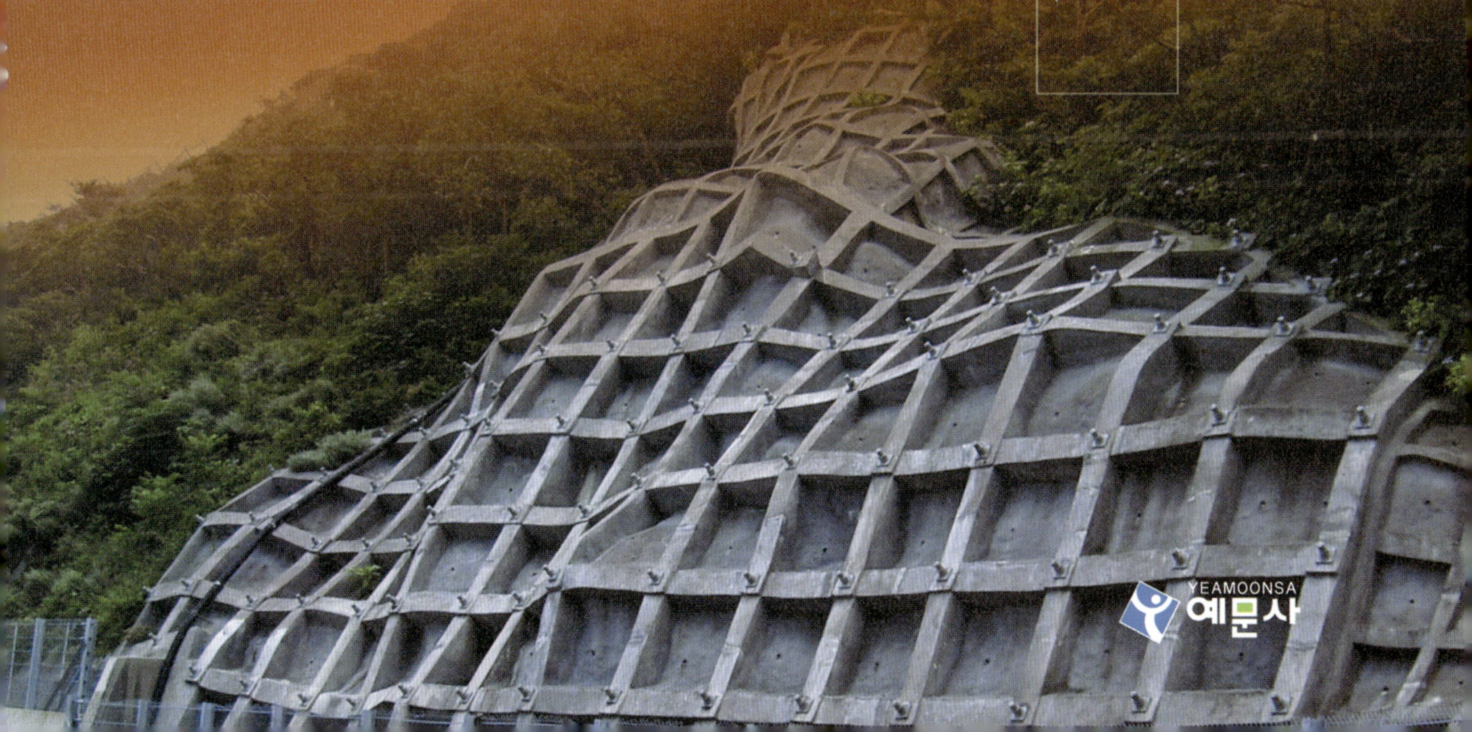

YEAMOONSA
예문사

발간사

우리나라에서는 해마다 도로, 철도, 택지 등에서 강우로 인한 절개지 붕괴가 빈번히 발생하고 있으며 특히 여름철 장마기간이나 태풍과 동반되는 집중호우로 인해 발생하는 절개지 붕괴사고는 대규모 인명 및 재산 피해로 이어집니다. 2002년 8월 30일부터 3일간 전국을 강타한 제15호 태풍 루사에 의한 국도변 도로의 유실과 절개사면 붕괴사고는 무려 121개소에 달하였으며, 철도나 택지의 침수 및 주변 절개지 붕괴와 산사태 등을 모두 합하면 그 손실은 실로 엄청난 것이었습니다.

사면붕괴는 자연재해에 해당되는 사례도 많지만 우리가 관심을 갖고 지속적인 연구와 대책을 강구해 나간다면 피해규모를 크게 줄여 나갈 수 있습니다. 최근에는 사면붕괴를 예측하고 사전에 조치하기 위한 노력이 국가적 차원에서 이루어지고 있고, 많은 사면 전문가들이 새로운 사면설계 및 시공기술을 개발하고 있으며, 특히 첨단조사장비와 계측기기들로 사면붕괴를 사전에 감지할 수 있는 기술들도 개발되고 있습니다.

최근 국가 R&D 연구사업을 통해 개발되고 있는 사면 거동계측용 차량이나 IT기술을 접목시킨 영상계측시스템, 그리고 레이다 장비를 이용한 사면거동 관측기술 등이 그 좋은 예라 할 수 있겠습니다.

그러나 사면은 변화무쌍한 자연의 생성물인 지반을 대상으로 하고 있으며 긴 선형의 기하학적 특성을 갖는 도로나 철도구간에서 주로 만들어지기 때문에 절개지 사면들의 붕괴를 정확히 예측하고 사전에 조치한다는 것은 매우 어렵습니다. 또한 개발된 이론이나 해석방법들이 한계성을 갖기 때문에 사면의 안정성을 평가하고 적절한 보강책을 마련하기 위해서는 기 시공되어 안정을 이루는 사면들과 붕괴된 사면들의 특성을 비교 분석하여 다양한 붕괴원인들을 찾고 보강공법별 보강효과의 정도를 확인하는 노력이 필요합니다.

이 책은 사면설계 및 시공기술자, 사면관리 및 기술연구개발자, 붕괴사면의 보강기술자 등 사면 전문가들이 국내 60여 개소 붕괴사면의 특성을 파악하고 현장별 보강사례 및 10여 개소의 특이한 붕괴사면현장을 추가로 조사하여 사면분야에 종사하는 기술자들의 참고자료가 될 수 있도록 한 것입니다.

국외의 사면관리시스템과 최근 개발된 사면방법 및 미래 기술분야 등을 다루고 있는 본서는 모두 7개 분야로 구성되었고 부록에는 사면붕괴형태를 고려한 유지관리기법, 사면현황도 작성방법 및 조사시트, 도로설계요령 등을 포함하였습니다. 따라서 대학교재는 물론 현장실무에서도 그 활용가치가 높을 것이라 기대하며, 독자들의 많은 관심과 격려를 부탁합니다.

2008년 6월
대표저자 배 규 진

서문

    이 책은 붕괴된 사면을 대상으로 붕괴가 발생하게 되는 원인과 사면현상을 현장중심에서 구체적으로 살펴보고 국내의 사면붕괴 특성을 살펴보고자 하는 의도에서 기획되었다. 지반 관련 기술은 현장자료가 가장 중요하다는 사실을 감안할 때 붕괴된 사면의 자료를 수집하여 분석하는 것은 향후 적절한 대책마련에 필수적인 사항이다. 붕괴사면의 사례연구를 바탕으로 현장의 중요성과 현장기술 보급이 이루어지기를 바라며, 아울러 본서가 초급기술자나 고급기술자 모두에게 좋은 참고서적이 되기를 바란다.

    이 책은 총 7장으로 구성되었으며, 사면공학에 대한 간단한 이론에서부터 해석방법 및 대책에 이르기까지 다양한 내용을 망라하였다. 개략적인 내용을 살펴보면 다음과 같다.

- 제1장은 본 도서의 총괄적인 내용에 대한 설명이다. 국내의 지질현황에 대하여 살펴보고, 국내의 사면유지관리 실태에 따라 현황별로 정리하였다. 세부적으로는 국내의 지질현황에 대해서는 국내에 분포하는 암석의 시대와 암종을 간략히 정리하여 소개하였다. 또한 국내의 지반상태를 살펴보기 위해 한국의 지질에 대한 간단한 설명과 고속국도, 일반국도, 철도로 분리하여 인접한 사면의 현황에 대한 분석을 하였다.
- 제2장은 사면붕괴에 대한 형태 분류는 학자들에 따라 조금씩 차이가 있으나 본서에서는 사면붕괴 양상에 따라 다양한 분류법을 제시하였다. 기존의 책들과 상이한 점이 없지 않지만 이는 붕괴양상 및 특성에 따라 분류한 것이므로 반드시 어느 분류기법이 적절하다고 판단하지 않도록 한다.
- 제3장은 국내 사면 설계기준 및 해석기법에 대하여 일반적인 사면안정해석기법의 개략적인 설명과 현재 국내에서 널리 사용되고 있는 범용 프로그램에 대한 간략한 설명도 덧붙였다.
- 제4장은 국내 사면붕괴에 대하여 수집된 자료를 화보집의 형태로 게재하였다. 총 58개소의 붕괴현장에 대한 자료를 획득하고 현장붕괴에서 안정성 검토, 대책방안 등 일련의 과정을 일목요연하게 정리하였다. 이를 통하여 국내의 붕괴유형 및 형태에 적용되는 대책공법에 이르기까지 전체적인 흐름을 알 수 있을 것이다.
- 제5장은 국내외 사면유지관리 시스템에 대하여 설명하였다. 사면유지관리시스템을 고속국도, 일반국도, 철도변, 산지관리 등으로 구분하여 현재 유지관리하고 있는 체제에 대한 소개를 하였다.
- 제6장은 최근 개발된 사면대책공법에 대하여 정리하였다. 대책공법부분에서는 최근 개발된 기술을 중심으로 정리하였다.
- 제7장은 사면연구 개발현황에 대하여 세부항목별로, 즉 조사부분, 해석부분, 대책분야, 유지관리분야로 나누어 향후 연구개발방향을 제시하였다.

2008년 6월

집필간사 백 용

1장 한국의 지질과 사면현황 / 1

    1. 개요 ·· 3
    2. 한국의 지질 및 지형 ··· 3
    3. 사면현황 ·· 9
        1) 고속국도 ·· 9
        2) 일반국도 ·· 10
        3) 철도 ·· 10
        4) 시도별 산지 재해위험지구 ·· 11
        5) 산림청 산사태 위험지구 ·· 11

2장 사면붕괴의 분류 / 15

    1. 개요 ·· 17
    2. 사면붕괴의 유형 및 특징 ··· 17
        1) 일본도로공단의 분류 ·· 17
        2) 일본지반공학회의 분류 ·· 27
        3) EPOCH에서 제안한 분류 ·· 28
        4) Hoek & Bray의 암반사면 붕괴유형에 의한 분류 ······················ 30
        5) Atkinson의 분류 ·· 32
        6) Varnes의 분류 ··· 33
        7) Skempton and Hutchinson의 분류 ··· 36

3장 사면설계 및 안정해석 / 39

    1. 사면설계의 기준 ··· 41
    2. 기준안전율 ·· 41
    3. 성토사면설계 ·· 42

차례

    4. 해석기법 ·· 46
       1) 결정론적 기법 ··· 47
       2) 확률론적 기법 ··· 60
       3) 안정해석 프로그램 ··· 61

4장 붕괴사면의 보강현황 / 75

    1. 개요 ··· 77
    2. 사면붕괴현황 및 보강사례 ·· 80

5장 국내외 사면유지관리시스템 / 203

    1. 개요 ··· 205
    2. 고속국도 사면유지관리시스템 ·· 205
       1) 개요 ·· 205
       2) 과거 취약지점 관리시스템 ·· 206
       3) 고속국도 절토사면 유지관리시스템 ··· 210
       4) 고속국도 상시계측시스템 구축 ··· 216
    3. 일반국도 사면유지관리시스템 ·· 219
       1) 개요 ·· 219
       2) 일반국도 절토사면 상시계측시스템 ··· 220
       3) 일반국도 위험절토사면 구간의 낙석신호등 운용 ····································· 222
    4. 철도 사면유지관리시스템 ·· 224
    5. 산사태 유지관리시스템 ··· 225
    6. 홍콩의 사면유지관리시스템 ·· 231
    7. 향후 유지관리시스템의 발전 ··· 234

6장 최근 개발된 사면대책공법 / 235

1. 보강공법 ··· 237
    1) 압축분산형 영구앵커공법 ··· 237
    2) 압력식 소일네일링공법 ··· 238
    3) FRP 보강그라우팅공법 ··· 241
    4) SEC 마찰압축형 영구앵커공법 ·· 242
    5) 콘네일링공법 ··· 243
    6) Green Slope Soil Nail 공법 ··· 245
    7) SA 앵커공법 ··· 246
    8) 복합강관을 이용한 사면보강공법 ··· 248
2. 낙석방지공법 ··· 250
    1) 링네트 ·· 250
    2) EX-Metal 낙석방지울타리 ··· 252
    3) SA NET ·· 253
    4) 고강도 텐션테코네트 ·· 255
    5) 암부착망공법 ··· 256
    6) 암부착 특수망공법 ·· 258
    7) 도르래식 방사형 낙석방지망공법 ··· 261
    8) 분리형 낙석방지울타리공법 ·· 263
3. 표면보호공법 ··· 266
    1) TEXSOL 녹화토공법 ·· 266
    2) NGR 자생식물 녹화공법 ··· 267
    3) 원지반 식생 정착공법(CODRA SYSTEM) ··· 269
4. 첨단사면조사기법 ··· 270
    1) 3D Scanning 기법 ··· 270
    2) 최근 사면조사 연구개발실태 ·· 272
    3) 최근 사면조사 향후추진방향 ·· 275

차례

7장 향후 사면연구의 개발방향 / 277

1. 개요 ··· 279
2. 향후 사면연구의 개발방향 ··· 279
   1) 조사분야 ··· 279
   2) 해석분야 ··· 281
   3) 대책분야 ··· 284
   4) 유지관리분야 ·· 285

부록 / 287

1. 특이한 붕괴현장 ·· 289
2. 사면붕괴형태를 고려한 유지관리방안 ·· 300
3. 사면현황도 작성방법 및 조사시트(Sheet) ·· 306
4. 도로설계요령 ·· 315
5. 2006년 집중호우 당시 강원도 피해사진 ·· 363
6. 사면보강공법 적용사진 ·· 367

   ■ 참고문헌 ·· 369

한국의 지질과 사면현황

01

본 장에서는 한국의 지질에 대한 개략적인 설명과 국내의 사면현황에 대하여 수집하고 정리한 자료를 게재한다. 사면의 붕괴는 강우에 의한 영향도 매우 중요하지만 지질현상과도 밀접한 연관성이 있으므로 국내의 지질상태에 대하여 개략적으로 살펴보고 국내 사면현황에 대해서는 세부적으로 고속국도, 일반국도, 철도로 구분하여 현황을 파악하고, 이외에도 산사태 위험지구의 현황에 대한 자료도 제시하였다.

1. 개요

지반특성을 밝히기 위하여 우선 지반의 형성 과정에 대하여 살펴 볼 필요가 있다. 따라서 본 장에서는 국내의 지질특성에 대하여 구체적으로 살펴보기로 한다. 특히, 사면의 붕괴는 강우에 의한 영향도 매우 중요하지만 지질현상과도 밀접한 연관성이 있으므로 국내의 지질상태에 대한 상태를 파악하는 것도 의미가 있다고 본다. 다음으로 국내 사면현황에 대해서는 세부적으로 고속국도, 일반국도, 철도로 구분하여 현황을 파악하고, 이외에도 산사태 위험지구의 현황에 대한 자료도 제시하였다.

2. 한국의 지질 및 지형

지구의 생성부터 현재까지 지질학적 시대구분에 대하여 많은 지질학자들에 의해 연구가 진행되었다. 지질시대의 구분에 따르면 국내에는 존재하지 않는 지질연대기도 있으나 전 세계적으로 다음 〈표 1.1〉과 같이 통용되고 있다. 〈표 1.1〉은 지질시대 구분을 단순히 시간의 흐름을 기준으로 한 것이 아니라 생물의 진화와 지구환경의 변화(예 : 대륙과 해양의 이동)를 중요한 기준으로 하여 새로 분류한 것이다(한국의 지질노두 150선, 2005).

한국의 암석은 주로 화강암·편마암·편암·석회암·변성퇴적암 등으로 이루어져 있으며 선캠브리아대와 고생대 지층은 많고 신생대 지층은 매우 적게 분포한다. 지층을 시대별로 보면 [그림 1.1]과 같다. 선캠브리아대 변성퇴적암이 주로 분포되어 있는 곳은 북한의 함경북도 길주(吉州)·명천(明川) 일대와 평안남도 서부, 그리고 남한의 북부 및 중부 일원이다. 두 개의 커다란 고생대층은 북한 남부와 남한 중동부에 분포되어 있다. 비교적 큰 중생대층이 분포된 곳은 경상남·북도 일대이고 작은 노출지는 평양 부근을 비롯하여 여기저기에 흩어져 있다. 신생대 제3기 지층은 동해안을 따라 영일만(迎日灣) 일대와 북한의 북동부 일부 및 서해안 두 곳에서 발견된다. 북한에는 화강암의 지반이 곳곳에 흩어져 분포되나 남한에는 중국방향, 즉 북북동에서 남남서로 향하는 분포상태를 보여주며 그 분포면적과 지반의 규모가 크다. 신생대 제4기의 화산암은 백두산 및 철원(鐵原)·제주도·울릉도 등지에서 발견된다.

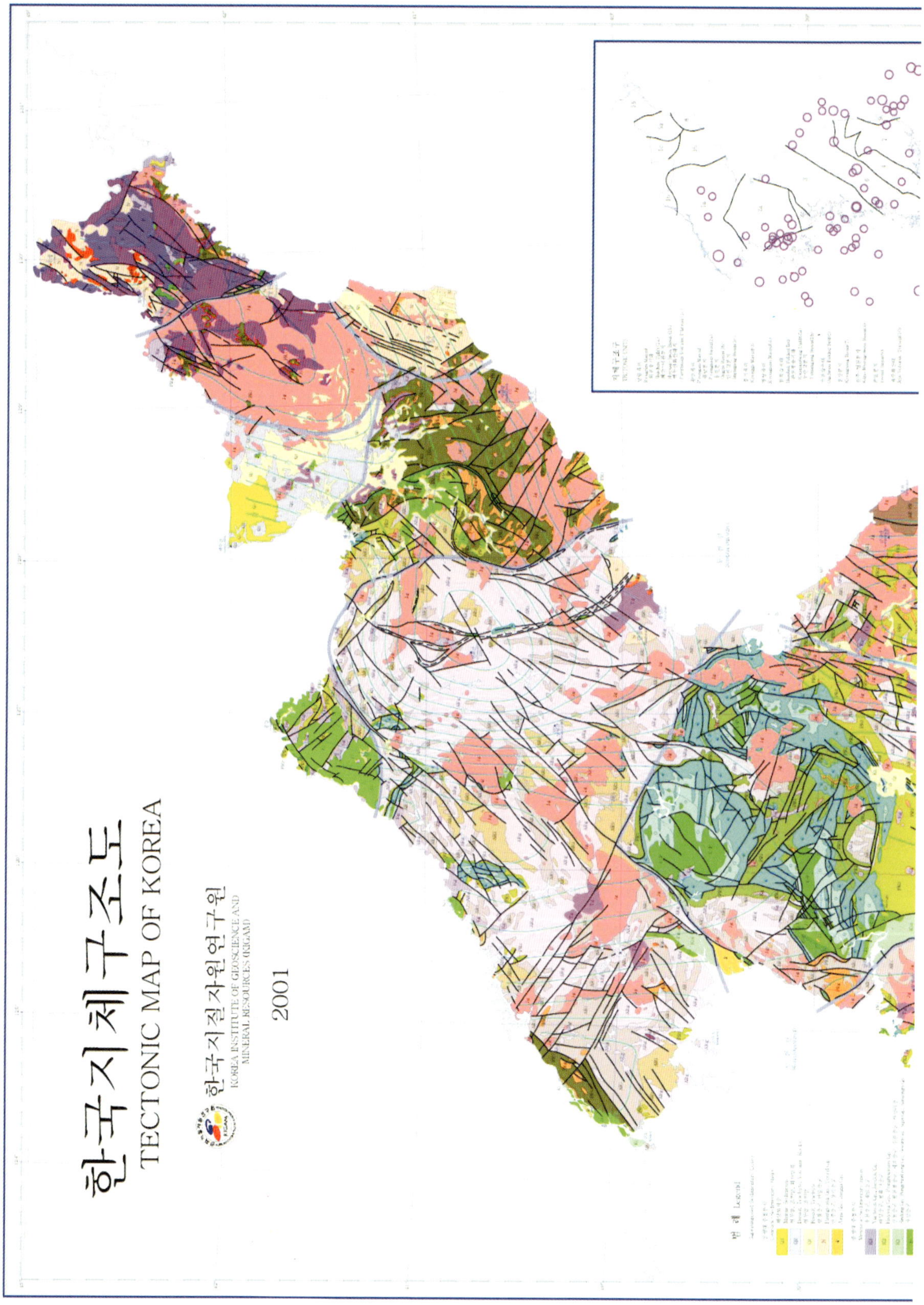

한국지체구조도
TECTONIC MAP OF KOREA

한국지질자원연구원
KOREA INSTITUTE OF GEOSCIENCE AND
MINERAL RESOURCES (KIGAM)

2001

제1장 | 한국의 지질과 사면현황

[그림 1-1] 한국의 지질도

한국에는 화강암과 같은 산성암 종류가 많이 발달되어 있기 때문에 금·텅스텐·몰리브덴·고령토 등의 지하자원이 비교적 많다. 반면 염기성암과 관련 있는 니켈·크롬 등의 광상(鑛床)은 거의 찾아볼 수 없다. 평양 일대와 강원도 남부에 발달한 평안계 지층에는 무연탄이 매장되어 있으며 선캠브리아대의 지층에는 흑연·마그네사이트·철광 등이 존재한다. 그러나 제3기층이 빈약하여 근대 공업의 원동력이 되는 유연탄의 매장량이 적고, 중생대 이후 지층에는 해성층(海成層)이 극히 적어 석유자원이 거의 없다.

〈표 1.1〉 지질시대의 구분과 시대별 길이

대	기	시대별 길이(백만년, Ma)	B.P. 현대 이전(백만년, Ma)
신생대	제4기	2	
	제3기	64.4	2
중생대	백악기	77.6	66.4
	쥐라기	64	144
	트라이아스기	37	208
고생대	페름기	41	245
	석탄기	74	286
	데본기	48	360
	실루리아기	30	408
	오도비스기	67	438
	캄브리아기	65	505
선캠브리아기		4030	570
			4650

현재 국내의 지형 형태는 중생대 백악기 말 내지 신생대 제3기 초에 형성된 것으로, 백악기 말 이후 오늘날까지 동해안의 일부 지역을 제외한 전 지역에서 계속된 육지화와 더불어 침식에 의하여 선캠브리아기의 변성암류와 화성암 지반이 노출된 침식지형이 지배적이다. 신생대 제4기에 있었던 한국방향(N-S)을 축으로 한 기울어짐은 태백산맥과 낭림산맥을 형성하였으며 동고서저의 지형적 특색을 나타나게 하였다. 추가령열곡을 경계로 북쪽과 남쪽의 지형이 현저한 차이를 나타내고 이는 지질 및 지체구조에 깊은 관련성을 갖는다(이대성, 1988).

지형적 특색과 마찬가지로 지질에서도 추가령열곡을 경계로 북쪽과 남쪽이 현저한 차이를 나타낸다. 이러한 지질특성을 요약하면 다음과 같다.

① 추가령 열곡을 경계로 북쪽에는 선캄브리아기의 변성암류와 고생대층이 우세하게 분포하나, 남쪽에는 중생대 지층도 함께 넓게 분포한다.
② 지질구조에서도 북쪽에는 요동방향(NEE-SWW)이 지배적이나, 남쪽에는 중국방향(NE-SW)이 우세하다.
③ 중생대 화강암류의 저반이 북쪽에는 무질서하게 산재하나, 남쪽에서는 중국방향의 옥천대에 평행하게 대규모의 저반을 이룬다.
④ 중생대 퇴적암층의 넓은 분포대는 한반도의 동남부인 영남지방과 남해안지역이다.
⑤ 신생대 제3기층은 동해안을 따라 적은 면적으로 10여 곳에 분포하고 서해안에서는 두 곳에서 발견되고 있다.
⑥ 신생대 제4기의 화산암은 제주도, 울릉도, 백령도, 추가령열곡, 길주-명천 지구대, 백두산 부근에 분포한다.
⑦ 지층의 특징으로 해성층이 적고 육성층이 많아 고생대 전반까지의 지층은 대체로 해성층이나, 그 이후의 지층은 신생대 제3기층의 일부를 제외하고는 모두 육성층이다.

우리나라의 지질은 퇴적암층의 특징, 지각변동, 화산활동, 변성작용 등을 종합하여 〈표 1.2〉의 지질계통이 확립되었다(정창희, 1985).

한반도에 분포하는 암석에 대하여 시대별로 구체적으로 살펴보면 다음과 같다.
선캄브리아기 변성암은 경기육괴와 영남육괴에 주로 분포하고 있다. 경기육괴의 변성암은 준편마암류(호상편마암, 반상변정편마암, 미구마타이트질편마암)이며 이에 흑운모녹리석편암, 결정질석회암, 규암이 협재한다. 심한 화강암화 작용을 받았고 여러 번의 변성작용을 받아 암상의 변화가 대단히 심하므로 지층의 추적과 세분이 곤란한 상태이다. 영남육괴는 영남계, 율리계, 지리산편마암복합체로 구분한다.
고생대의 암층은 조선계와 평안계로 구분할 수 있다. 하부고생대층인 조선계는 주로 두꺼운 석회암층으로 구성되며 그 하부에 규암과 세일로 된 층으로 구분된다. 선캄브리아기의 화강편마암, 변성퇴적암을 곳에 따라 부정합으로 덮고 있으며 평안계와는 평행부정합으로 덮여 있다. 평안계는 대부분 심한 습곡작용을 받아 대소의 배사와 향사가 도처에서 발견되고 또한 동시에 일어난 역단층 또는 오버스러스트로 크게 교란되어 있다.
제3기는 분포 면적이 대단히 협소하여 전 국토의 약 1.5%를 차지하고 있으며 소면적으로 동해안에 따라 약 10개처, 서해안에는 2개처에 분포한다.
제4기는 고화되지 않은 자갈, 모래, 점토, 토탄으로 되어 있으며, 화석으로 시대가 밝혀져 있는 것은 제주도 성산포의 신양리층뿐이다. 현무암류나 곳에 따라 조면암류가 동반되어 나타난다.

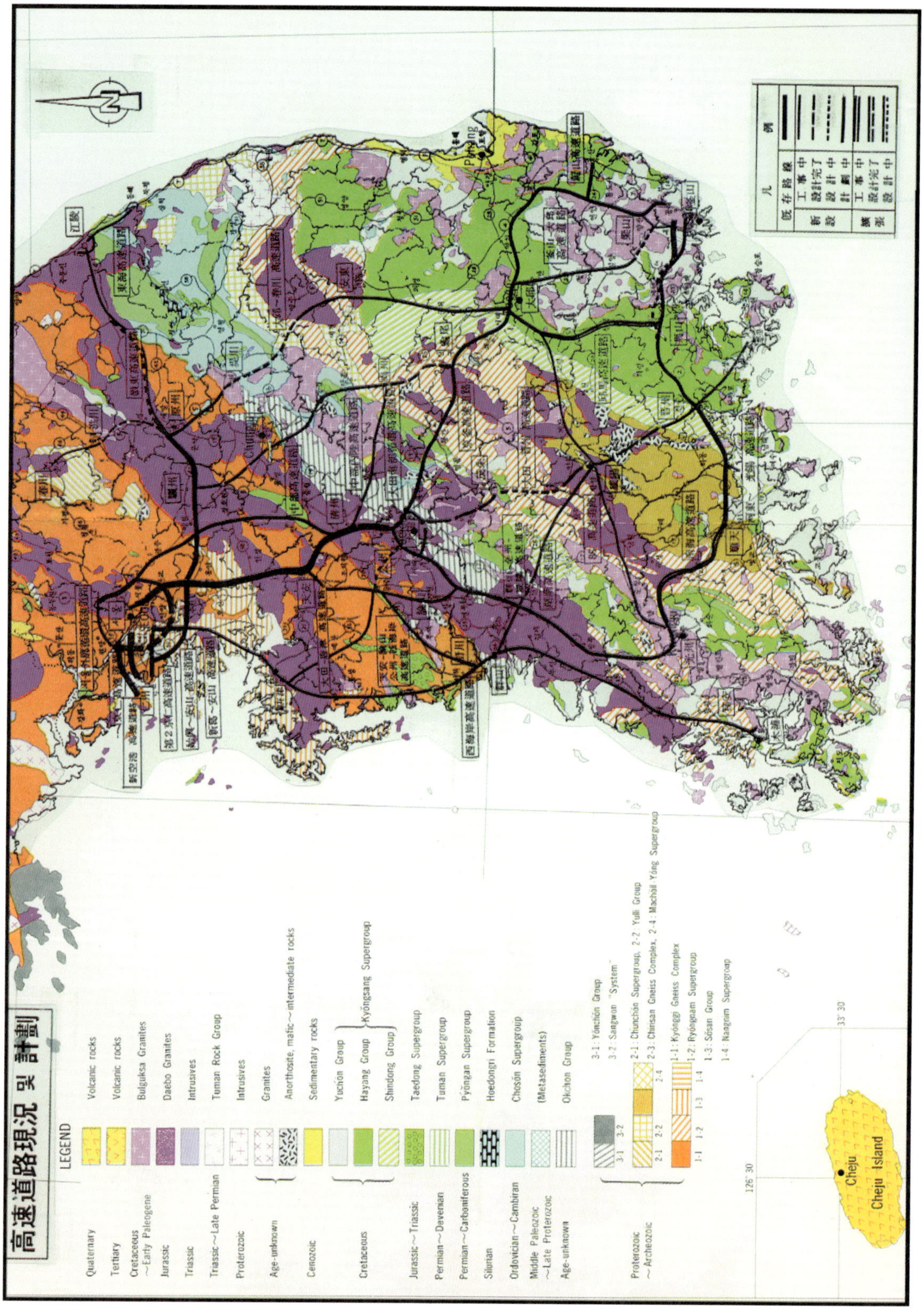

[그림 1.2] 한국의 지질도 및 고속도로노선도

제1장 | 한국의 지질과 사면현황

〈표 1.2〉 한국의 지질계통표(정창희, 1985)

地質時代區分		地質系統(南韓爲主) (時間層序的)		地殼變動·化成活動·其他	舊地質系統(北韓爲主) (準時間層序的)	
新生代	第四紀	現世 플라이스토世	第四系	(沖積層) 新陽里統 西歸浦統	局地 堆 玄武岩 的 積 粗面岩 沿 岸 ← 알칼리岩 積	第四系	(沖積層) (洪積層)
		플라이오世			← 海侵 局地的陸盆		
	第三紀	마이오世 올리고世 에오世	第三系	抑口統 陽北統	← 傾動	第三系	明天統 龍洞統 鳳山統
中生代	백악紀		慶尚系	(楡川層群) (河陽層群) (新東層郡)	← 佛國寺花崗岩 陸 ← 火山活動期 成 ← 火山活動始作 層 ← 造山·大寶花 崗岩 陸成層	慶尚系	佛國寺統 新羅統 洛東統
	쥬라紀		大同系	盤松統 黃沚系(東古層) (古汗層) (咸白山層道士谷層)	← 褶谷作用 沃 陸 川 成 系 層 ←地變 ← 海退	大同系	柳京統 嬋研統
	트라이아스紀						
古生代	페름紀		鐵岩系	長省統 방치統 (中間層)	(上 海成層 상 ← 一部海退 부 海成層) ← 海侵	平安系	綠岩統 高坊山統 寺洞統
	石炭紀		古木系	黔川統 晩項統 (大缺層)			紅店統 天聖里統 --?--
	데본紀 사일루아紀					朝鮮系	大石炭岩統
	오르도비스紀		上東系	禮美山統 文谷統	造陸運動 (無堆積?) 沃 ← 해퇴 川 海成層 系		陽德統
	캠브리아紀		三陟系	虎鳴統 이연내統 ?	(下 ← 海侵 부 ← 地變)		祥原系
原生代 始生代				變成堆積 》花崗片麻 岩類 》岩類	? 地殼變動 ← 花崗岩化作用		花崗片麻岩系 結晶片岩系

9

3. 사면현황

국내 사면현황에 대하여 국가 기간 도로망을 대상으로 하여 자료를 수집하였다. 수집은 고속국도, 일반국도, 철도로 구분하였으며 조사결과는 다음과 같다. 조사자료는 각 기관별 조사 일자가 조금씩 상이함을 사전에 밝힌다.

1) 고속국도

고속국도의 경우에는 노선별로 사면의 현황에 대하여 자료를 수집하였다. 수집된 자료 결과는 다음과 같다. 조사자료는 2006년 12월 기준으로 한국도로공사 사면유지관리시스템에 등재된 자료를 토대로 작성되었으며 현재 시공되고 있는 사면현황은 제외되었다(한국도로공사, 2006. 12.).

〈표 1.3〉 고속국도 노선별 사면현황

노선	사면수(개)	노선	사면수(개)
경부선	399	영동선	475
남해선	228	중앙선	1001
88올림픽선	382	동해선	248
고창-담양선	6	서울외곽순환선	111
서해안선	545	마산외곽선	37
울산선	12	남해제2지선	14
익산-포항선	198	제2경인선	41
호남선,논산-천안선	165	경인선	4
대전-통영선,중부선	770	호남선의 지선	53
제2중부선	44	대전남부순환선	36
평택-충주선	38	구마선	22
중부내륙선	499	중앙선 지선	7
총 계			5335

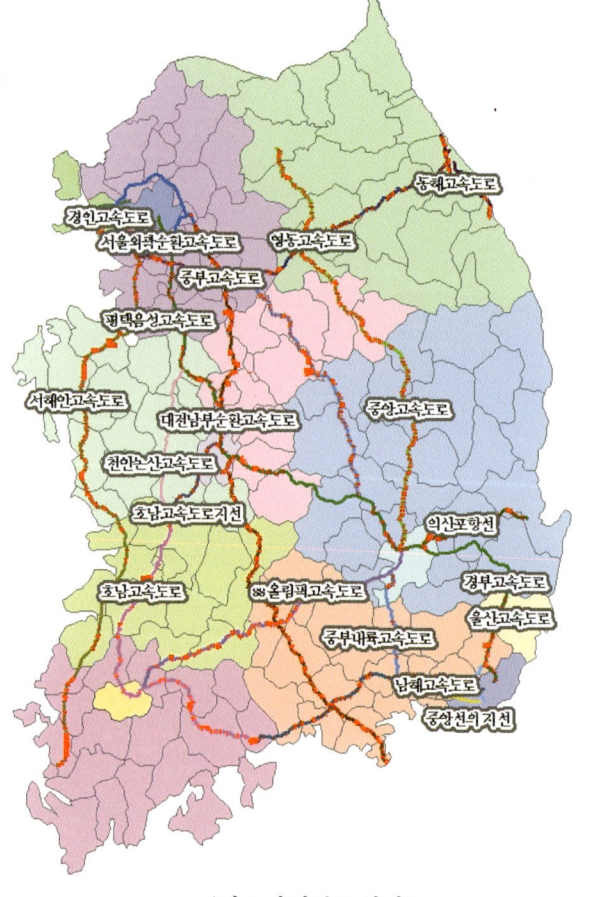

(점 : 사면분포위치)

2) 일반국도

일반국도의 경우, 절토사면관리는 전국에 산재해 있는 국도유지건설사무소 현황 개수를 조사하였다. 조사결과는 다음 표와 같다. 자료는 2003년을 기준으로 한국건설기술연구원 사면조사팀에 의하여 건설교통부에 보고된 자료를 인용하였다.

〈표 1.4〉 일반국도 지방청별 사면현황

지방청별	국도유지건설사무소별	사면수(개)
총계		12,650
서울지방국토관리청	수원	303
	의정부	688
원주지방국토관리청	홍천	2,055
	강릉	867
	정선	941
대전지방국토관리청	논산	415
	충주	701
	보은	461
	예산	300
익산지방국토관리청	광주	522
	전주	400
	남원	1,057
	순천	686
부산지방국토관리청	대구	522
	진주	932
	포항	761
	영주	816
	진영	223

3) 철도

일반철도의 경우, 철도사면 주변의 현황에 대하여 절토사면만을 대상으로는 조사가 실시되지 않았으며 철도에 영향을 미칠 수 있는 사면구조물에 대한 자료를 수집하여 검토하였다. 철도노선별 관리사면 및 옹벽에 대한 자료는 다음과 같다.

〈표 1.5〉 철도노선별 관리사면 및 옹벽

노선명	가야선	경부선	경북선	경원선	경의선	경인선	경전선
사면 개수	11	560	171	63	24	52	648
노선명	경춘선	광주선	교외선	군산선	동해남부선	영동선	온산선
사면 개수	167	22	58	23	261	550	24
노선명	장항선	전라선	정선선	중앙선	충북선	태백선	호남선
사면 개수	241	365	200	997	235	371	540

4) 시도별 산지 재해위험지구

재해위험지구의 지정은 풍수해대책법 제21조에 「재해위험지구의 지정 및 개량」에 의거 지정관리하게 되었으며 1995년 12월에 풍수해대책법이 자연재해대책법으로 보완·개정되었다. 재해위험지구 지정은 자연재해대책법 12조 재해위험지구 지정에 관한 법령에 근거하며, 재해·재난위험지구에 대한 종합적인 예방 및 대응태세 강화를 위해 지정한다.

재해위험지구 지정은 상습침수지역, 붕괴위험지역 등 10개의 유형별로 그 대상을 분류한다. 지구별 선정범위는 발생가능성, 발생주기, 지역형태, 과거의 피해정도 등을 감안하여 1~3단계의 위험등급으로 분류하여 지정하게 되며, 재해위험지구로 지정된 지구에 대하여는 타 사업에 최우선하여 등급 및 지역여건에 따라 단계적으로 정비계획을 수립·추진하게 된다. 2003년 재해위험지구 지정현황을 살펴보면 산사태 등의 붕괴위험지구 40개소 중 강원도 지역이 10개소로 사면재해에 대해 취약한 것으로 나타났다.

〈표 1.6〉 시·도별 붕괴위험지구(낙석, 산사태) 현황(2003년)

서울	부산	대구	인천	광주	울산	경기	강원	충북	충남	전북	전남	경북	경남	제주
1	2	1	1	-	-	-	10	3	-	1	6	5	9	1

5) 산림청 산사태 위험지구

산림청에서는 산사태 위험지구를 지정, 집중관리를 행하고 있다. 2004년도 116개소에서 2005년도 소방방재청과 산림청의 합동조사를 통해 추가지정 20개소와 36개의 위험지역 해제를 통해 2005년에는 100개소의 산사태 위험지구가 선정되었다.

위험지구는 지형, 모암, 임상, 토심, 경사도 등 조사인자별로 판정표의 누계점수에 따라 산사태 위험지를 등급별로 판정한다. 위험등급은 Ⅰ등급(발생가능성이 대단히 높은 지역), Ⅱ등급(발생가능성이 높은 지역), Ⅲ등급(발생가능성이 있는 지역), Ⅳ등급(발생가능성이 없는 지역)으로 구분된다. 산사태 위험 판정표는 경사길이, 모암, 임상, 사면형태, 토심, 경사도의 7개 항목 및 5개의 보정인자로 구성된다.

2005년 산사태 위험지구 지정 실태를 살펴보면 전국 100개소 중 강원도 지역이 32개소, 경북지역이 15개소, 경남지역이 14개소로 강원도 지역에 비교적 많은 위험지구가 분포되었다.

〈표 1.7〉 시 · 도별 산사태 위험지구현황

(단위 : ha)

구분	2004년도		추가지정		해제		2005년도		비고
	개소수	면적	개소수	면적	개소수	면적	개소수	면적	
계	116 (8)	160.82 (2.45)	20 (5)	17.92 (3.80)	36 (1)	17.27 (0.03)	100 (12)	161.47 (6.22)	
서 울									
부 산	4 (2)	5.77 (1.77)					4 (2)	5.77 (1.77)	
대 구	-	-					-	-	
인 천	1	1.00	2	1.70			3	2.70	
광 주							-	-	
대 전							-	-	
울 산	-	-	2	0.50			2	0.50	
경 기	9	83.74					9	83.74	
강 원	40 (5)	18.40 (0.62)	1	1.00	9	5.30	32 (5)	14.10 (0.62)	
충 북	7	18.56			2	0.50	5	18.06	
충 남	4	3.40			1	0.40	3	3.00	
전 북	14 (1)	4.34 (0.06)			11	3.78	3 (1)	0.56 (0.06)	
전 남	9	9.50	2	2.00	2	2.00	9	9.50	
경 북	10	4.30	8 (5)	9.42 (3.80)	3 (1)	1.18 (0.03)	15 (4)	12.54 (3.77)	
경 남	18	11.81	4	2.30	8	4.11	14	10.00	
제 주	-	-	1	1.00			1	1.00	

※ ( ) 안은 국유림으로 지방산림관리청 관리대상임

<표 1.8> 위험등급별 구분현황

(면적 : ha)

구분	계		발 생 가 능 성					
			I 등급		II 등급		III 등급	
	개소수	면적	개소수	면적	개소수	면적	개소수	면적
계	100 (12)	161.47 (6.22)	20 (5)	23.09 (2.36)	32 (2)	31.98 (3.49)	48 (5)	106.4 (0.37)
서울	-	-	-	-	-	-	-	-
부산	4 (2)	5.77 (1.77)	1 (1)	0.28 (0.28)	1 (1)	1.49 (1.49)	2	4.0
대구	-	-	-	-	-	-	-	-
인천	3	2.70	-	-	-	-	3	2.70
광주	-	-	-	-	-	-	-	-
대전	-	-	-	-	-	-	-	-
울산	2	0.50	-	-	-	-	2	0.50
경기	9	83.74	3	1.52	-	-	6	82.22
강원	32 (5)	14.10 (0.62)	7 (3)	3.08 (0.58)	14 (-)	7.72 (-)	11 (2)	3.30 (0.04)
충북	5	18.06	2	10.81	3	7.25	-	-
충남	3	3.00	-	-	-	-	3	3.00
전북	3 (1)	0.56 (0.06)					3 (1)	0.56 (0.06)
전남	9	9.50	-	-	7	7.50	2	2.00
경북	15 (4)	12.54 (3.77)	2 (1)	2.50 (1.50)	5 (1)	6.52 (2.00)	8 (2)	3.52 (0.27)
경남	14	10.00	5	4.90	2	1.50	7	3.60
제주	1	1.00					1	1.00

※ ( ) 안은 국유림으로 지방산림관리청 관리대상임

사면붕괴의 분류 **02**

사면붕괴의 분류는 사면을 구성하고 있는 지반의 특성이나 붕괴가 발생하는 운동형태 등으로 구분하는 것이 일반적이다. 따라서 각각의 관점에 따라 여러 형태로 분류될 수 있으며, 특별한 제약은 없다. 본 장에서는 여러 연구자들이 제안한 사면붕괴의 유형 분류를 소개하고 각각의 특징에 대하여 개략적인 설명을 기술함으로써 사면붕괴의 분류에 대한 이해를 돕고자 한다.

1. 개요

사면붕괴의 분류는 사면을 구성하고 있는 지반의 특성이나 붕괴가 발생하는 운동형태 등으로 구분하는 것이 일반적이다. 따라서 각각의 관점에 따라 여러 형태로 분류될 수 있으며, 특별한 제약은 없다. 본 장에서는 국내에서 주로 적용하고 있는 분류법에 대한 각각의 특성을 소개하고 개략적인 설명을 함으로써 사면붕괴의 분류에 대한 이해를 돕고자 한다.

2. 사면붕괴의 유형 및 특징

본 절에서는 사면의 붕괴유형과 특징을 기술하기 위해 일본도로공단(1986), 일본지반공학회(1997), EPOCH(1993), Hoek and Bray(1981), Atkinson(1993), Varnes(1978), Skempton and Hutchinson(1965) 등이 제안한 사면붕괴의 분류내용을 기술하였다.

일본도로공단(1986)에서는 사면의 붕괴형태를 붕괴와 슬라이딩으로 구분하고, 붕괴는 활동면 심도에 따른 사면붕괴와 낙석으로 분류하였으며, 슬라이딩은 사면 구성재료에 따라 분류한 후 각각의 붕괴유형을 특징지어 구분하였다. Varnes(1978)는 지반구성물질의 종류에 따라 암석과 흙으로 구분하였고 사면의 붕괴유형에 따라 붕락(fall), 전도(topple), 활동(slide), 퍼짐(spread), 유동(flow)으로 구분하였다. Hoek And Bray(1981)는 사면 내의 붕괴활동면의 기하학적 형상을 중심으로 붕괴유형을 분류하여 평면파괴(plane failure), 쐐기파괴(wedge failure), 전도파괴(toppling), 원호파괴(cicular failure) 등으로 구분하였다. 일본지반공학회(1997)는 사면의 붕괴형태를 붕괴심도에 근거하여 분류하였다. 이에 따라 사면표면의 침식형태인 침식(erosion), 식생뿌리를 포함한 표층붕락(surface fall), 1m 정도의 두께를 가지는 얕은 활동(shallow failure), 1m 이상의 두께를 가지는 중간 깊이 활동(medium depth failure), 사면배후의 지반으로부터 발생하는 깊은 활동(deep slide)으로 구분하였다. 이 외의 분류에 대해서는 각 절에서 기술하였다.

1) 일본도로공단의 분류

일반적으로 사면붕괴는 규모에 따라 [그림 2.1]과 같이 붕괴와 슬라이딩으로 인한 사면활동으로 나눌 수 있다(1986, 일본도로공단). 붕괴와 슬라이딩의 차이는 명확지 않아 엄밀히 구분할 수 없는 경우도 많으므로 슬라이딩성 붕괴나 붕괴성 슬라이딩과 같은 개념적인 호칭을 사용 할 때도 있다(De Freitas & M. H., 1980).

붕괴의 한 형태인 낙석은 암반 내 불연속면의 이동이 확대되어 암괴나 작은 암석이 떨어지는 현상을 말하며, 사면붕괴와 낙석은 정확한 구분은 없지만 편의상 낙석은 소량의 것을 말하고 붕괴는 규모가 큰 것을 말한다.

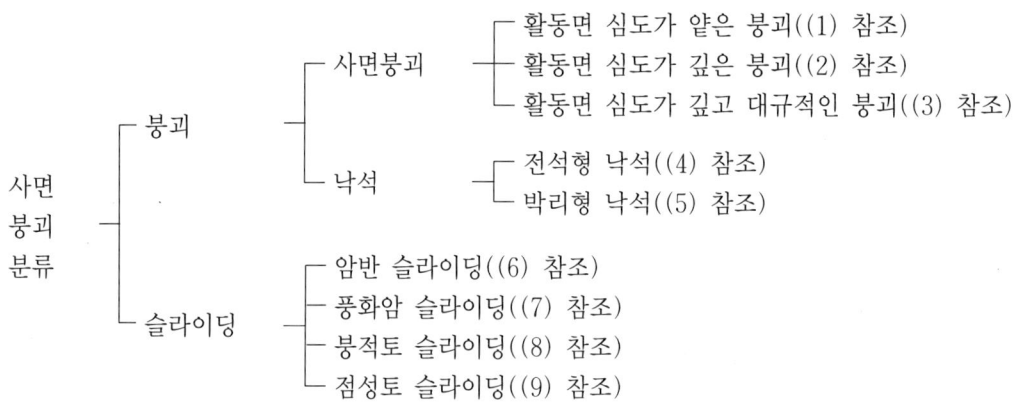

[그림 2.1] 절토사면의 붕괴규모에 따른 분류(일본도로공단, 1986)

(1) 활동면 심도가 얕은 붕괴유형

본 유형의 붕괴는 다음과 같은 지질적인 특성에서 우세하게 발생된다.

① 지표면이 토사층 혹은 풍화가 심한 층으로 덮여 있고 급한 경사를 가진 사면은 강우 등에 의해 지표수가 다량으로 침투될 경우 지표면에서의 활동이 발생하기 쉬우며 이러한 형태의 붕괴는 주로 집중호우 시에 많이 발생한다.

② 토사층이나 화강암풍화토 등으로 구성된 사면은 굴착 후 절토면의 풍화로 인해 사면침식이 급속히 진행되며 이에 따라 사면이 국부적으로 붕괴하는 경우가 종종 발생한다.

③ 파쇄가 진행된 암석과 균열이 많은 암석 또는 풍화하기 쉬운 암석을 절토하는 경우, 작업에 따르는 진동, 절토에 의한 응력해방과 풍화 등에 영향을 주어 사면이 부분적으로 활동하는 경우가 있다. 이러한 사면의 표층부분에 생기는 붕괴는 사면의 굴착작업 중, 또는 그 직후에 발생하는 수가 많다.

④ 투수성과 침식에 대한 저항력이 상이한 지층으로 구성된 사면에서는 차별침식으로 침식되지 않은 층이 붕괴하는 수가 있다.

〈표 2.1〉 절토사면의 붕괴형태별 분류(활동면 심도가 얕은 붕괴)

붕괴형태	개념도	붕괴발생지질	비 고
① 표면부에서의 토층활동	Top Soil / Soil / Soil sliding mainly due to Rainfall	지질과 특별한 관련은 없음	절토로 인해 느슨해진 토층에서 강우에 의해 활동이 발생
② 단단한 기반암층 상부의 토층이 강우에 의해 활동	Loose Soil / Soil / Weathered Rock or Bedrock / Soil sliding mainly due to Rainfall	암종과 무관하게 발생	무한사면의 붕괴유형을 보이며 표면에는 식생되어 있는 식물뿌리 이하의 깊이에서 주로 발생
③ 급한 경사를 갖는 사면의 상부 토층 또는 표토 붕락	Top Soil or Weathered Soil / Soil / Weathered Rock or Bedrock / Soil Failure of upper part of slope	토층이 얕은 화강암, 편마암, 화산각력암, 반암 등	상부토층이 1m 이내의 사면에서 흔하게 발생
④ 단층파쇄대층이 발달하여 건습, 동결, 침식에 의해 계속적으로 깊은 붕괴로 진행	Sandstone / Fault Fracture Zone / Shale / Sandstone / Shale / Sandstone / Scouring due to Fault Fracture Zone	단층파쇄대가 발달하는 셰일, 사암, 편마암	주로 단층파쇄면에서 세굴되어 점차적으로 깊고 넓은 붕괴로 이어짐 발생초기에 조치 강구 필요
⑤ 강도가 낮은 지층이나 암석의 급속한 풍화작용으로 표층유실 발생	Weathering on surface / Surface erosion due to Low Rock Strength	셰일, 이암, 미결층, 응회암, 편암, 파쇄된 편마암, 열수변질작용을 받은 화강암 등	절토로 인해 노출된 암반표면이 풍화를 받음

붕괴형태	개념도	붕괴발생지질	비 고
⑥ 절리를 따라 붕괴되며 조합에 따라 붕괴상태는 다르나 주로 쐐기형태로 발생	Wedge or Plane Failure / Joint or Fault / Failure due to Discontinuities	절리가 발달된 모든 암석에서 흔히 존재	불연속면들의 방향과 사면 방향과의 상호조합에 의해 발생
⑦ 절리가 무수히 발달한 암반사면의 표층 낙석	Rockfall on Surface / Many Joint / Rockfall due to Many Discontinuities	파쇄가 심하게 발달하는 대부분 암종, 주로 편마암, 일부 화강암과 반암, 풍화된 셰일 등	절리의 무수한 조합으로 인해 작은 암편들이 낙석
⑧ 사면 내의 용수로 하부의 암질이 불량한 층을 침식시켜 상부암괴가 붕락	Rockfall / Rockfall due to Water Flow	흔히 지하수의 통로가 될 수 있는 단층파쇄대, seam, 층리 등에서 발생하며, 변성암에서 많고 지형특성에 크게 좌우됨	수직절리가 많은 사면에서 붕괴가능성이 큼

(2) 활동면의 심도가 깊은 붕괴

본 유형의 붕괴는 다음과 같은 지질적인 특성에서 우세하게 발생된다.

① 편마암의 엽리와 사암, 셰일의 교호층을 이루는 암반에서 층리방향이 사면방향과 유사한 경우 또는 파쇄대를 동반한 단층과 큰 지질구조선 등이 사면방향으로 경사져 있는 경우에 대규모의 붕괴가 발생되는 경우가 많다. 특히 지질구조선을 따라 점토화가 진전된 장소를 절토하는 경우에 많다.

② 붕적토 퇴적물이 두껍게 덮여 있는 지반을 절토하는 경우도 하부의 암반층을 활동면으로 퇴적물이 활동하는 경우가 있다. 이러한 붕괴는 그 징후의 예측이 어려우며 순간적으로 일어나는 경우가 많다.

이 유형의 붕괴발생에는 지하수의 영향이 큰 경우도 많아서 집중호우시뿐만 아니라 호우 종료 후에 발생하는 것도 있다. 활동면의 심도가 깊은 붕괴는 붕괴규모가 상당히 큰 경우가 많아 주변시설물에 큰 피해를 미치게 되는 경우가 많다.

〈표 2.2〉 절토사면의 붕괴형태별 분류(활동면 심도가 깊은 붕괴)

붕괴형태	개 념 도	붕괴발생지질	비 고
① 고결도, 투수성이 아주 다른 층 사이에서 상부 층이 경계면을 따라 활동	(Sliding / Bedrock / Sliding due to Loose Soil)	암반상에 talus층, 붕적토, 모래자갈층 등이 두껍게 퇴적해 있는 지역을 절토한 경우	지하수가 많은 사면인 경우에 주로 발생 토질과 지형조건에 따라 대규모 붕괴가 발생하는 경우가 있음
② 사면 내에 단층파쇄대 또는 점토층이 있는 경우 강우의 침투에 의해 붕괴	(Sliding / Fault Clay / Sliding due to Fault Clay)	주로 편마암, 중·고생대의 퇴적암(사암, 셰일, 이암과 이들 호층) 등	사면 내 전단강도가 매우 낮은 층을 따라, 낮은 경사각에서도 활동

(3) 활동면 심도가 깊고 대규모적인 붕괴

본 유형의 붕괴는 다음과 같은 지질적인 특성에서 우세하게 발생된다.

① 대규모 급경사의 붕적토 퇴적물, 두꺼운 풍화층, 단층파쇄대, 점토가 충전된 층리를 가진 사면을 절토할 경우, 사면의 넓은 지역에 걸쳐 대규모의 붕괴를 일으키는 경우가 있다.

② 사면방향으로 경사진 점토질 토층을 절토한 경우도 강우에 의한 지하수위의 상승으로 대규모의 붕괴가 발생하는 수가 있다.

〈표 2.3〉 절토사면의 붕괴형태별 분류(활동면 심도가 깊고 대규모적인 붕괴)

붕괴형태	개 념 도	붕괴발생지질	비 고
① 단층이나 암반경계면 또는 매우 약한 층을 활동면으로 사면의 깊은 부분에서 붕괴	(Sliding / Fault Clay / Sliding due to Fault Clay)	어떤 토질의 경우에도 일어나지만, 단층빈도가 높은 편마암에서 특히 많음	단층파쇄대, 단층점토는 물이 침수할 수 있는 통로역할을 하며 사면방향으로 경사진 절리면이 활동면이 됨
② 사면방향으로 경사진 불연속면이 발달한 암반에서 불연속면을 따라 이동	(Sliding / Joint / Sliding due to Bedding, Foliation etc.)	절리방향에 좌우되나 특히 뚜렷한 방향을 보이는 층리, 편리, seam 등이 사면방향으로 경사지게 발달한 사면에 흔하게 발생 사암, 셰일호층, 편마암 등	주로 절리면의 전단강도(절리면 거칠기, 충전물질)에 크게 좌우됨

이상의 붕괴는 상당히 명확한 활동면을 따라 천천히 진행되는 경우가 많고 사면상에 발생한 균열로 붕괴범위와 방향 등을 조기에 예지할 수 있다. 따라서 붕괴는 규모상 대규모적이지만 대책검토를 할 시간적 여유가 충분한 경우가 많다.

(4) 전석형 낙석

본 유형의 낙석은 다음과 같은 지질특성에서 발생하기가 쉽다.

① 붕적토 퇴적물을 절토하는 경우, 풍화 화강암에서 흔히 발생하며 암괴 또는 암석이 토층사이에서 붕락하는 유형이다. 즉, 토층이 강우 또는 지표수에 의해 침식되고 암괴 또는 암석이 표면에서 노출되기 시작하여 암괴가 빠지는 유형이다.

② 붕적토 퇴적물은 일반적으로 경사가 완만한 사면을 형성하기 때문에 자연적인 상태에서는 낙석되는 경우가 드물지만 절토하여 급경사 사면을 형성시키게 되면, 낙석이 되는 경우가 많다.

〈표 2.4〉 절토사면의 붕괴형태별 분류(전석형 낙석)

붕괴형태	개념도	붕괴발생지질	비 고
① 급경사 붕적토 퇴적물 중에서 빗물에 의해 토층이 침식되면서 암괴가 붕락	Rockfall / Bedrock / Rockfall from Colluvium	붕적토 퇴적물 talus 퇴적물	산지의 계곡부나 과거에 밭을 경작한 두꺼운 퇴적물이 있는 지역을 절토하는 경우에 흔히 발생
② 풍화되어 토층화된 화강암 중 핵석형의 암괴가 잔존하여 암괴가 빠지는 낙석의 형상	Rockfall / Rockfall of Corestone	풍화화강암류	수직절리 및 판상절리를 따라 풍화를 받아 둥근 암괴를 형성하고 주변의 사질의 풍화토가 침식되면서 붕락

(5) 박리형 낙석

박리형 낙석은 균열이 많은 경암 사면에서 발생하는 것과 단단한 암석과 풍화되기 쉬운 암석이 호층으로 구성된 사면에서 발생하는 것이 있다.

① 균열(단층 포함)이 발달한 암석에 지표수가 침투하거나 지하수가 용출하면 시간이 지남에 따라 균열의 결합력이 약해지고 동결에 의해 균열이 확대되며 블록형태로 암석이 박리해 낙석이 되는 유형으로 거의 대부분의 암석에서 흔히 발생된다.

② 암석강도가 다른 지층이 호층으로 구성된 경우, 지층에 따라 풍화침식의 내구성이 다르기 때문에 풍화되지 않는 부분의 돌출암괴가 떨어지는 유형이다. 이 경우는 처음부터 균열이 없어도 새로운 인장균열이 발생하여 낙석되는 경우가 많다. 본 유형은 중생대 백악기층의 셰일, 사암층과 하부에 단층파쇄대가 존재하는 편마암층 침식에 의해 흔히 발생된다.

〈표 2.5〉 절토사면의 붕괴형태별 분류(박리형 낙석)

붕괴형태	개념도	붕괴발생지질	비 고
① 절리·균열이 발달해 암석에서 떨어지는 유형(낙석형태)	Rockfall due to irregular Joint	선캠브리아기 편마암, 편암 등	무수히 많고 불규칙한 절리가 발달하고 풍화를 받은 암괴가 표면에 떠서 붕락
② 층리·균열이 발달한 암석에서 박리한 유형	Rockfall due to Vertical Joint	사암, 화강암, 섬록암, 편마암 등	수직절리나 절리의 패턴을 가지고 있는 사면에서 표면에 붙어 있는 암괴가 낙석
③ 차별적인 풍화로 암석의 호층에서 약한 부분이 침식되고, 남은 단단한 부분이 떨어지는 유형	Rockfall due to Differential Weathering	사암과 셰일호층, 사암, 이암호층 등	셰일, 이암층은 비교적 풍화에 약해 지표노출 및 물리적 풍화에 약해 급속히 하게 풍화

(6) 암반 슬라이딩

과거에 슬라이딩이 발생한 적이 없으며 지형적으로도 슬라이딩 지형으로 보이지 않는 사면에 발생하는 것으로 대부분 새로운 암반으로 구성되어 있고 일반적으로 슬라이딩 토층의 두께는 약 20~40m이다. 슬라이딩 토괴는 일체가 되어 운동하고 슬라이딩 면이 산허리에서 나오는 경우는 이동거리가 크지만 끝단에 융기부분을 동반할 때 이동은 비교적 적다. 두부(head)에 띠 모양의 함몰이 발생하고 사면은 평면상태가 되며 두부에서의 경사는 거의 70~90° 정도이다. 슬

라이딩 면 사이의 점토충전물이 존재하는 경우가 많다. 운동거리에 비례해서 토괴를 형성하는 암반에 균열이 발생하고, 측면부, 끝단부와 함몰부에서는 액상화가 진전되어 측면부에서는 2차적으로 얕은 슬라이딩이 발생하는 수도 있다. 이들 발생기구에 대해서는 아직까지 불명확하지만 산 끝부분을 가로지르는 단층의 존재가 그 원인이 되는 것은 충분히 생각할 수 있고, 일반적으로 인장부분이 슬라이딩의 경계가 된다.

지형적으로 그곳이 슬라이딩 위험지라는 것을 예지하는 것은 어려우나, 숙련된 전문가에 의한 현지답사와 보링에 의한 조사를 하면 예지할 수도 있다.

〈표 2.6〉 절토사면의 붕괴형태별 분류(암반 슬라이딩)

붕괴 형태	개념도	붕괴발생지질	비 고
① 오목한 지형, 의자형, 배형, 안장부에서 발생	단면	단층파쇄대의 영향을 받는 것이 많다. 제3기층, 결정편암, 중·고생층	대규모 토공, 사면수몰, 지진, 호우가 원인이 되어 발생
② 두부에서는 암반 또는 약풍화암, 끝단에서 풍화암 상태	평면 / 블록모양 지형		
③ 돌발성으로 세밀한 답사, 조사가 필요	단면		

(7) 풍화암 슬라이딩

암반 슬라이딩이 발생하면 그 토괴는 주위의 암반에 비해 균열이 많아지기 때문에 강우의 침투가 촉진되어 풍화가 촉진되고 다시 불안정하게 되어 미끄러워진다. 또 풍화암슬라이딩은 강풍화나 강변질암 지역에서 발생하는 수가 있다. 슬라이딩의 끝단부와 측면부, 함몰띠에서는 큰 자갈이 섞인 토사의 형태로 나타난다. 취한다. 지형적으로는 암반 슬라이딩 시에 생긴 두부(대지상부)와 활락애(대개는 마제형)가 1/2,500~1/5,000의 지형도에서도 판독될 수 있다. 운동속도는 1~2cm/day 정도로서 강우기와 융설기에 주로 움직이고 어느 정도 연속성을 보인다. 슬라이딩 면은 끝단부에서는 평면상태이지만 상부 부근에서는 반달모양으로 변화하여, 둥근반달과 직선을 복합한 형태가 된다. 끝단부와 측면부에서는 2차적인 붕적토와 점질토의 슬라이딩을 동반하는 일이 있다. 집중호우, 이상융설 등의 이상기상과 중간규모의 토공이 원인이 되기 쉽다. 토괴의 두께는 20~30m가 대부분이다.

〈표 2.7〉 절토사면의 붕괴형태별 분류(풍화암 슬라이딩)

붕괴 형태	개념도	붕괴발생지질	비 고
① 오목한 상태 대지형이나 단구상, 움푹 파인 대지형으로 미끄럼은 의자형, 배형	단구상 지형	결정편암, 중·고생층, 신생 3기층으로 단층, 파쇄대의 영향을 받음	집중호우, 이상융설, 지진, 중규모의 토공이 원인
② 두부에서 균열이 많은 풍화암, 끝단에서는 큰 자갈이 섞인 토사로 됨	블록대지모양 지형		

(8) 붕적토 슬라이딩

가장 일반적인 슬라이딩으로, 토괴는 주로 자갈 섞인 토사로 구성된다. 상부에서는 큰 자갈이 섞인 토사와 풍화암의 형태를 취하지만 하부에 이르는 동안 세립화해서 자갈 섞인 토사와 점토 상태를 나타낸다. 운동은 연속적이며 5~20년에 1회 정도의 비율로 발생한다. 그 운동도 블록에 의해 달라지고, 각 운동블록은 연관성을 갖는다. 지형은 전형적인 슬라이딩 지형이 되고, 슬라이딩 면은 반달모양을 나타낸다. 슬라이딩 토괴의 두께는 10~20m이다. 지표의 흐트러짐이 심하고, 연못과 못, 습지의 움푹 들어간 곳이 곳곳에 보여지기 때문에 1/5,000~1/10,000의 지형도에서 쉽게 판독할 수 있다. 강우와 융설로 발생하기 쉽고 끝단부는 점질토의 유동상태를 나타내는 경우도 있다.

<표 2.8> 절토사면의 붕괴형태별 분류(붕적토 슬라이딩)

붕괴 형태	개념도	붕괴발생지질	비 고
① 언덕, 오목한 대지형을 만듦. 활동면은 계단상태 및 층상태 ② 주로 자갈 섞인 토사로 되고, 끝단에서 점토화됨 ③ 5~20년 정도마다 반복발생. 1/5,000 ~1/10,000 지형도에서 확인 가능	단면 / 평면	결정편암, 중·고생층, 신 제3기층, 사문암지질붕적토	융설, 태풍 집중호우, 중간규모 토공이 원인으로 발생

(9) 점성토 슬라이딩

토괴가 세립화하면, 슬라이딩 토괴의 대부분은 자갈 섞인 점토로 구성되고, 블록화가 점점 진행되며 운동도 연속적이 된다. 지형은 거의 완구배의 사면이 되고 슬라이딩 면의 경사도 지표면 경사와 대략 같게 완경사가 되고, 활동토괴의 두께도 5~10m 정도가 된다. 활동의 속도는 느리고 0.5cm/day 이하이다. 안정도는 매우 낮고 소량의 토공에 의해서도 운동이 활발해진다. 지형적으로는 움푹 파인 형태의 사면이고, 운동에 따라 매년 지표의 상태가 변화하기 때문에 소재지의 탐문에 의해서도 쉽게 그 분포를 찾을 수 있다. 풍화암과 붕적토 슬라이딩이 활락한 후 사면에 발생하는 것도 있다. 슬라이딩 지역 상부에는 명백한 대지부를 남기는 것도 있고, 이 경우 대지는 대개 자갈 섞인 토사로 구성된다. 운동은 유동상태로 명확히 구부러져 흐르는 경우를 볼 수 있다. 또, 슬라이딩 토괴가 고함수비를 갖는 경우에는 토석류화하는 경우가 있다. 방지대책의 효과도 미비하므로 중요한 구조물의 설치는 절대로 피해야 한다.

<표 2.9> 절토사면의 붕괴형태별 분류(점성토 슬라이딩)

붕괴 형태	개념도	붕괴발생지질	비 고
① 오목형 완경사지형을 만들고 미끄럼면은 계단형, 층형이 되고 많은 블록으로 나누어 짐 ② 주로 점토나 자갈 섞인 점토에서 이루어짐 ③ 1~5년 사이에 재발하고 연속적인 이동을 나타내므로 붕괴이력 파악 가능	단면	신제3기층, 파쇄대 온천여토[1] 등	호우, 융설, 하천 침식, 소규모 토공으로 발생

---

[1] 온천이나 화산가스의 작용으로, 그 통로에 인접한 부분이나 분출구 부근의 암석이 변화하여 생긴 질흙

2) 일본지반공학회의 분류

비교적 얕은 심도를 가지는 사면붕괴에 대하여 일본지반공학회(1997)에서는 붕괴의 심도를 기준으로 유형을 구분하였다. 〈표 2.10〉에 의하면, 얕은 사면의 붕괴는 심도 및 원인에 따라서 침식(Erosion), 표면붕락(Surface Fall), 얕은 활동(Shallow Slide), 중간 심도 활동(Medium Depth Slide) 및 깊은 활동(Deep Slide)으로 분류된다.

흙으로 구성된 사면의 경우에 식생 상태와 집중 강우기 등 외부에서 물의 과도한 유입이 붕괴의 직접적인 원인이 된다. 침식(Erosion)의 경우에는 외부에서 갑작스런 물의 유입에 의해 발생하는 사면 훼손현상이다. 특히 식물의 뿌리에 의해 주로 영향을 받는 깊이는 대부분 0.3m 이하의 깊이로서, 이 깊이 내에서 식생의 탈락에 의해 사면의 토층이 유실되는 경우가 발생하게 된다.

사면 상부에 집수지형을 갖는 경우에는 토층에서 식물의 뿌리가 발달하는 영역보다 더 깊은 0.3~3m의 붕괴규모를 갖는 얕은 붕괴가 발생한다. 일본지반공학회(1997)는 이러한 붕괴 중 1m 정도의 붕괴심도를 가지는 활동붕괴를 얕은 활동(Shallow Slide), 1~3m의 붕괴심도를 가지는 활동붕괴를 중간 깊이의 활동(Medium Depth Slide)으로 구분하였다. 이외에도 사면의 배후로부터 발생한 3m 이상의 비교적 깊은 사면의 활동붕괴를 깊은 활동(Deep Slide)으로 분류하였다.

Hoek & Bray(1981)의 분류가 주로 암반으로 구성된 절토사면을 대상으로 한다면, 일본지반공학회(1997)의 구분은 토층을 포함한 절토사면의 붕괴양상을 구분하는 데 효과적으로 활용될 수 있다. 특히 이러한 구분은 강우조건과 밀접한 관련이 있기 때문에, 국내에서 빈번히 발생하는 사면붕괴의 유형이 집중호우 시기의 표층 유실과 얕은 붕괴인 것을 감안할 때, 매우 효과적일 것으로 판단된다.

〈표 2.10〉 일본지반공학회의 토사사면의 붕괴심도에 따른 붕괴유형의 분류

붕괴유형	특 징
침식(Erosion)	유수에 의한 사면표면의 침식
표면 붕락(Surface Fall)	식생의 뿌리를 포함한 표면 붕락
얕은 활동(Shallow Slide)	1m 정도의 두께를 가지는 표면활동 붕괴
중간 깊이 활동(Medium Depth Slide)	1m 이상의 두께를 가지는 중간깊이의 활동 붕괴
깊은 활동(Deep Slide)	사면 배후의 지반으로부터 발생하는 깊은 활동 붕괴

3) EPOCH에서 제안한 분류

EPOCH(European Community Programme, 1993)는 유럽에서 많이 발생하는 산사태에 대해 〈표 2.11〉과 같은 분류를 제시하였다. 사면의 운동형태에 대해 낙하, 전도, 활동, 퍼짐, 흐름 및 복합으로 구분하고 지반의 구성재료를 암석, 토석, 토사로 분류하여 각각의 조합에서의 사면붕괴를 분류하였다.

〈표 2.11〉 EPOCH에서 제안한 사면붕괴 분류표(1993)

형태	암석	토석	토사
낙하	암석낙하	토석낙하	토사낙하
전도	암석전도	토석전도	토사전도
활동(회전)	단독활동 복합활동 연속활동	단독활동 복합활동 연속활동	단독활동 복합활동 연속활동
활동(병진)	블록활동	블록활동	판형활동
활동(평면)	암석활동	토석활동	토사활동
수평퍼짐	함석퍼짐	토석퍼짐	토사퍼짐
흐름	암석흐름	토석류	토사류
복합	암석사태	흐름활동	토사흐름

(1) 토석류

위와 같은 분류표에서 최근에 많이 발생하고 있는 토석류에 대한 개념은 다음과 같다.

토석류(土石流, Debris Flow)는 집중호우 등에 의해 산사태가 일어나 토석이 물과 함께 하류로 세차게 떠밀려 내려가는 현상을 말한다. 피해지역은 비교적 강한 암반면 위에 얇은 토층이 형성되어 있으며, 큰 암괴가 혼합된 붕적층이 주를 형성하고 암괴의 크기는 매우 다양하게 분포하고 있다. 토석류는 전면부에서 큰 규모를 예측하기가 어려운 상태이나 발생규모에 따라 붕괴가 발생된 연장이 수십 m~수 km에 이르기까지 매우 다양한 규모를 보인다. 토석류가 발생된 계곡부의 경사는 계곡부의 경사에 따라 10~50°의 범위로 매우 다양하며 경사가 급할수록 이동암괴의 크기 및 수량에 큰 차이를 보인다. 또한 계곡부의 나무와 큰 규모의 암괴를 쓸고 내려오는 붕괴유형을 보이며 하부 지반조건은 강한 암반으로 구성되어 있다.

토석류는 대부분의 경우, 산사태에 의해 발생되며 발생지로부터 경사나 수로 또는 골짜기를 따라 아래쪽으로 움직이는 동안 토석류로 변한다.

이런 경우, 토석의 이동은 처음 발생지로부터의 토사뿐만 아니라 움직이는 경로상에 있는 퇴적물도 포함하게 된다.

산사태에 의해 발생된 토체가 붕적층 등을 덮게 되면 비배수 재하상태가 되어 하부의 붕적토 등에 높은 간극수압을 발생시키며 이에 따라 전단강도가 약화되어 퇴적물이 움직이기 시작한다.

〈표 2.12〉 토석류 붕괴유형 분류(Evans, 1982)

붕괴유형	특 징	붕괴 사진
수로형 토석류 (Channelized Debris Flow)	사면형 토석류는 수로에서 발생하는 것이 아니고 사면 내에서 발생하여 토석 유출에 비해 그 이동거리가 비교적 짧으며 수로형에 비해 규모가 작고 이동거리는 주로 사면의 경사도에 좌우됨	
사면형 토석류 (Open Slope Debris Flow)	수로형 토석류는 수로를 기반암까지 침식시키고 발생지점에서 수십 내지 수백 킬로미터 정도까지 이동하는 토석류를 가리킨다. 이러한 토석류를 특히, "토석유출(Debris Torrents)"로 정의(Swanston, 1974)하였고, 토석유출은 "물에 포화된 굵고 거친 입자의 물질이 빠른 속도로 경사면과 수로, 협곡 등을 따라 내려오는 산사태의 일종"(Van Dine, 1985)이라 함	

4) Hoek & Bray의 암반사면 붕괴유형에 의한 분류

Hoek & Bray(1981)는 암반사면을 대상으로 하여 붕괴활동면의 형상에 따라서 평면파괴(Planar Failure), 쐐기파괴(Wedge Failure), 원호파괴(Circular Failure) 및 전도파괴(Toppling Failure)의 4가지 붕괴유형을 제시하였다. 이 중에서 평면파괴, 쐐기파괴 및 원호파괴는 앞에서 설명한 바 있는 Varnes(1978)의 활동파괴에 해당한다. 이 활동파괴는 연장성이 좋은 하나 또는 두 개의 단열구조를 따라서 발생하는 것 외에도 단열구조의 길이와 간격 그리고 상호간의 교차에 의해 복잡한 활동면을 갖기도 한다.

(1) 평면파괴

중력적 작용에 의해 암괴가 평면활동을 일으키는 경우 단일면상의 암괴는 취약면의 경사방향에 평행하게 이동할 것이다. 만일 사면이 수평에 대하여 ϕ_f의 각도로 절토한다면 활동을 유발하는 불연속면의 경사각(ϕ_p)이 절토로 인한 자유면을 형성하여 사면의 경사각(ϕ_f) 보다 작을 때 활동이 일어난다. 이를 대원법을 이용하여 평사투영망에 나타내면 [그림 2.2]와 같이 나타나며, 사면을 나타내는 대원보다 불연속군으로 이루어진 면의 대원이 다소 커서 불연속면의 경사각이 사면의 경사각보다 작음을 의미한다. 따라서 평면파괴의 발생은 다음의 기하학적 조건이 필요하다.

가) 활동면과 절토면의 경사방향 차이가 ±20° 이내여야 한다.
나) 붕괴활동면은 반드시 절토면 내에 노출되어야 하며 그 경사각은 사면경사보다 작아야 한다.
다) 붕괴활동면은 측방에 이완부를 가져야 한다.

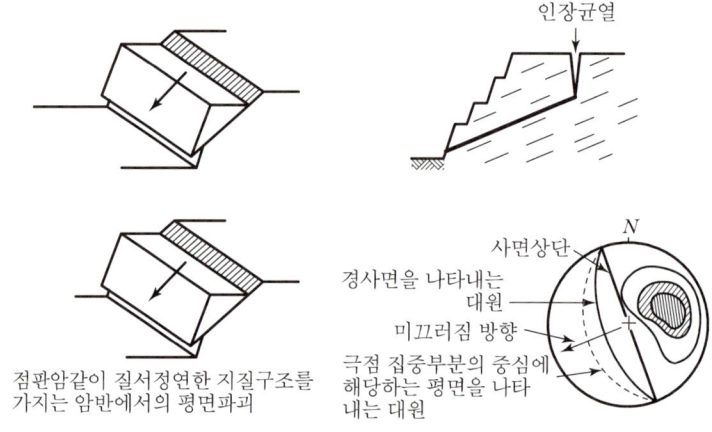

[그림 2.2] 평면파괴

(2) 쐐기파괴

미끄러짐의 기본적인 역학관계를 설명하기 위하여 쐐기의 기하형상을 [그림 2.3]의 (a)와 같이 정의하였다. 그리고 2개의 평면 중에서 기울기가 보다 완만한 면을 평면 A로, 기울기가 보다 급한 평면을 B로 정의하였다. 평면파괴의 경우와 같이 미끄러짐의 조건은 $\phi_{fi} > \phi_i > \phi$로 정의된다. 여기서 ϕ_{fi}는 두 평면에 대한 교선의 직각방향에서 바라보았을 때 측정할 수 있는 사면의 경사이고, ϕ_i는 교선의 경사각이다. 그리고 ϕ는 불연속면의 마찰각이다.

쐐기파괴의 경우 두 교선방향에서 볼 때 두 분리면의 경사각의 차이 및 분리면 마찰각의 차이가 현격히 클 때 교선방향의 벡터는 달라질 수 있다. 또한 단일쐐기가 아닌 분리빈도의 차이가 현저할 경우에도 활동벡터는 달라진다.

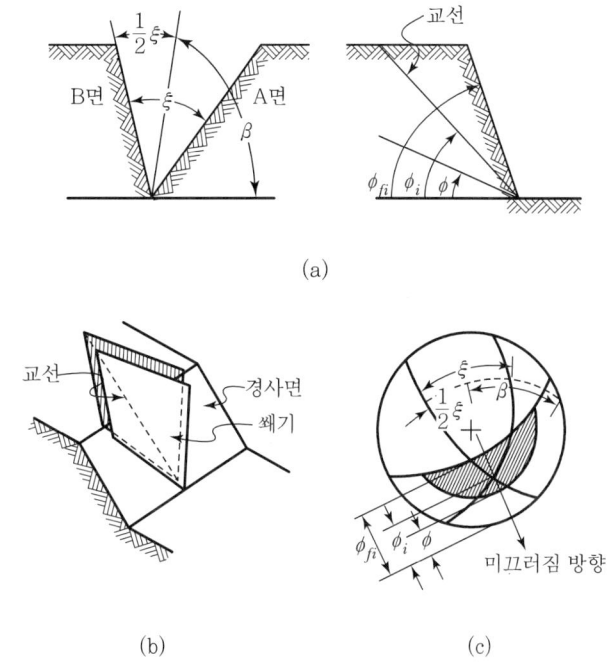

[그림 2.3] 쐐기파괴

(3) 원호파괴

순수 암반에서의 원호파괴는 흔히 발생하는 유형은 아니나 분리면 발달빈도가 극히 높거나 대규모 파쇄대 등에서 발생할 수 있으며 이 경우 특정 지질구조에 규제받지 않는다. 특히 각기 분리된 소규모 암편들의 상호 맞물림 조건이 불량할 때 마치 토사층과 유사한 거동을 보인다.

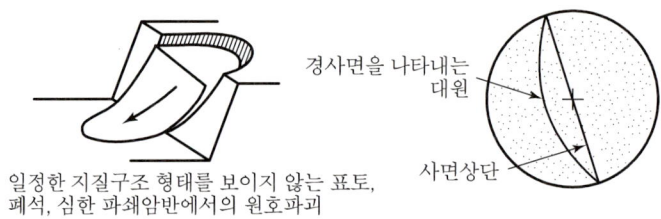

[그림 2.4] 원호활동 파괴

(4) 전도파괴

전도파괴는 취약면을 따른 활동이 아닌 암괴의 회전에 의한 붕괴유형이다. 이는 기본적으로 대규모의 변형이 발생하기 전에 층간의 미끄러짐이 반드시 유발되어야 한다. 각 블록 간의 마찰각이 ϕ라면 미끄러지는 면에 작용하는 압축력의 방향이 분리면에 직각인 방향으로 ϕ보다 더 큰 각을 가질 때에만 발생한다. 즉, 미끄러짐에 의한 전제조건은 불연속면의 수직벡터가 사면 위에서 ϕ각보다 더 완경사로 놓이는 경우이다. 만일 층의 경사가 ϕ라면 수평에 대하여 α만큼 경사진 사면의 전도파괴는 $(90-\beta)+\phi<\alpha$일 때 발생될 수 있다. 또 다른 전도파괴 조건은 불연속면의 주향과 사면의 주향은 30° 이내이어야 한다는 것이다.

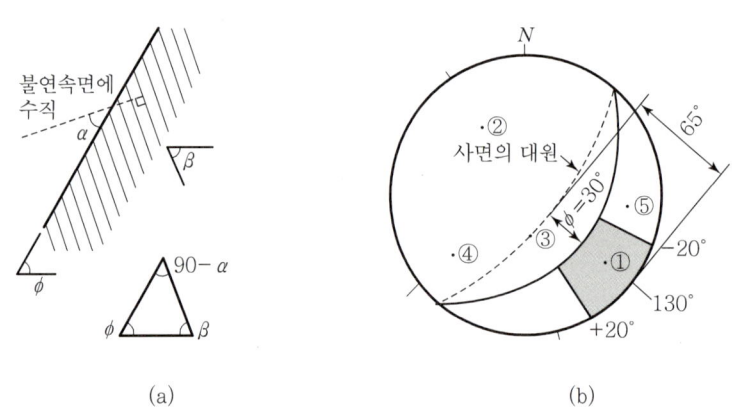

[그림 2.5] 전도파괴

5) Atkinson의 분류

John Atkinson(1993)은 그의 저서인 "An Introduction to The Mechanics of Soils and Foundation"에서 사면붕괴의 유형을 활동형태보다는 사면을 구성하고 있는 지질의 균질정도에 따라 붕괴형태를 분류하고 있다. [그림 2.6]의 (a)와 (b)는 균질한 토층에서 표토층이 간극수의 영향을 받아 발생하는 붕괴형태를 보여준다. [그림 2.6]의 (c)의 붕괴형태는 하부지층의 강도가 견고한 경우에 발생하고, (d)의 붕괴형태는 하부층의 강도가 연약한 지층에 영향을 받아 발생한다. [그림 2.6]의 (e)는 토사흐름으로 대규모 변형의 형태를 보이며, (f)는 블록파괴로 균열이 발생된 토층에서 발생한다. 인장균열이 있는 경우 기존의 사면 안정해석을 적용할 수 없다.

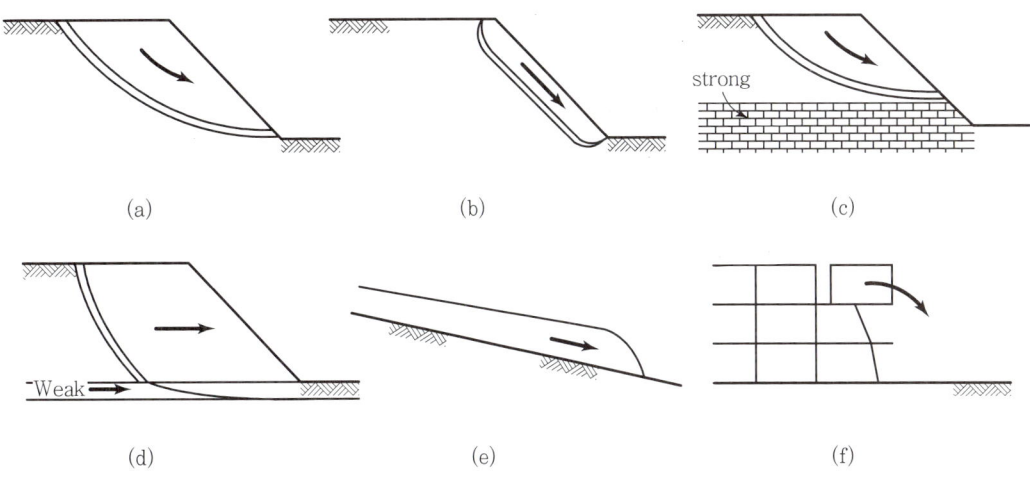

[그림 2.6] Atkinson의 분류

6) Varnes의 분류

Varnes(1978)는 사면이 이동하는 형태, 속도 등 동역학적 메커니즘에 따라 사면붕괴를 분류하여 지반공학적 관점에서 사면활동을 낙하, 전도, 활동, 퍼짐 및 유동 등으로 나누고 이러한 활동 형태가 2개 이상 겹치는 것을 복합활동으로 구분하였다.

붕락(Fall)은 사면으로부터 분리된 다양한 규모의 암석이나 흙 등이 사면 아래로 낙하하는 것을 의미한다. 아래로 낙하하는 암석이나 흙 등은 자유낙하(Free Fall)하거나 튀기거나(Bouncing) 구르는(Rolling) 등 다양한 운동방식을 통해 이동된다. 전도(Topple)는 이동하는 암체의 무게 중심 아래에 있는 한 점이나 축을 중심으로 하여 앞쪽으로 회전하는 현상을 의미한다. 한편 활동(Slide)은 전단변형대나 붕괴면을 따라 암체가 아래로 미끄러지며 이동하는 현상을 의미하며 대규모의 암체가 동시에 붕괴면을 따라 이동하는 현상보다는 붕괴면이 형성되고 점차 이동하여 암체의 규모가 커지는 과정이 진행된다. 퍼짐(Spread)의 경우 Terzaghi와 Peck(1948)에 의해 처음으로 제안된 것으로 하부에 놓여 있는 실트질의 물질 등으로 인하여 가라앉거나 갑작스럽게 이동하는 현상을 의미한다. 유동(Flow)은 유체와 같은 형태의 이동으로 속도가 매우 빠른 것이 일반적이다.

(1) 낙하(Fall)

낙하는 전단변위가 거의 발생하지 않는 상태에서 급한 경사면의 흙이나 암석이 분리되는 것을 시작으로 주로 단열구조에 의해 이탈된 암반사면의 구성물질은 사면의 노출된 자유면에서 떨어지거나(Falling), 튀기거나(Bounding) 또는 구르는(Rolling) 형태로 이탈하여 사면의 하부로 하강하게 된다.

낙하는 발생 시 매우 빠른 속도를 보이며 다른 사면붕괴의 형태보다 먼저 발생하는 경우가 많다. 낙하하는 물질에 따라 낙반, 낙석, 토사 낙하로 세분할 수 있다.

〈표 2.13〉 Varnes(1978)의 사면붕괴유형 분류

운동형태			물질의 형태		
			기반암	공학적 토사	
				조립질	세립질
낙 하			낙반	낙석	토사 낙하
전 도			암반 붕락	토석 전도	토사 전도
활 동	회전 활동	소규모	암반 붕락	토석 붕락	토사 붕락
	병진 활동	대규모	블록 활동 암반 활동	블록 활동 토석 활동	블록 활동 토사 활동
퍼 짐			암반 퍼짐	토석 퍼짐	토사 퍼짐
유 동			암반 흐름 (깊은 포행)	토석 흐름	토사 흐름 (토사 포행)
복 합			두 가지 이상의 붕괴 원리의 조합		

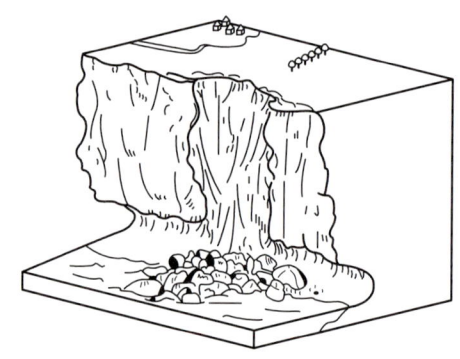

[그림 2.7] 낙 하

(2) 전도(Topple)

전도(Toppling)는 중심 아래의 점 또는 축에 대한 흙 또는 암괴로 구성된 사면의 전방회전으로 주로 중력에 의해 발생한다. 사면상부에 인장균열 등이 존재하여 물이 침투한 경우, 변위를 촉진시키는 요인이 될 수도 있고, 물질 상으로는 암반의 경우가 가장 많은 가능성을 내재하고 있으나 경화된 토사의 경우에도 발생이 가능하다.

[그림 2.8] 전 도

(3) 활동(Slide)

활동(Slide)은 붕괴면과 크게 발달된 전단변형에 의해 주로 발생하는 흙 또는 암괴의 하부이동으로 활동면의 형상에 따라 활동면이 원호에 가까운 회전활동(Rotational Slide)과 직선에 가까운 병진운동(Translation Slide)으로 분류하였다. Varnes는 회전활동의 경우 소규모 사면붕괴에서 많이 발견되며 대규모 활동의 경우에는 병진활동이 더 많이 발생하고 초기에는 원지반에 균열이 발생하는 정도로 시작되며, 활동이 진전되면서 잠재적인 붕괴면을 따라 변위가 일어나게 된다. 마지막 단계에서는 붕괴가 발생된 부분을 따라 원지반과 붕괴면 사이에 뚜렷한 분리가 나타나게 된다.

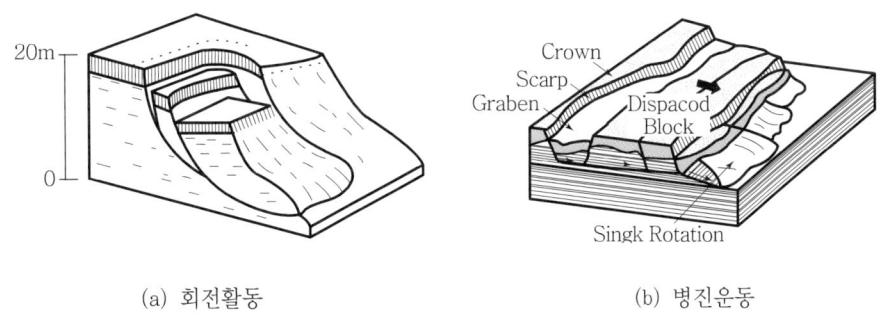

(a) 회전활동 (b) 병진운동

[그림 2.9] 활 동

(4) 퍼짐(Spread)

퍼짐(Spread)은 하부의 연약한 물질 속으로 점성토 혹은 단열이 잘 발달하는 암석 블록이 침하(Subsidence)하면서 발생하는 인장의 형태로 정의된다. 따라서 붕괴면이 강한 전단면으로 작용하지 않으며, 주로 액상화(Liquifaction) 혹은 연약물질의 유입으로 붕괴가 발생한다. 확장은 크게 블록 확장(Block Spread)과 액상화 확장(Liquifaction Spread)으로 구분된다.

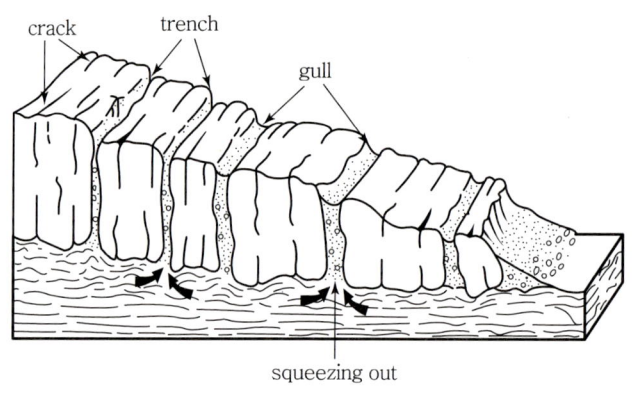

[그림 2.10] 퍼 짐

(5) 유동(Flow)

유동(Flow)은 공간적으로 연속적인 운동에 의해 발생하므로 전단면이 매우 짧은 기간에 형성되었다가 소멸된다. 변위를 발생시키는 물질들의 운동속도 분포는 점성이 있는 액체와 비슷한 유동을 보인다. 유동의 경우에 주로 활동과 복합적인 구조를 보인다. 즉 Earth Slide가 발생하면서 암석블록이 이탈하면, 이 블록들은 유동(Flow)의 형태로 사면을 따라 흐르게 되는데 이런 경우 Composite Earth Slide-Earth Flow라 부른다.

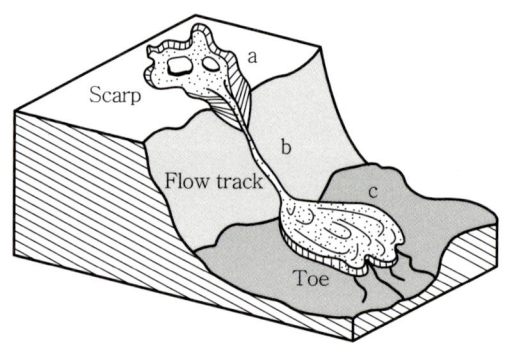

[그림 2.11] 유 동

7) Skempton and Hutchinson의 분류

Skempton과 Hutchison(1965)은 토사사면의 경우에 한하여 다음과 같은 사면붕괴에 대한 분류법을 제안하였다.

(1) 붕락

거의 수직에 가까운 사면에서 일부분이 분리되어 아래로 낙하하는 현상이다. 붕괴면이 생기지 않는 낙하와 구별된다.

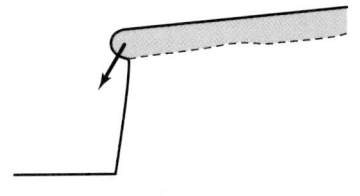

[그림 2.12] 붕락

(2) 활동

활동면이 존재하며 활동면에 전단변형이 발생하는 특징이 있다. 회전활동과 병진활동으로 구별되며 회전활동은 [그림 2.13]과 같이 원호활동, 얕은 원호활동, 비원호활동으로 구별된다. [그림 2.13]과 [그림 2.14]에서 보이는 것과 같이 병진활동은 블록활동, 슬립활동으로 구별된다. 또한 [그림 2.15]와 같이 회전활동과 병진활동이 복합적으로 발생하는 복합활동이 있다.

붕괴된 토괴의 형상은 사면을 구성하고 있는 재료의 균질함에 의해 좌우된다. 토층 내부에 연약층이 존재하는 경우에는 직선과 곡선의 복합적인 형태를 띠며, 균질한 토층으로 이루어져 있는 인공사면의 경우에는 원호활동과 이에 가까운 형태를 띤다.

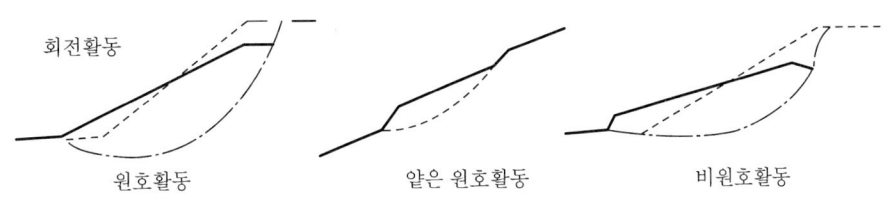

[그림 2.13] 회전활동

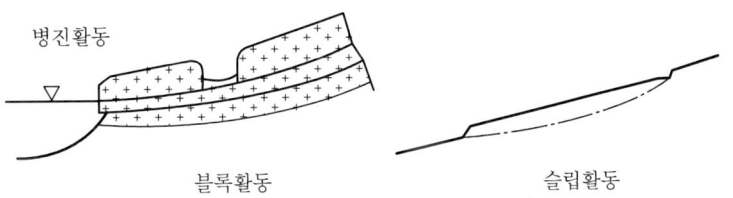

[그림 2.14] 병진활동

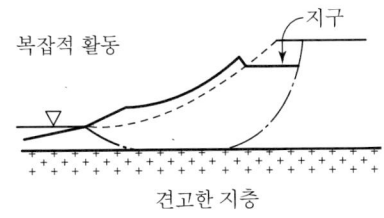

[그림 2.15] 복합활동

(3) 유동

활동길이가 활동깊이에 비해 매우 긴 경우에 발생한다. 일반적인 사면붕괴의 이유인 전단저항의 부족으로 발생하는 것이 아니라 사면을 구성하는 토질의 소성적 변형에 의해 발생하는 경우가 많다. [그림 2.16]은 유동의 일반적 형태를 나타낸다.

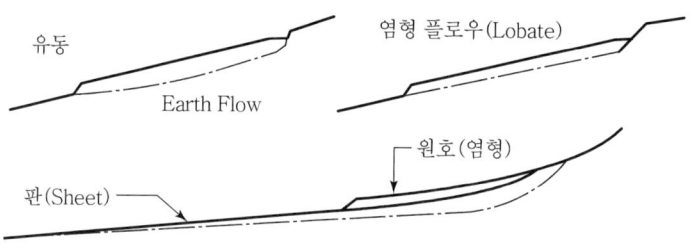

[그림 2.16] 유동

사면설계 및 안정해석

03

본 장에서는 국내에 적용하고 있는 사면설계 기준과 설계에 필요한 다양한 안정해석기법을 다룬다. 지반조사를 포함한 사면설계의 실무절차와 검토항목은 부록의 사면설계요령에 수록하였다.

1. 사면설계의 기준

본 장에서는 국내에 적용하고 있는 사면설계 기준과 안정성 해석기법에 대한 기술을 통하여 새로운 해석기법에 대해 알아본다.
세부적으로 지반조사를 포함한 사면설계 실무절차와 검토항목은 부록에 수록하였다.

2. 기준안전율

기준안전율은 해석방법과 입력변수가 내포하는 불확실성을 감안하여 경제성을 확보하면서 보수적인 설계를 유도하고자 설정하는 값으로 사면의 장기적인 안정성을 확보하기 위해서는 〈표 3.1〉과 같은 값을 해석에 적용한다.

〈표 3.1〉 사면 안정해석 시 적용하는 기준안전율(안) (건설교통부 2005)

구분	기준안전율	참조
건기	$F_S > 1.5$	- 지하수가 없는 것으로 해석
우기	$F_S > 1.2$ 또는 $F_S > 1.3$	- 암반비탈면은 인장균열의 1/2 심도까지 지하수를 위치시키고 해석 수행, 토층 및 풍화암은 지표면에 지하수를 위치시키고 해석 수행 (F_S=1.2 적용) - 강우의 침투를 고려한 해석을 실시하는 경우(F_S=1.3 적용) - 위 두 가지 조건 중 선택적으로 1가지 조건을 만족시켜야 함
지진시	$F_S > 1.1$	- 지진관성력은 파괴토괴의 중심에 수평방향으로 작용시킴 - 지하수위 실제측정 또는 평상시의 지하수위 측정

- 단기적인 비탈면의 안정성 : 위 기준에서 0.1 감소
- 해석에 사용한 입력값이 실제 시험값이 아닌 값을 사용한 경우 : 0.1 증가
- 강도정수를 한계강도가 아닌 잔류강도로 해석한 경우 : 0.1 감소
- 비탈면 상하부 파괴범위 내에 가옥, 건물 등의 고정시설물이 있는 경우 : 0.05 증가
- 비탈면 상부 파괴범위 내에 1, 2종 시설물의 기초가 있는 경우 : 별도 검토
- 상기 조건을 중복 적용하여 $F_S < 1.0$인 경우에는 최소안전율 1.0 적용

3. 성토사면설계

성토사면의 경사는 성토재료 및 높이에 따라서 〈표 3.2~3.4〉의 표준경사표를 적용한다. 표준경사와 다른 경우 또는 높이가 10m 이상인 경우는 별도의 사면 안정해석 통하여 경사를 결정한다.

〈표 3.2〉 건설교통부의 성토사면 표준경사(안) (건설교통부 2005)

성토재료	사면높이 (m)	사면 상하부에 고정시설물이 없는 경우(도로, 철도 등)	사면 상하부에 고정시설물이 있는 경우(주택, 건물 등)
입도분포가 좋은 양질의 모래, 모래자갈, 암괴, 암버럭	0~5	1:1.5	1:1.5
	5~10	1:1.8	1:1.8~1:2.0
	10 초과	1:2.0	별도 검토
입도분포가 나쁜 모래, 점토질 사질토, 점성토	0~5	1:1.8	1:1.8
	5~10	1:1.8~1:2.0	1:2.0
	10 초과	별도 검토	별도 검토

① 상기표는 기초지반의 지지력이 충분한 경우에 적용함
② 성토 높이는 사면의 천단에서 선단까지 수직높이임

높이가 5.0m 이상인 경우 사면 유지관리를 위한 점검, 배수시설의 설치공간으로 활용하기 위하여 원칙적으로 소단을 설치한다. 소단의 설치는 사면 중간에 5.0~10.0m 높이마다 폭은 1.0~3.0m의 소단을 설치한다.

〈표 3.3〉 도로공사의 성토사면 표준경사 (한국도로공사 1992)

성토재료	성토 높이(m)	경사	흙의 분류
입도분포가 좋은 모래	0~6	1:1.5	GW, GP, SW, GM, GC
자갈 및 자갈 섞인 모래	6~15	1:1.8	
입도분포가 나쁜 모래	0~10	1:1.8	SP
암괴, 암버럭	0~6	1:1.5	SW, GP, GM
	6 이상	1:1.8	
사질토, 굳은 점질토, 굳은 점토 (홍적층, 점성토, 점토 등)	0~6	1:1.5	SM, SC, CL
	6 이상	1:1.8	
연약한 점성토	0~6	1:1.8	CH, OH, ML, MH

〈표 3.4〉 주택공사의 성토사면 표준경사 (대한주택공사 2006)

구 배		비 고
0~5m	5m 이상	
1 : 1.5	1 : 2.0	직고 3m마다 그 사면의 면적의 5분의 1 이상에 해당하는 면적의 단을 설치한다. 단, 사면의 토질·경사도 등으로 보아 건축물의 안전상 지장이 없다고 인정되는 경우에는 그러하지 아니한다.

1. 용수지역은 배수시설, 연약지반은 지반개량 후 성토 시행
2. 사면 상단 또는 하단과 소단부에 측구 설치
   - 상단측구 : 사면 상부에 집수면적이 많아 사면의 유실이 우려되는 지역
   - 하단측구 : 유수로 인하여 하부에 피해가 예상되는 지역
   - 소단측구 : 소단 어깨부분에 세굴방지 목적
3. 필요시 사면보호공 및 표면수처리를 위한 종배수구 설치
4. 용지폭의 한정 및 현장여건에 따라 기울기를 조정할 수 있으나 경사가 변하는 부분이 물의 침식을 받지 않도록 배수처리

4. 절토사면 설계

절토사면의 경사는 지반조사 및 시추조사 결과를 고려하여 구간별로 안정성 분석을 실시하고 그 결과에 의해서 결정하는 것을 원칙으로 한다. 〈표 3.5〉는 국내기관별 설계기준을 정리한 것이다. 일반적으로 적용할 수 있는 성토사면의 표준경사는 〈표 3.6~3.11〉과 같다. 하지만 불안정한 지반조건에서는 안정해석을 실시해야 하며, 특히 암반사면에서는 불연속면의 발달방향과 상태를 고려하여 신중하게 사면 경사를 결정하여야 한다.

〈표 3.5〉 국내기관별 표준경사

토질조건		절토높이(m)	경사				
			건교부	도로공사	철도청	토지공사	주택공사
토사 (사질토, 점성토)		5 이상	1 : 1.5	1 : 1.5	1 : 1.5	1 : 1.5	1 : 1.5
		5 미만	1 : 1.2	1 : 1.2	1 : 1.3	1 : 1.2	1 : 1.2
리핑암 (풍화암)		5 이상	1 : 0.7	1 : 1.0	1 : 1.0	1 : 1.0	1 : 1.2
		5 미만					1 : 1.0
발파암	연암	5 이상	1 : 0.5	1 : 0.5	1 : 0.5	1 : 0.5	1 : 1.0
		5 미만					1 : 0.8
	경암	5 이상			1 : 0.3		1 : 0.8
		5 미만					1 : 0.5

<표 3.6> 토사지반의 절토사면 표준경사(안)
(건설교통부 2005, 한국도로공사 1992)

토질조건		절토높이(m)	경사	비고
모래			1 : 1.5 이상	
사질토	밀실한 것	5 이하	1 : 0.8~1 : 1.0	SW, SP
		5~10	1 : 1.0~1 : 1.2	
	밀실하지 않고 입도분포가 나쁨	5 이하	1 : 1.0~1 : 1.2	
		5~10	1 : 1.2~1 : 1.5	
자갈 또는 암괴 섞인 사질토	밀실하고 입도분포가 좋음	10 이하	1 : 0.8~1 : 1.0	SM, SC
		10~15	1 : 1.0~1 : 1.2	
	밀실하지 않거나 입도분포가 나쁨	10 이하	1 : 1.0~1 : 1.2	
		10~15	1 : 1.2~1 : 1.5	
점성토		0~10	1 : 0.8~1 : 1.2	ML, MH, CL, CH
암괴 또는 호박돌 섞인 점성토		5 이하	1 : 1.0~1 : 1.2	GM, GC
		5~10	1 : 1.2~1 : 1.5	

① 실트는 점성토로 간주. 표에 표시한 토질 이외에 대해서는 별도로 고려한다.
② 위 표의 경사는 소단을 포함하지 않는 단일사면의 경사이다.

<표 3.7> 암반의 파쇄특성에 따른 사면 표준경사
(건설교통부 2005, 한국도로공사 1992, 한국철도시설공단 2004)

암반구분	암반파쇄상태 NX시추(BX시추)		굴착난이도	경사	소단설치
	TCR(%)	RQD(%)			
- 대부분의 풍화암 - 연암, 경암 중 파쇄가 심한 경우	20 이하 (5 이하)	10 이하 (0)	리핑암	1 : 1.0~ 1 : 1.2	H=5m마다 1m 설치
- 풍화암 중 파쇄가 거의 없는 경우 - 대부분의 연·경암	20~40 (10~30)	10~25 (0~10)	발파암 (연암)	1 : 0.8~ 1 : 1.0	H=10m마다 1~2m 설치
	40~60 (30~50)	25~50 (10~40)	발파암 (보통암)	1 : 0.7	
	60 이상 (50 이상)	50 이상 (40 이상)	발파암 (경암)	1 : 0.5	H=20m마다 3m 설치

① 사면의 선단을 기준으로 20m 높이마다 3m폭의 소단설치
② 불안정 요인이나 불연속면에 기인한 파괴가능성이 없는 경우의 경사임

절토높이가 10m 이상인 사면에서는 사면 유지관리를 위한 점검, 배수시설의 설치공간으로 활용하기 위하여 원칙적으로 소단을 설치한다. 소단의 설치는 사면 중간에 5.0~10.0m 높이마다 폭 1.0~3.0m의 소단을 설치한다. 또한 대표적인 연약지반인 붕적층 지반의 경우 〈표 3.8〉의 표준경사를 적용한다.

〈표 3.8〉 붕적층 지반의 적정 절토사면 경사(안) (건설교통부 2005)

지하수 조건	경사
강우시에도 지하수위가 설계고보다 낮은 경우	1 : 1.2
강우시만 지하수위가 설계고보다 높아질 경우	1 : 1.5
상시 지하수위가 설계고보다 높은 경우	1 : 1.8~2.0

〈표 3.9〉 절토사면 표준경사 (건설교통부 2000)

구분	절토높이	적용경사	소단설치	
토사	0~5m	1 : 1.2	H=5m마다 소단설치	절토사면 높이 20m 마다 소단 3m 설치
	5m 초과	1 : 1.5		
리핑암		1 : 1.2	1 : 1.2	
발파암		1 : 1.5	1 : 1.5	

〈표 3.10〉 절토사면 표준경사 (대한주택공사 2006)

원지반의 토질	경사		비고
	5m 미만	5m 이상	
발파암	1 : 0.8	1 : 1.0	직고 3m마다 그 사면의 면적의 5분의 1 이상에 해당하는 면적의 단을 설치한다. 단, 사면의 토질·경사도 등으로 보아 건축물의 안전상 지장이 없다고 인정되는 경우에는 그러하지 아니하다.
풍화암	1 : 1.2	1 : 1.5	
토사	1 : 1.5		

1. 용수지역 및 연약지반은 배수시설(맹암거 등) 및 특수공법을 적용
2. 사면 상단과 필요한 소단부에 측구 설치
3. 필요 시 사면보호공 및 표면수처리를 위한 종배수구 설치
4. 절토고 5m 이상으로 필요 시 낙석방지용 철책 설치

4. 해석기법

사면안정해석은 경계값문제(Boundary Value Problem)의 일종으로 주어진 사면조건(지반물성, 사면형상, 지하수위 등)과 하중조건(외력, 자중, 관성력, 침투력 등)에 대한 사면의 파괴 여부를 정량적으로 판단하는 데 목적이 있다. 경계값 문제는 어떤 현상 혹은 물리량을 나타내는 미분방정식에 해석대상체의 경계조건을 적용하여 주어진 경계조건에 맞는 현상 혹은 물리량을 산정해내는 것이다. 사면안정해석의 경우, 미분방정식으로 표현되는 물리량은 안전율, 사면의 임계높이(혹은 깊이), 파괴하중 등이 될 수 있으며 경계조건은 외력조건이나 변위구속조건 등이 될 수 있다.

[그림 3.1]은 경계값문제의 개념을 도시한 것이다. 그림에서 보는 바와 같이, 경계값문제에 대한 역학적으로 엄밀한 해를 산정하기 위해서는 외력-응력관계를 규정짓는 평형(Equilibrium)조건, 변위-변형률관계를 규정짓는 적합(Compatibility)조건, 그리고 응력-변형률관계를 규정짓는 구속(Constitutive)조건이 모두 만족되어야 한다.

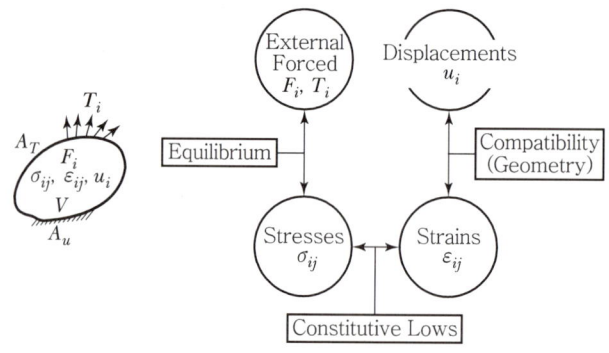

[그림 3.1] 경계값문제의 개념(Chen and Liu 1990)

사면안정해석기법은 최근까지 미끄러짐이 발생하는 붕괴예상면에 작용하는 전단응력과 전단강도를 비교하여 안정성을 평가하는 한계평형해석기법이 사용되고 있다. 그러나 이러한 기법은 사면에서 발생하는 다양한 거동에 대한 예측이 불가능하며 특히 지반조사단계로부터 강도특성의 획득과정에 이르기까지 다양한 원인에 의해 발생하는 불확실성의 개입을 효과적으로 다루기에는 많은 한계점을 가지고 있다는 문제제기에 따라 최근 들어 확률론적 해석기법 등 다양한 해석기법들이 제안되고 있다. 따라서 본 장에서는 현재도 폭넓게 활용되고 있는 한계평형해석기법부터 최근 활용범위가 증가하고 있는 확률론적 해석기법과 하중저항계수법까지 현재 많이 활용되고 있는 사면안정해석기법에 대하여 설명하고자 하였다. 또한 국내에 널리 보급되어 있는 사면해석용 범용프로그램에 대하여 간단히 소개하였다.

현재 지반공학에서 보편적으로 사용되고 있는 안전율에 의한 사면안정성 평가기법은 결정론적인 접근방식과 경험 및 공학적인 판단에 근거한 해석기법이다. 그러나 이러한 해석기법은 간단한 계산과 공학자의 경험과 판단에 의해 사면의 안정성을 판단할 수 있다는 장점에도 불구하고 사면의 구성물질이 가지고 있는 불확실성을 효과적으로 다룰 수 없다는 한계점을 가지고 있다. 따라서 이러한 문제점을 보완하기 위하여 해석변수의 확률분포를 고려한 확률론적 해석기법을 적용하여 파괴확률을 산정하고 이를 통해 안정성을 검토하기도 한다. 일반적으로 결정론적 해석에서는 안전율이나 변형률이 안정검토의 기준이 되며 확률론적 해석에서는 파괴확률이 기준이 된다. 최근에는 설계변수의 확률분포를 고려하여 산정된 계수값을 하중과 저항에 적용하는 하중저항계수설계(LRFD : Load and Resistance Factor Design)가 설계기준의 추세로 자리잡고 있다.

1) 결정론적 기법

결정론적 해석기법은 설계변수의 대표 값을 적용하여 사면의 안정성을 평가하는 방법으로 안전율에 의한 해석과 변형률에 의한 해석이 이에 해당한다. 본 절에서는 대표적인 결정론적 해석기법인 한계평형해석, 고등수치해석, 그리고 한계해석에 대해 기술할 것이다. 또한 붕괴사면으로부터 붕괴 시의 사면조건을 추정하는 역해석기법에 대해 다룰 것이다. 붕괴사면의 역해석은 사면의 보수·보강공법 선정에 필수적일 뿐만 아니라 사면의 파괴메커니즘을 이해하는 데 도움이 된다.

(1) 한계평형해석(Limit Equilibrium Method)

안전율에 의한 사면안정해석기법은 현재 가장 보편적으로 사용되는 방법으로 다양한 조건에 대한 많은 사례가 보고되고 있으며 이에 따라 다양한 목적으로 개설되는 각종 사면에 대하여 보편적으로 적용되는 허용안전율이 제시되고 있다. 안전율을 이용한 해석기법은 한계평형해석기법(Limit Equilibrium Method)에 기초를 두고 있으며 [그림 3.2]에서 보는 바와 같이 붕괴가 예상되는 파괴면에 작용하는 전단응력(S_M)과 전단강도(S_R)를 비교하여 안정성을 평가한다.

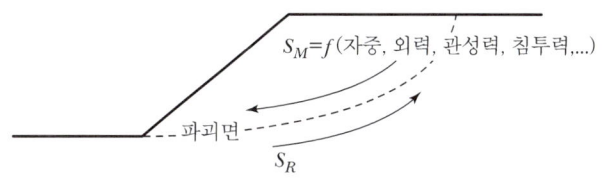

[그림 3.2] 가상파괴면에 작용하는 전단응력과 전단강도의 합력

사면의 구성물질의 전단강도를 획득하기 위한 모델로서 Mohr-Coulomb 모델이 주로 사용되며 암반의 경우 Barton-Bandis 모델이 사용되기도 한다. 한계평형해석기법은 다양한 현장여건에 대하여 활용할 수 있는 장점을 가지고 있다. 즉 예상활동면에 수압이 작용하는 경우나 지진, 록앵커 등과 같은 외력이 작용하는 경우에도 활용할 수 있다는 장점을 가지고 있다. 그러나 한계

평형해석에서 작용하는 모든 힘이 암반블록의 무게중심에 작용하여 모멘트가 전혀 고려되지 않는다는 문제점이 있다. 따라서 전도파괴(Toppling Failure)의 경우 쐐기파괴나 평면파괴 등 미끄러짐에 의해 파괴가 발생하는 파괴형태와는 전혀 다른 접근방식에 의한 해석을 수행하여야 한다.

결정론적 기법에 의한 사면안정의 한계평형해석은 여러 개의 가상파괴면을 가정하여 최소의 안전율과 그에 해당하는 임계파괴면(Critical Failure Surface)을 산정하여 사면안정성을 검토하게 된다. 한계평형해석의 역학적 가정사항은 다음과 같다.

- 토체는 Mohr-Coulomb 파괴규준을 따르는 강성완전소성체로 가정한다.
- 파괴면은 소성평형(Plastic Equilibrium) 상태에 이른 것으로 가정한다. 즉, 파괴면상의 모든 점에서 평형조건과 Mohr-Coulomb 파괴규준이 만족하는 것으로 가정한다.
- 파괴면 위의 토체는 평형상태로 가정한다.

토사면의 경우 불균질 지반, 불규칙한 사면형상, 지하수위 특성 등 다양한 사면조건을 반영하기 위해, 파괴면 위의 토체를 여러 개의 수직토체로 분할하는 절편법(Method Of Slices)이 주로 사용된다. [그림 3.3]은 절편법의 개념을 도시한 것으로 일반적인 사면조건과 사면 내 1개의 절편에 작용하는 힘을 나타낸 것이다.

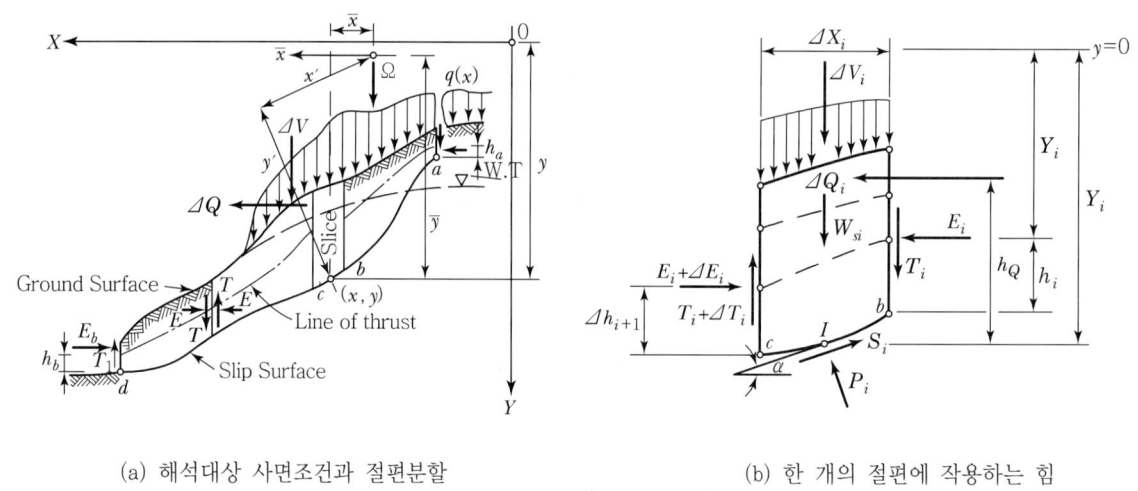

(a) 해석대상 사면조건과 절편분할   (b) 한 개의 절편에 작용하는 힘

[그림 3.3] 절편법의 개념(Espinoza et al. 1994)

한계평형해석의 가정사항에서 언급했듯이 [그림 3.3] (b)와 같은 1개의 절편에 작용하는 힘들은 평형조건과 파괴규준이 만족되어야 한다. 총 n개의 절편으로 구성된 사면의 안전율산정에 필요한 요소 중 미지수와 만족되어야 하는 역학적 조건에 대한 방정식을 비교하면 〈표 3.11〉과 같다.

<표 3.11> n개의 절편으로 구성된 사면의 미지수와 방정식

미지수와 개수	방정식과 개수
파괴면의 연직응력(P_i) : n 파괴면상 연직응력의 작용점(I) : n 파괴면의 전단응력(S_i) : n 절편간연직력(E_i) : n-1 절편간전단력(T_i) : n-1 절편간력의 작용점(Y_i) : n-1 안전율 : 1	수직방향 평형방정식 : n 수평방향 평형방정식 : n 모멘트 평형방정식 : n Mohr-Coulomb 파괴규준식 : n
미지수의 총 개수 : 6n-2	방정식의 총 개수 : 4n

위의 표에서 알 수 있듯이 절편법에 의한 사면안정해석문제는 미지수가 방정식보다 더 많은 2n-2차 부정정문제가 된다. 만일 절편을 매우 촘촘하게 나눈다면 파괴면상 연직응력의 작용점(I)은 절편바닥면의 중점으로 가정해도 무방할 것이고, 부정정차수는 n-2차로 줄게 된다. n-2차 부정정문제를 정정문제로 바꾸기 위해서는 가정사항을 두어 미지수의 개수를 줄이거나 추가적인 역학적 조건을 제안하여 방정식의 개수를 늘려야 한다. 일반적으로 절편간력에 대한 가정사항을 두어 미지수의 개수를 줄이는 방법으로 문제를 풀게 된다. 지금까지 제안된 수많은 절편법들은 절편간력에 대한 가정사항을 어떻게 두었는가에 의해 구분된다. 초기에 제안된 절편법들은 너무 많은 가정사항을 둠으로써 오히려 미지수가 방정식의 개수보다 적게 되어 몇 개의 역학적 제 조건이 만족되지 않는 상태에서 안전율을 산정하게 된다. 이러한 해석법을 간편법(Simplified Method)이라 하고, 반면 미지수와 방정식의 수가 같아지도록 가정사항을 세운 후 안전율을 산정하는 해석법을 엄밀법(Rigorous Method)이라 한다. 아래의 표는 대표적인 한계평형해석법들의 특징과 차이점을 정리한 것이다.

<표 3.12> 절편법의 비교

	해석법	평형조건			파괴면 형상		비고
		수평	수직	모멘트	원호	비원호	
간편법	Fellenius법	×	×	○	○	×	절편간력 무시
	Bishop의 간편법	○	×	○	○	×	절편간전단력 무시
	Janbu의 간편법	○	○	×	○	○	절편간전단력 무시
	Force Equilibrium 법	○	○	×	○	○	절편간력의 기울기 가정

해석법		평형조건			파괴면 형상		비고
		수평	수직	모멘트	원호	비원호	
엄밀법	Spencer법	○	○	○	○	○	절편간력 기울기 분포 가정
	Bishop의 엄밀법	○	○	○	○	○	절편간력 크기 분포 가정
	Janbu의 엄밀법	○	○	△	○	○	절편간력 기울기 분포 가정
	Morgestern-Price법	○	○	○	○	○	절편간력 기울기 분포 가정
	Sarma법	○	○	○	○	○	수평지진계수 이용
	Lever-arm Equilibrium	○	○	○	○	○	절편간력 크기 분포 가정
	GLE법	○	○	○	○	○	엄밀법의 종합(사용자 선택)

※ Janbu 방법의 경우, 마지막 절편에서 모멘트 평형조건이 만족 안 됨(△의 이유)
※ GLE=Generalized Limit Equilibrium

엄밀법의 경우 절편간력의 기울기(θ_i) 혹은 절편간전단력의 분포를 식(1)과 같이 가정하여 사면안전율을 산정하게 된다.

$$\theta_i = \lambda f(x) \text{ 혹은 } T_i = \lambda f(x) \quad \cdots\cdots\cdots\cdots\cdots\cdots\cdots\cdots\cdots\cdots (1)$$

여기서, θ_i = 절편간력의 기울기
T_i = 절편간전단력
λ = Scale Factor (미지수)
$f(x)$ = 분포함수

분포함수 $f(x)$는 상수, 사다리꼴 함수, sine 함수, 혹은 사용자가 정의한 함수 등 다양한 형태가 될 수 있다. GLE법은 사용자가 절편간력 혹은 그 기울기의 분포가정과 가정에 적용된 분포함수를 선택함으로써 다양한 엄밀해석을 수행할 수 있는 장점이 있으나, 선택한 가정사항에 따른 해석결과에 대한 분석이 반드시 필요하다.

한계평형해석법의 선택에 있어 어느 해석법이 가장 신뢰성이 높은지에 대해서는 객관적인 자료는 없으나 현재까지의 연구 및 해석결과로부터 유추된 참조사항은 다음과 같다. Fellenius법은 균질사면의 비배수상태 안정해석 외에는 적용하지 않는 것이 바람직하다. 원호파괴의 경우 Bishop의 간편법과 엄밀법에 의해 산정된 안전율의 편차는 약 5% 이내인 것으로 알려져 있다. 따라서 균질사면과 같이 원호파괴가 예상되는 경우, Bishop의 간편법을 적용하는 것으로 충분하다. 반면 지층 간 전단강도 차이가 뚜렷한 비균질사면과 같이 비원호파괴가 예상되는 경우, Janbu의 간편법으로 예비해석을 수행한 후, 해석결과를 바탕으로 보다 엄밀한 해석기법을 적용하여 상세해석을 수행하는 것이 바람직하다.

한계평형해석은 안전율이라는 객관적인 안정지표를 산정해내고 계산이 간편한 장점이 있어 현재까지 가장 널리 사용되고 있는 사면안정해석기법이지만 사면을 구성하는 토체의 응력-변형률 관계를 고려하지 못하는 바, 역학적으로 엄밀한 해석법이 아니다. 이른바 엄밀법의 경우도 모든 평형조건이 만족된다는 점에서 엄밀할 뿐 역학적 엄밀성은 만족되지 않는 한계평형해석 자체의 단점은 극복되지 않는다. 또한 파괴면 상의 모든 점에 동일한 안전율을 가정하는 것은 비현실적일 뿐만 아니라 진행성 파괴(Progressive Failure)와 같은 현상을 해석하지 못하는 단점이 있다.

(2) 고등수치해석(Advanced Numerical Analysis)

변형률에 의해 사면의 안정성을 해석하는 기법은 상대적으로 최근에 제안된 방법으로 고등수치해석에 의한 사면 안정성 해석 결과를 이용하는 기법이다. 특히 이 기법은 활용되기 적합하다. 이 기법은 불연속면에 의한 영향이 사면의 안정성에 미치는 영향이 큰 경우, 즉 사면변형이 어느 정도 허용되는 광산의 사면 안정성 해석이나 매우 다양한 지질특성이 복합적으로 나타나는 지역에 적용성이 높다.

사면의 역학적 거동에 대한 엄밀한 해석을 수행하기 위해서는 사면 구성 지반의 응력-변형률 관계, 즉 구성관계를 고려하는 고등수치해석기법을 적용해야 하며, 유한요소해석과 유한차분해석이 이에 해당된다. 지반재료의 두드러진 역학적 특성으로 비선형비탄성 거동과 응력이력의존성을 들 수 있는데, 고등수치해석의 가장 큰 장점은 이러한 특성을 반영할 수 있다는 점이다. 따라서 주어진 사면조건에 맞는 구성관계모델을 선택하여 해석에 적용함으로써 보다 실제거동에 가까운 해석결과(사면변위와 사면내 응력 및 변형률 분포)를 얻을 수 있다. 고등수치해석의 장점은 다음과 같다.

- 비선형비탄성 응력-변형률관계를 고려함으로써 보다 실제적인 거동분석이 가능하고 해석결과로서 사면의 변위에 관한 정보를 얻을 수 있다.
- 해석결과(예를 들어 소성영역)로부터 파괴면을 추정할 수 있으므로 한계평형해석과 같이 가상파괴면을 가정할 필요가 없다.
- 연화거동(Strain Softening)을 반영할 수 있으므로 진행성 파괴에 관한 해석이 가능하다.
- 초기응력조건과 절성토과정의 모사가 가능하므로 응력이력 의존성을 반영할 수 있다.
- 압밀과 Creep 등 시간의존적 거동에 대한 해석이 가능하다.

고등수치 해석결과의 적절성은 어떤 구성관계 모델을 적용하느냐에 의해 크게 좌우되는데 사면 거동분석에 자주 적용되는 탄소성 해석의 경우 구성관계모델에 필요한 지반물성은 〈표 3.13〉과 같다.

〈표 3.13〉 탄소성해석에 필요한 지반물성

물성	내부마찰각	점착력	dilation angle	탄성계수	Poisson비	단위중량
기호	ϕ	c	ψ	E	ν	γ

사면에 하중이 증가하기 시작한 후부터 파괴 후 소성거동까지의 전 과정을 모사할 경우 구성모델식 뿐만 아니라 〈표 3.13〉에 열거한 지반물성치들의 정확한 값을 추정하여 모델에 적용해야 한다. 특히 ψ는 소성거동을 규정짓는 중요한 물성치이나 정확한 값을 찾아내기가 쉽지 않아 지반의 탄소성 해석이 어려운 원인 중의 하나가 되고 있다. 그러나 파괴 후 소성거동에는 관심을 두지 않고 사면의 안정성에만 초점을 맞추어 해석을 수행할 경우, $\psi=0$으로 가정한 완전소성 모델을 적용하여도 파괴 여부에 대한 만족할 만한 해석결과를 얻을 수 있을 것이다.

이러한 장점에도 불구하고 고등수치해석기법들은 사면안정해석보다는 사면의 변위해석에 주로 적용되어 왔다. 이는 사면안정해석에 있어 한계평형해석이 지니고 있는 장점, 즉 전체안전율이라는 간편하고도 정량적인 지표를 고등수치해석기법은 쉽게 산정해내지 못한 데서 기인한다. 고등수치해석 결과를 보면 파괴면 상의 각 점에서 각기 다른 안전율이 산정됨을 알 수 있는데 이러한 국부안전율 자료로부터 전체사면의 붕괴 여부는 주관적으로 판단할 수밖에 없다. 이러한 단점을 극복하기 위해 고등수치해석 결과로부터 전체 안전율을 산정해내는 방안으로 전단강도와 전단응력의 합력을 이용하는 방안, 국부안전율의 평균값을 산정하는 방안, 그리고 전단강도감소법이 제안되었다. 식(2)와 식(3)은 각각 전단강도와 전단응력의 합력을 이용하는 방안과 국부안전율의 평균값을 산정하는 방안의 전체안전율 산정공식을 나타낸 것이다.

$$FS = \frac{\int (c + \sigma \tan \phi) dl}{\int \tau dl} \quad \cdots\cdots\cdots (2)$$

$$FS = \frac{1}{l} \int \frac{c + \sigma \tan \phi}{\tau} dl \quad \cdots\cdots\cdots (3)$$

여기서, l = 파괴면의 길이

[그림 3.4]는 주어진 사면조건에 대한 유한요소해석 결과와 한계평형해석 중 Spencer법의 결과를 비교한 것이다. Spencer법은 총 25절편으로 사면을 분할하여 안전율을 산정하였으며, [그림 3.4] (b)는 유한요소해석 결과로 산정된 25개절편의 국부안전율 분포를 도시한 것이다. 국부안

전율에 식(3)을 적용, 전체안전율을 산정하여 Spencer법으로 구한 안전율과 비교한 결과 큰 차이가 없음을 보여준다.

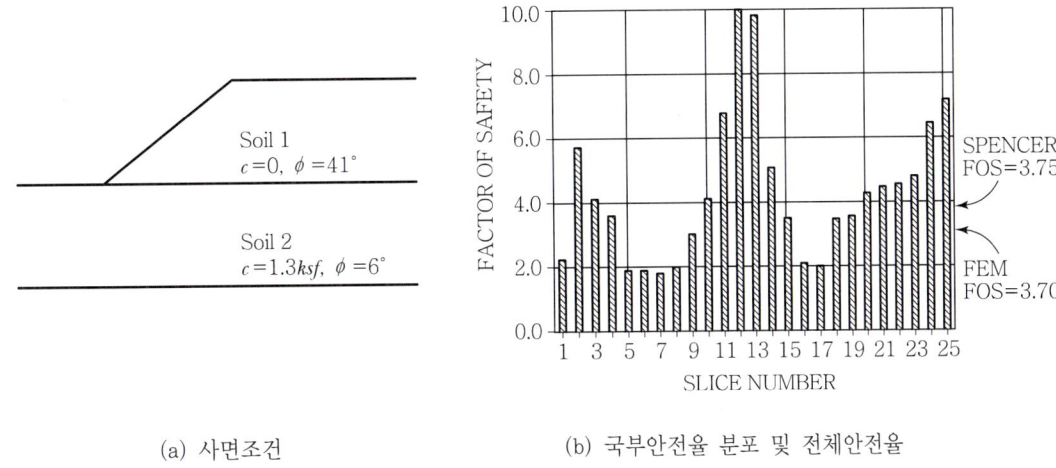

(a) 사면조건   (b) 국부안전율 분포 및 전체안전율

[그림 3.4] 유한요소해석과 Spencer법 해석결과의 비교(Duncan and Wright 2004)

전단강도감소법은 해석대상 사면의 다른 조건들은 변경하지 않고 전단강도정수만을 식(4)에 따라 사면파괴가 발생할 때까지 감소시켜 파괴 시의 감소계수를 안전율로 산정하게 된다.

$$c_f = \frac{c}{FS}, \quad \phi_f = \tan^{-1}\left(\frac{\tan\phi}{FS}\right) \quad \cdots\cdots (4)$$

여기서 c_f, ϕ_f = 전단파괴 시 전단강도정수

고등수치해석을 통해 전체안전율을 산정하는 경우 사면파괴의 정의에 대한 객관적인 기준이 불분명한 실정이나, 일반적으로 (i)사면부가 부풀어 오른 경우, (ii)전단응력이 전단강도에 수렴한 경우, 혹은 (iii)수렴된 해를 찾지 못한 경우 등을 사면파괴 기준으로 적용한다. 마지막 기준과 같이 수렴이 안 되는 경우란, 대규모 변위가 발생하여 파괴규준과 평형조건을 동시에 만족시키는 응력의 재분배가 불가능한 경우를 가리키므로 사면의 실질적인 파괴로 보아도 무방하므로 사면파괴 기준으로 가장 널리 적용되고 있다.

유한요소해석이나 유한차분해석과 같은 고등수치해석을 통해 사면의 안정성을 검토할 경우, 지반을 Mohr-Coulomb 파괴규준을 따르는 탄성완전소성체로 가정하여 거동해석을 수행하고 식(2)~(4)을 이용하여 전체안전율과 파괴면을 산정하면 한계평형해석 결과와 직접적인 비교가 가능할 것이다.

(3) 한계해석(Limit Analysis)

앞서 기술한 바와 같이 사면안정해석에 있어 한계평형해석은 변형률을 고려하지 않으므로 역학적으로 엄밀하지 못한 단점이 있고 고등수치해석은 전체안전율 산정과 이에 필요한 사면의 파괴기준 결정에 어려움이 있다는 단점이 있다. 한계해석은 한계평형해석의 간편성과 고등수치해석의 역학적 엄밀성을 모두 보장하는 안정해석기법으로 사면안정해석에 적용되어 왔다.

한계해석은 한계평형해석과 마찬가지로 지반을 Mohr-Coulomb 파괴규준을 따르는 강성완전소성체로 가정하며, 파괴 후 소성거동은 관련유동법칙을 따르는 것으로 가정한다. 강성완전소성체는 지반의 실제거동과는 동떨어진 비현실적인 가정이나, 파괴 직후 소성영역에서 미소변형률 내의 응력-변형률곡선은 완전소성거동에 가까운 것으로 관찰되며, 이는 지반과 같은 연성재료의 경우 더욱 두드러진다. 또한 지반의 탄성변형은 소성변형에 비해 무시해도 좋을 만큼 미미하다. 따라서 강성-완전소성은 미소변형률 수준의 흙 거동해석에는 적절한 가정이라 할 수 있으며, 특히 해석의 주 목적을 안정해석, 즉 사면파괴의 발생 여부로 제한할 경우 거동모델의 단순화로 인해 발생할 수 있는 문제점은 최소화될 수 있다. 또한 관련유동법칙의 적용 역시 비현실적이나, 사면과 같이 구속조건이 느슨한 반무한체 해석을 수행하는 경우 특히 안정해석을 수행하는 경우에는 큰 문제가 되지 않는 것으로 알려져 있다.

한계해석은 경계정리를 이용하여 안정문제의 해를 산정해낸다. 사면안정문제의 해는 파괴하중, 임계파괴면, 임계높이(혹은 깊이), 안전율 등이 될 수 있다. 경계정리는 하계정리와 상계정리로 구성되며, 가상일의 원리에 적용시켜 역학적으로 엄밀한 해의 하한값과 상한값을 각각 산정해낸다. 식(5)는 가상일의 원리를 나타내는 일-에너지 방정식으로 좌변은 외력이 한 일이고 우변은 내부에너지 소산량을 나타낸다.

$$\int_V T_i u_i dA + \int_V F_i u_i dV = \int_V \sigma_{ij} \varepsilon_{ij} dV \quad \cdots\cdots\cdots\cdots (5)$$

여기서, T_i = 표면력
F_i = 체력
σ_{ij} = 응력
u_i = 변위
ε_{ij} = 변형률

앞서 기술했듯이 한계해석의 미소변형률과 강성-완전소성체 가정에 의해 식(5)의 평형조건(T_i, F_i vs. σ_{ij})과 적합조건(u_i vs. ε_{ij})이 각각 독립적으로 하계 및 상계정리에 적용됨으로써 해의 역학적 엄밀성이 보장된다. 하계정리와 상계정리는 다음과 같다.

- 하계정리 : 해석대상 사면 내의 응력장이 (i)안정(≡외력에 의한 일≤내부 에너지 소산)하고 (ii)정적허용조건(≡평형조건과 응력경계조건이 만족)을 만족한다면 이러한 응력장을 정적허용응력장이라 한다. 정적허용응력장은 파괴가 발생하기 전의 상태를 나타내므로 정적허용응력장에 대한 해석결과는 실제 파괴거동에 대한 하한계를 의미하게 된다. 따라서 하계해석은 해석대상 지반에 대한 정적허용응력장을 가정하고 가정된 응력장에 가상일의 원리를 적용하여 해의 하한값을 산정해낸다.
- 상계정리 : 해석대상 사면 내의 속도장이 (i)불안정(≡외력에 의한 일≥내부 에너지 소산)하고 (ii)동적허용조건(≡적합조건과 속도경계조건이 만족)을 만족한다면 이러한 속도장을 동적허용속도장이라 한다. 동적허용속도장은 파괴가 진행중인 상태를 나타내므로 동적허용속도장에 대한 해석결과는 실제 파괴거동에 대한 상한계를 의미하게 된다. 따라서 상계해석은 해석 대상 지반에 대한 동적허용속도장을 가정하고 가정된 속도장에 가상일의 원리를 적용하여 해의 상한값을 산정해낸다.

한계해석에서는 역학적으로 엄밀한 해의 범위를 산정해내므로 한계평형해석이나 고등수치해석의 안정해석결과의 역학적 타당성을 검토하는 데 쓰일 수 있다. 또한 한계해석의 해는 안전율뿐만 아니라 임계파괴면, 임계높이, 파괴하중, 파괴 시 전단강도정수 등도 가능하므로 다음절에 설명할 역해석 도구로 적용할 수 있는 장점이 있다. 이러한 이론상의 장점에도 불구하고 한계해석의 실무적용은 매우 미미한 실정인데 이는 해석에 필요한 응력장과 속도장의 가정에 어려움이 있기 때문이다. 한계평형해석에서의 가상파괴면은 상계해석에 필요한 속도장의 일종으로 볼 수 있으므로 기술자가 주어진 사면조건에 적절한 파괴면을 가정한다면 상계해석 해를 산정해낼 수 있다. 따라서 한계해석을 이용한 사면안정해석에 관한 현재까지의 연구와 적용은 대부분 상계해석에 치중되어 왔다. 그러나 사면조건에 적절한 물리적 의미를 갖는 응력장을 가정하는 것은 불가능한 일로서 하계해석의 적용은 거의 이루어지지 않았다. 특히 하계해석의 경우 안전측 해석이 되므로 실무에서의 적용성이 높다고 판단되는 바, 사면안정해석에 관한 하계해석의 적용은 꾸준히 요구되어 왔다.

또한 한계해석의 실무적용성을 높이기 위해서는 해의 범위, 즉 상한값과 하한값의 차이를 줄이는 최적화 과정이 필요하다. 즉 하계해석에서는 하한값의 최대값을, 그리고 상계해석에서는 상한값의 최소값을 산정해내야 하는데, 이는 해석에 필수적인 요소인 정적허용응력장과 동적허용속도장의 가정에 따라 달라진다. 다시 말해, 최적화된 해의 범위를 산정해내기 위해서는 무수히 많은 정적허용응력장과 동적허용속도장을 가정하여 해석을 실시해야 하지만 이러한 과정은 수치적 방법을 통해서만 가능할 것이다.

전술한 응력장 및 속도장 가정의 어려움과 최적화문제를 해결하기 위해 수치한계해석기법이 제안되었다. 수치한계해석기법은 해석 대상 사면을 유한요소로 모델링하여 정적허용응력장과 동적허용속도장을 가정하고 최적화기법을 적용하여 역학적으로 엄밀한 해의 최소범위를 산정해내는 해석기법이다. 최적화기법으로는 선형, 비선형, 동적계획법 등이 적용될 수 있으며 최적화의 목적함수는 안정해가 되고 구속조건은 정적 및 동적허용조건이 된다. [그림 3.5]는 수치한계해석 예를 도시한 것이다. [그림 3.5] (c)와 같은 해석결과를 이용하면 임계파괴면의 위치를 추정할 수 있다.

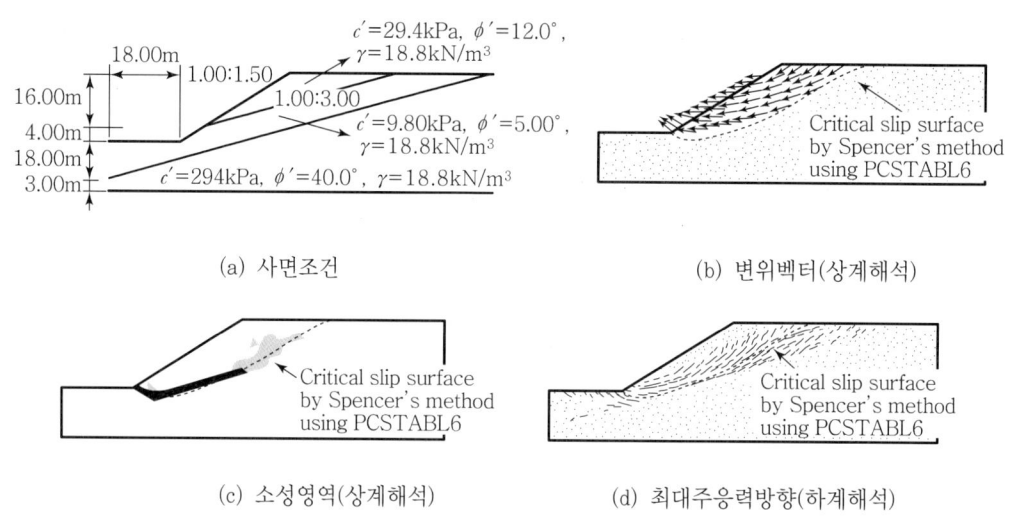

[그림 3.5] 수치한계해석 예(Kim et al. 2002)

(4) 역해석(Back Analysis)

붕괴가 발생한 사면에 대해 붕괴 당시의 사면조건을 역추적하여 모델링하는 것은 붕괴사면의 보수보강대책 수립뿐만 아니라 붕괴원인 분석과 붕괴메커니즘을 이해하는 데 큰 도움이 된다. 이러한 붕괴사면의 조건을 역추적해내는 과정을 역해석이라 한다. 일반적인 사면안정해석, 즉 정해석이 주어진 사면조건에 대한 최소안전율과 임계파괴면을 산정해내는 과정인데 반해, 역해석은 붕괴 시의 안전율(=1)과 측정된 파괴면을 입력자료로 붕괴 시의 사면조건을 산정해내는 과정이다.

기본적으로 단위중량, 외력조건, 전단강도 정수, 지하수위 조건 등 정해석의 모든 입력자료는 역해석 대상이 될 수 있다. 그러나 붕괴사실과 파괴면 위치만을 이용하여 상기의 모든 변수를 역해석할 수는 없으므로 불확실성이 가장 높은 변수들을 역해석 대상변수로 선정하는 것이 일반적이다. 즉 계측, 시험, 자료조사 등을 통해 신뢰성 높은 추정이 가능한 변수들은 추정값을 역해석 시 입력자료로 활용하고 그렇지 못한 변수들을 역해석을 통해 산정해낸다. 역해석이란 결국 정해석 결과로부터 역해석 대상변수 값을 역산하거나 혹은 정해석을 반복 수행하는 과정이므로 정해석 자체가 지니고 있는 한계점을 극복하지 못하므로, 보다 신뢰성 있는 역해석 결과를 얻기 위해서는 사면안정에 관련된 해석변수 중 추정이 어렵고 불확실성이 가장 높은 변수를 역해석 대상변수로 선정하는 것이 바람직하다. 따라서 지반의 전단강도정수를 역해석 대상변수로 선정하는 것이 일반적이다. 사면붕괴 시의 배수조건에 따라 비배수(c_u) 혹은 배수전단강도정수(c', ϕ')를 산정하게 되는데 각 경우의 역해석방법은 다음과 같다.

① 비배수상태의 역해석

사면 조성 직후 혹은 지하수위 상승 직후에 사면붕괴가 발생한 경우는 비배수상태의 붕괴로 간주하여 역해석을 수행해야 한다. 비배수 전단강도는 식(6)으로 표현되므로 역해석 대상변수는 비배수 점착력(c_u)이 되며 역해석 과정은 [그림 3.6]의 흐름도와 같다.

$$\tau_u = c_u \text{ with } \phi_u = 0 \quad \cdots \cdots \cdots \cdots \cdots \cdots \cdots \cdots \cdots \cdots \cdots \cdots \quad (6)$$

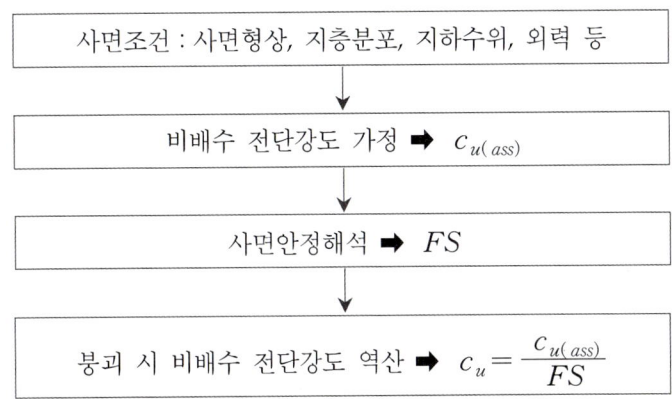

[그림 3.6] 비배수 전단강도정수의 역해석 흐름도

만일 기초지반이 퇴적 점성토층과 같이 깊이에 따라 비배수 전단강도가 증가하는 경우, 지표면에서의 비배수 전단강도 값이나 혹은 비배수 전단강도의 깊이방향 증가율을 추정하고 다른 하나를 역해석 대상변수로 선정해야 한다. 이러한 깊이방향의 변화를 고려하지 않고 평균 비배수 전단강도 값을 역해석하는 경우 비현실적인 해석이 될 수 있으며, 이는 역산된 비배수 전단강도 값을 적용하여 정해석을 수행한 후 산정된 파괴면의 깊이와 형상을 검토하여 확인할 수 있다.

② 배수상태의 역해석

사면 조성 후 혹은 지하수위 상승 후 오랜 시간이 흐른 뒤에 사면붕괴가 발생한 경우는 배수상태의 붕괴로 간주하여 역해석을 수행해야 한다. 배수 전단강도는 식(7)으로 표현되므로 역해석 대상변수는 점착력(c')과 내부마찰각(ϕ')이 된다.

$$\tau_f = c' + \sigma' \tan \phi' \quad \cdots\cdots\cdots\cdots\cdots\cdots\cdots\cdots\cdots\cdots\cdots\cdots\cdots\cdots\cdots\cdots\cdots\cdots\cdots\cdots\cdots\cdots\cdots\cdots (7)$$

배수상태의 경우 역해석 대상변수가 2개이므로 붕괴상태의 정의, 즉 FS=1이라는 정보만으로는 부족하다. 주어진 사면조건에 FS=1을 주는 $c'-\phi'$의 조합은 무수히 많을 것이므로 붕괴상태에 대한 추가적인 정보가 필요하며, 일반적으로 파괴면의 깊이를 이용한다. 즉, 붕괴사면의 파괴면을 실측하여 붕괴 시 안전율(FS=1)과 실측된 파괴면 깊이를 만족하는 $c'-\phi'$값을 역산해내면 된다. [그림 3.7]은 배수상태의 역해석 흐름도이다.

그림에서 $\lambda_{c\phi}$는 파괴면의 깊이(D)와 관계있는 무차원계수로서, $\lambda_{c\phi}$가 클수록 파괴면의 깊이는 작아진다. 역해석 시 전단강도정수 쌍을 가정할 때 실측된 파괴면 깊이(D_{obs})를 포함하는 범위의 파괴면 깊이를 검토하는 것이 바람직하므로 일련의 $\lambda_{c\phi}$ 값에 대한 전단강도정수 쌍을 가정토록 한다. [그림 3.7]의 5단계에서의 파괴면 깊이는 4단계에서 역산된 붕괴 시의 전단강도정수 쌍을 적용하여 산정된 것이므로 각 강도정수 쌍에 대한 임계파괴면의 깊이를 의미한다. 산정된 임계파괴면의 깊이와 전단강도정수의 관계곡선을 작성한 후 이로부터 붕괴사면의 실측 파괴면 깊이에 해당하는 전단강도정수 값을 읽음으로써 붕괴 시의 전단강도를 추정하게 된다. [그림 3.8]은 배수사면의 역해석 예를 도시한 것으로 파괴면의 깊이가 3.5ft로 측정된 사면에 대해 총 5쌍의 전단강도정수를 가정하여 역해석을 수행하였으며, 임계파괴면의 깊이와 전단강도정수의 관계곡선으로부터 붕괴 시 전단강도정수는 $c'=5\ psf$와 $\phi'=19.5°$로 추정되었음을 알 수 있다.

현재까지의 연구결과 실측파괴면을 이용하여 전단강도정수를 역해석하는 기법은 정확도가 부족한 것으로 알려져 있다. 따라서 다른 지반물성으로부터 내부마찰각 추정이 가능한 경우(예를 들어 상대밀도와 내부마찰각 관계, Atterberg한계와 내부마찰각 관계 등), 내부마찰각은 추정값을 적용하고, 비배수상태 역해석과 같이 점착력만을 대상변수로 하는 역해석을 수행하는 것이 바람직하다.

```
┌─────────────────────────────────────────────────────────┐
│ 사면조건 : 사면형상, 지층분포, 지하수위, 외력 등          │
│ 붕괴양상 : 파괴면의 깊이 ($D_{obs}$)                      │
└─────────────────────────────────────────────────────────┘
                            ↓
┌─────────────────────────────────────────────────────────┐
│ 여러 개의 전단강도정수 쌍 가정 ➡ $(c'_{i(ass)}, \phi'_{i(ass)})$ ; $i=1, n$ │
│ ※ 가능한 다양한 $\lambda_{c\phi_i}\left(=\dfrac{\gamma H \tan\phi'_i}{c'_i}\right)$ 값이 나오도록 가정 │
└─────────────────────────────────────────────────────────┘
                            ↓
┌─────────────────────────────────────────────────────────┐
│ 가정한 각각의 전단강도정수 쌍에 대한 사면안정해석 ➡ $FS_i$ │
└─────────────────────────────────────────────────────────┘
                            ↓
┌─────────────────────────────────────────────────────────┐
│ 붕괴상황($FS=1$)에 대한 전단강도정수 역산                │
│ ➡ $c'_i = \dfrac{c'_{i(ass)}}{FS_i}$, $\phi'_i = \tan^{-1}\left(\dfrac{\tan\phi'_{i(ass)}}{FS_i}\right)$ │
└─────────────────────────────────────────────────────────┘
                            ↓
┌─────────────────────────────────────────────────────────┐
│ 역산된 전단강도정수 쌍에 대한 사면안정해석 ➡ 파괴면 깊이($D_i$) │
└─────────────────────────────────────────────────────────┘
                            ↓
┌─────────────────────────────────────────────────────────┐
│ $c'_i$ vs. $D_i$ 곡선 ➡ 관측된 파괴면 깊이($D_{obs}$)에 해당하는 $c'$ 산정 │
│ $\phi'_i$ vs. $D_i$ 곡선 ➡ 관측된 파괴면 깊이($D_{obs}$)에 해당하는 $\phi'$ 산정 │
└─────────────────────────────────────────────────────────┘
```

[그림 3.7] 배수 전단강도정수의 역해석 흐름도

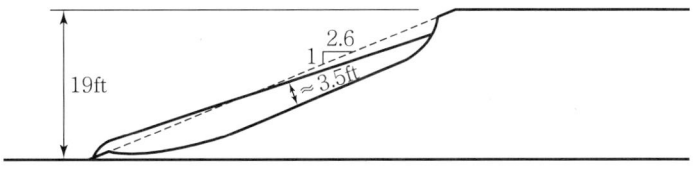

(a) 붕괴사면의 형상과 실측파괴면

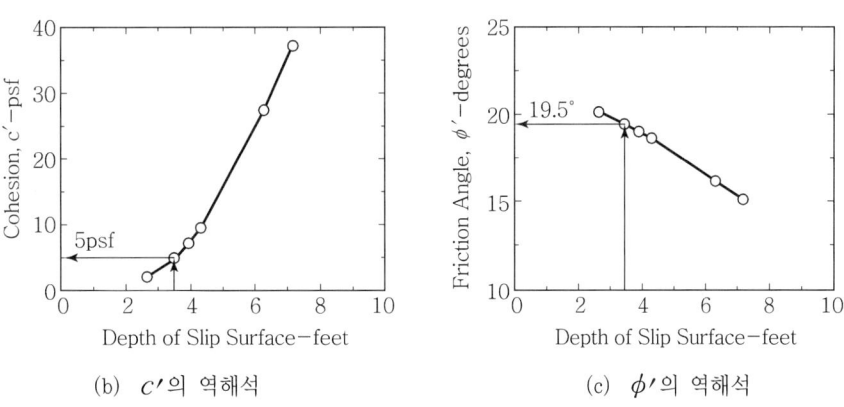

(b) c'의 역해석   (c) ϕ'의 역해석

[그림 3.8] 배수 전단강도정수의 역해석 예(Duncan and Wright 2004)

2) 확률론적 기법

앞서 설명한 안전율에 의한 안정해석은 하중(Load)과 저항(Resistance)에 사용되는 변수들의 값 중 대표적인 값 하나만을 선택하여 계산을 수행하게 된다. 그러나 실제 각 변수는 일정한 범위를 갖는 확률분포함수값을 보인다. 따라서 이 범위의 값 중 최소값과 최대값을 이용하여 민감도분석(Sensibility Analysis)을 수행하고 이를 통하여 안전율의 변동범위를 파악하는 방법이 활용된다. 그러나 민감도분석의 경우 3개 이상의 변수에 대한 분석을 수행할 경우 과정이 복잡해질 뿐만 아니라 각각의 변수들 사이의 상관관계를 파악하기 힘들다는 문제점을 가지고 있다. 민감도분석은 확률론적 해석기법의 기초단계로 확률론적 해석기법은 각 변수들의 변동에 의한 영향을 좀더 체계적으로 분석할 수 있다는 장점을 가지고 있다.

확률론적 해석에서는 안전율의 확률분포함수를 계산하고 이로부터 사면의 파괴확률을 계산한다. 확률론적 해석기법은 1940년대에 처음으로 제안되었으며 복잡한 시스템의 신뢰도를 계산하기 위해 구조 및 항공공학에서 먼저 활용되었다. 지반공학에서 초기에 적용된 확률론적 해석은 노찬광산의 사면설계분야에서였다. 그 이후 사면안정성 해석(Wyllie et al., 1979 ; McGuffey et al., 1980), 산사태 위험도 분석(Fell, 1994 ; Cruden, 1997) 그리고 위험물 매립지의 저장시설 설계(Roberds, 1984, 1986) 등 다양한 분야에서 활용되었다. 암반사면에서의 확률론적 해석기법의 적용은 암반사면의 안정성을 좌우하는 불연속면의 특성을 정확하게 파악할 수 없기 때문에 발생하는 불확실성을 효과적으로 다룰 수 있다는 장점을 가지고 있다. 앞서 밝힌 바와 같이 불연속면은 매우 한정적인 지역에서만 획득이 가능하므로 일부만 획득된 불연속면의 특성이 전체를 대표한다고 가정하기 어렵다. 따라서 이러한 문제점을 보완할 수 있는 방법 중의 하나가 확률론적 해석기법이다. 암반사면에서의 확률론적 해석기법은 먼저 불연속면에 대한 확률특성을 분석하는 것으로부터 출발한다(박혁진, 2004). 불연속면의 확률특성과 관련된 연구는 이미 여러 학자들에 의해 다양하게 수행되었다(Kulatilake et al, 1993, 2003 ; Park, 1999 ; Kemeny, 2003 ; Mauldon, 1994). 불연속면에 대한 확률특성을 획득한 후에는 신뢰성해석기법을 활용하여 암반사면의 붕괴확률을 계산하는 데는 Monte Carlo Simulation(Muralha, 1991 ; Nilsen, 2000 ; Park and West, 2001 ; 배규진, 박혁진, 2002)이나 일계이차모멘트법(First Order Second Moment Method)(Low, 1997 ; Low and Einstein, 1991), 점추정법(Point Estimation Method)(김형배, 이승호, 2002 ; 박혁진, 김종민, 2004) 과 같은 방법이 주로 사용된다. 그러나 확률론적 해석기법은 변수에 대한 정보가 충분하지 않아 확률특성을 정확하게 파악할 수 없는 경우 적절하게 활용될 수 없다는 문제점을 가지고 있다.

변형률에 의해 사면의 안정성을 해석하는 기법은 상대적으로 최근에 제안된 방법으로 수치해석에 의한 사면안정성 해석결과를 이용하는 기법이다. 특히 이 기법은 불연속면에 의한 영향으로 사면의 안정성에 미치는 여파가 큰 경우 활용되기에 적합하다. 이 기법은 사면의 거동이 어느 정도 허용되는 광산의 사면 안정성 해석이나 매우 다양한 지질특성이 복합적으로 나타나는 지역에 적용성이 높다.

하중저항계수법의 경우 하중과 저항에서 나타나는 변동성을 고려하기 위해 활용되고 있는 확률론적 해석기법에 기초한다. 이 기법은 다양한 하중조건에 대하여 지반구조물의 기초부터 교량에 이르기까지 다양한 구조물에 대해 일관성 있는 안전여유(Margin of Safety)를 확보하기 위해 제안되었다. 초기에는 구조공학설계에서 먼저 활용되었으며 최근 들어 지반공학에서도 활용범위가 증가하고 있는 실정이다. 지반공학에서 활용된 초기의 LRFD기법에서는 한계상태해석(Limit States Design)이라는 개념으로 사용되었는데(Myerhoff, 1984) 두 개의 한계상태를 정의하고 있다. 먼저 최대 저항값 하에서 파괴에 저항하여 구조물의 목표 수명 동안 적정한 안전여유를 유지하는 상태(Ultimate Limit State)와 과도한 변형의 유발없이 계획된 기능을 수행하는 상태(Serviceability Limit State)로 구분할 수 있다. LRFD의 기본적인 개념은 하중과 저항에 각 변수의 변동성과 불확실성의 정도를 고려한 계수를 곱하여서 산정한다는 것이다. 따라서 구조물의 안정성을 확보하기 위해서는 계수가 반영된 저항값이 계수의 값이 반영된 하중보다 크거나 같아야 한다.

$$\phi_k R_{nk} \geq \sum \gamma_{ij} Q_{ij} \quad \cdots\cdots\cdots\cdots\cdots\cdots\cdots\cdots\cdots\cdots\cdots\cdots\cdots\cdots\cdots\cdots\cdots\cdots (8)$$

이때 ϕ_k는 저항계수, R_{nk}는 k번째 파괴에 대한 강도값, γ_{ij}는 하중계수, 그리고 Q_{ij}는 j번째 하중요소에 대한 i번째 하중종류의 하중값을 의미한다.

3) 안정해석 프로그램

현재 전세계적으로 무수히 많은 사면안정해석용 상용프로그램이 개발되어 있다. 대부분의 사면안정해석 프로그램은 한계평형법을 근간으로 하고 있으며, 이들 프로그램들도 해석방법, 전단강도 모델, 간극수압 산정방법, 보강사면 해석 여부 등 실무에서 발생할 수 있는 여러 가지 상황에 대한 고려 여부와 계산방법의 정밀도에 따라 분류된다. 해석 프로그램의 선정은 대상 사면의 해석조건에 의해 정해지게 되며, 따라서 다양한 해석 옵션을 갖추고 있는 프로그램이 애용된다.

〈표 3.14〉는 대표적인 한계평형해석 근간의 사면안정해석 프로그램과 대표적인 특징을 정리한 것이고, 〈표 3.15~3.18〉은 각 프로그램의 해석요소에 대한 비교를 정리한 것이다.

근래에는 사면안정해석과 관련된 자사의 다른 프로그램들과 연계된 형태의 사면안정해석 패키지가 많이 개발되고 있다. 예를 들어 투수해석이나 변위해석용 유한요소해석 프로그램과 연계된 경우(SLOPE/W, MStab, TALREN, Slide)가 대표적이고, 이밖에 지반조사 프로그램과 연계되거나(GeoStru사의 Slope), GIS 프로그램과 연계된 경우(CLARA-W)도 있다.

〈표 3.14〉에서 보듯이 현재 설계개념의 발전동향을 반영하여 한계상태설계법(USD 혹은 LRFD)에 의한 해석이 가능한 프로그램들이 늘고 있는데 이러한 경향은 한계상태설계에 근거한 Eurocode를 적용하는 유럽지역의 프로그램에서 두드러진다. 또한 〈표 3.15〉에서 정리한 프로그램들은 기본적으

로 결정론적 해석을 기반으로 하고 있으나 해석변수의 분포특성을 고려한 확률론적 해석을 포함하는 프로그램들도 점차 늘고 있다.

〈표 3.14〉 대표적인 한계평형 사면안정해석 프로그램

	개발자(국가)	비고
Slope	GeoStru Software(이태리)	• 개별요소법(DEM) 포함 • GeoStru 프로그램들과 연계 가능
TALREN	TERRASOL(프랑스)	• Plaxis v8과 연계 가능
SLOPNC	Prokon Software Consultants(남아공)	
SLOPE/W	GEO-SLOPE International(캐나다)	• GEOSLOPE 프로그램과 연계 가능
SLIDE	Rocscience(캐나다)	• CAD 연계 가능
MStab	GeoDelft(네덜란드)	• GeoDelft 프로그램들과 연계 가능
Galena	Clover Technology(호주)	
CLARA-W	Hungr Geotechnical Research(캐나다)	• 3D 해석 포함 • 수치표고모델(DEM)자료 적용 가능
CADS Re-Slope	CADS Computer and Design Services(영국)	• CAD 연계 가능
TSTAB/TSLOPE	TAGAsoft(미국)	
STABL for Windows	Purdue University(미국)	• STABL series의 윈도우 버전
GSTABL7	Annapolis Engineering Software(미국)	• STABL 기반 프로그램
Slope2000	Hong Kong Polytechnic University(홍콩)	
UTEXAS	University of Texas, Austin(미국)	

제3장 | 사면설계 및 안정해석

〈표 3.15〉 한계평형 사면안정해석 프로그램의 해석 option 비교

	간편해석법					정밀해석법			
	Fellenius	Bishop	Janbu	COE*	L-K	Spencer	M-P	Sarma***	GLE
Slope	○	○	○			○	○	○	
TALREN**	○	○							
SLOPNC								○	
SLOPE/W	○	○	○	○	○	○	○		○
SLIDE	○	○	○	○	○	○	○		○
MStab	○	○				○			
Galena		○				○		○	
CLARA-W		○	○			○	○		
CADS Re-Slope	○	○	○						○
TSTAB/ TSLOPE		○				○	○		
STABL for Windows		○	○			○			
GSTABL7		○	○			○	○		
Slope2000		○	○	○	○		○	○	○
UTEXAS						○			

* COE=Corps of Engineers, L-K=Lowe-Karafiath, M-P=Morgerstern-Price, GLE=Generalized Limit Equilibrium
** TALREN의 경우 평형조건을 만족시키는 Perturbation Method 추가
*** Sarma의 방법은 non-vertical slice를 이용하는 정밀해석법

〈표 3.16〉 한계평형 사면안정해석 프로그램의 전단강도 option 비교

	선형	비선형	암반	이방성
Slope	○		○ (Hoek-Bray)	
TALREN	○	○		○
SLOPNC	○		△	
SLOPE/W	○ (bilinear)	○ (사용자 정의)	△ (Hoek-Brown)	○
SLIDE	○	○ (Power curve, Hyperbolic)	○ (Hoek-Brown, Barton-Bandis)	○
MStab	○	○ (연직/전단응력비)		
Galena	○	○ (연직/전단응력비)	○ (Hoek-Brown, RMR)	○
CLARA-W	○	○	○ (Hoek-Brown)	○
CADS Re-Slope	○			
TSTAB/TSLOPE	○	○		○
STABL for Windows	○			○
GSTABL7	○	○		○
Slope2000	○			
UTEXAS	○	○		○

※ △는 불연속면을 포함한 해석이 가능함을 의미

〈표 3.17〉 한계평형 사면안정해석 프로그램의 보강 및 간극수압 option 비교

	보강방법							간극수압 산정				
	토목섬유	앵커	네일	띠보강재	말뚝	옹벽	네트	자유수면	간극수압(선)	간극수압비	투수해석	과잉간극수압
Slope	○	○			○	○	○	○	○			
TALREN	○	○	○	○	○			○	○		○	
SLOPNC	○	○		○				○	○	○		
SLOPE/W	○	○	○					○	○	○	○	
SLIDE	○	○			○							
MStab	○							○				○
Galena								○	○	○		
CLARA-W								○	○			
CADS Re-Slope		○						○	○			
TSTAB/TSLOPE	○	○						○				
STABL for Windows	○	○	○					○		○		○
GSTABL7	○	○	○		○			○		○		○
Slope2000	○		○					○				
UTEXAS	○	○	○	○				○	○			

※ 간극수압(선)은 간극수압선을 정의하거나 혹은 특정지점의 간극수압 값으로부터 내삽법을 적용하여 산정하는 경우를 말함

<표 3.18> 한계평형 사면안정해석 프로그램의 기타 해석 option 비교

	역해석	확률론적 해석	한계상태 해석	불규칙 임계파괴면 산정	불포화토
Slope	○				
TALREN			○		
SLOPNC		○		○	
SLOPE/W		○			○
SLIDE	○	○		○	○
Galena	○		○	○	
CADS Re-Slope			○		
TSTAB/TSLOPE				○	
STABL for Windows				○	
GSTABL7				○	
Slope2000				○	
UTEXAS				○	

유한요소 혹은 유한차분해석을 이용하여 사면해석을 수행하는 경우 안정검토보다는 변위산정을 목적으로 하는 경우가 많은데 90년대부터 강도감소법을 적용하여 안정검토를 수행하는 기법이 개발되어 왔다. 사면안정해석용으로 따로 개발된 유한요소 혹은 유한차분해석 프로그램은 Itasca사의 FLAC/Slope(FDM-based)이 유일하며, 이외의 프로그램들은 사면안정해석을 목적으로 개발된 것이 아니라 범용 수치해석 프로그램들이다. 그러나 대부분의 프로그램은 사면해석이 가능하며 특히 Plaxis가 많이 이용된다.

이외에 최근에는 지리정보시스템(GIS)과 연계된 광역 산사태 해석 프로그램들이 개발되고 있는데 이들 프로그램은 수치표고모델(DEM)과 강우/침투모델들을 이용하여 사면의 안정성을 검토한다. 대표적인 프로그램으로는 CHASM(Bristol Innovations Software Sales Ltd.)과 SHALSTAB(UC Berkeley)이 있다.

앞서 살펴본 사면안정해석 프로그램 중 현재 국내에서 가장 널리 사용되고 있는 프로그램은 SLOPE/W, TALREN, 그리고 STABL을 들 수 있다. 본 절에서는 이들 프로그램에 대하여 예제를 통한 결과물을 제시하였다.

(1) 입력자료의 분석

사면의 안정해석을 수행하기 위해서는 사면형상, 물성, 외력, 지하수위 조건 등에 대한 자료입력이 필요하므로 대부분의 프로그램에 있어 기본적인 입력자료는 동일하다고 볼 수 있다. 다만 각 프로그램이 지니고 있는 해석기법, 강도모델, 간극수압 산정기법 등 해석 option의 다양성과 보강효과의 고려방법에 따라 입력자료의 차이가 발생한다. 이러한 옵션의 차이에 대해서는 〈표 3.14~3.18〉를 통해 살펴보았으며, 이들 입력자료 중 프로그램에 따라 차이점이 가장 큰 항목은 물성과 보강재에 관한 항목들로 볼 수 있다.

〈표 3.19〉은 SLOPE/W, TALREN, 그리고 STABL의 강도정수에 관한 모델과 입력자료를 비교·정리한 것이다.

〈표 3.19〉 전단강도 모델 및 입력자료 비교

프로그램명	전단강도 모델	입력자료	비고
SLOPE/W	Mohr-Coulomb	점착력, 마찰각	불포화토의 경우, 부의 간극수압 크기에 따른 불포화마찰각 (ϕ^b) 입력 확률론적 해석을 위한 입력자료의 표준편차 입력
	Bi-linear	기준연직응력, 점착력, 마찰각1 & 2	
	깊이에 따른 함수	비배수전단강도, 비배수전단강도의 깊이에 따른 변화율	
	연직-전단응력 함수	실제 응력(시험)자료	
	SHANSEP	유효연직상재응력, 전단/연직응력비	
	Hoek-Brown	일축압축강도, 신선암의 특성치(m_i), 지질강도지수(GSI), 교란계수(D)	
TALREN	Mohr-Coulomb	점착력, 점착력에 대한 부분안전율, 마찰각, 마찰각에 대한 부분안전율	한계상태설계를 위한 입력자료의 부분안전율 입력
	깊이에 따른 함수	비배수전단강도 및 부분안전율, 비배수전단강도의 깊이에 따른 변화율	
STABL	Mohr-Coulomb	점착력, 마찰각	

〈표 3.19〉에서 보듯이 세 프로그램 모두 점착력과 마찰각을 입력자료로 하는 Mohr-Coulomb 전단강도 모델을 기본모델로 채택하고 있으며 SLOPE/W의 경우 상대적으로 보다 다양한 전단강도모델을 제공하고 있음을 알 수 있다. 전단강도의 이방성은 파괴면의 각도에 따른 강도정수의 변화를 규정하여 해석에 반영해야 하는데 프로그램에 따른 개념과 입력자료의 차이는 〈표 3.20〉과 같다.

<표 3.20> 이방성 모델 및 입력자료 비교

프로그램명	이방성 모델 개념	입력자료
SLOPE/W	타원방정식 적용 : $x_a = x_h \cos^2 a + x_v \sin^2 a$	수직, 수평방향 강도정수
SLOPE/W	이방성함수 이용 : $x_a = M_a x$	강도수정계수-방향각 자료
STABL	방향에 따른 강도정수 이용	강도정수-방향각 자료

※ x=이방성을 나타내는 강도정수, a=강도정수를 산정하고자 하는 방향의 각도,
x_h=수평방향 강도정수, x_v=수직방향 강도정수, M_a=각도 a-방향에 대한 강도보정계수

아래의 <표 3.21>은 네일, 앵커, 토목섬유 등의 보강효과를 고려하기 위한 보강재 관련 입력자료들을 비교·정리한 것이다. 보강재 위치, 개수, 수평간격과 같은 기본사항은 제외하였다.

<표 3.21> 보강재 관련 입력자료 비교

SLOPE/W	TALREN	PCSTABL
▪ 정착장 길이 ▪ 보강재 설계 인장력 ▪ 정착저항력 ▪ 보강재 인장력의 작용방향 ▪ 보강재 파단 하중 ▪ 보강재 설계 전단력 ▪ 보강재 전단력의 작용방향	▪ 보강재 길이 ▪ 보강재 허용인장력(n)(g)(a) ▪ 보강재 허용전단력(n) ▪ 보강재 소성모멘트(n) ▪ 보강재 강성, EI(n) ▪ 천공반경(n) ▪ 보강재 확산폭/각도(n)(a)(g) ▪ 보강재 인발저항력(a) ▪ 보강재-지반 마찰계수(g) ▪ 프레셔미터시험 특성치(n)(a)	▪ 자유장 길이(a) ▪ 보강재 인장력(a) ▪ 보강재 길이(n)(g) ▪ 보강재 직경(n) ▪ 천공직경(n) ▪ 보강재 허용인장력(n)(g) ▪ 보강재-지반 단위마찰력(n) ▪ 보강재-지반 마찰계수(g) ▪ 두부조건(n) ▪ 허용두부하중(n)

※ 상첨자 (n), (a), (g)는 각각 네일, 앵커, 토목섬유를 의미

SLOPE/W의 경우 네일, 앵커, 토목섬유의 구분없이 보강재 입력자료가 통일되어 있으며, 다만 보강재 인장력과 전단력의 작용방향으로 비신장성 보강재(네일)와 신장성 보강재(토목섬유)를 구분하고 설계인장력으로 네일과 앵커를 구분하는 방식으로 사용자가 보강재의 특성에 맞는 값을 입력하도록 되어 있다. TALREN의 경우 한계상태설계에 필요한 보강재 허용인장력과 프레셔미터시험 특성치의 부분안전율을 입력하도록 되어 있다.

(2) 해석예제

SLOPE/W, TALREN, STABL의 사면안정 해석결과를 비교하기 위해 [그림 3.9]와 같은 예제사면을 선정하여 해석을 수행하였다. [그림 3.9]에서 점선은 사면굴착 전의 원지반면을 나타내며 실선으로 표시된 상태로 굴착된 절토사면에 대해 사면안정해석을 수행하였다. 간극수압은 그림에 표시된 지하수위를 이용하여 산정되며, 지반물성에 관한 사항으로는 지하수위면 아랫부분의 흙에 대해서는 포화단위중량을 적용하고 상부 인장균열깊이까지의 흙은 전단강도가 없는 것으로 가정하여 해석에 필요한 지반물성을 〈표 3.22〉와 같이 적용하였다.

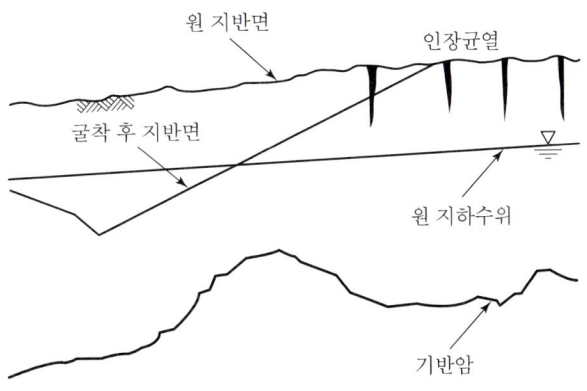

[그림 3.9] 해석대상 예제사면

〈표 3.22〉 지반물성

지층 구분	단위 중량	내부 마찰각	점착력
인장균열부(soil 1)	$1.86t/m^3$	$0°$	0
지하수위 위(soil 2)	$1.86t/m^3$	$14°$	$2.45t/m^2$
지하수위 아래(soil 3)	$1.95t/m^3$	$14°$	$2.45t/m^2$
기반암	$2t/m^3$	$30°$	$10t/m^2$

〈표 3.23〉은 예제사면에 대한 SLOPE/W, TALREN, STABL의 해석결과인 안전율을 비교한 것이다. 표에서 비원호파괴형상은 원호와 직선으로 구성된 이른바 합성(composite)파괴면이 아니라 불규칙한 파괴형상을 일컫는 것으로 [그림 3.9]에서 보듯 예제사면 기반암면의 불규칙성이 임계파괴면 산정에 미치는 영향을 고려하기 위해 포함시켰다. 또한 STABL의 경우 Janbu 간편법의 문제점인 해석결과의 보수성을 보정하기 위한 수정계수를 적용시킨 결과도 포함시켰다. 〈표 3.23〉에서 보듯이 TALREN의 비원호파괴면 해석결과를 제외하고는 모두 비슷한 안전율이 산정됨을 알 수 있으며 STABL 프로그램의 비원호파괴면에 대한 Janbu 간편해석이 가장 낮은 최소안전율 값을 산정함을 알 수 있다.

<표 3.23> 해석결과의 비교

프로그램명	해석 방법		파괴 형상	안전율
SLOPE/W	Ordinary		원호	1.35
	Bishop(간편법)		원호	1.39
	Janbu(간편법)		원호	1.29
TALREN	Bishop		원호	1.36
			비원호	1.71
	Perturbations		원호	1.38
			비원호	1.76
STABL	Bishop(간편법)		원호	1.40
	Janbu(간편법)	수정계수 미적용	원호	1.29
			비원호	1.26
		수정계수 적용	원호	1.37
			비원호	1.35
FLAC/SLOPE	유한차분해석 (강도감소법)		비원호	1.53

[그림 3.10~3.13]은 각 프로그램의 최소안전율에 대한 임계파괴면을 도시한 것이다. [그림 3.10] (a), [그림 3.11] (a), 그리고 [그림 3.12] (a)에서 보는 바와 같이 원호파괴면을 가정한 경우 임계파괴면의 위치가 모든 프로그램에서 거의 동일하게 나타나며, 산정된 최소안전율에도 큰 차이가 없음을 알 수 있다. 그러나 비원호 파괴면에 대한 해석결과를 도시한 [그림 3.11] (b)와 [그림 3.12] (b)를 보면 해석기법마다 상이한 임계파괴면을 산정하고 있으며, 최소안전율 역시 뚜렷한 차이를 보이고 있다. 따라서 예제사면과 같이 불규칙한 지층구조를 보이는 사면의 경우 원호파괴면만을 가정하는 것으로는 부족하며 비원호파괴면에 대한 해석이 포함되어야 함을 보여주고 있다. 이는 고등수치해석을 통해 확인될 수 있는데 [그림 3.13]은 유한차분해석 프로그램인 FLAC/SLOPE의 해석결과를 도시한 것이다.

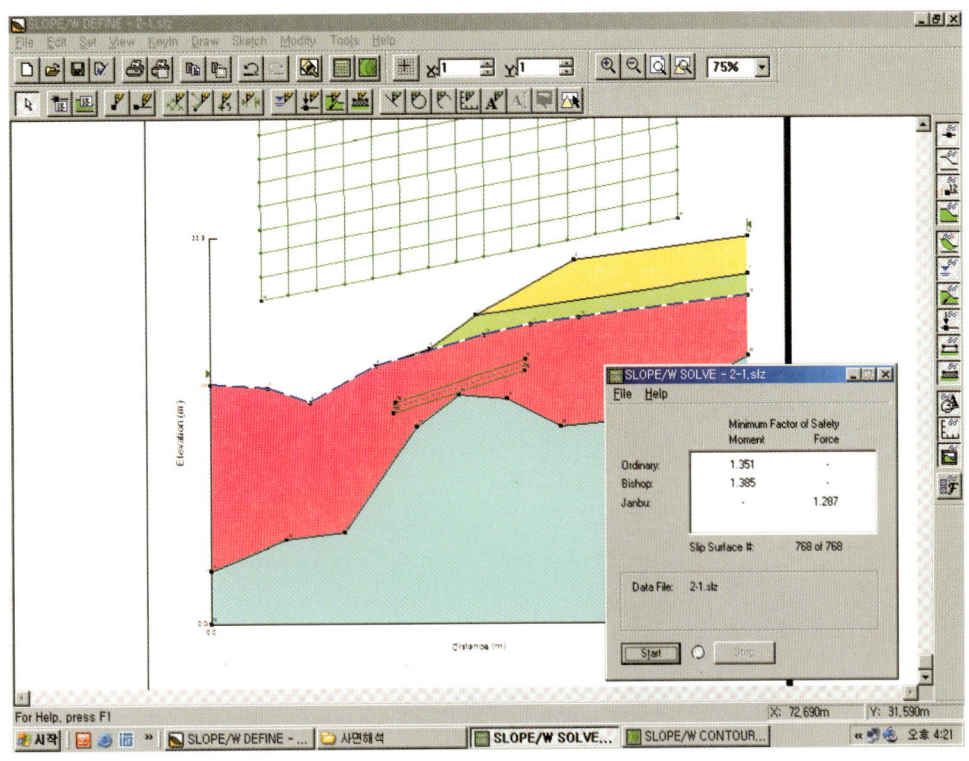

(a) 파괴면 가정 범위

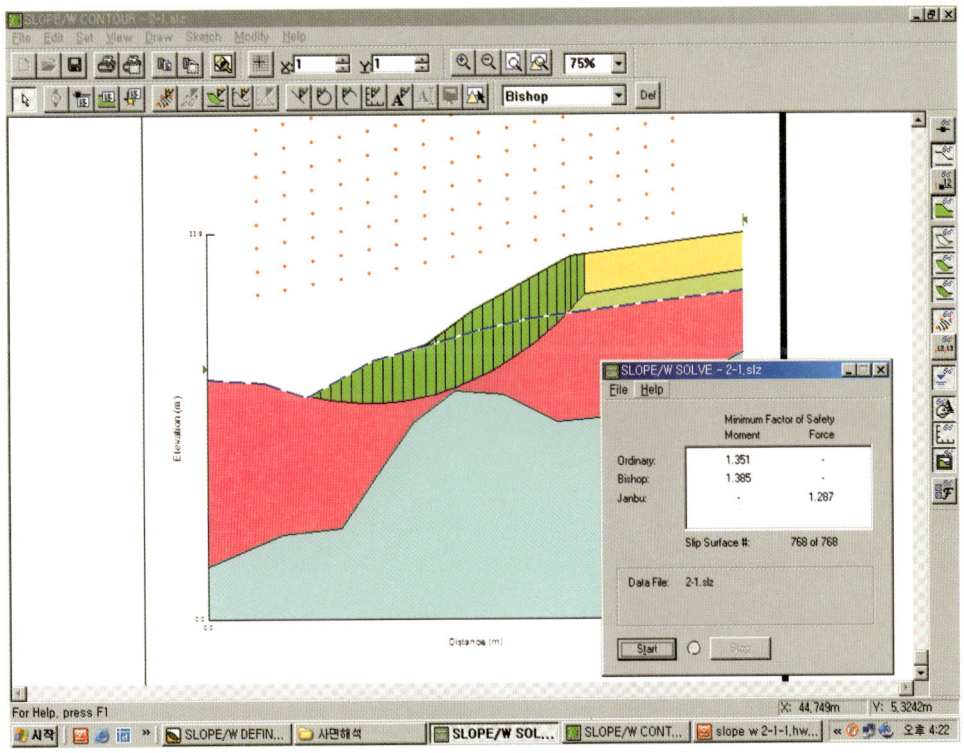

(b) 임계파괴면 (원호)

[그림 3.10] SLOPE/W에 의한 임계파괴면

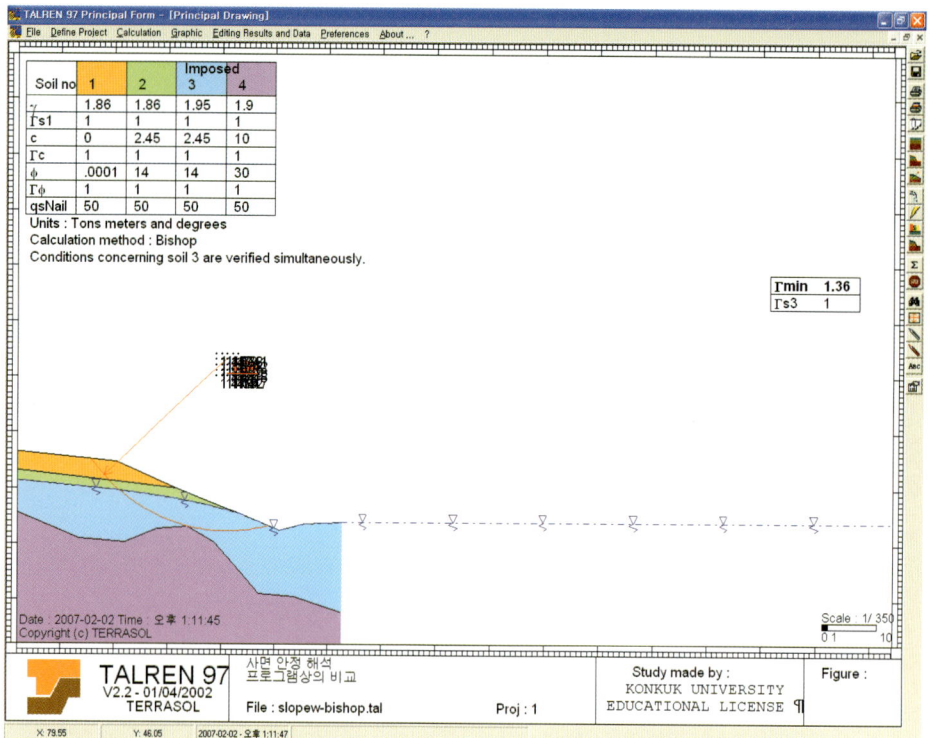

(a) 원호파괴

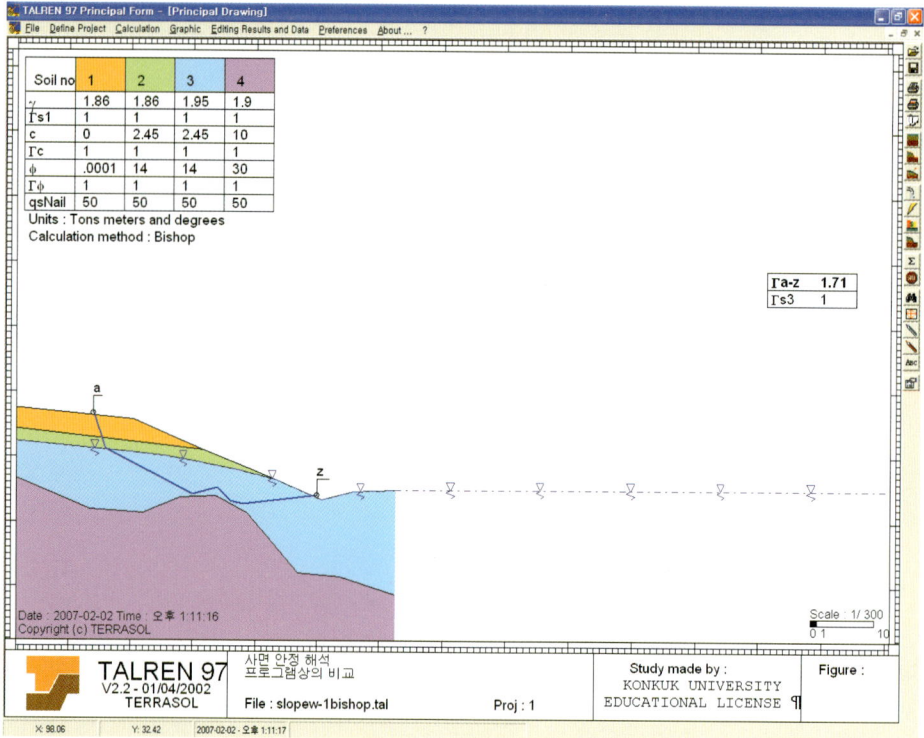

(b) 비원호파괴

[그림 3.11] TALREN에 의한 임계파괴면

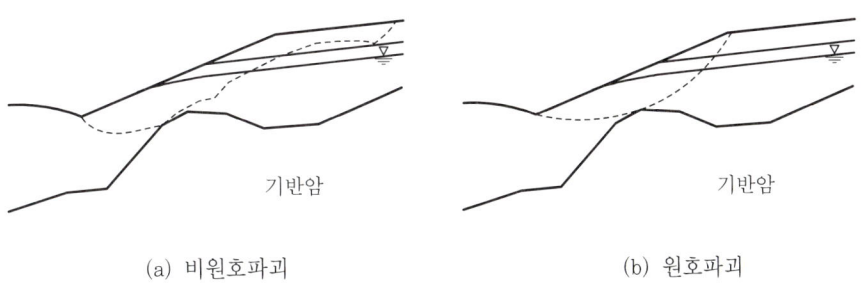

(a) 비원호파괴   (b) 원호파괴

[그림 3.12] STABL에 의한 임계파괴면

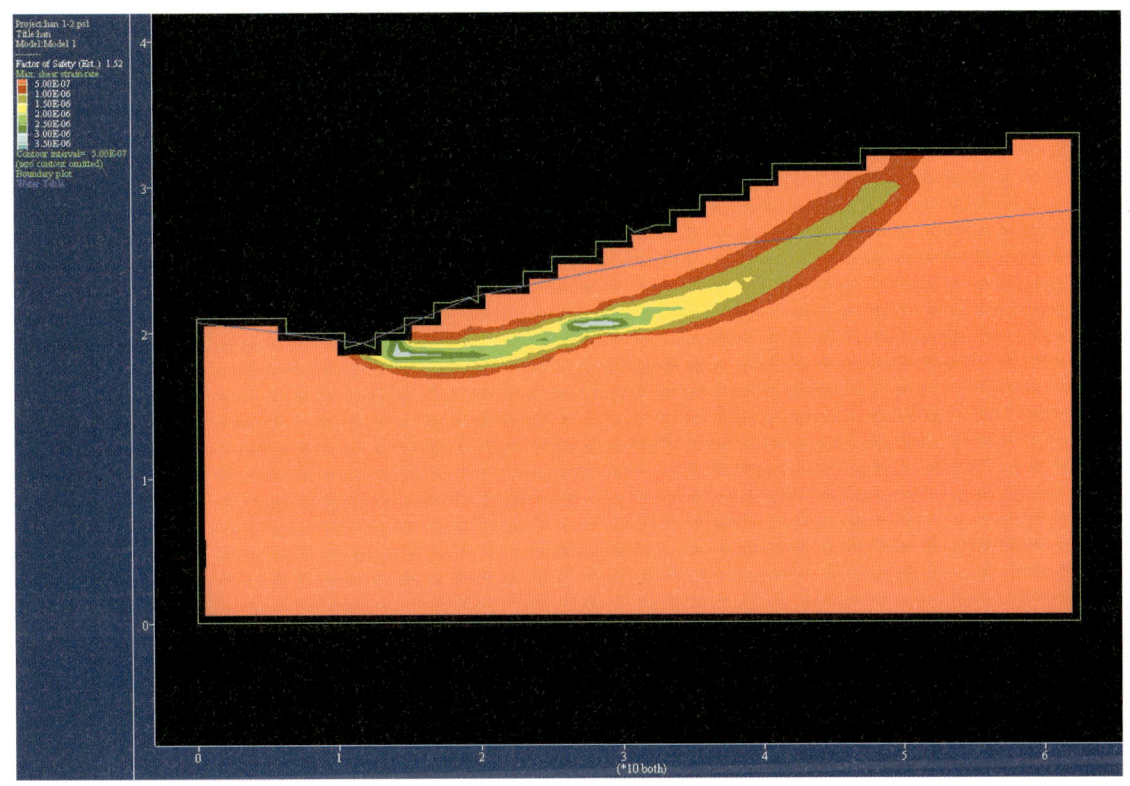

[그림 3.13] 유한차분해석(FLAC/SLOPE)에 의한 파괴면 형상

[그림 3.13]은 예제사면의 전단변형률의 변화율을 도시한 것으로 한계평형해석 결과인 임계파괴면과 비교가 가능하다. 그림에서 보듯이 기반암면의 봉우리부를 가운데 두고 양옆으로 파괴면이 형성되어 퍼져나가는 양상을 볼 수 있으며, 이러한 파괴면은 비원호파괴면에 대한 해석을 수행하는 경우에만 파악이 가능하다. 따라서 지층구조가 복잡한 사면의 안정해석 시에는 발생가능한 비원호 파괴면에 대한 안정성 검토를 수행하는 것이 바람직하다.

붕괴사면의 보강현황

04

국내 사면시공사례를 다루는 본 장에서는 최근 발생한 사면을 대상으로 자료를 수집·정리하였으며, 사면붕괴 후 적절한 대체 공법 선정과 국내의 시공사례 및 실적을 분석하고 파악하였다.

1. 개요

그동안 사면붕괴에 대한 사례는 많이 보고가 되었으나, 붕괴 유형 및 특성에 대하여 정리된 도서가 없다는 것은 매우 아쉬운 일이다. 따라서 본 장에서는 국내 건설현장에서 발생하였던 사면붕괴사례에 대한 현황과 대책방안들을 다루어보고자 한다.

사면파괴에 크게 영향을 미치는 요인으로는 지형 및 지질조건, 우수 및 지하수조건, 시공조건 등을 들 수 있다. 특히 단층, 층리, 편리, 엽리 등의 지질구조가 발달한 사면은 지질구조선을 따른 파괴가 많이 발생하고 있으며, 사면의 풍화상태와 밀접하게 연관되어 위험도가 결정되게 된다. 이러한 지질구조적 문제는 사면의 암종에도 관련이 있으며 변성암 복합체를 이루는 암층은 지질구조선이 복잡하고 풍화양상 또한 복잡하여 굴착에 의해 지표면으로 노출되었을 경우, 풍화속도가 빠르고 발달된 미세균열에 의해 쉽게 깨어지게 된다. 퇴적암층은 주로 셰일과 사암으로 이루어진 층으로서 셰일과 사암이 서로 교호하는 면에서 점토질 성분을 가진 충전물질로 인해 층리면을 따라 파괴가 발생하는 특징을 나타내고 있다. 토층구간의 파괴빈도는 지반조건이 사질토로 이루어진 사면이 가장 높게 나타났으며, 토사파괴는 흔히 기반암 위에 놓여 있는 붕적토와 풍화토 등에서 발생하는 것으로 나타났다. 특히 흙의 강도나 투수성 등에서 뚜렷한 차이가 있을 경우, 이 면을 따라 지하수의 유입으로 발생하는 경우가 많았다.

지형적 요인으로는 집수면적이 매우 넓은 지역이거나 상부에 묘지나 밭, 논, 과수원과 같은 인공적 지형이 존재하는 경우 집수면적이 크며 이곳으로 우수가 유입되어 부분적으로 침식시키게 되어 점진적으로 파괴로 발전하게 되는 요인이 된다. 또한 사면의 파괴는 사면형상이 계곡부를 포함하고 있느냐에 따라서도 파괴에 영향을 미치게 된다. 즉 사면형상이 계곡부를 포함하는 凹형이냐, 사면의 중앙부가 최고점인 凸형이냐에 따라 영향을 받게 되며, 이는 강우의 집수와도 연관이 있지만 凹형 사면에서는 계곡부를 형성하는 부분에 붕적토층이 형성될 수 있는 여건이 되므로 이 부분에서 사면파괴가 발생할 가능성이 크게 된다.

본 장에서는 이상과 같은 요인 등에 따라 파괴가 발생한 58개의 사면에 대한 사례를 다루며, 파괴원인에 대한 분석과 현황, 적정 대책방안, 개략적인 파괴유형에 따른 유형별 원인들을 제시하고 있으므로 파괴유형에 따른 개략대책방안을 수립하는 데 도움이 될 것이다.

[표 4.1] 사면파괴사례 총괄

구분	파괴원인						파괴형태						
	강우	불연속면	지하수	단층/파쇄대	동결융해	풍화	평면파괴	쐐기파괴	전도파괴	원호파괴	낙석	토석류	표층유실/세굴
사례 1	○			○		○	○						
사례 2	○	○					○						
사례 3			○			○	○						
사례 4		○						○			○	○	○
사례 5		○					○	○					
사례 6		○						○					
사례 7		○				○			○		○		○
사례 8	○						○						
사례 9		○					○						
사례 10	○										○		
사례 11					○						○		
사례 12			○							○	○		
사례 13		○					○				○		○
사례 14		○						○					
사례 15		○									○		○
사례 16				○				○	○				
사례 17		○						○					
사례 18	○		○					○					
사례 19			○							○			
사례 20	○	○					○						
사례 21		○											
사례 22		○											
사례 23				○		○				○			
사례 24		○					○						
사례 25				○						○			○
사례 26			○							○			○
사례 27	○									○			
사례 28				○			○	○					
사례 29				○									
사례 30				○			○						

구분	파괴원인						파괴형태						
	강우	불연속면	지하수	단층/파쇄대	동결융해	풍화	평면파괴	쐐기파괴	전도파괴	원호파괴	낙석	토석류	표층유실/세굴
사례 31				○			○						
사례 32				○				○		○			
사례 33		○		○		○	○						○
사례 34				○		○				○			
사례 35				○			○	○					
사례 36				○			○						
사례 37				○			○						
사례 38			○				○						○
사례 39	○									○			○
사례 40	○		○										○
사례 41	○	○				○					○		○
사례 42				○						○			
사례 43				○	○								○
사례 44	○	○											○
사례 45						○			○		○		
사례 46	○												○
사례 47	○								○				
사례 48						○							○
사례 49	○									○	○		
사례 50							○						○
사례 51							○			○			
사례 52	○						○						○
사례 53							○						○
사례 54		○					○						
사례 55	○									○			
사례 56	○						○	○		○			
사례 57	○						○	○	○				
사례 58		○					○	○					

2. 사면붕괴현황 및 보강사례

example 사례 1

규 모 및 경 사		
높 이		66m
연 장		330m
경 사	토 사	1 : 1.5
	리 핑	1 : 1.2
	발 파	1 : 0.7

현 황

- 위 치 : ○○고속국도
- 암 종 : 셰일, 사암
- 풍화도 : 사면 상부에는 붕적층 및 풍화잔류토가 분포하고, 하부의 암반은 셰일및 사암으로 구성되어 파쇄대 및 층리면에 점토가 충전되어 있음
- 현 황 : 암질이 불량하여 설계 당시 앵커와 Soil Nailing으로 보강하는 것으로 계획 되어 있어 보강공사를 실시하던 중 1, 2차 슬라이딩이 발생하였음

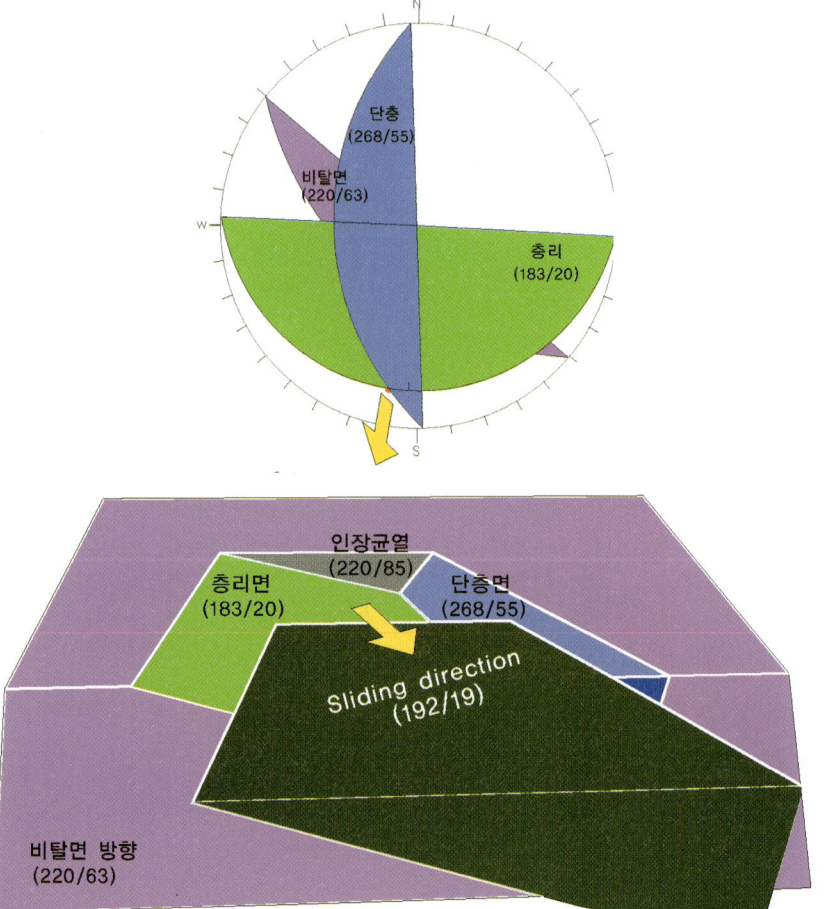

전경 및 현황도

(1차 슬라이딩 발생 전경)

(2차 슬라이딩 발생 전경)

세 부 사 진

세 부 사 진

지질특성	슬라이딩 현황	

- 주요 암종 : 사암, 암회색 셰일, 적갈색 응회암질 셰일로 구성되며 이는 화성기원으로 생성된 쇄설성 퇴적암이며, 특히 셰일은 점토를 주성분으로 구성
- 풍화 정도 : 약간풍화~보통풍화
- 주요 토층 : 풍화잔류토, 전석이 포함된 붕적토
- 비탈면 방향 : 220/63
- 층리방향 : 183/20(BIPS에 의해 측정된 평균적인 층리방향)
- 단층(F-1) : 268/55(지표지질조사 결과 확인된 비탈면 우측이완단층)

• 1차 슬라이딩 현황

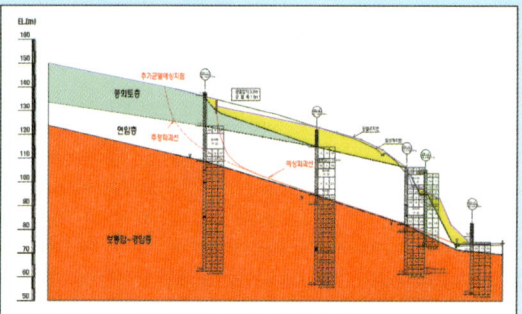

- 최대높이 : 65.9m
- 균열지점까지의 거리 : 103.5m
- 최대인장균열깊이 : 6.0m
- 인장균열폭 : 1.5m

• 2차 슬라이딩 현황

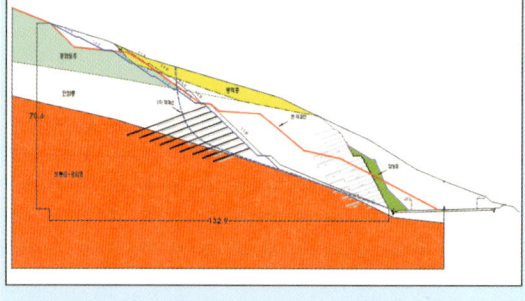

- 최대높이 : 74.2m
- 균열지점까지의 거리 : 130m
- 최대인장균열깊이 : 6.0m
- 인장균열폭 : 1.2m

1차 슬라이딩 원인

■ 지형 및 암질에 따른 원인
- 슬라이딩구간의 지형은 작은 계곡부를 형성하고 있으며 미붕괴구간은 상대적으로 능선을 이루는 지형으로 지하수의 흐름이 슬라이딩구간방향으로 흘렀을 것으로 추정
- 슬라이딩구간에서 미붕괴구간으로 진행할수록 암질의 상태는 양호해지는 경향을 보임
- 상대적으로 암질이 불량한 계곡부의 붕괴구간으로 지하수의 흐름이 발생하여 셰일층을 약화시켰으며 사면을 횡방향으로 절단한 대단층과 셰일층의 층리면과의 기하구조에 의해 슬라이딩이 발생한 것으로 추정

■ 강우에 의한 슬라이딩 원인
- 슬라이딩이 발생되기 직전인 6월 8일 강수량은 1.5mm로 해석상의 우기조건과는 다른 조건이었음
  (1차 슬라이딩 직전의 5월 강수량은 204.3mm로 전년도 5월의 강수량보다 많은 강수량을 보였음)
- 따라서 강수가 직접적인 슬라이딩 원인은 아닌 것으로 판단되나 사면절취 시 발생한 이완하중과 이때 발생된 인장균열면으로 5월에 내린 강수가 침투하여 셰일층을 약화시킨 것이 슬라이딩을 유발한 주요인으로 추정

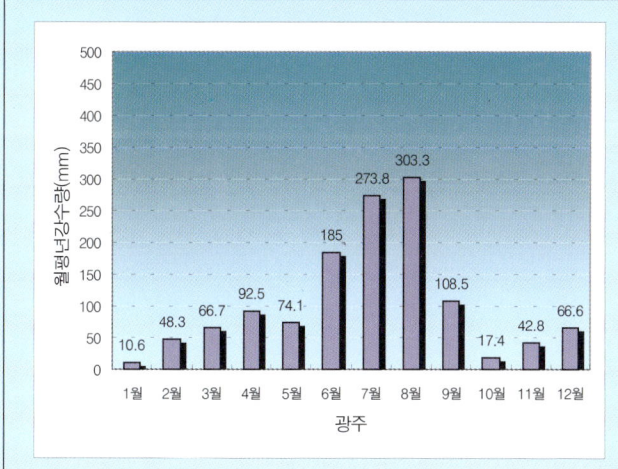

2005년도 강수량

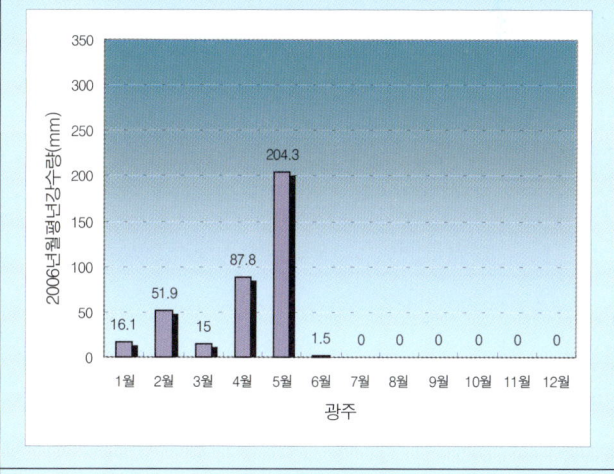

2006년도 강수량

2차 슬라이딩 원인

- 사면을 양분하여 절단하는 대규모 단층과 하부에 발달한 층리면이 만나 사면활동이 일어나기 쉬운 기하구조 형성
- 슬라이딩구간의 지형은 작은 계곡부를 형성하고 있으며 미슬라이딩구간은 상대적으로 능선을 이루는 지형으로 지하수의 흐름이 슬라이딩구간방향으로 흘렀을 것으로 추정
- 1차 슬라이딩이 발생되기 직전인 2006년 6월 8일의 강수량은 1.5mm로 강수가 직접적인 슬라이딩 원인은 아닌 것으로 판단
- 사면절취 시 발생한 인장균열면으로 우수가 누적 침투하여 셰일층을 약화시킨 것이 1차 슬라이딩을 유발한 주요인으로 추정
- 2차 슬라이딩의 발생은 1차 슬라이딩 후 임시대책방안인 압성토에 의해 불안정한 안정을 유지하고 있다가 대책방안에 따른 보강이 미처 이루어지기 전에 좀더 큰 특정파괴면을 따라 2차 슬라이딩이 발생한 것으로 판단

대책공법

구 분	1차 슬라이딩 후 대책공법(구배완화+앵커)	2차 슬라이딩 후 대책공법(억지말뚝+앵커)
개요도	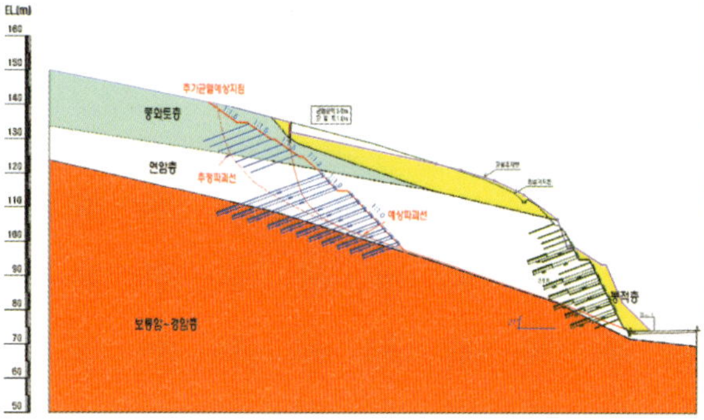	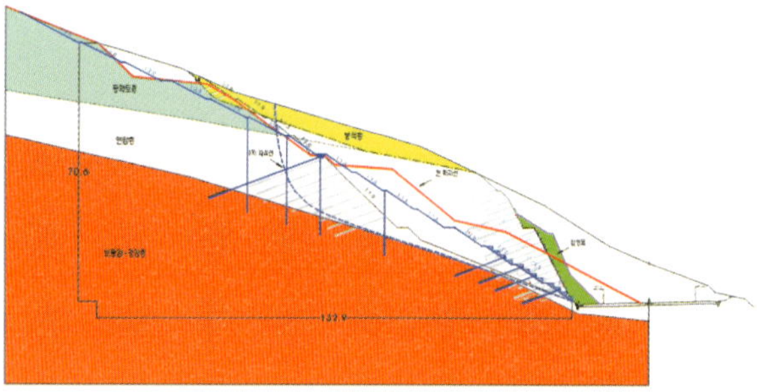
적용성	• 붕괴토사를 대부분 제거하고 적정구배로 사면시공 • 하부에 2단의 앵커로 보강하여 Key Block 역할 기대(2.5×2.5)	① 완화구배로 비탈면을 절개하면서 Top down 방식으로 상부부터 억지말뚝시공 ② 계단식 옹벽 및 Anchor 시공 ③ 수평배수공 설치 ④ 비탈면 표층부 녹화공 실시 　큰 억지력 발휘로 사면안정성 확보

1차 슬라이딩 후 대책공법 평면도

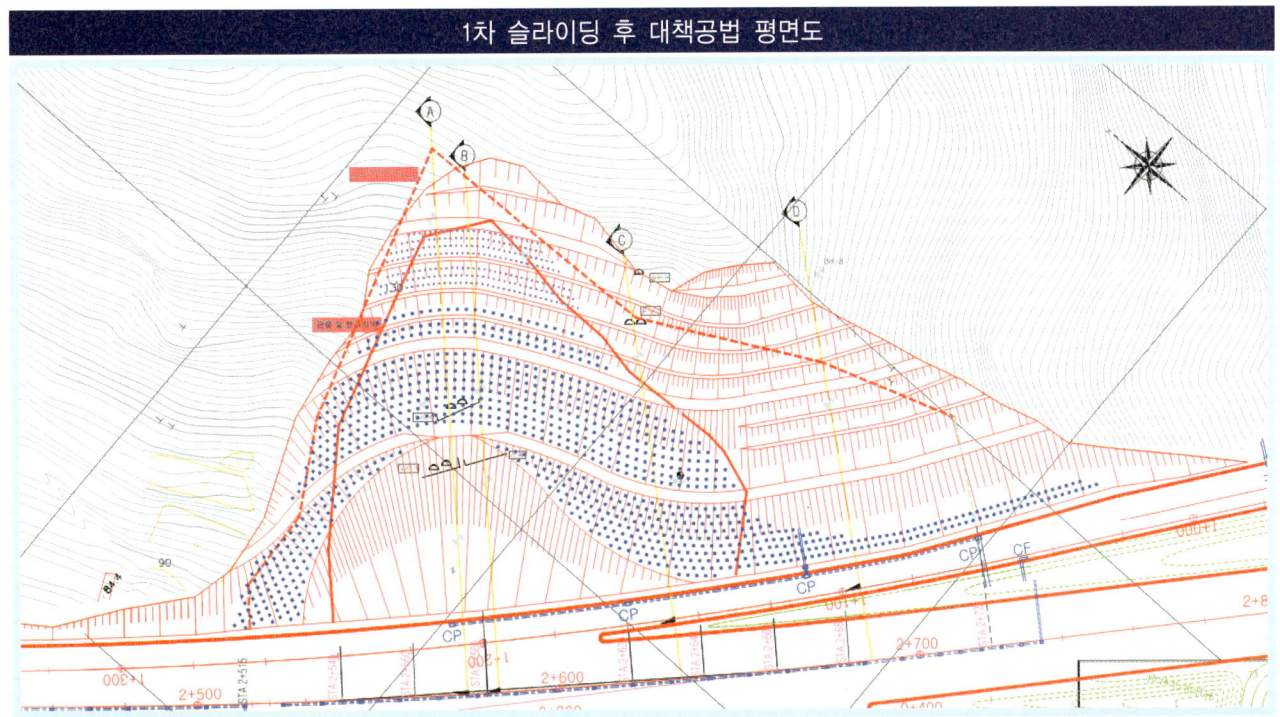

2차 슬라이딩 후 대책공법 평면도

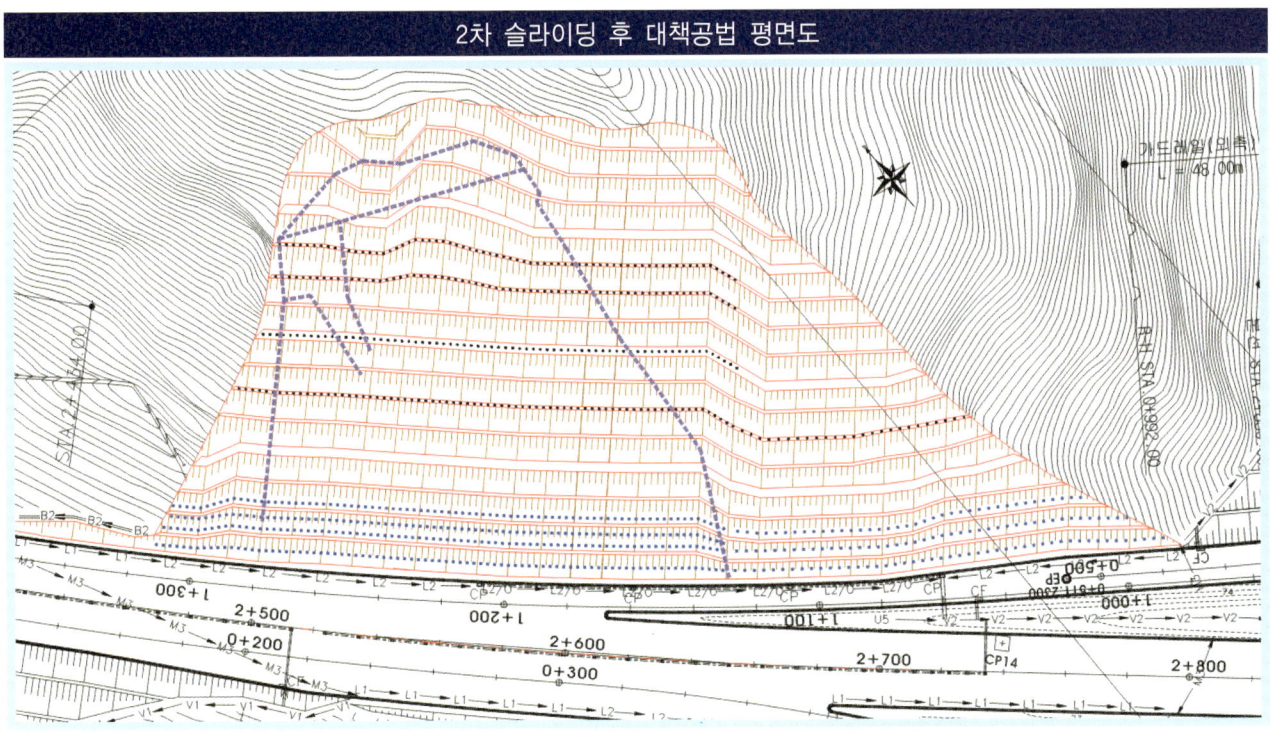

example 사례 2

규모및경사		현 황
높 이	35m	• 위 치 : ○○고속국도 ○○터널 • 암 종 : 화강암 • 풍화도 : 보통풍화~약간풍화의 암반사면. 1소단 상부에서 풍화암 내지 풍화토로 형성되어 표면에서 얇은 심도까지 분포
연 장	100m	• 현 황 : 사면 내에 분포하는 연장성이 좋은 절리면에 우수가 침투되어 전단저항의 저하로 인해 평면파괴 발생
경 사	63~72°	

전경및현황도

세 부 사 진

지질특성	파괴현황	파괴특성 및 원인
• 화강암으로 형성된 사면으로 조립질의 암석조직상 • 상부에서는 풍화암 내지 풍화토로 형성되어 있으며, 하부에는 암반이 분포하고 있음	• 평면파괴 발생	• 사면방향으로 경사져 발달한 절리면을 따라 평면파괴 발생 • 이 절리면은 비교적 매끄러운 상태로 거칠기가 매우 작고 전단강도가 작은 편이며, 이 절리면을 따라 상부에서 물이 유입되면서 파괴 발생

대책공법 (예)	
구 분	앵커 + Nailing + 합벽콘크리트옹벽 공법
개요도	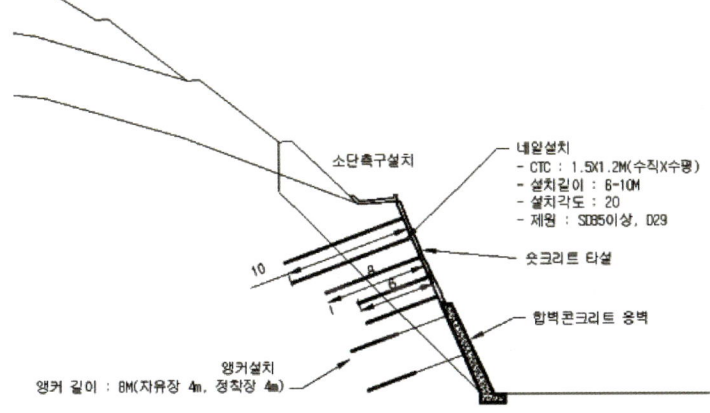
적용성	• 파괴가 발생된 구간 및 추가 파괴가능성이 있는 구간에 대해 하단부는 합벽콘크리트 옹벽을 설치 • 전면부에 앵커 2단으로 보강 • 상부는 네일 5단으로 보강한 후 네일이 설치된 구간에 대해 숏크리트 타설
대책 방안 수립 배경	• 평면파괴에 대한 전단저항력을 증가시키고, 표면유실로 인한 지속적인 암반붕괴를 억제하기 위한 대책을 제안 • 불연속면을 따라 파괴가 발생한 구간 및 파괴가 예상되는 구간에 대하여, 하단부는 합벽콘크리트를 시공하고, 합벽콘크리트의 저항력 증가를 위해 Anchor를 시공 • 합벽콘크리트의 상부는 네일로 보강하고 표면을 숏크리트로 타설하여 보강력을 일체화시킴 • 상부로 부터의 지표수 유입을 억제하기 위하여 소단측구를 설치

example 사례 3

규모 및 경사		
높 이		48m
연 장		206m
경 사	토 사	1 : 1.2~1.5
	리 핑	1 : 0.7~1.0
	발 파	1 : 0.5

현 황

- 위 치 : ○○~○○ 간 고속국도 제○공구
- 암 종 : 백악기 퇴적암 및 이를 관입한 각종 안산암류
- 풍화도 : 보통 풍화~심한 풍화 상태
- 현 황 : 풍화잔류토가 사면의 지표면을 형성하고 있으며 토층두께는 약 7~8m 정도, 기반암과의 경계부에서 일부 지하수 유출, 산마루 측구 배면에 붕적층이 폭 넓게 분포하고 있으며 특히 산마루 측구 배면 약 30m 위치에 인장균열이 발생된 상태, 하부 암반구간에 대규모 쐐기 파괴 발생

전경 및 현황도

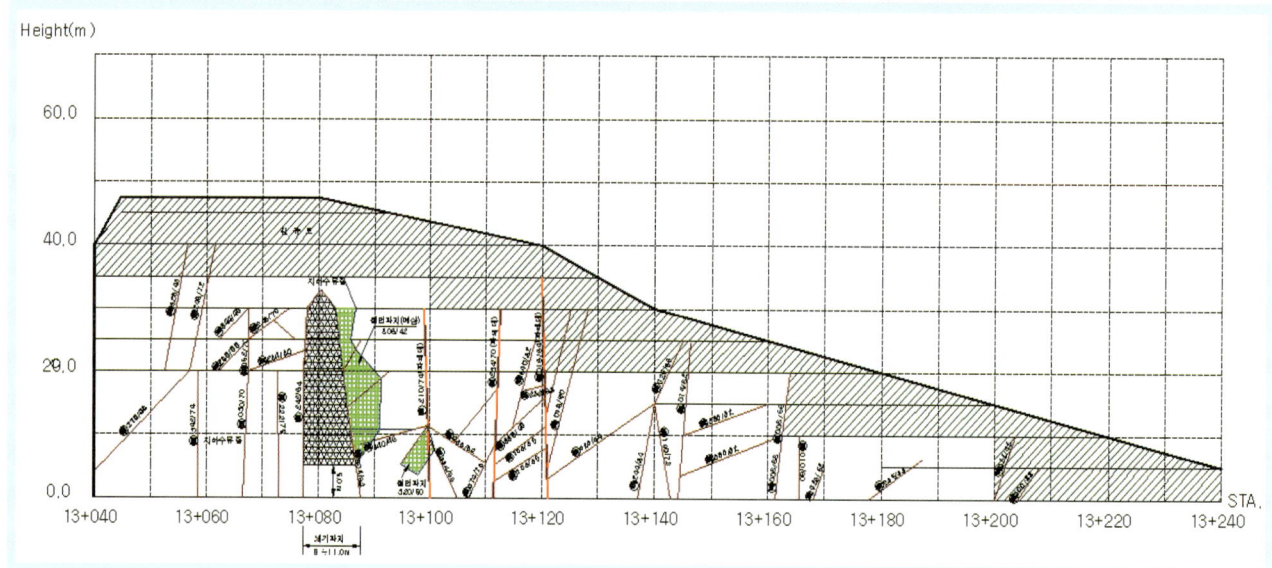

제4장 | 붕괴사면의 보강현황

세 부 사 진

파괴 전

파괴 후

지 질 특 성	파 괴 현 황	파괴특성 및 원인
• 기반암으로 안산암류(사암)가 사면 전체에 분포 • 일부 구간은 사면높이 20~60m에 각력사암이 분포하며 굴착 후 풍화가 심하여 소단에 퇴적되어 있음	• 파괴영역 : STA.13+077~13+088 • 파괴높이 : 38m • 파 괴 폭 : 7m(상부)~18m(하부) • 파괴양상 : 쐐기파괴	• 폭 11m, 높이 32m의 대규모 블록이 굴착 후 응력 이완 및 지하수에 의한 수압이 작용하여 발생 • 사면굴착 후 풍화가 급속히 진행

대 책 공 법 (예)

구 분	Rock Anchor + 계단식 옹벽 (1)	Rock Anchor + 계단식 옹벽 (2)
개요도	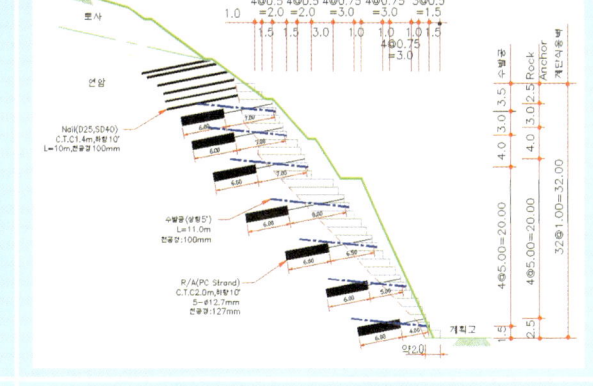	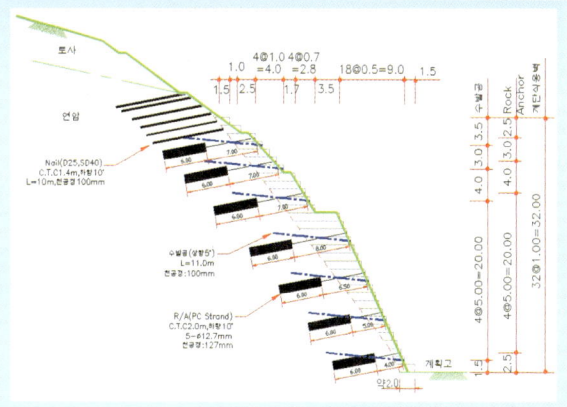
적용성	• 고장력에도 견딜 수 있는 PC 강선을 절토사면 예상 활동면보다 깊은 위치에 앵커를 정착시켜 인장력에 의해 계단식옹벽으로 하중을 정착지반에 전달 • 원지반의 전단저항력을 증가하여 사면을 안정화 • 주동보강으로 수동보강보다 보강효과 확실하며 상시 지반에 압력작용으로 파괴 방지 가능 • 시간 경과에 따른 인장력 감소 가능성이 있으며 현장 타설이므로 공기 측면에서 다소 불리	
대책방안 수립배경	• 쐐기형태의 붕괴가 발생하였으므로, 붕괴가 발생한 구간을 구조물로 채워 추가적인 암반탈락이 발생하지 않도록 조치하는 것이 필요함 • 이를 위하여 암반붕괴 부분에 계단식 콘크리트 옹벽을 설치하여 안정화시키고자 함 • 계단식 콘크리트 옹벽에 작용하는 수평력 및 붕괴활동력에 저항하기 위하여 옹벽 표면에서 Anchor를 시공함 • 붕괴구간의 상부는 원지반 안정화를 위하여 네일을 시공함 • 또한 옹벽 배면의 배수를 위하여 수평배수공을 계획함	

example 사례 4

규모및경사		
높 이		29m
연 장		345m
경 사	토 사	-
	리 핑	-
	발 파	1 : 0.7

현　　　　황
• 위　치 : 국도○○호선 ○○군 ○○리
• 암　종 : 선캠브리아기 화강편마암류
• 풍화도 : 보통풍화의 암반사면, 4set(부분적으로 2set)의 절리발달 　　　　　부분적으로 심한 풍화구간 있음
• 현　황 : 암반의 이완이 심하고 뜬돌 다량 분포. 면상태 울퉁불퉁 　　　　　표층파괴, 소규모의 쐐기파괴, 낙석의 위험 　　　　　부분적으로 분포하는 함탄층이 파괴면으로 작용하여 다량의 토석류 발생

전경및현황도

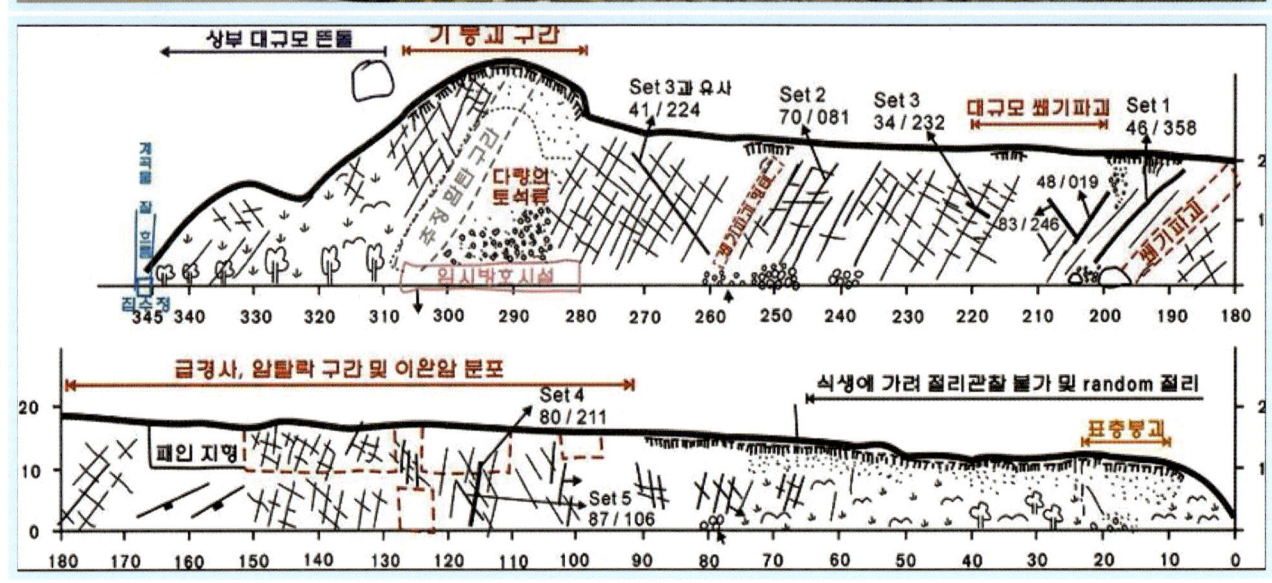

세 부 사 진

지 질 특 성	파 괴 현 황	파괴특성 및 원인
• 선캠브리아기 화강편마암류 • 4set(46/358, 70/081, 80/211, 87/106) 절리가 발달하여 쐐기파괴 유발 • 부분적으로 분포하는 함탄층이 파괴면으로 작용하여 다량의 토석류 발생	• 전 구간에 쐐기파괴 • STA.310m : 토석류 발생 • STA.10~20m : 표층 파괴 • STA.80~170m : 낙석 발생	• 돌출 암괴가 뜬돌 형태로 존재하여 소규모의 낙석을 일으킴 • 4개 set의 절리의 기하학적 형상으로 인해 쐐기파괴 발생 • 이완된 암괴가 낙석을 일으킴

대 책 공 법 (예)

구 분	Rock Bolt 공법	암부착망 공법
개요도	절리가 있는 암반 / 경암 / Rock bolt / 2m	암부착망 (G, T, N, P, Z)
적용성	• 낙석이 예상되는 암괴에 천공 후 철근을 삽입하여 정착시킨 후 두부에 지압판을 설치하여 낙석 방지 • 부분적인 낙석이 발생하는 경우 경제적인 보강 가능	• 고장력 와이어로프네트를 록볼트와 지압판을 사용하여 프리스트레스를 주면서 사면에 밀착시켜 표면응력을 강화하면서 심층보강 • 표면이 불규칙하고 광범위하게 낙석발생이 우려되는 경우, 고장력네트를 이용하여 낙석방지
대책 방안 수립 배경	• 소규모 낙석이 발생 가능한 부분에 대해서는 낙석가능 암괴를 제거하고, 낙석의 규모가 크거나 낙석 제거 시 추가의 낙석발생으로 붕괴 범위가 증가할 것으로 예상되는 구간에 대해서는 낙석을 원 지반에 밀착시켜 안정화시키기 위한 방안이 필요함 • 이를 위하여 고강도 망을 낙석가능 구간에 덧씌우고 rockbolt로 원 지반에 고정시킴으로써 안정화시키는 방안을 계획함	

example 사례 5

규모 및 경사		
높이		100m
연장		340m
경사	토사	1 : 1.0
	리핑	1 : 1.0
	발파	1 : 0.7

현 황

- 위 치 : ○○광역시 ○○군 ○○리~○○리 구간
- 암 종 : 기반암은 사암과 셰일의 호층으로 구성된 중생대 퇴적암과 중성암맥으로서 전체적으로는 사암이 우세하고 셰일 및 실트스톤은 사암과 일부 호층을 이루거나 부분적으로 박층으로 협재되어 있음
- 풍화도 : 실트스톤 및 셰일은 건열 및 물결자국과 같은 퇴적구조가 관찰되며, 불연속면 사이에는 대부분 방해석 광물이 코팅되어 있음
- 현 황 : 현재 사면은 보강공법 적용 후 표면보호공법으로 녹생토 및 낙석방지망을 시공한 상태

전경 및 현황도

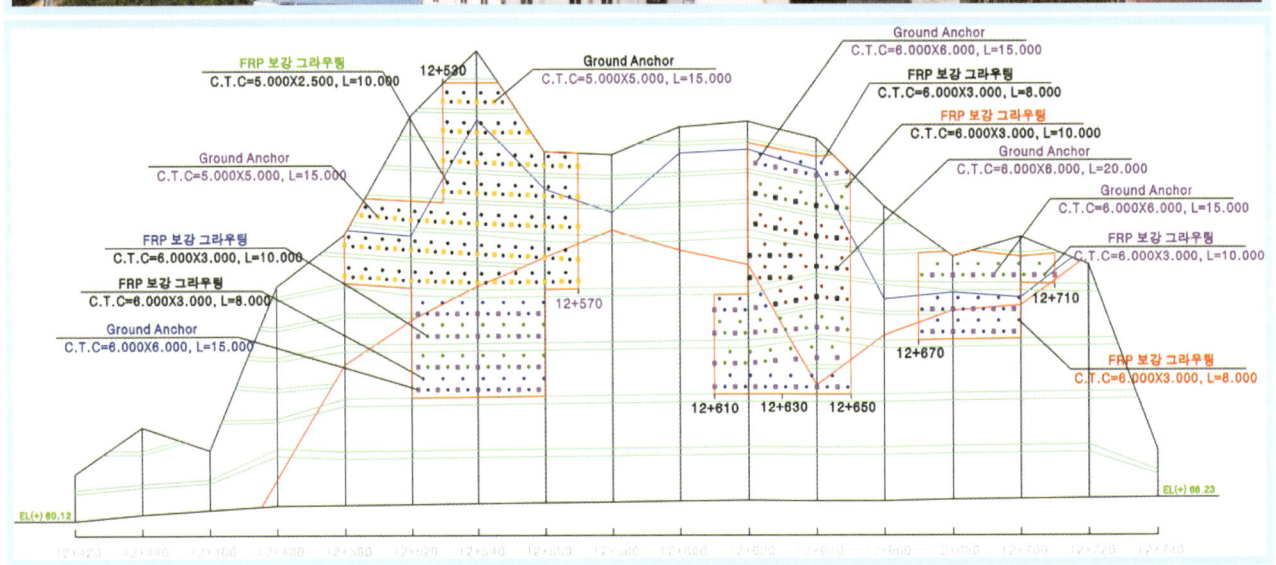

세 부 사 진

지질특성	파괴현황	파괴특성 및 원인
• 기반암은 사암과 셰일의 호층의 중생대 퇴적암과 중성암맥으로서 전체적으로 사암이 우세하고, 셰일 및 실트스톤은 사암과 일부 호층을 이루거나 부분적으로 박층으로 협재되어 있음	• STA.12+540～12+680구간에 평면파괴 및 쐐기파괴 발생	• N24W(336)의 주향을 갖는 사면 상에서 38/246의 층리면을 따라 평면파괴 발생 • 44/292-78/212, 44/292-68/208, 44/292-88/186, 44/292-84/186의 자세를 갖는 불연속면에 규제되어 쐐기파괴 발생

대 책 공 법 (예)

구 분	FRP 보강 공법 + Anchor	Rock Bolt 공법
개요도		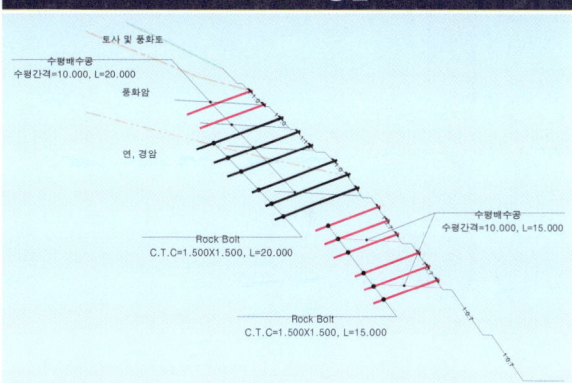
적용성	• 주입재에 의한 지반의 고결로 인하여 FRP 보강재와 주변지반을 일체화 • 원지반의 전단강도 증대와 보강재에 의한 전단, 휨 및 Nailing 효과 • 균열 및 절리가 심한 파쇄대 지반에도 보강효과 우수 • Anchor를 격공형식으로 시공함으로써 지반 내 불연속면과 사면을 일체화	• 이완암반과 모암의 일체화 또는 불연속면을 경계로 한 여러 층을 일체화 • 파괴예상면의 깊이가 얕은 경우에만 보강효과 • 부분적으로 낙석이 발생하는 경우 경제적인 보강이 가능함
대책 방안 수립 배경	• 평면 및 쐐기파괴가 발생한 상태이고, 사면의 규모가 매우 크고 암반이 느슨한 상태로 존재하는 구간이 많음 • 따라서 전반적으로 느슨해진 암반을 보강하고, 전체적인 파괴에 대한 안정성을 확보하기 위한 대책수립이 필요함 • 이를 위하여 지반 내로 시멘트 페이스트를 가압주입할 수 있는 보강공법과 깊은심도에서의 암반의 활동억제를 위한 Anchor 시공을 병행시공함 • 지반 그라우팅 후 수위증가에 의한 수압을 감소시키기 위하여 수평배수공을 계획함	

example 사례 6

규 모 및 경 사		
높 이	30m	
연 장	70m	
경 사	토 사	1 : 1.2
	리 핑	1 : 1.0
	발 파	1 : 0.3~1 : 0.5

현 황
• 위 치 : ○○도 ○○시 ○○리
• 암 종 : 선캠브리아기의 편마암류 중 흑운모호상편마암(Biotite Banded Gneiss)
• 풍화도 : 높은 풍화(Highly Weathered) - 보통풍화(Moderately Weathered)
• 현 황 : 현재 사면은 보강 완료 후 선반식 식생옹벽을 시공한 상태

전경 및 현황도

세부사진

지질특성	파괴현황	파괴특성 및 원인
• 선캠브리아기 편마암류 중 흑운모 호상편마암 • 높은 풍화(Highly Weathered) 내지 보통 풍화(Moderately Weathered)	• 불연속면의 교차로 쐐기파괴 발생 및 추가 진행 가능성 상존 • 하부사면 파괴로 인해 상부사면 추가 파괴위험	• 사면 내 불연속면의 교차로 쐐기파괴 발생

대책공법 (예)

구 분	Nail 보강 + 선반식 식생옹벽 공법	Rock Bolt 공법
개요도	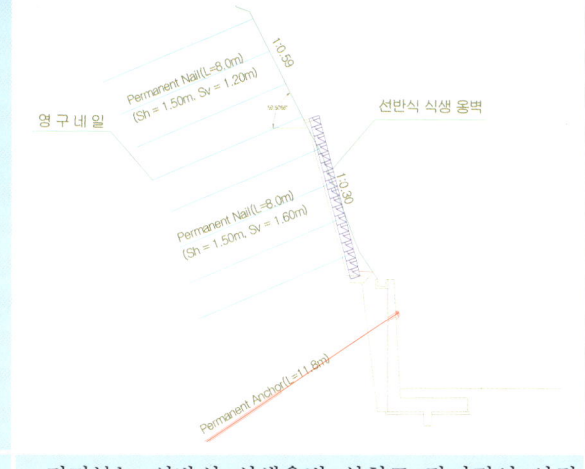	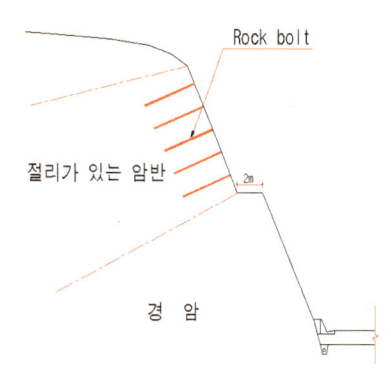
적용성	• 전면부는 선반식 식생옹벽 설치로 장기적인 안정성과 주변 자연과 조화를 이룰 수 있는 효과 • 안정성과 주변 자연과 조화를 이룰 수 있어 친환경적인 사면형성	• 낙석이 예상되는 암괴에 천공 후 철근을 삽입하여 정착시킨 후 두부에 지압판을 설치하여 낙석 방지 • 부분적인 낙석이 발생하는 경우 경제적인 보강 가능
대책 방안 수립 배경	• 사면 하부 붕괴예상지역에서의 예상 붕괴규모가 크지 않고, 초기붕괴를 억제하면 추가붕괴를 막을 수 있을 것으로 예상되므로 암반의 탈락을 막는 방안이 필요함 • 하부구간에 옹벽을 시공하여 암반의 이완을 억제하고 옹벽과 지반과의 일체화 및 지반붕괴에 대한 안정화를 위하여 nail을 병행시공하도록 계획함	

example 사례 7

규 모 및 경 사			현 황
높 이	21m		• 위 치 : ○○도 ○○시 ○○동~○○리
연 장	100m		• 암 종 : 보통풍화의 암반사면, 불연속면 발달함
경 사	토 사	1 : 1.5	• 풍화도 : 흑운모편마암이 풍화암 및 풍화토의 상태로 노출됨
	리 핑	1 : 1.2	• 현 황 : 대상구간 내 1단 및 2단 사면에서 부분적으로 불연속면을 따라 블록의 탈락이 발생, 현재 사면은 보강공법을 시공한 상태임
	발 파	-	

전경 및 현황도

세부사진

지질특성	파괴현황	파괴특성 및 원인
• 보통 풍화의 암반사면, 흑운모편마암이 풍화암 및 풍화토의 상태로 노출되어 있음	• STA.4+830~4+870 구간에 표면유실 및 붕락이 발생함 • 대상구간 내 1단 및 2단 사면에서 부분적으로 불연속면을 따라 블록의 탈락이 발생	• 절취 사면을 조성하던 중 절취에 따른 응력 이완 및 우기 시 급속한 풍화에 따른 유효응력의 감소 등으로 인한 진행성 파괴로 판단됨

대책공법 (예)

구분	FRP 보강 공법	Soil Nailing 공법
개요도	토사 / FRP 보강 그라우팅 C.T.C=3.000X2.5000, L=10.000 / 풍화암 / 수평배수공 수평간격=6.000, L=15.000 / FRP 보강 그라우팅 C.T.C=3.000X2.5000, L=6.000 / a'	토사 / Soil Nailing C.T.C=1.500X1.5000, L=10.000 / 풍화암 / 수평배수공 수평간격=6.000, L=15.000 / Soil Nailing C.T.C=1.500X1.5000, L=6.000 / a'
적용성	• 주입재에 의한 지반의 고결로 인하여 FRP 보강재와 주변지반을 일체화 • 원지반의 전단강도 증대와 보강재에 의한 전단, 휨 및 Nailing 효과 • 균열 및 절리가 심한 파쇄대 지반에도 보강효과 우수	• 원지반 강도를 최대한 이용하면서 보강재(Nail) 설치 • 지반 전단 및 인장강도를 증가시켜 변위 억제 및 지반 이완 방지 • 부분적인 낙석이 발생하는 경우 경제적인 보강 가능 • 시공방법이 간단하고 작업이 빠름
대책방안 수립배경	• 사면의 일부구간에 붕괴가 발생하였고, 지하수가 유출되는 구간에서 추가 붕괴가 예상되므로, 붕괴예상구간에 대한 지반보강이 필요함 • 이완된 지반의 보강을 위하여 보강재의 삽입 및 지반을 그라우트재로 충전할 수 있는 공법이 제안됨 • 지반을 그라우트재로 충전할 경우 배면 수압증가를 막기 위하여 수평배수공의 병행도 계획함	

example 사례 8

규 모 및 경 사		
높 이	41m	
연 장	120m	
경 사	토 사	1 : 1.2 ~ 1 : 1.5
	리 핑	1 : 1.0
	발 파	1 : 0.5 ~ 1 : 0.7

현 황
• 위 치 : ○○~○○ 간 고속국도(제○○공구)
• 암 종 : 화강암질 편마암
• 풍화도 : 심한 풍화, 부분적으로 절리발달
• 현 황 : 최대 사면고가 60m 이상으로 하부 절취과정 중 일부 지층선이 급변하였으며, 10m 소단과 20m 소단에서 쐐기파괴가 발생

전 경 및 현 황 도

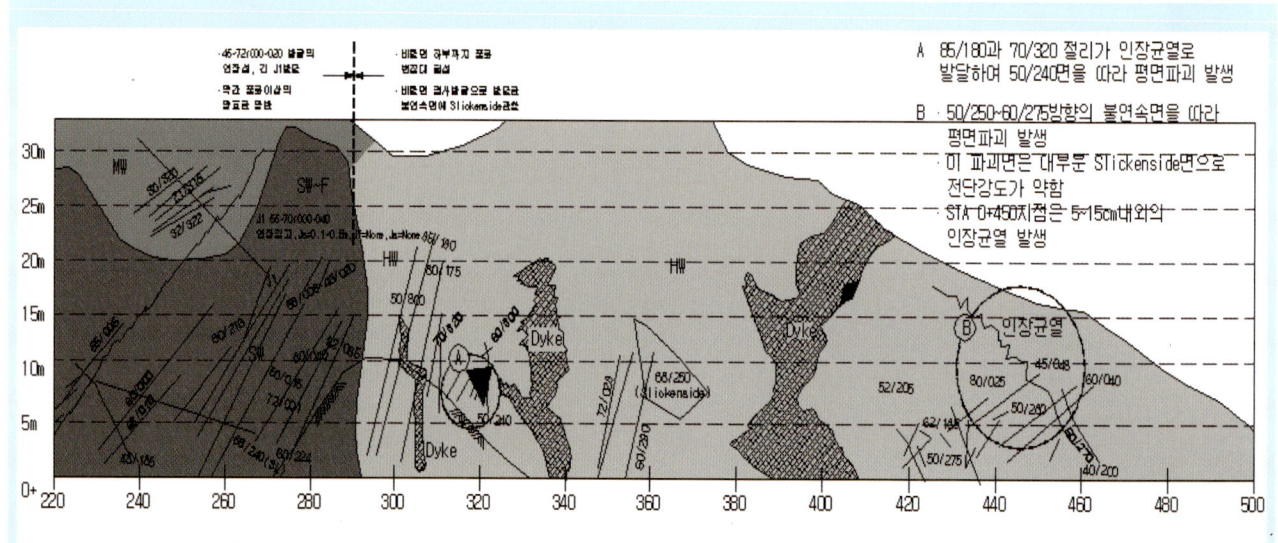

98

세 부 사 진

지 질 특 성	파 괴 현 황	파괴특성 및 원인
• 화강암질 편마암 • 0~60/250~275면(Slickenside)과 52/205, 62/186면이 발달 • 전반적으로 토사화되고 부분적으로 암상으로 분포함	• 50~60/250~275면(Slickenside)과 52/205, 62/186면이 교차, 평면파괴 • 소규모 평면 및 쐐기파괴	• 사면 내 지층선이 급변함으로써 사면의 안정적인 구배(설계구배)를 적용하지 못하여 우기 시 간극수압의 증가로 파괴되었음

대 책 공 법 (예)

구 분	Soil Nailing 공법	Rock Bolt 공법
개요도	토사 / 풍화토 / 기반암, Soil Nailing	절리가 있는 암반 / 경암, Rock bolt
적용성	• 원지반 강도를 최대한 이용하면서 보강재(Nail) 설치 • 지반의 전단 및 인장강도를 증가시켜 변위 억제 및 지반의 이완 방지 • 풍화 및 절리 등, 파쇄 및 절리가 심하게 발달된 암반에 효과적임	• 낙석이 예상되는 암괴에 천공 후 철근을 삽입하여 정착시킨 후 두부에 지압판을 설치하여 낙석 방지 • 부분적인 낙석이 발생하는 경우 경제적인 보강 가능
대책 방안 수립 배경	• 지반조건의 변화가 심하여, 토사화된 구간의 구배가 설계기준구배보다 급하게 시공되어 있어, 이에 대한 조치가 필요함 • 토사화된 구간의 안정성 확보를 위하여 구배완화나 보강공법의 적용이 필요하나, 구간별로 토사화 되어 있으므로 취약구간을 대상으로 보강방안을 적용하는 것으로 계획함	

example 사례 9

규모및경사		
높이		40m
연장		160m
경사	토사	-
	리핑	-
	발파	1 : 0.7

현 황

- 위 치 : ○○내륙선 ○○고속국도
- 암 종 : 사암
- 풍화도 : 보통~약한 풍화의 암반사면, 3set의 절리 및 층리 발달
- 현 황 : 절리의 연장성이 길고, 암괴의 이완이 상당히 진행됨, 사면점검로 좌측부에서 평면파괴가 발생, 일부 낙석방지망 파손

전경및현황도

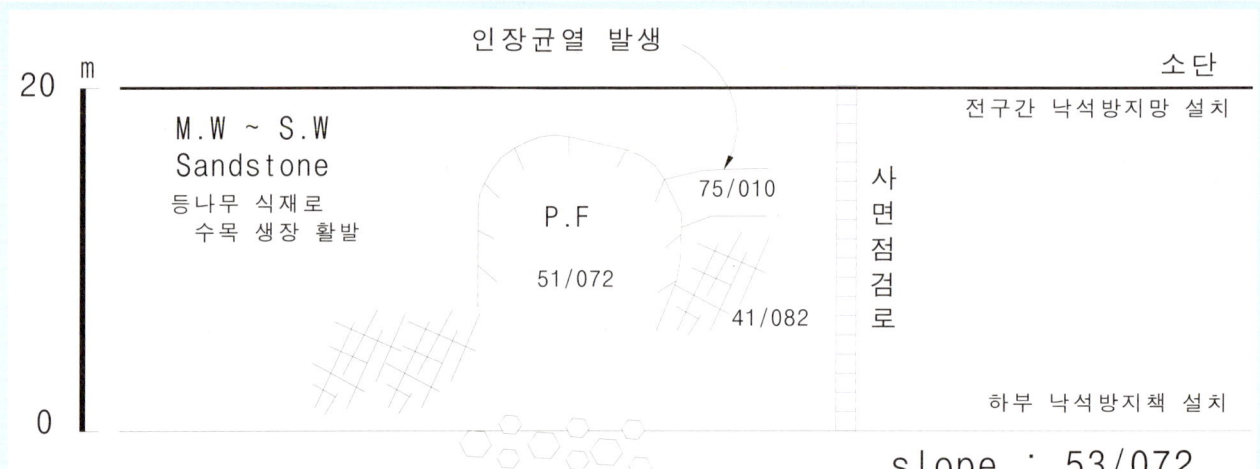

인장균열 발생
소단
전구간 낙석방지망 설치
M.W ~ S.W Sandstone
등나무 식재로 수목 생장 활발
P.F
75/010
51/072
41/082
사면점검로
하부 낙석방지책 설치
낙석 최대 0.7x0.7x0.7 m
slope : 53/072

100

세 부 사 진

지 질 특 성	파 괴 현 황	파괴특성 및 원인
• 사암 • 3set(75/010, 51/072, 41/082)의 절리 및 층리가 발달하여 평면파괴 유발	• 평면상 파괴 • 2001. 11. 1차 파괴에 이어 2차 파괴 발생 • 규모 : 4m³	• 3set의 절리 및 층리에 의한 평면파괴 • 파괴구간 좌우측에 인장균열 발생으로 추가 파괴 우려 • 파괴구간 하부 연속 파괴가 우려됨

대 책 공 법 (예)

구 분	Rock Bolt + 낙석방지망	Rock Bolt + 텐션네트
개요도	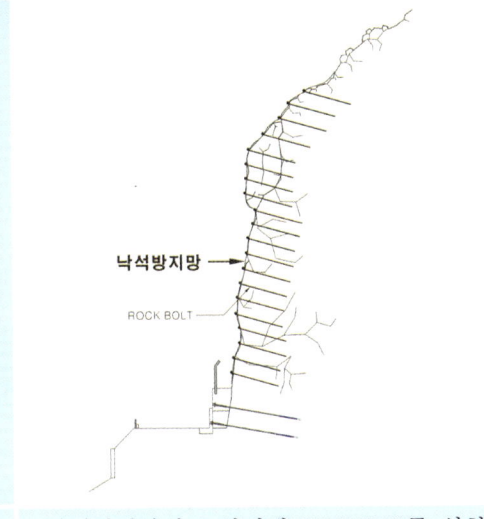	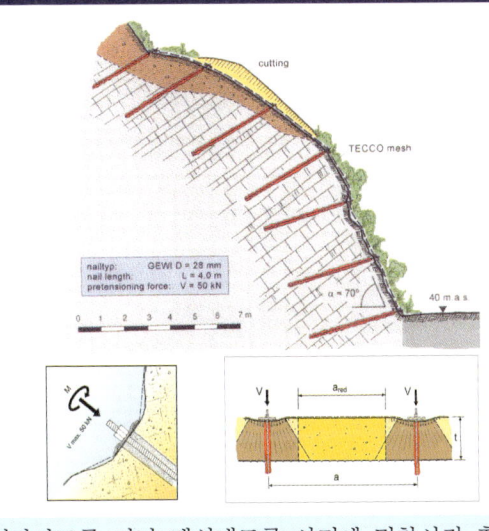
적용성	• 낙석방지망의 교차점에 Rock Bolt를 설치하여 일체화 시공 • 사면 하단부에 낙석방지책을 설치 • Rock Bolt에 의한 낙석 탈락 방지효과 • 낙석 규모가 작을 경우 적용하는 낙석방호공법	• 고인장강도를 지닌 텐션네트를 사면에 밀착시킨 후, 프리텐셔닝으로 표면의 응력을 강화하고 Rock Bolt로 지반의 전단강도를 제고시켜 표면의 낙석보호와 심층의 파괴에 대처 • 텐션네트와 Rock Bolt 간 힘을 상호 접선이동시킴으로써 전체 사면을 일체화하여 이중 보강효과
대책 방안 수립 배경	• 낙석 발생으로 기존의 낙석방지망을 파손시킴 • 낙석의 규모가 다소 크고, 일부 낙석으로 인한 점차적인 추가의 낙석이 예상되므로, 사면으로부터 낙석의 탈락을 억제시킬 수 있는 공법이 필요함 • 낙석방지를 위한 철망의 시공과 더불어, 낙석의 이완을 억제시킬 수 있도록 철망을 사면에 밀착시키기 위한 보강공(rockbolt)을 병행하도록 계획함	

example 사례 10

규모및경사			현 황
높이		23m	• 위 치 : ○○선 ○○~○○ 간
연장		120m	• 암 종 : 화강암류
경사	토사	1 : 1.3	• 풍화도 : 풍화암 내지 연암(일부 경암 존재)
	리핑	1 : 1.3	• 현 황 : 일부 사면 경사방향과 평행한 절리발달, 대부분 수직절리
	발파	1 : 1.3	

전 경 및 현 황 도

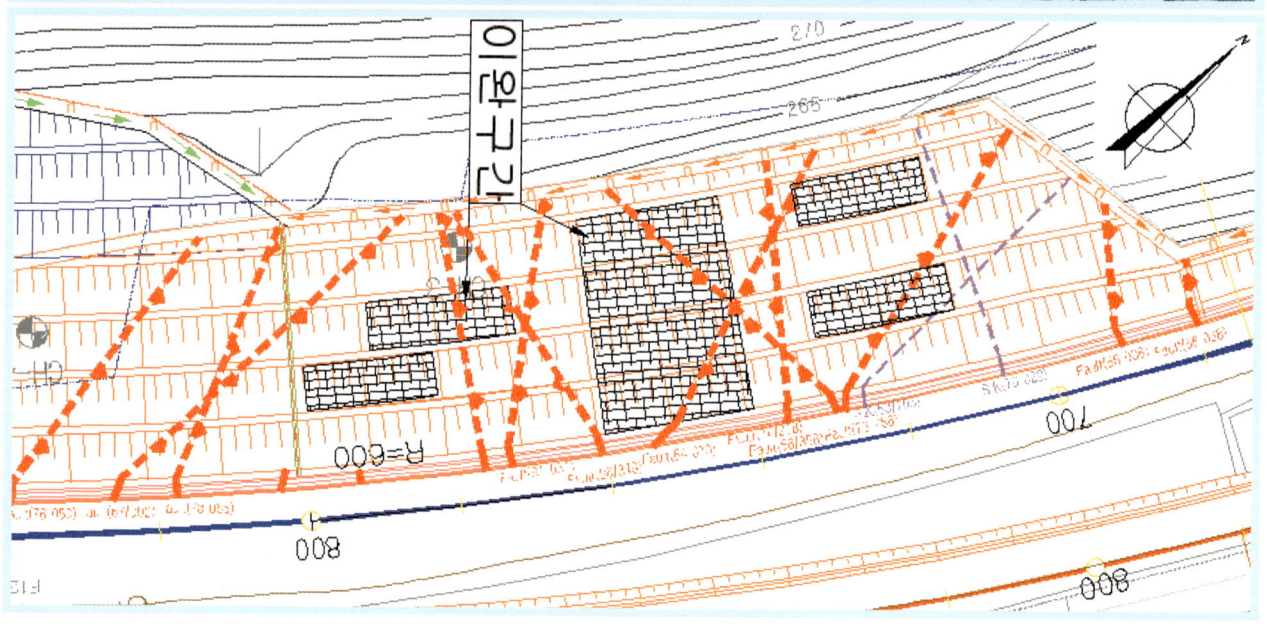

세 부 사 진

지질특성	파괴현황	파괴특성 및 원인
• 배후사면 최대 연장 20.0m, 최대 높이 20.0m를 비롯하여 전반적으로 인장균열 및 변위가 발생	• 집중강우에 의한 전단강도 저하 • 인장균열 내 간극수압 증대 시 Sliding 예상	• 이완영역 내 우수(집중호우)의 반복 침투로 지반정수(전단강도) 감소 • 200년 빈도 이상의 집중강우(태풍 "매미"의 영향)로 간극수압 증가

대책공법(예)

구분	Anchor + 현장타설블럭 공법
개요도	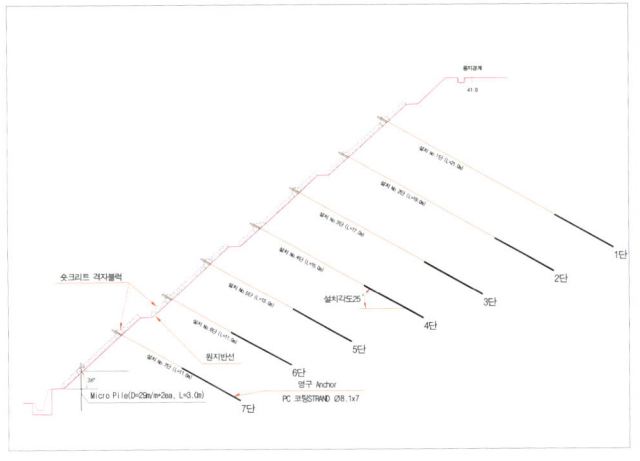
적용성	• 원지반을 천공한 후 사면에 예상 활동면보다 깊은 위치에 앵커체를 정착하고 지표면에 격자프레임을 설치하여 일체화 시공 • 격자프레임에 숏크리트를 타설하여 현장타설 콘크리트 블록 형성하여 사면 전체의 안정성 확보 및 표층 유실 방지 가능 • 표층이 유실되거나 파괴위험이 있는 사면에 효과 우수
대책방안 수립 배경	• 집중강우로 인하여 붕괴가 발생한 상태임 • 사면 배면의 구배가 상향으로 구배조정 시 사면의 높이가 매우 높아질 것으로 예상되므로 보강공법을 시행하여 안정화시키도록 계획함 • 활동면을 따르는 붕괴와 사면 표면 부분의 붕괴를 억제하기 위하여 지중 보강과 지표면 보강을 일체화시키도록 계획함

example 사례 11

규 모 및 경 사			현　　　　　황
높이	40m		• 위　치 : 국도 ○○호선(○○~○○)
연장	85m		• 암　종 : 극조립질의 흑운모 화강암류
경사	토사	-	• 풍화도 : 보통풍화의 암반사면
	리핑	-	판상절리를 포함하여 4방향의 절리군이 우세
	발파	1 : 0.2~1 : 0.3	• 현　황 : 절취면은 일반 낙석방지망으로 덮여져 있고, 해빙기 및 호우 시 좌측상단 낙석방지망 상부 자연사면에서 낙석에너지가 큰 낙석이 빈번하게 발생

전경 및 현황도

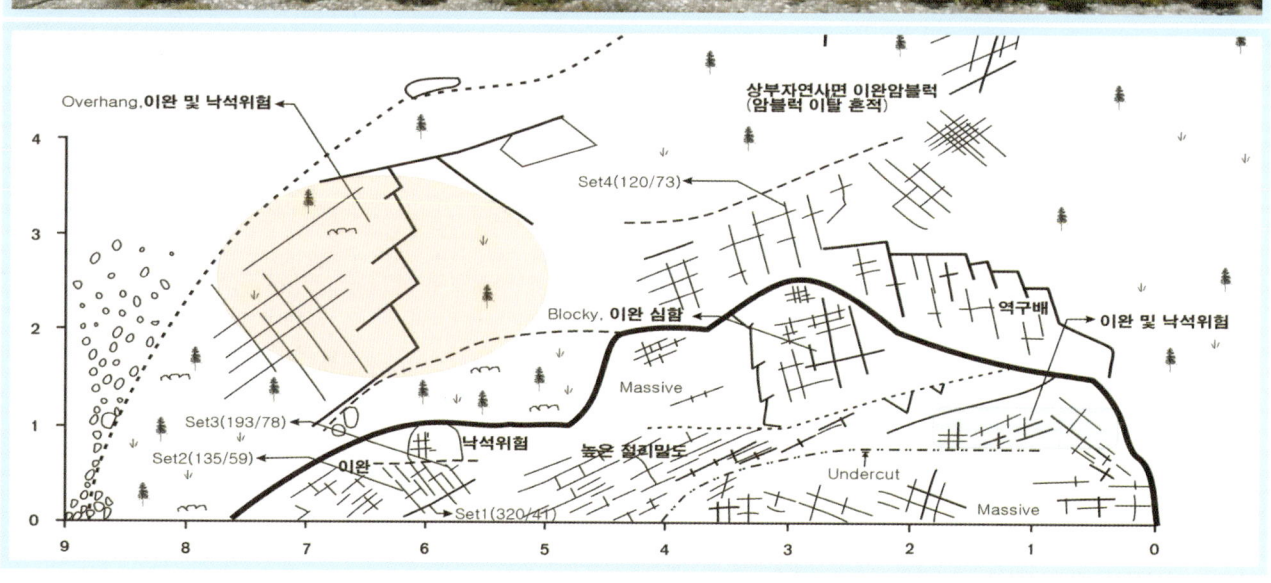

세 부 사 진

지질특성	파괴현황	파괴특성 및 원인
• 극조립질의 흑운모 화강암류 • 호상구조를 보이는 편마암도 분포 • 전체적으로 보통풍화 우세 • 발달하고 있는 불연속면은 판상절리(Sheeting Joint)를 포함하여 4방향의 절리군이 우세	• 대규모 암반이 이완되어 있거나 Over Hanging되어 있어 해빙기 또는 집중강우 시 블록 형태에 의한 낙석 및 파괴가 발생	• 돌출암괴가 뜬돌형태로 존재하여 해빙기 또는 집중강우에 의하여 대규모의 낙석을 일으킴 • 4개 set의 절리에 의하여 기하학적으로 블록을 형성하여 블록 또는 쐐기파괴가 발생 • Over Hanging된 암괴가 풍화작용에 의하여 Toppling이 발생

구분	대책공법 (예)	
	Rock Bolt + 낙석방지망	고에너지흡수형 낙석방지망
개요도	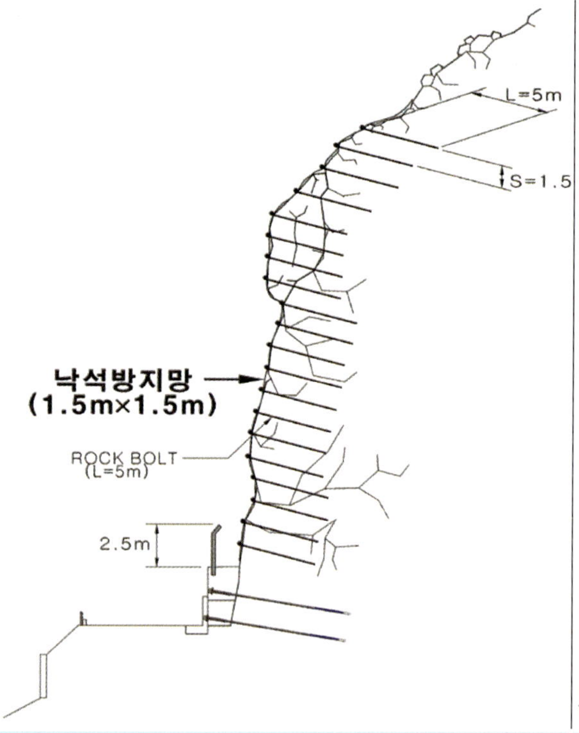 (낙석방지망(1.5m×1.5m), ROCK BOLT(L=5m), L=5m, S=1.5, 2.5m)	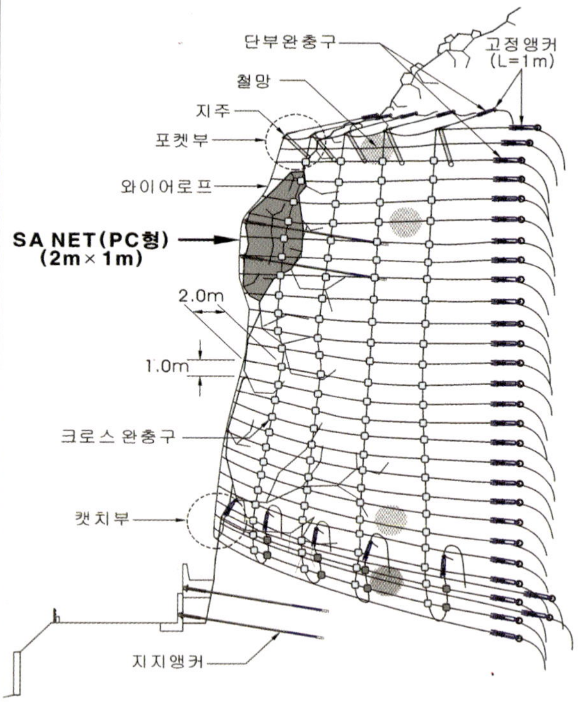 (단부완충구, 고정앵커(L=1m), 철망, 지주, 포켓부, 와이어로프, SA NET(PC형)(2m×1m), 2.0m, 1.0m, 크로스 완충구, 캣치부, 지지앵커)
적용성	• 낙석방지망의 교차점에 Rock Bolt를 설치하여 일체화 시공 • 사면 하단부에 낙석방지책을 설치 • Rock Bolt에 의한 낙석 탈락 방지 효과 • 낙석 규모가 작을 경우 적용하는 낙석방호공법	• 와이어로프와 철망 등을 사용하면서 와이어로프에 단부완충구와 크로스 완충구를 설치하여 흡수에너지를 증대시킨 대규모 낙석에 대응 가능 • 사면고가 높고 큰 규모의 낙석이 발생이 예상되는 사면에 효과적인 낙석방호공법
대책 방안 수립 배경	• 현재 낙석방지망이 시공되어 있으나 낙석의 규모가 크고, 낙석방지망이 설치되어 있지 않은 구간에서 큰 규모의 낙석이 붕락가능한 것으로 예상됨 • 붕괴의 형태는 낙석형태이나 표면 낙석 방치 시 추가 붕괴가 우려되므로 표면 암반과 원지반을 일체화시킬 수 있는 공법을 계획함 • 표면의 파괴는 망을 이용하고, 망과 원 지반과의 밀착을 위하여 보강공을 이용하여 일체화시키도록 계획함	

example 사례 12

규 모 및 경 사			현 황
높이		33m	• 위 치 : 국도 ○○호선(○○~○○)
연 장		80m	• 암 종 : 선캠브리아기 변성암류
경 사	토 사	-	• 풍화도 : 약간 풍화 내지 보통 풍화의 암반사면으로 부분적으로 파쇄대 발달
	리 핑	-	• 현 황 : 현재 암반층 절개면은 낙석방지망이 설치되어 있으며, 사면 하부에는 낙석방지울타리가 설치되어 있음. 수직 절리의 발달로 암 탈락이 진행
	발 파	1 : 0.2~1 : 0.3	되고 있으며 일부구간은 파쇄대가 나타나 파괴의 위험이 큰 상태

전 경 및 현 황 도

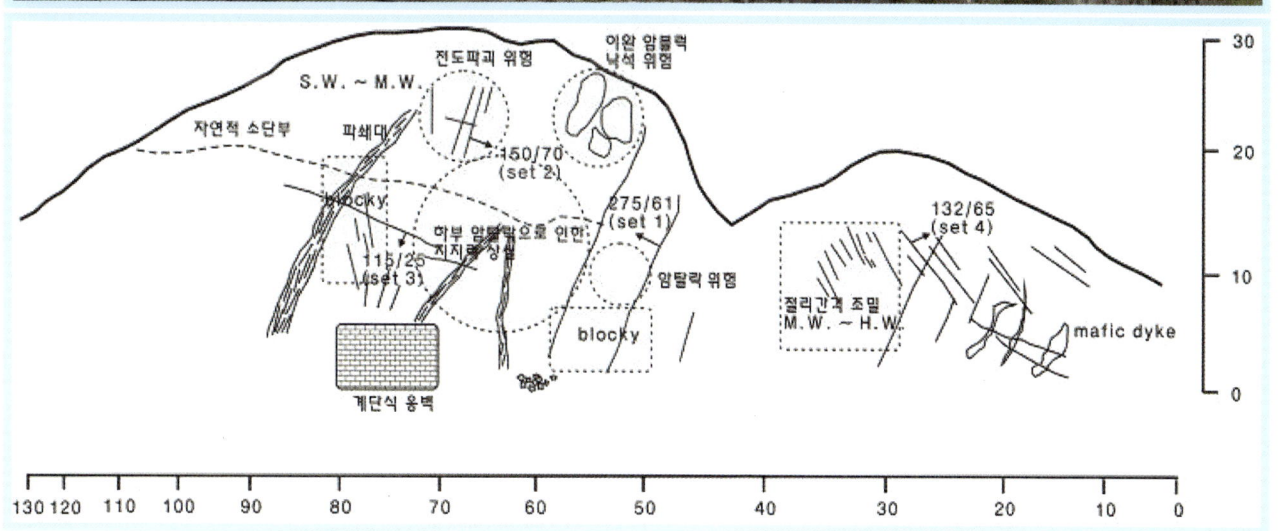

세 부 사 진

지질특성	파괴현황	파괴특성 및 원인
• 선캠브리아기 변성암류 • 구성 암반의 형태는 괴상과 블록상으로 구성되어 있고 부분적으로 파쇄대 및 암맥이 존재	• 10~30m 구간에는 주변보다 상대적으로 풍화가 심하고, 절리간격이 조밀 • 40~50m 구간에는 절개면 상부에 부피가 대략 10㎥의 큰 뜬돌들이 분포 • 0~70m 구간에는 절개면 상부에 전도(Toppling)가 우려되는 블럭이 존재	• 절리간격이 조밀한 Set 4의 절리군과 연장성이 좋은 Set 1 절리군이 교차하여 쐐기파괴 발생 위험 • 수직절리가 발달한 구간의 암블럭들이 하부 암탈락으로 인해 지지력이 상실된 상태의 돌출 암괴가 뜬돌 형태로 존재하여 Toppling에 의한 소규모의 낙석이 발생

구 분	대 책 공 법 (예)	
	계단식 옹벽 + 영구앵커 공법	격자블럭 + Rock Bolt 공법
개요도		
적용성	• 예상활동면보다 깊은 위치에 앵커를 정착한 후 Prestress를 가하여 계단식 옹벽과 연결하여 앵커의 인장하중을 정착지반에 전달 • 지반의 전단저항력을 증대시키는 사면안정 • 기파괴 발생지역에 추가 파괴, 낙석 우려 사면, 깊은 파괴가 예상되는 사면에 적합	• Rock Bolt를 조밀한 간격으로 원지반에 설치하여 원지반의 전단강도를 증대 • 공사 도중 및 완료 후에 예상되는 지반의 변위를 억제하여 사면 안정화 • 기파괴발생지역에 적용성이 미흡 • 얕은 평면파괴가 예상되는 사면에 적합
대책 방안 수립 배경	• 현재 시공되어 있는 낙석방지시설로는 현장의 안정성이 확보되지 않으므로 보강공과 더불어 표면을 안정화 시킬 수 있는 공법의 병행이 필요함 • 지표면이 매끄럽지 못하여, 일반적인 낙석방지시설로는 암괴의 붕락을 막기 어려울 것으로 예상되어 콘크리트를 이용한 표면안정화방안이 계획되었으며, 지표면 보강공법과의 일체화를 위하여 지중보강공법과 병행 하도록 계획함	

example 사례 13

규모및경사		
높 이	25m	
연 장	300m	
경 사	토 사	40°
	리 핑	-
	발 파	60°

현 황

- 위 치 : ○○~○○ 간 고속국도
- 암 종 : 편마암류
- 풍화도 : 하부 중심부는 보통풍화 정도를 나타내나 상부 토층은 실트질 모래로 형성되어 침식이나 세굴에 취약함
  일부구간은 완전 풍화된 토사상태
- 현 황 : 1 : 1.0의 경사로 절취하였으나, 주절리군에 의해 평면파괴 발생
  토층에서 파괴가 발생

전 경 및 현 황 도

세 부 사 진

지 질 특 성	파 괴 현 황	파괴특성 및 원인
• 편마암이 기반암으로 엽리발달이 우세하고 풍화가 많이 진행되어 토사부를 형성	• 평면파괴 및 토층파괴	• 엽리면에 의한 평면파괴 발생 • 토사의 포화상태에서 점착력 손실로 원호파괴 발생

대책공법 (예)	
구 분	경사완화 공법
개요도	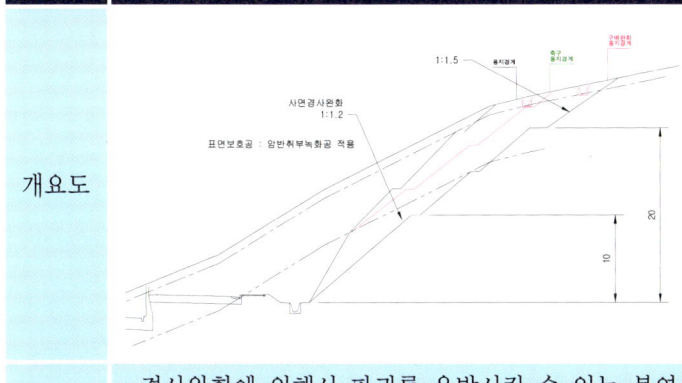 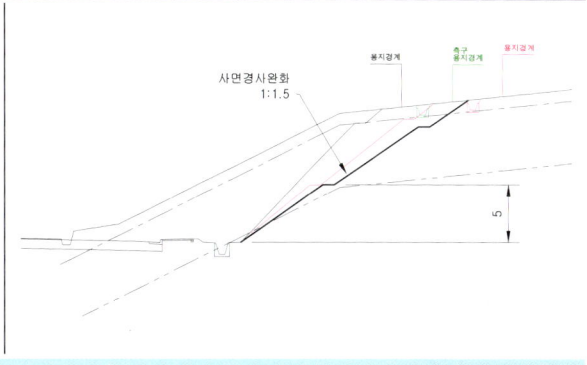
적용성	• 경사완화에 의해서 파괴를 유발시킬 수 있는 불연속면 제거 및 안전율 증가 • 하단부 신선한 암을 제외한 토사, 리핑암은 1 : 1.2로 구배조정 • 토사, 리핑구간은 1 : 1.5로 구배조정
대책 방안 수립 배경	• 뚜렷한 붕괴면의 확인으로 이를 제거할 경우, 추가의 붕괴가능성을 배제할 수 있을 것으로 판단됨 • 사면의 배면경사가 급하지 않아, 경사완화공법의 적용이 가능할 것으로 판단되어 경사를 완화함으로써 붕괴가능 암괴를 제거하는 것으로 계획함

example 사례 14

규모 및 경사		
높이		41m
연장		200m
경사	토사	1 : 0.5
	리핑	1 : 1.0
	발파	1 : 0.8~1 : 1.0

현 황
- 위　치 : 국도 ○○호선 ○○~○○
- 암　종 : 흑운모 화강암
- 풍화도 : 보통풍화~심한풍화의 암반사면, 부분적으로 인장균열이 발달
- 현　황 : 상부 토사층은 인장균열이 발생되었으며 표면은 쇄굴된 상태임. 하부 암반은 절리 및 균열이 발달

전경 및 현황도

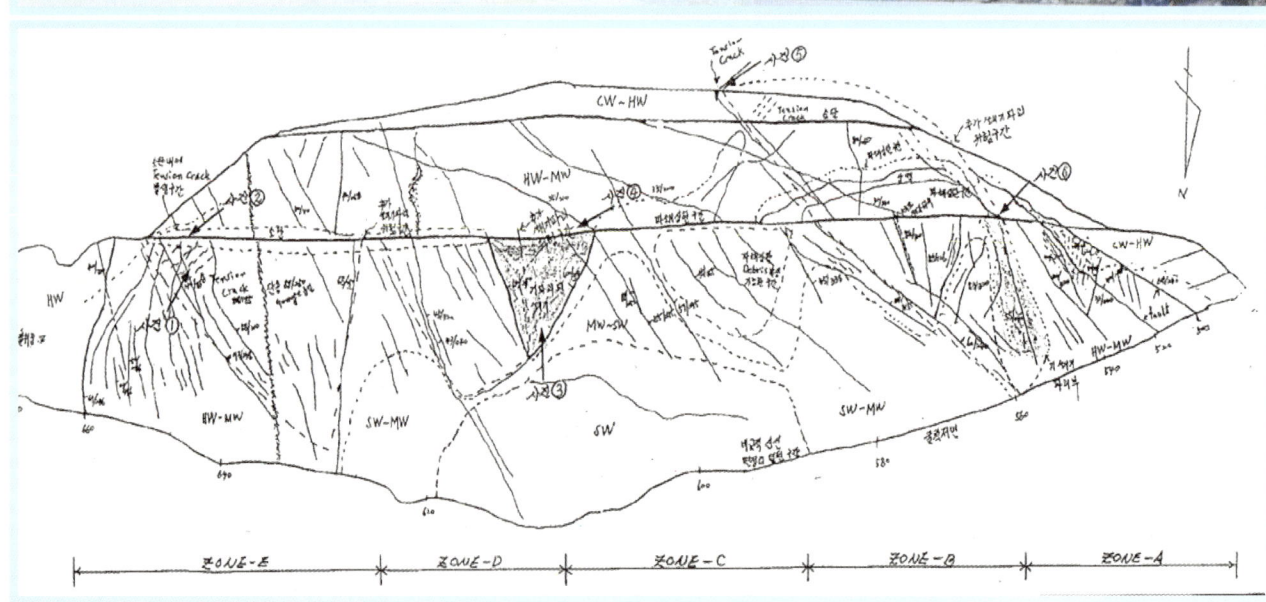

세 부 사 진	

지질특성	파괴현황	파괴특성 및 원인
• 청주 화강암류인 흑운모 화강암 • 중립 내지 조립질의 석영, 장석, 흑운모로 구성	• 소단 및 사면 상부에 인장균열 발생 • 하부 암반사면 쐐기파괴 발생	• 소단 및 사면 상단부에 발생한 인장균열 (폭 5cm, 길이 5m) 및 절리에 의하여 사면에 파괴 발생

대책공법 (예)	
구 분	경사완화 + Soil Nailing 공법
개요도	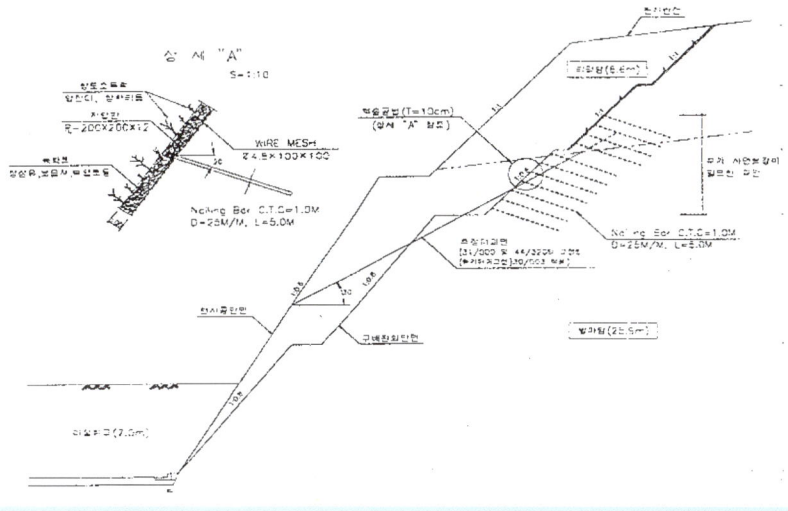
적용성	• 원지반에 천공 후 인장력 등에 저항할 수 있는 Nail을 지반에 촘촘히 삽입한 후 그라우팅을 실시하여 원지반의 강도를 향상시킴 • 토사 및 풍화암에 대하여 사면 자체의 안정성을 증가시킴
대책 방안 수립 배경	• 사면의 하부는 절리면이 발달하여 현 상태로는 안정성이 부족하며, 상부 토사의 경우는 활동면을 따라 붕괴로 인한 인장균열이 발생한 상태로서, 이 부분의 대책수립이 필요함 • 사면 배면의 경사가 완만하여 경사를 완화하여도 별 문제가 없을 것으로 예상되어, 전체적으로 사면경사를 완화하고, 추정된 활동면의 완전한 제거가 어려워 부분적으로 안정화가 필요한 토사구간에 대해서는 보강공법을 적용하는 것으로 계획함

example 사례 15

규 모 및 경 사		
높 이	60m	
연 장	100m	
경 사	토 사	-
	리 핑	-
	발 파	1 : 0.5

현 황

- 위 치 : ○○선 ○○~○○ 간
- 암 종 : 선캠브리아기 화강편마암류
- 풍화도 : 보통풍화의 암반사면, 3set의 절리발달. 부분적으로 심한 풍화구간 있음
- 현 황 : 암반의 이완이 심하고 뜬돌 다량 분포. 면상태 울퉁불퉁, 표층파괴, 소규모의 쐐기파괴, 낙석 위험, 하부 암반사면은 발달한 절리로 인해 쐐기파괴가능성이 큼

전 경 및 현 황 도

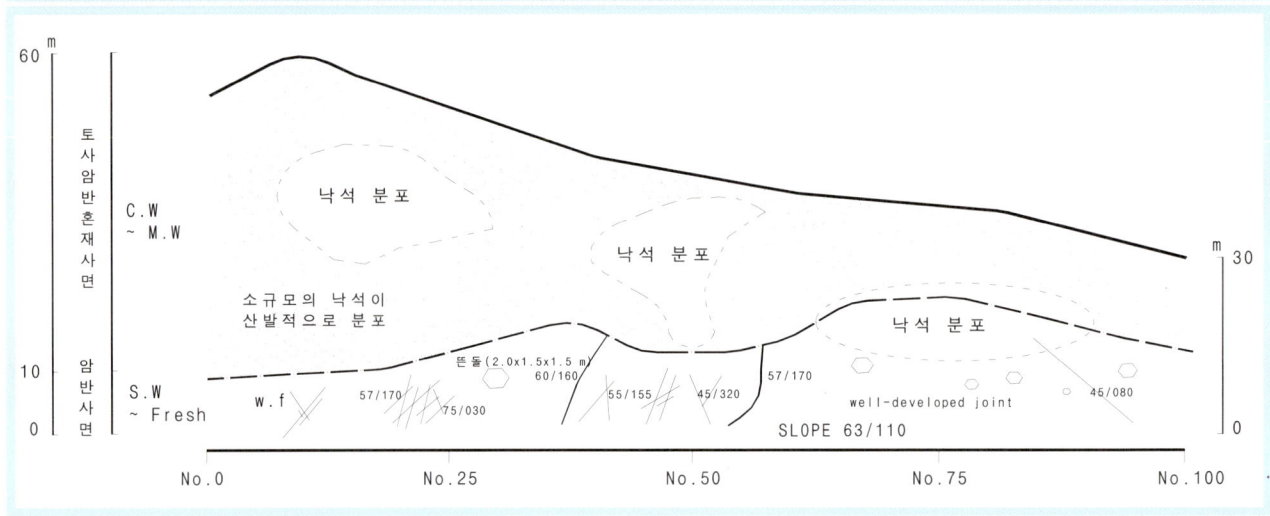

세 부 사 진

지질특성	파괴현황	파괴특성 및 원인
• 선캠브리아기 화강편마암류 • 3set(57/170, 75/030, 45/300) 절리가 발달하여 쐐기파괴 유발	• 전 구간에 쐐기파괴 • No.10 지점 : 표층파괴 • No.60 지점 : 표층파괴	• 토사면에 암괴가 뜬돌 형태로 존재하여 낙석 발생 • 3개 set 절리의 기하학적 형상으로 인해 쐐기파괴 발생

대 책 공 법 (예)

구 분	Rock Bolt + 텐션네트 + 링네트 공법	
개요도	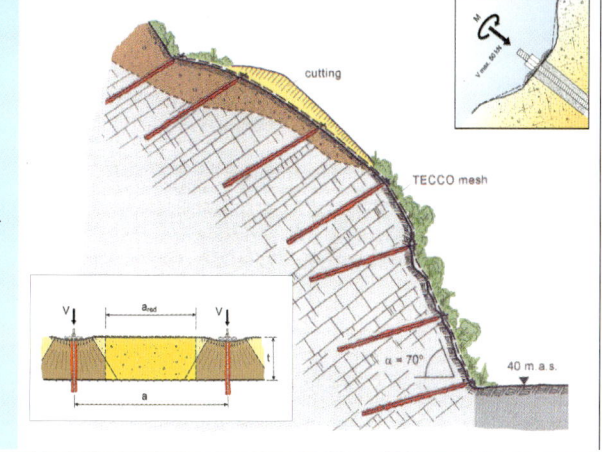	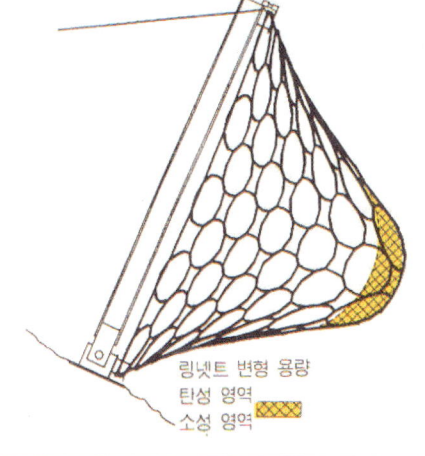
적용성	• 고인장강도를 지닌 텐션네트를 사면에 밀착시킨 후, 프리텐셔닝으로 표면의 응력을 강화하고 Rock Bolt로 지반의 전단강도를 제고시켜 표면의 낙석보호와 심층의 파괴에 대처 • 텐션네트와 Rock Bolt 간 힘을 상호 접선이동시킴으로써 전체 사면을 일체화하여 이중보강효과	• 낙석에 의해 발생하는 높은 수준의 충격에너지를 시스템 전체로 분산·흡수하여, 각 구성부재에 대한 과도한 응력집중을 막고 시스템의 파괴 없이 낙석을 안전하게 방호 • 강체형(Rigid)보다 유연성(Flexible)이 있어 중·대규모의 낙석까지 방호가능
대책 방안 수립 배경	• 하부구간의 뜬돌들은 탈락 시 추가의 붕괴를 유발할 수 있으므로 낙석이 발생하지 않도록 하는 것이 필요하고, 상부사면은 부분적으로 낙석이 가능하므로 이에 대한 대책수립이 필요함 • 따라서 하부 사면은 낙석가능 암괴들을 사면에 밀착시키기 위하여 철망과 보강공을 일체화시켜 시공하고, 상부의 낙석은 도로로 유입되는 것을 방지하도록 계획함	

example 사례 16

규모 및 경사		현 황
높 이	47m	• 위 치 : ○○~○○ 고속국도 (○○방향)
연 장	220m	• 암 종 : 경상계 퇴적암류
경 사	1 : 1.0	• 풍화도 : 전반적으로 심한풍화~보통풍화 상태를 나타내며, 탄층 및 암맥구간은 심한풍화 이상의 풍화도를 나타냄
		• 현 황 : 사면중앙부에서 탄층 및 점토층이 충진된 층리면에 의해 전도 및 쐐기파괴 발생

전경 및 현황도

세부사진

지질특성	파괴현황	파괴특성 및 원인
• 경상계 퇴적암 지역으로서 사암과 세일이 호층을 이루며 층리면을 따라 불규칙하고 광범위하게 분포하고 있는 탄층 등의 영향으로 지층의 분포가 불규칙함	• 사면중앙 전도 및 쐐기파괴 발생	• 탄층 및 점토층이 충진된 층리면에 의해 파괴 • 사면방향에 고각으로 발달된 수직절리군이 쐐기형상을 형성

대책공법 (예)

구 분	경사완화 + Anchor 공법

개요도	사면경사완화 후 보강방안 (STA.3+360)
	- 3m소단 하부 1:1.0 -> 1:1.2, 3m소단 상부 1:1.0 -> 1:1.5
	- 소단설치 : 5m에 1m폭, 20m높이에서는 3m폭으로 소단을 설치하여 줌.
	- Rock Anchor로 보강하여 줌.
	  Rock Anchor 제원
	    제원 : 40ton/본, Strand Φ12.7mm × 5ea
	    간격 : 3.0m × 3.0m
	    길이 : 1-2단 25m, 3-4단 22m, 5-6단 16m, 7-8단 10m, 9-10단 6m
	    정착장 길이 : 5m

검토결과	• 파괴발생원인은 사면 내에 발달하는 층리면 사이에 충전된 탄층 및 점토층과 단층면을 따라 대규모의 쐐기파괴 및 전도파괴의 복합적인 파괴가 발생되었으며 추가적인 파괴 우려 • 쐐기파괴가 형성되는 것을 일부 배제하기 위해서 암반층 1 : 1.2, 풍화암층 1 : 1.5로 경사완화 • Rock Anchor의 보강은 3.0×3.0m의 간격으로 10~11단 설치
대책 방안 수립 배경	• 퇴적암 지역에서 사면 내에 존재하는 활동면을 따라 붕괴가 발생했으므로 활동면의 파악과 활동면 상부 암괴의 안정성을 확보하는 방안이 필요함 • 활동토괴의 중량을 감소시키고, 불연속면에 의한 소규모 파괴를 억제하기 위하여 경사를 완화하는 것으로 계획하고, 이와 병행하여 제거되지 않은 활동면에 대한 붕괴안정성을 확보하기 위하여 anchor를 시공하는 것으로 계획함

example 사례 17

규 모 및 경 사		
높 이	33m	
연 장	100m	
경 사	토 사	1 : 1.5
	리 핑	1 : 1.2
	발 파	1 : 0.5 ~ 1 : 0.7

현 황
• 위 치 : 국도 ○○호선 ○○군 ○○리(○○지구)
• 암 종 : 중생대 흑운모 화강암
• 풍화도 : 보통풍화~신선한 암반사면, 일부구간에 심한 풍화가 된 암석 노출
• 현 황 : 전반적으로 붕적층이 사면 상부에 0.3m 내외로 분포 일부 구간 3~4m의 붕적층이 파괴된 상태

전 경 및 현 황 도

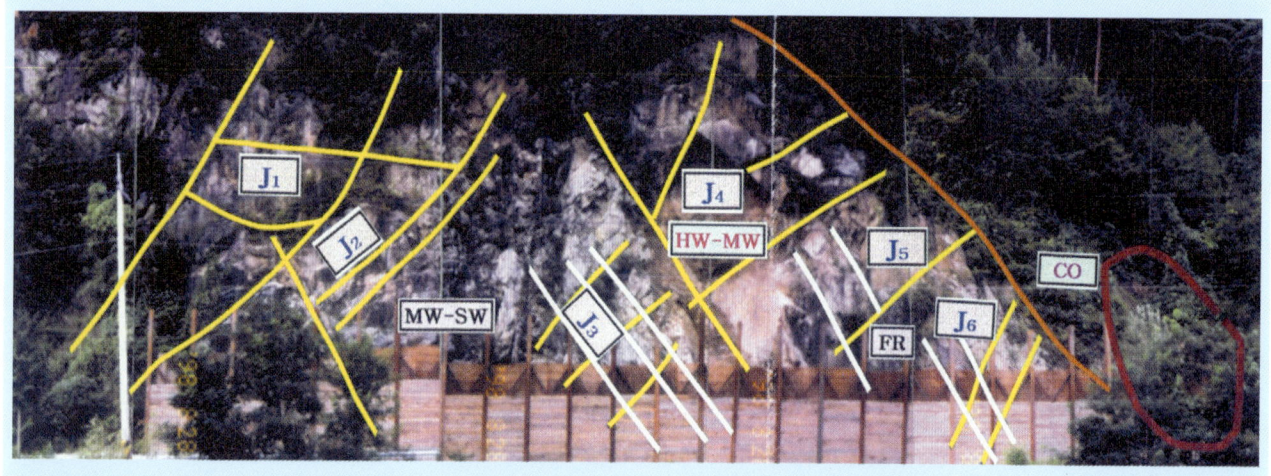

세 부 사 진

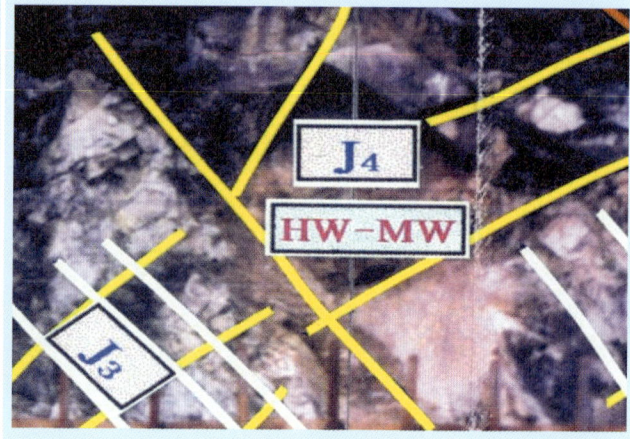

지질특성	파괴현황	파괴특성 및 원인
• 호상 흑운모 편마암 • 엽리(N53~67E/25~36NW) 발달 • 2set(N33~52E/63~79SE, N23~36E/47~58NW)의 절리 우세 • 일부 누수 발생	• 평면파괴발생	• 도로면에서 높이 20m 지점에 폭 5~8m, N78W/57SW 방향으로 발달 절리군에 의해 붕괴 발생 • 절리면에 실트질 점토 및 파쇄암편 충전

대책공법 (예)

구 분	사면구배완화 + Rock Anchor 공법	현사면 정리 + Rock Anchor 공법
개요도	(도면)	(도면)
적용성	• 구배완화 및 하부암반을 보강으로 사면 안정화 • 암반 천공 후 Anchor체를 삽입하여 선단부는 그라우팅에 의해 정착, 정착되지 않은 자유장의 강선에 Prestress를 가해 사면파괴활동 억제 • 추가 용지 확보 필요	• 현사면의 표면정리 • 암반 천공 후 Anchor체를 삽입하여 선단부는 그라우팅에 의해 정착, 정착되지 않은 자유장의 강선에 Prestress를 가해 사면파괴활동 억제 • 절취사면의 추가 발생 방지 • 추가 용지 확보 불필요
대책 방안 수립 배경	• 현장조사결과 추정된 활동면을 따르는 파괴에 대한 보강이 필요함 • 사면 표면에 불안정한 암반들이 존재하므로 표면 정리 후 보강을 실시하거나, 활동암괴의 활동력 감소를 위해 구배를 완화한 후 보강을 실시하도록 계획함	

example 사례 18

규 모 및 경 사		
높이	48m	
연장	120m	
경사	토사	1 : 1.5
	리핑	1 : 1.2
	발파	1 : 0.7

현 황

- 위 치 : 국도○○호선 ○○군 ○○리
- 암 종 : 선캠브리아기 화강편마암류
- 풍화도 : 보통풍화 내지 심한 풍화 정도의 풍화도를 지닌 암반사면, 쐐기파괴구간 좌측은 절리발달구간 일부 존재, 우측은 비교적 신선하나 일부 지하수 유출
- 현 황 : 암반사면 구간(1사면) 쐐기파괴 발생, 1소단 상부에 인장균열 관측, 쐐기파괴 주위에 파괴유발 절리와 유사한 불연속면 다수 발달로 추가적인 파괴 예상, 상부 리핑암구간 소규모 원호파괴 발생

전 경 및 현 황 도

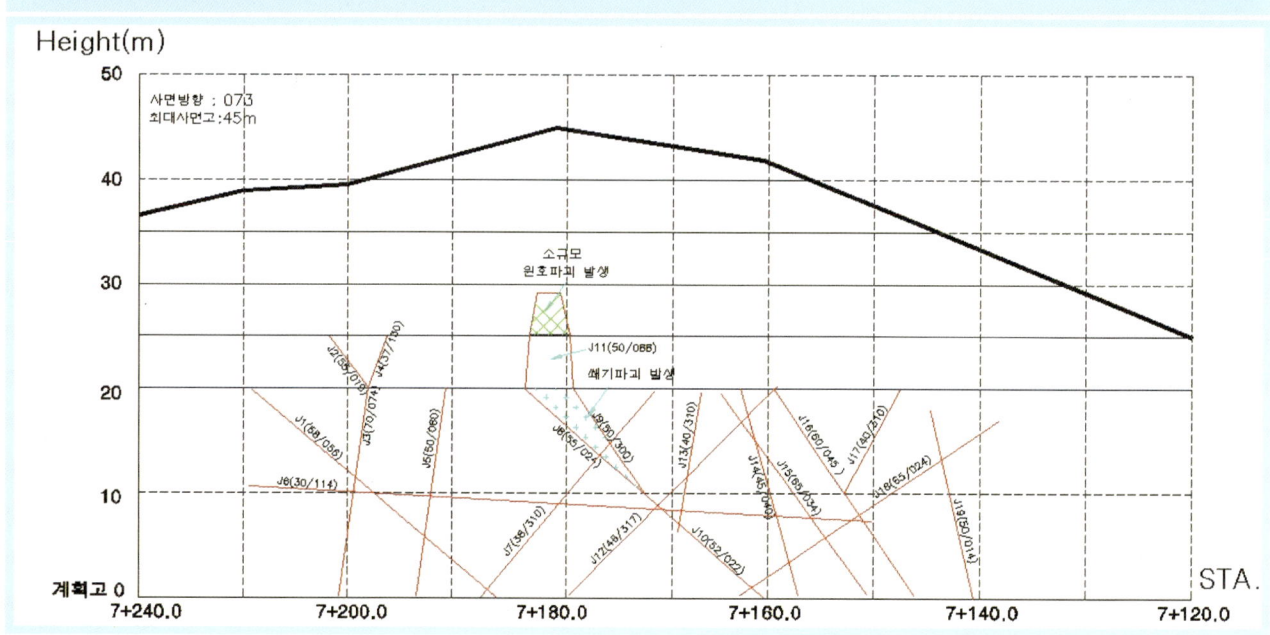

세 부 사 진

지 질 특 성	파 괴 현 황	파괴특성 및 원인
• 선캠브리아기 화강편마암류 • N60~70W/50NE(50/020~030) 계열이 우세 • 사면 내에 단층점토(gouge) 내지 단층활면(slickenside)이 발달된 소규모 단층대가 발달	• 파괴영역 : STA.7+164~7+184 • 파괴높이 : 12m • 파 괴 폭 : 11~18m • 20m 높이에 위치한 3m 소단하부로 2차례에 걸쳐 암반 쐐기활동이 발생	• 주요 절리군의 하나인 55/024 절리와 50/088 절리의 교차에 의해 형성된 쐐기가 장기간의 집중호우에 의한 전단강도 감소로 파괴 • 단층 내지 관입압에 의해 교란된 상태

대 책 공 법 (예)

구 분	Anchor + 계단식 옹벽	Anchor + PC Panel
개요도		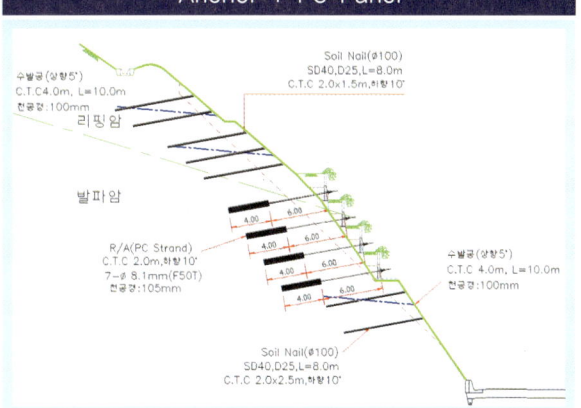
적용성	• 원지반 천공 후, PC 강선을 활동면보다 깊은 위치에 정착 • 인장력에 의해 계단식 옹벽으로 하중을 정착지반에 전달하여 원지반의 전단저항력을 증가 • 주동보강으로 수동보강보다 보강효과 확실 • 현장타설이므로 공기 측면에서 다소 불리	• 원지반 천공 후, PE 코팅 강연선을 활동면보다 깊은 위치에 정착 • PC Panel에 Prestress를 가하여 전단저항력 증가 • Top-Down 및 Bottom-Up이 모두 가능 • 프리캐스트 패널을 사용하여 공기 단축
대책 방안 수립 배경	• 하부 암반구간에서 붕괴가 발생한 상태이므로 이에 대한 보강과 추가적인 붕괴를 억제하기 위한 대책이 필요함 • 하부 암반구간에 대해서는 표면붕괴부분을 옹벽 등으로 시공하여 붕괴부분을 보강하고 활동면에 대한 지지는 anchor 등을 이용하며, 상부사면의 붕괴가능성에 대해서는 nail을 시공하여 안정화하도록 계획함 • 옹벽시공으로 인한 강우 시 지하수 상승을 억제하기 위하여 지중배수공을 계획함	

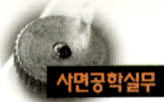

example 사례 19

<table>
<tr><th colspan="3">규 모 및 경 사</th><th>현 황</th></tr>
<tr><td>높 이</td><td colspan="2">48m</td><td rowspan="6">• 위 치 : ○○~○○ 간 고속국도 건설공사(○○방향)
• 암 종 : 화강암질 편마암류
• 풍화도 : 암의 풍화상태는 사면 전반적으로 MW 정도로 나타나며 단층대 또는 사면상부와 사면하부의 단층대가 형성되어 있는 부분에 국부적으로 HW~CW 정도의 풍화상태를 나타냄
• 현 황 : 엽리 및 미세균열 발달로 작은 암편화 현상이 나타나며, 사면방향으로 발달한 연장이 짧은 절리가 분포하여 국부적인 평면파괴 및 파쇄구간에서 원호파괴의 가능성이 있음</td></tr>
<tr><td>연 장</td><td colspan="2">220m</td></tr>
<tr><td rowspan="3">경 사</td><td>토 사</td><td>1 : 1.2~1 : 1.5</td></tr>
<tr><td>리 핑</td><td>1 : 1.0</td></tr>
<tr><td>발 파</td><td>1 : 0.8</td></tr>
</table>

전 경 및 현 황 도

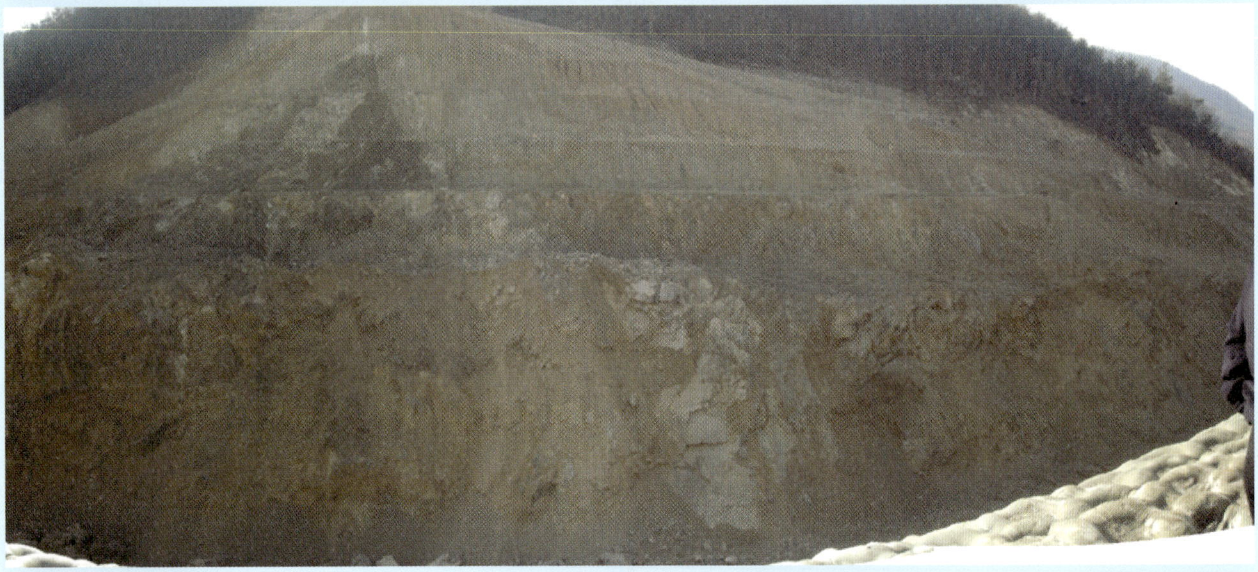

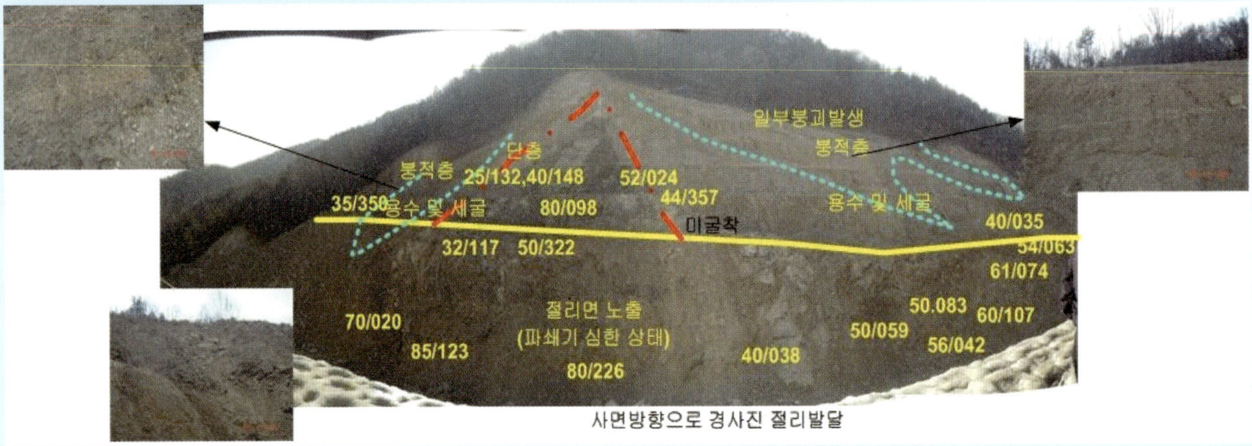

사면방향으로 경사진 절리발달

세 부 사 진

지질특성	파괴현황	파괴특성 및 원인
• 조사지역의 지질은 크게 백악기의 반암류인 화강반암과 시대 미상의 화강암질 편마암류가 분포	• 원호파괴	• 원지반과 붕적층의 경계면을 따라 용수가 심하게 발생되며 사면절취로 인한 응력해방 및 지하수 유입에 의한 간극수압 상승으로 전단강도가 감소되어 부분적인 원호파괴가 발생

대 책 공 법 (예)

구 분	Soil Nailing 공법	FRP 보강 공법
개요도	Shotcrete (T=100) Soil Nailing C.T.C 1.500X1.500, L=8.000 발파암 수평배수공 수평간격5.000, L=15.000	Shotcrete (T=100) FRP 보강 그라우팅 C.T.C 2.500X2.500, L=8.000 발파암 수평배수공 수평간격5.000, L=15.000
적용성	• 원지반 강도를 최대한 이용하면서 보강재(Nail) 설치 • 지반의 전단 및 인장강도를 증가시켜 변위 억제 및 지반의 이완 방지 • 부분적인 낙석이 발생하는 경우 경제적인 보강 가능 • 시공방법이 간단하고 작업이 빠름 • 암반의 풍화진행억제 및 표면유실방지를 위해 별도의 표면보호공 필요	• 주입재에 의한 지반의 고결로 인하여 FRP 보강재와 주변지반을 일체화 • 원지반의 전단강도 증대와 보강재에 의한 전단, 휨 및 Nailing 효과 • 균열 및 절리가 심한 파쇄대 지반에 보강효과가 우수 • 암반의 풍화진행억제 및 표면유실방지를 위해 별도의 표면보호공 필요
대책방안 수립배경	• 붕적층을 따라 지하수가 유출되며 붕괴가 진행되었으므로, 이 구간에 대해 보강을 실시하는 것으로 계획함 • 붕적층 구간을 일체로 묶어줄 수 있는 보강공법으로 soil nailing 공법과 보강공을 통하여 지반을 가압그라우팅하는 방안이 계획됨	

example 사례 20

규모 및 경사	
높이	35m
연장	200m
경사	1 : 1.0 ~ 1 : 1.5

현 황

- 위　치 : ○○~○○고속국도 건설공사(○○방향)
- 암　종 : 퇴적암류
- 풍화도 : 사면 하부구간은 MW~SW 정도의 풍화상태를 보임
  현굴착면 상부는 미세균열이 우세하게 발달하여 쉽게 암편화되는 경향을 보임
- 현　황 : 점토층이 충전된 절리면에서 파괴가 발생. 암반 내에 미세균열이 발달하여 파괴 시 작은 암편화로 파괴발생

전경 및 현황도

세 부 사 진

지 질 특 성	파 괴 현 황	파괴특성 및 원인
• 흑색셰일의 퇴적암으로 저변성 작용을 받아 있으며 층리 및 절리면을 따라 calcite vein이 충전되어 있음 • 단층면이 우세하게 발달하며 파쇄대 및 단층점토층을 형성하고 있음	• STA.4+300~4+500 : 평면파괴	• 사면방향으로 발달하는 절리면 사이에 점토 Seam 층이 충전되어 우천 시 우수침투로 인한 평면파괴가 발생 • 암질불량으로 인한 원호파괴 발생

대책공법 (예)

구 분	경사완화 + Anchor 공법	경사완화 + Nailing 공법
개요도	예상 활동파괴면 / 토사 / 풍화대 / 기반암 / Rock/Earth anchor	토사 / 풍화토 / 기반암 / Soil Nailing
적용성	• 사면 절취를 통한 경사완화로 상재하중 경감 • 경사완화가 적용되기 어려운 구간에 Anchor를 통한 보강 • Anchor체를 지반에 정착시킨 후, Anchor 케이블에 Prestress를 가하여 Anchor체 두부에 작용하는 하중을 정착지반에 전달하여 암반의 거동 억제 • 대단위 파괴가 우려되는 암사면에서 절취사면의 전체적인 암반의 파괴 방지	• 사면 절취를 통한 경사완화로 상재하중 경감 • 경사완화와 병행하여 Nailing 보강으로 안정성 확보 • 원지반 강도를 최대한 이용하면서 보강재(Nail) 설치 • 지반의 전단 및 인장강도를 증가시켜 변위 억제 및 지반의 이완 방지 • 부분적인 낙석이 발생하는 경우 경제적인 보강 가능
대책 방안 수립 배경	• 일부구간 붕괴가 발생한 상태이고, 추가로 원호형태의 붕괴가 예상되므로 이에 대한 대책수립이 필요함 • 붕괴된 부분 주변에서의 추가붕괴가 우려되므로 경사를 완화하고, 추정된 활동면의 안정성을 확보하기 위하여 anchor공법이나 nail공법이 계획됨	

example 사례 21

규 모 및 경 사		
높 이		15m
연 장		90m
경 사	토 사	1 : 1.3
	리 핑	1 : 1.0
	발 파	1 : 0.5

현 황

- 위 치 : ○○~○○ 간 도로 건설공사
- 암 종 : 편마암류
- 풍화도 : 전반적으로 HW 내지 CW 정도의 풍화상태를 보임
  소단부에 풍화잔류물이 많이 남아 있음
- 현 황 : 엽리와 편리발달에 의해 생성된 평면에 의해 평면파괴가 발생될 가능성이 있음

전경및현황도

세부사진

지질특성	파괴현황	파괴특성 및 원인
• 편마암이 기반암으로 엽리발달이 전체적으로 우세, 습곡에 의해 불연속면들의 방향 변화가 심함 • 표면의 풍화도가 높아 껍질처럼 벗겨지며 층리구조 및 편리구조가 우세하게 발달함	• 사면의 우측 하부 : 평면파괴 발생	• 엽리 및 편리의 발달로 인하여 평면파괴 발생 • 편리가 매우 좁은 간격으로 형성되어 있으며 작은 암편화되어 있음

대책공법 (예)

구분	Nailing + 표면보호공법
개요도	L = 4m, CTC=1.5m×2.0m L = 3m, CTC=1.5m×1.5m L = 2m, CTC=1.5m×1.5m NAILING : SD35, D29
적용성	• 불안정한 구간에 Nailing 공법을 적용하여 사면안정성 확보 • 보강재 두부를 Wire Mesh 또는 PVC 코팅망 일체화 • 풍화에 취약한 암반으로 표면처리방안은 숏크리트공법이나 암반취부 녹화공을 적용하여 사면 보호
대책 방안 수립 배경	• 뚜렷한 불연속면을 따라 붕괴가 발생하였으며, 불연속면이 발달하여 표면이 작은 암편화로 되어 있으므로, 추가의 붕괴 및 소규모 탈락을 억제하기 위한 방안이 필요함 • 확인된 붕괴면은 nail 등을 시공하여 전단저항성을 증대시키고, 지표면의 안정화를 위하여 암반취부 녹화공을 병행하여 시공하되, 암반취부녹화공에 사용되는 PVC코팅망과 nail을 일체화시켜 암반의 탈락을 적극적으로 억제하도록 계획함

example 사례 22

규모및경사		현 황
높이	50m	• 위 치 : ○○고속국도 ○○지점(○○방향)
연 장	300m	• 암 종 : 편마암
경 사	1 : 1.0	• 풍화도 : 보통풍화의 암반사면, 2소단부에 풍화대 및 암질이 불량한 구간이 존재
		• 현 황 : 1소단 하부에 암질불량으로 인해 우측 구간에서 유실이 발생되고 있으며, 사면중간부에 파괴가능성의 암괴가 존재

전경및현황도

세 부 사 진

지질특성	파괴현황	파괴특성 및 원인
• 편마암으로 형성된 사면으로 조립질의 암석조직상을 보임 • 파괴가 발생된 구간에서는 MW 정도의 풍화상태를 보이고, 사면 하부는 일부 SW 정도의 암괴가 존재함	• 사면 중앙부 1~2소단 : 절리면을 따라 평면파괴 발생	• 사면방향으로 경사진 연장성이 좋은 절리면을 따라 평면파괴 발생

대 책 공 법 (예)

구 분	Nailing + 낙석방지망 + 녹화 공법
개요도	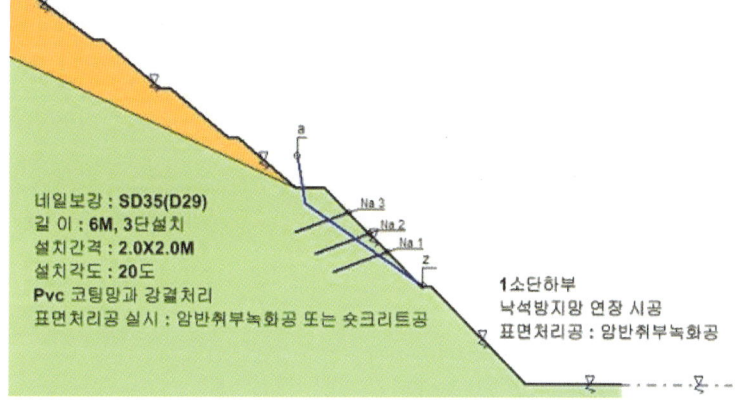
적용성	• 네일 설치 시는 기존 낙석방지망을 활용하여 설치, 낙석방지망이 설치되지 않은 구간에서는 PVC 코팅망 또는 와이어 메시 등을 복합적으로 설치 • 네일 설치 후 네일 인접구간에서의 토사 및 암괴의 탈락을 방지, 네일 두부를 고정하기 위한 Plate를 설치하여 망과 네일을 일체화
대책 방안 수립 배경	• 뚜렷한 불연속면을 따라 붕괴가 예상되고, 낙석방지망 하단으로부터 사면 하부까지 암반탈락이 예상되는 구간이 있어, 이에 대한 대책수립이 필요함 • 붕괴가능 구간에 대해서는 nail을 시공하여 안정화하고, 이 부분의 지표면 붕락을 제어하기 위하여 표면보호공을 병행하여 시공하도록 계획함 • 낙석방지망 하부의 붕락예상구간은 낙석방지망을 사면하부까지 연장시공하여 소규모 낙석의 탈락을 방지하도록 계획함

example 사례 23

규모및경사		현 황
높이	20m	· 위　치 : 00 도로 개설공사 현장 · 암　종 : 선캠브리아기 화강편마암과 반상 변정질 편마암 · 풍화도 : 심한 풍화 · 현　황 : 표준 경사보다 급하게 시공되어 있으며 파쇄절리 및 암괴의 이완정도가 심한 상태임
연장	40m	
경사	토사 1 : 0.8	
	리핑 1 : 0.8	

전경및현황도

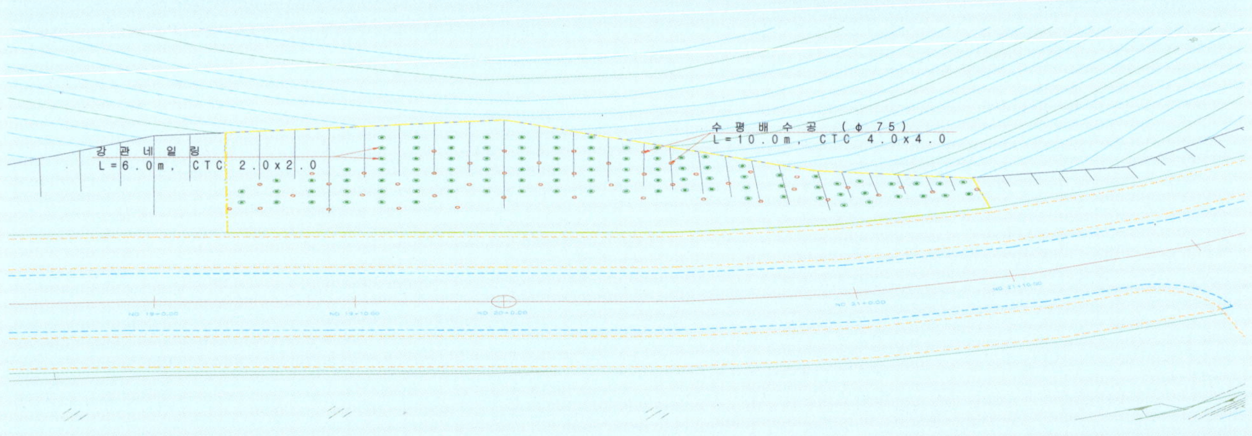

세 부 사 진

지질특성	파괴현황	파괴특성 및 원인
• 제4기 충적층과 선캠브리아기 화강편마암 및 반상변정질 편마암 구성	• 파쇄 절리가 심하여 암괴의 이완 및 탈락현상이 상당히 진행된 상태로 붕괴 우려가 있음	• 절토사면이 표준경사보다 급하게 시공되어 있으며, 대기 중에 노출 시 쉽게 풍화 변질되는 편마암류가 넓게 분포하여 변질 및 풍화의 진행이 급진전되어 붕괴의 위험성이 큼

대책공법 (예)		
구 분	강관네일링 공법	Soil Nailing 공법
개요도	(강관네일링 ℓ=6.0m, ctc 2.0×2.0)	(Soil Nailing (D29) ℓ=6.0m, ctc 2.0×2.0)
	• 보강 대상지반을 적절한 간격 및 심도로 천공, 고강도 강관을 삽입하고 주입부를 코킹한 후 강관 내의 Packer를 설치한 다음, 그라우트를 압력 주입하여 원지반의 전단강도를 증가시키고 보강재에 의한 직접적인 전단저항도를 향상시키는 공법	• 사면보강공법으로서, 유럽 및 미국지역에서 널리 활용되고 있고, 보강재를 프리스트레싱 없이 촘촘한 간격으로 원지반에 삽입하여 보강재에 의해 원지반 자체의 전체적인 전단강도를 증대시키는 공법
적용성	• 균열 절리가 심한 파쇄대 지반에 보강효과가 우수함	• 시공방법이 간단하고 작업이 빠름
검토 결과	• 토사 및 리핑암 구간에 강관네일링 공법을 적용하고 풍화진행 억제 및 표면유실방지를 위해 별도의 표면보호공(녹생토공법)을 시공함	
대책 방안 수립 배경	• 파쇄절리 및 암괴의 이완정도가 심하여 안정화가 문제 시 되었으며, 사면의 배면이 상향으로 경사완화시 사면의 높이가 너무 높아지므로 사면을 보강하여 안정화시키는 방안이 필요함 • 지반 내에 보강재를 삽입하고 그라우트재를 가압하여 이완된 절리면을 충전하는 공법이 계획됨 • 표면의 암반탈락 및 풍화진행을 억제하기 위하여 표면보호공을 시공하고, 그라우트재로 충전된 지반의 지하수위 상승을 막기 위하여 수평배수공을 계획함	

example 사례 24

규모및경사		
높 이	35m	
연 장	60m	
경 사	토 사	1 : 0.8
	리 핑	1 : 0.7
	발 파	1 : 0.5

현 황
- 위　치 : OO터널 시점부 우측비탈면 구간
- 암　종 : 암회색의 천매암, 흑색 슬레이트로 구성 판상으로 쪼개짐이 특징
- 풍화도 : 중간 정도의 풍화상태를 보임
- 현　황 : 이미 붕괴가 발생한 급경사면에 강관그라우팅과 Ground Anchor 공법이 복합적으로 적용된 상태임

전경및현황도

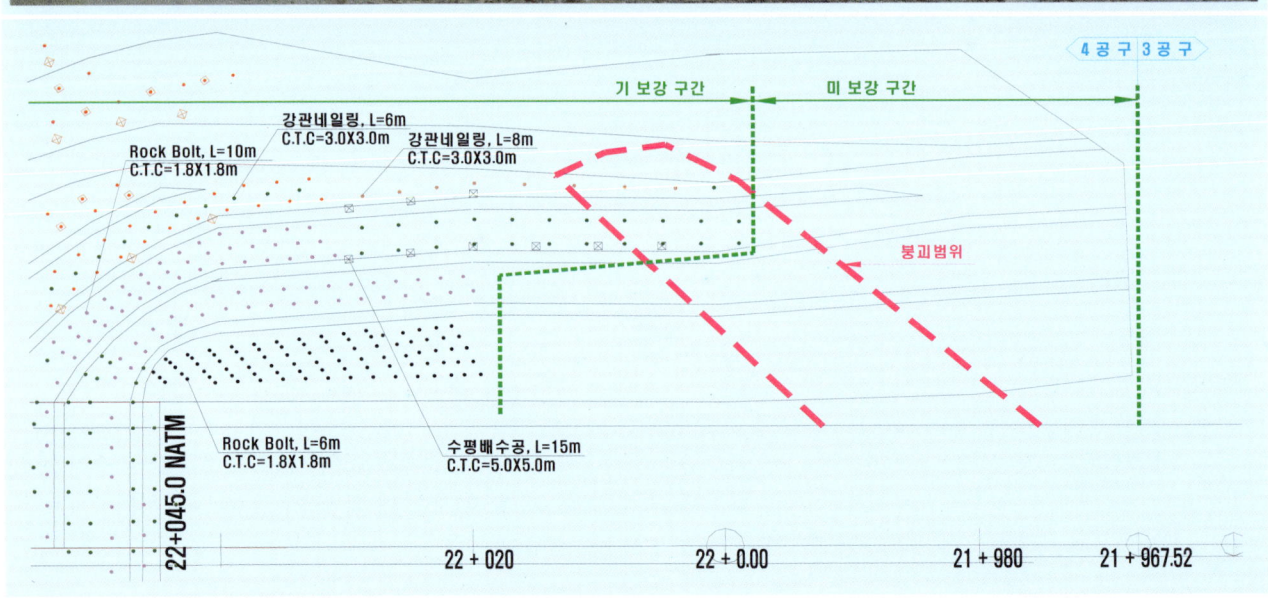

세 부 사 진

굴곡이 전혀 없는 매끄러운 상태를 보이는 균열표면 (Release Surface)

슬레이트의 전형적인 특징인 판상의 절리들이 매우 발달됨

지 질 특 성	파 괴 현 황	파괴특성 및 원인
• 암회색의 천매암과 흑색 슬레이트로 구성되어 있으며 얇은 판상으로 잘 쪼개지는 특성을 보임	• STA. 21+970~22+015구간에 대각선 방향으로 대규모 평면파괴 발생	• 34/339 방향의 절리특성을 갖는 층리면을 따라 대규모 평면파괴 발생 • 수직응력 해방에 따른 판상절리가 발달하여 평면파괴 발생

대 책 공 법 (예)

구 분	복합강관보강 + Ground Anchor	계단식 옹벽 + Ground Anchor
개요도	Ground Anchor (4연선, 정착장 : 5.0m) C.T.C : 3.0x3.0m, L=11.0,13.0,15.0,17.0m 복합강관보강 C.T.C : 3.0x3.0m, L=6.0,8.0,10.0,12.0m	계단식 옹벽 Ground Anchor (6연선, 정착장 : 7.0m) C.T.C : 3.0x3.0m, L=17.0m Ground Anchor (6연선, 정착장 : 7.0m)
	• 복합강관 보강공법과 Ground Anchor 공법을 격공 형식으로 보강하여 이완된 층리 및 절리 등을 고정하고 불연속면에 그라우팅을 하여 보강효과를 극대화시킴	• 계단식 옹벽과 앵커공법 적용으로 비탈면의 장기 안정성 확보
적용성	• 균열 절리가 심한 파쇄대 지반에도 보강효과 우수함	• 사면 절취와 계단식 옹벽 시공을 병행해야 하므로 공정이 복잡하고 공기 과다 소요
검토 결과	• 붕괴로 이완된 지층 및 절리와 상부 연약지반에 고강도 그라우트를 압력 주입함으로써 보강재와 주변 지반을 일체화시키고 Ground Anchor를 격공형식으로 시공함으로써 지반 내 불연속면과 사면을 일체화시켜 표면응력을 증대하는 복합강관보강 + Ground Anchor 공법을 적용	

example 사례 25

규모및경사		
높 이	100m	
연 장	340m	
경 사	토 사	1 : 1.0
	리 핑	1 : 1.0
	발 파	1 : 0.7

현 황

- 위 치 : ○○○도 ○○군 ○○~○○ 간 4차선 확포장 공사
- 암 종 : 중생대 퇴적암류인 적색 이암(셰일) 및 담회색 사암이 호층을 이루어 분포하며, 절취면 중앙하단부에서는 부분적으로 역암이 관찰됨
- 풍화도 : STA. 5+140의 하단부에는 염기성 암맥이 관입하여 풍화됨
- 현 황 : 총 3회에 걸쳐 사면파괴가 일어난 후 현재 사면은 보강공법(억지말뚝 +FRP 보강 그라우팅)이 적용되어 시공된 상태(2005년 말)

전경및현황도

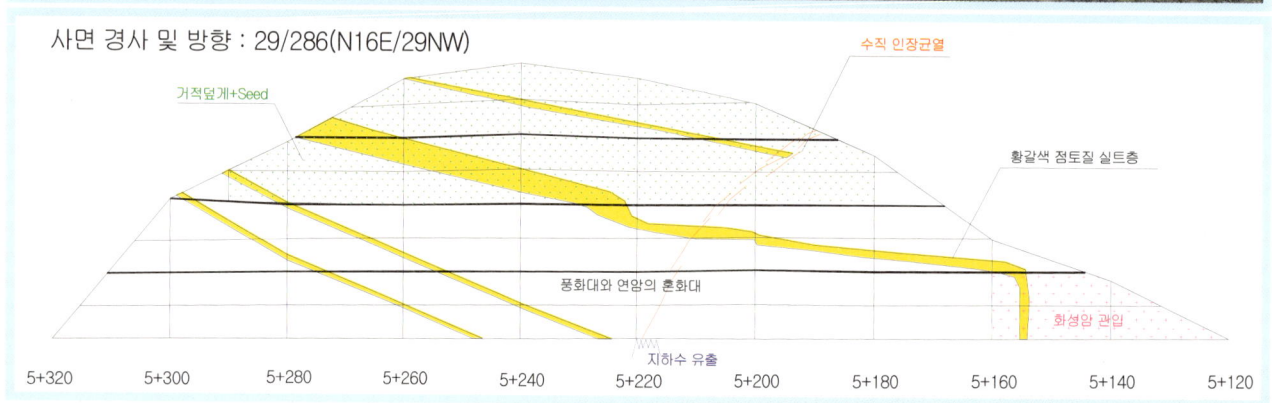

세 부 사 진

지 질 특 성	파 괴 현 황	파괴특성 및 원인
• 기반암은 중생대 퇴적암류인 적색 이암(셰일) 및 담회색 사암이 호층을 이루며 절취사면 중앙하단부에서는 부분적으로 역암이 관찰	• 1차파괴(99년 12월)-원호파괴 • 2차파괴(02년 1월, 5월)-인장균열+산사태 • 3차파괴(03년 11월)-인장균열+산사태	• 기반암이 퇴적암층을 절단하는 방향으로 단층이 발달되었고, STA. 5+140의 하단부에서는 염기성 암맥이 관입하여 풍화되었음. 이러한 불연속면들이 작용하여 상부 인장균열 및 산사태로 나타남

대 책 공 법 (예)

구 분	억지말뚝 + FRP 보강 공법	경사 완화 + 억지말뚝
개요도		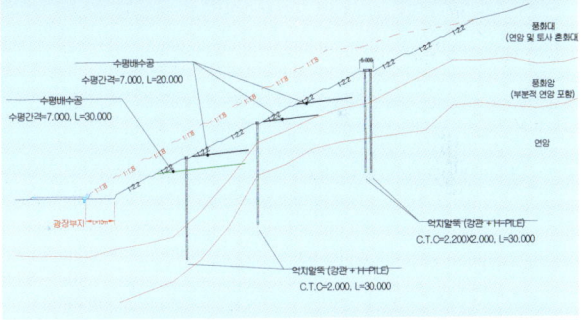
적용성	• 기초부 암반이 토압으로 인해 활동현상이 발생한 지역, 토층 사이의 경계면에서 평면파괴가 발생하거나 풍화층의 유실과 침식으로 표면 파괴의 우려가 있는 지역에 적용 • 억지말뚝 시공으로 활동토괴를 관통하여 부동지반까지 말뚝을 일렬로 설치함으로써 사면의 활동하중을 말뚝의 수평저항으로 부동지반에 전달	• 경사완화로 활동하려는 토괴 또는 암괴를 제거하여 활동하중을 경감시킴으로써 절토사면의 안정 도모 • 절토사면의 경사를 완화하여 활동암괴를 제거하므로 확실한 안정공법 • 경사완화 후 추가파괴의 가능성 내재
대책 방안 수립 배경	• 사면의 붕괴발생으로 사면경사가 매우 완만하게 조정된 상태에서 단층대로 인하여 추가의 붕괴가 발생 • 사면의 전체적인 붕괴억제는 억지말뚝을 이용하여 전체적인 저항력을 증가시키고, 하부의 느슨해진 지반은 지중보강재와 가압그라우팅을 통하여 안정화시키도록 계획함 • 지반내 그라우트재 주입부분에서는 수평배수공의 시공도 병행함	

example 사례 26

규모및경사		
높이		8~22m
연장		180m
경사	토사	1:1.1~1:1.2
	리핑	1:1.0
	발파	1:0.7

현 황

- 위 치 : 국도○○호선 ○○~○○ 간 ○○공구
- 암 종 : 선캠브리아기 판상석회암
- 풍화도 : (HW-CW), 토사 및 붕적층 발달
- 현 황 : 층리 및 수직절리 발달, 파쇄대, 부분슬라이딩 발생

전경및현황도

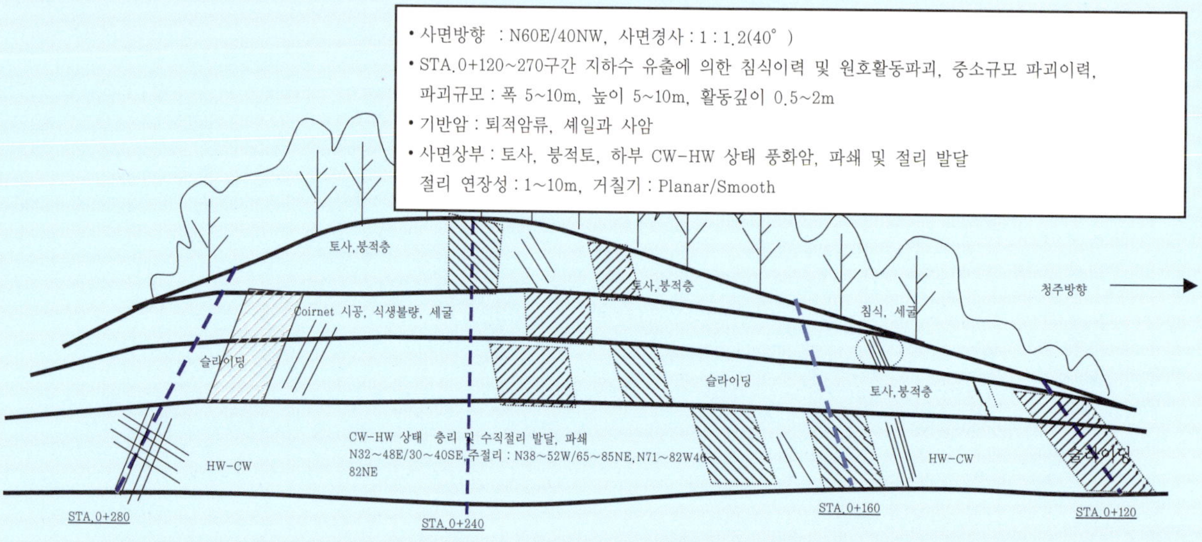

- 사면방향 : N60E/40NW, 사면경사 : 1:1.2(40°)
- STA.0+120~270구간 지하수 유출에 의한 침식이력 및 원호활동파괴, 중소규모 파괴이력, 파괴규모 : 폭 5~10m, 높이 5~10m, 활동깊이 0.5~2m
- 기반암 : 퇴적암류, 셰일과 사암
- 사면상부 : 토사, 붕적토, 하부 CW-HW 상태 풍화암, 파쇄 및 절리 발달
  절리 연장성 : 1~10m, 거칠기 : Planar/Smooth

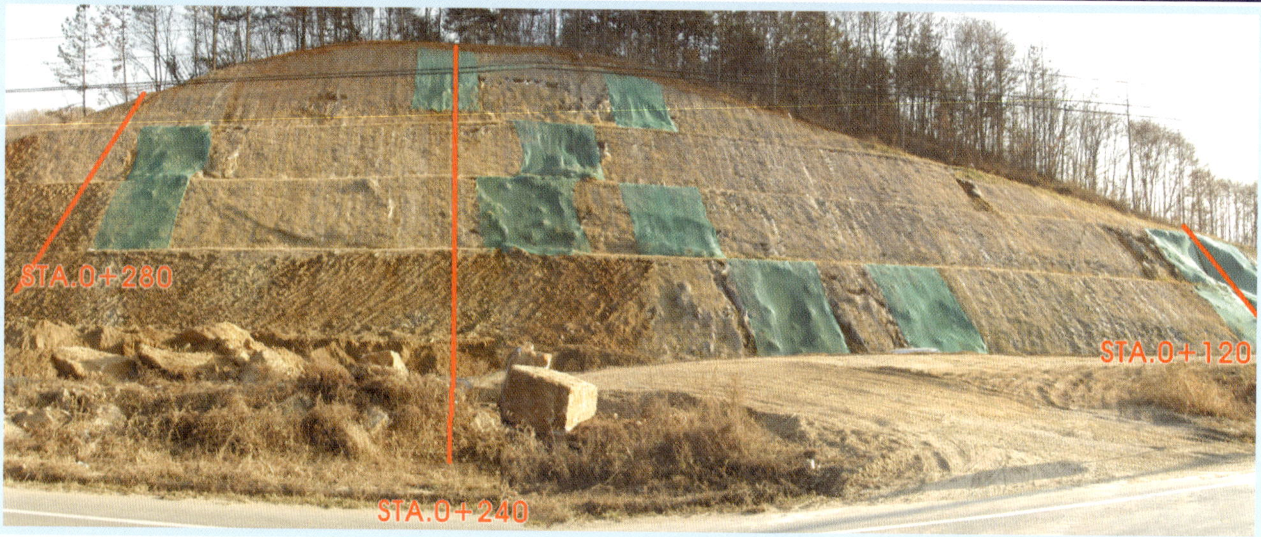

세 부 사 진

지질특성	파괴현황	파괴특성 및 원인
• 선캠브리아기에 형성된 것으로 결정질 판상석회암으로 본층을 이루고 있으며, 암회색 내지 암갈색의 사질암으로서 세립질이며 자철석을 함유하기 때문에 자성을 띠고 있음 - 대표구성암 : Psammite(석영, 흑운모, 백운모, 사장석)	• STA. 0+120~0+260 - 약 7개소에서 폭 5~10m, 활동깊이 1~2m 규모로 토사 및 풍화대 내 발달된 절리구조에서 발생하는 전형적인 원호파괴 발생 - 파쇄로 인한 풍화암 크기	• 지하수 유출에 의한 침식이력 및 원호활동파괴, 중소규모 파괴이력 기반암이 퇴적암류, 셰일과 사암으로 구성되어 있어 침식에 의한 슬라이딩 발달

대 책 공 법 (예)

구 분	Soil Nailing + 표면녹화공	섬유거푸집 공법
개요도	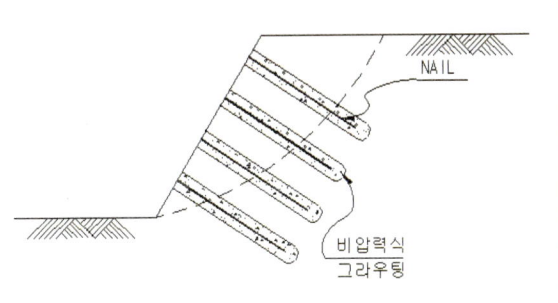	
적용성	• 원지반 강도를 최대한 이용하면서 보강재(Nail) 설치 • 지반의 전단 및 인장강도를 증가시켜 변위 억제 및 지반의 이완 방지 • 부분적인 낙석이 발생하는 경우 경제적인 보강 가능 • 시공방법이 간단하고 작업이 빠름 • 암반의 풍화진행 억제 및 표면 유실 방지를 위해 별도의 표면 녹화공 시공	• 사면 내에서 발생되는 응력에 저항력이 있으며 모르타르 격자블록이 표토 유실을 방지하도록 하여 안정적 보강효과 • 식생공과 병행하여 환경친화적인 사면 형성 • 시공 시 소음, 진동이 적어 도심근접 시공 용이
대책방안 수립배경	• 풍화가 심한 부분 및 파쇄부분에서 부분적으로 붕괴가 발생하였으므로 부분적인 보강이 필요함 • 지반이 토사화되어 있는 구간에 대하여 nailing 공법을 적용하여 안정화시키고 풍화 및 강우에 의한 유실 억제를 위하여 표면녹화공을 적용하는 것으로 계획함	

example 사례 27

규모및경사		
높 이		66m
연 장		100m
경 사	토 사	1 : 1.0
	리 핑	1 : 1.0
	발 파	-

현 황

- 위 치 : ○○○도 ○○군 ○○면 ○○리~○○리 간 국도 ○○호선
- 암 종 : 선캠브리아기 원남층, 각섬질암 및 북천 화강편마암이 분포함
- 풍화도 : 대상사면은 주로 북천 화강편마암으로 구성되어 있으며, 단층 파쇄대도 발달
- 현 황 : 집중호우로 인해 인장균열 및 원호파괴가 발생하여 사면보강 공법이 적용된 상태

전 경 및 현 황 도

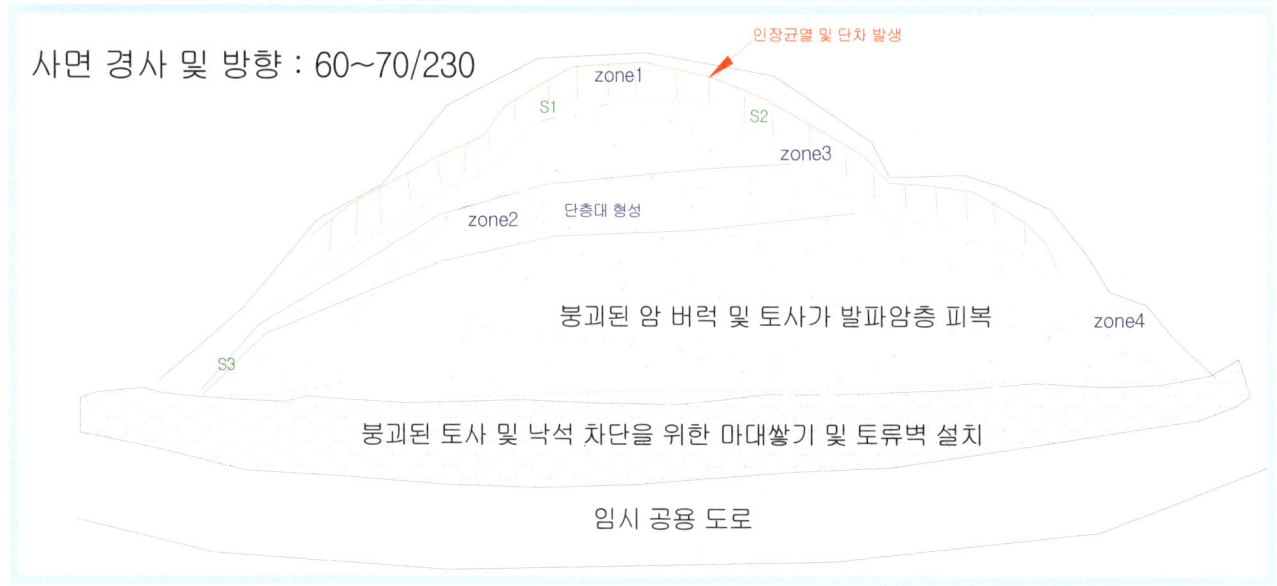

사면 경사 및 방향 : 60~70/230

세 부 사 진

지질특성	파괴현황	파괴특성 및 원인
• 대상사면에 선캠브리아기의 원남층, 각섬질암 및 북천 화강편마암이 분포하고 있으며, 그 중 파괴사면은 주로 북천 화강편마암으로 구성	• 집중호우로 인해 인장균열 및 원호파괴가 발생함	• 선형 개량공사가 진행 중, 2003년 7월 집중호우로 자연사면 상단에 인장균열이 발생하고 중앙부의 단층파쇄대를 경계로 원호형 파괴가 발생함

대 책 공 법 (예)

구 분	Soil Nailing 공법	FRP 보강 공법
개요도	Soil Nailing C.T.C=1.500X1.500, L=16.000 / 수평배수공 수평간격=10.000, L=26.000 / 수평배수공 수평간격=10.000, L=24.000	FRP보강 그라우팅 C.T.C=2.000X2.000, L=16.000 / 수평배수공 수평간격=10.000, L=26.000 / 수평배수공 수평간격=10.000, L=24.000 / FRP보강 그라우팅 C.T.C=2.000X2.000, L=14.000
적용성	• 원지반 강도를 최대한 이용하면서 보강재(Nail) 설치 • 지반의 전단 및 인장강도를 증가시켜 변위 억제 및 지반의 이완 방지 • 부분적인 낙석이 발생하는 경우 경제적인 보강 가능 • 시공방법이 간단하고 작업이 빠름 • 암반의 풍화진행억제 및 표면유실방지를 위해 별도의 표면보호공 필요	• 주입재에 의한 지반의 고결로 인하여 FRP 보강재와 주변지반을 일체화 • 원지반의 전단강도 증대와 보강재에 의한 전단, 휨 및 Nailing 효과 • 균열 절리가 심한 파쇄대 지반에도 보강효과가 우수함 • 암반의 풍화진행억제 및 표면유실방지를 위해 별도의 표면보호공 필요
대책 방안 수립 배경	• 단층파쇄대를 따라 원호형 붕괴가 발생하였으므로 느슨해진 암반상태 및 지반조건을 고려하여 안정화계획을 수립하는 것이 필요함 • 지반이 토사화되어 있으므로, nailing공법이나 지중보강재를 통한 가압그라우팅공법을 적용하여 지반을 안정화시키는 것으로 계획함 • 강우에 의한 지하수상승을 억제시키기 위하여 수평배수공을 병행함	

example 사례 28

규모 및 경사		
높 이		20m
연 장		100m
경 사	토 사	1 : 1.5
	리 핑	1 : 1.0
	발 파	1 : 0.5 ~ 1 : 0.8

현 황
- 위 치 : ○○~○○ 간 고속국도(제○○공구)
- 암 종 : 화강암질 편마암
- 풍화도 : 심한 풍화, 부분적으로 절리발달
- 현 황 : 본 구간은 파괴면과 연직방향으로 Dyke가 발달하였으며, Dyke를 경계면으로 수직으로 파괴 발생
  소단부 및 사면 상단에서 인장균열에 의한 파괴(3차례)

전경 및 현황도

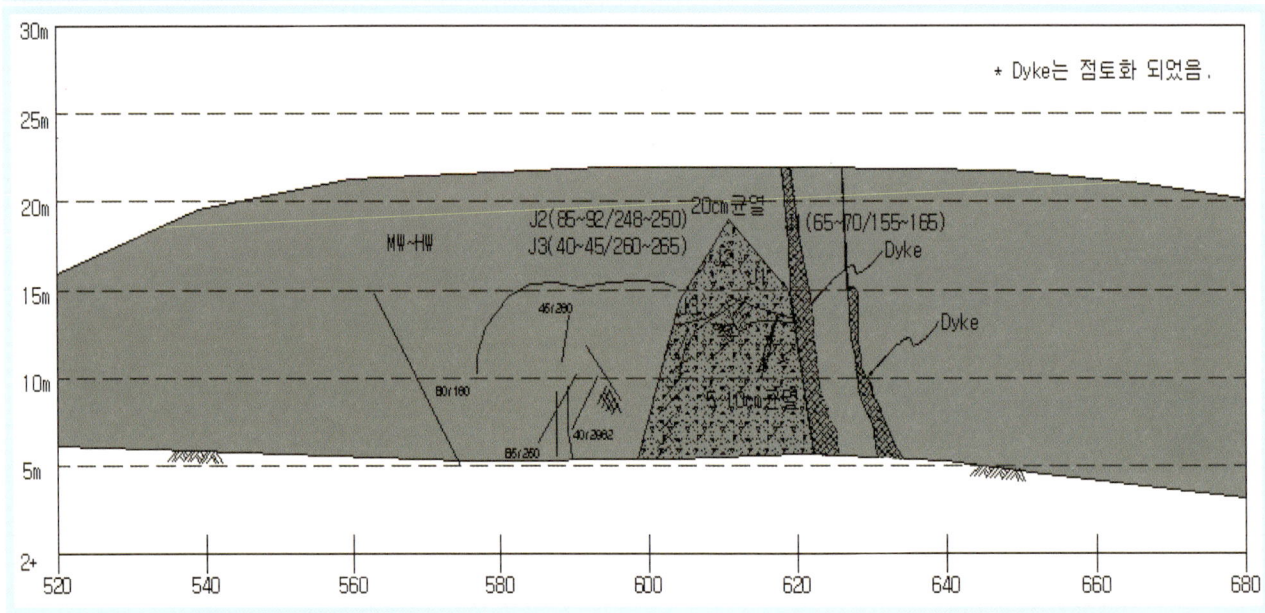

세 부 사 진

지질특성	파괴현황	파괴특성 및 원인
• 화강암질 편마암 • 연직방향으로 Dyke가 발달 • Dyke는 폭 1~2m 이내로 대부분 점토화됨	• 10m 소단 쐐기파괴(1차) • 15m 소단 평면파괴(2차) • 사면 상단부터 인장균열에 의한 파괴(3차)	• 파괴면과 연직방향으로 Dyke가 발달하였으며, Dyke를 경계면으로 수직으로 파괴 발생

대 책 공 법 (예)		
구 분	구배완화 공법	Soil Nailing 공법
개요도	(토사층 1:1.5~1.8, 풍화암층 1:1.2~1.5, 표준구배 1:1.0, 구배완화 1:1.2, 기반암층 1:0.8, 1:0.5)	(토사, 풍화토, 기반암, Soil Nailing)
적용성	• 별도의 보강재를 사용하지 않고 토공, 사면의 구배를 완화하여 사면의 안정성 확보 • 부지경계의 여유가 있는 경우 시공성 및 경제성에서 매우 효과적임	• 원지반 강도를 최대한 이용하면서 보강재(Nail) 설치 • 지반의 전단 및 인장강도를 증가시켜 변위 억제 및 지반의 이완 방지 • 부분적인 낙석이 발생하는 경우 경제적인 보강 가능
대책방안 수립배경	• 연직방향으로 발달한 dyke가 원인이 되어 붕괴가 발생하였으므로 이를 제거하거나 붕괴부분을 정리 후 보강하는 방안이 필요함 • 붕괴구간을 제거하기 위하여 경사완화공법의 적용이 가능하며, 보강공법은 지반이 이완된 상태이므로 nailing공법의 적용이 고려됨	

example 사례 29

규 모 및 경 사		
높 이		28m
연 장		
경 사	토 사	1 : 1.6 ~ 1 : 1.9
	리 핑	1 : 0.8 ~ 1 : 1.1
	발 파	1 : 0.5

현 황

- 위 치 : ○○시 관내 국도대체우회도로
- 토 질 : 터널 굴착단면의 지층은 연암 내지 보통암 정도로서 천단상부 지층은 연암층 및 풍화암층으로 구성
- 현 황 : 주단층대와 파괴블럭을 형성하는 부단층대로 이루어져 있어 갱구부 시공 시 이에 대한 대책이 요구됨, 갱구부 시공을 위한 사면절취 및 녹생토 취부 후, 단층대에 의한 도수로 상부사면에서 1차 파괴가 발생하여 일부 구배완화 후 S/N(3단)+그린무어공법으로 보강 실시

전 경 및 현 황 도

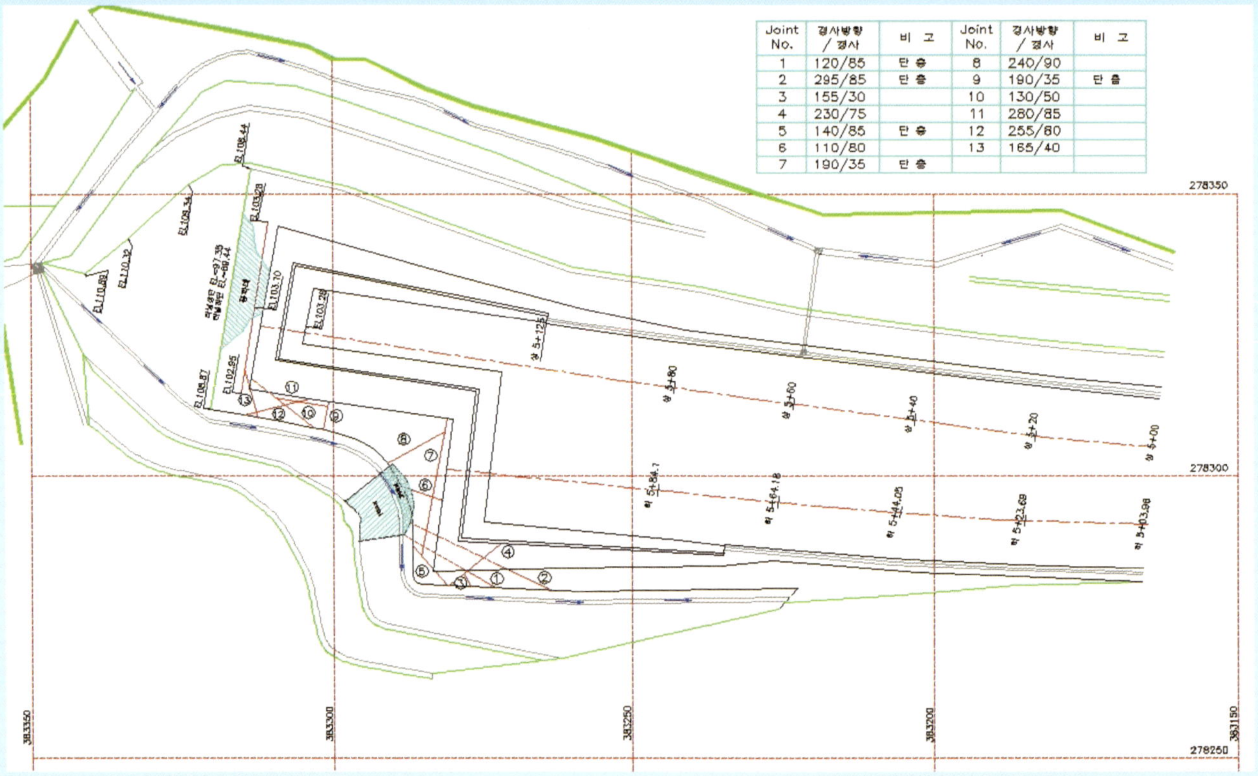

Joint No.	경사방향/경사	비고	Joint No.	경사방향/경사	비고
1	120/85		8	240/90	
2	295/85	단층	9	190/35	단층
3	155/30		10	130/50	
4	230/75		11	280/85	
5	140/85	단층	12	255/60	
6	110/80		13	165/40	
7	190/35	단층			

세 부 사 진

보강 전

1차 보강 후

지 질 특 성	파 괴 현 황 및 원 인	
• 단계별 절취를 실시하던 중 단층대의 연장선에서 추가 파괴가 발생 • 갱문 중앙부를 30° 방향으로 관통하는 단층대 출현	• 주단층대와 부단층대가 파괴블럭을 형성	
	• 주단층대 : 190/35 - 평면파괴의 직접적 원인 - 폭 3m 내외로 추정 - 점토질 성분이 충전	• 부단층대 : 140/85 - 주단층대와 함께 파괴 블럭을 형성 - 폭 : 20cm 내외

대 책 공 법 (예)

구 분	가설 Anchor 설치 후 터널 연장 및 압성토 공법
개요도	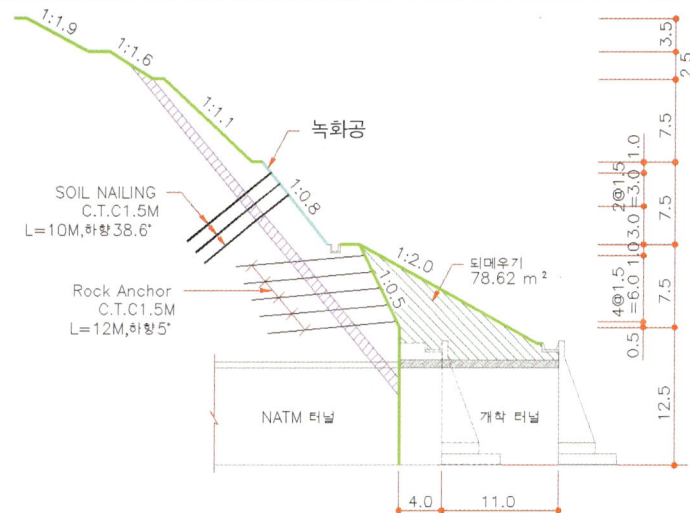
적용성	• 예상 활동면보다 깊은 위치에 Anchor를 정착시켜 인장력에 의해 사면을 잠정적으로 안정 • 터널 입구 후방을 연장하여 시공하고 상부를 압성토에 의해 사면을 안정시키는 공법 • 장기적 사면안정성 확보
대책 방안 수립 배경	• 터널 갱구부의 단층대 존재로 붕괴가 발생하였으며, 이로 인하여 기존의 터널 갱구부 위치를 조정할 필요가 있는 사면임 • 붕괴가 발생한 구간을 정리하여 임시보강공법으로 anchor를 시공하여 안정화시키고 터널을 연장하여 갱구부를 이동 후 붕괴지역 전면을 토사로 압성하는 공법을 계획함

example 사례 30

규 모 및 경 사		
높 이	60m	
연 장	160m	
경 사	토 사	1 : 1.2
	리 핑	1 : 1.0
	발 파	1 : 1.0

현 황

- 위 치 : ○○도 ○○~○○ 간 고속국도 건설공사
- 암 종 : 선캠브리아기 변성암류인 흑운모편마암이 분포함
- 풍화도 : 매우 불규칙한 양상을 띠고 있으나, 엽리구조와 일치하는 방향성을 보이며, 유색광물이 많고 엽리가 잘 발달
- 현 황 : 노출된 암반의 파쇄가 심하여 보강공법 적용 후 텐션네트를 시공한 상태

전 경 및 현 황 도

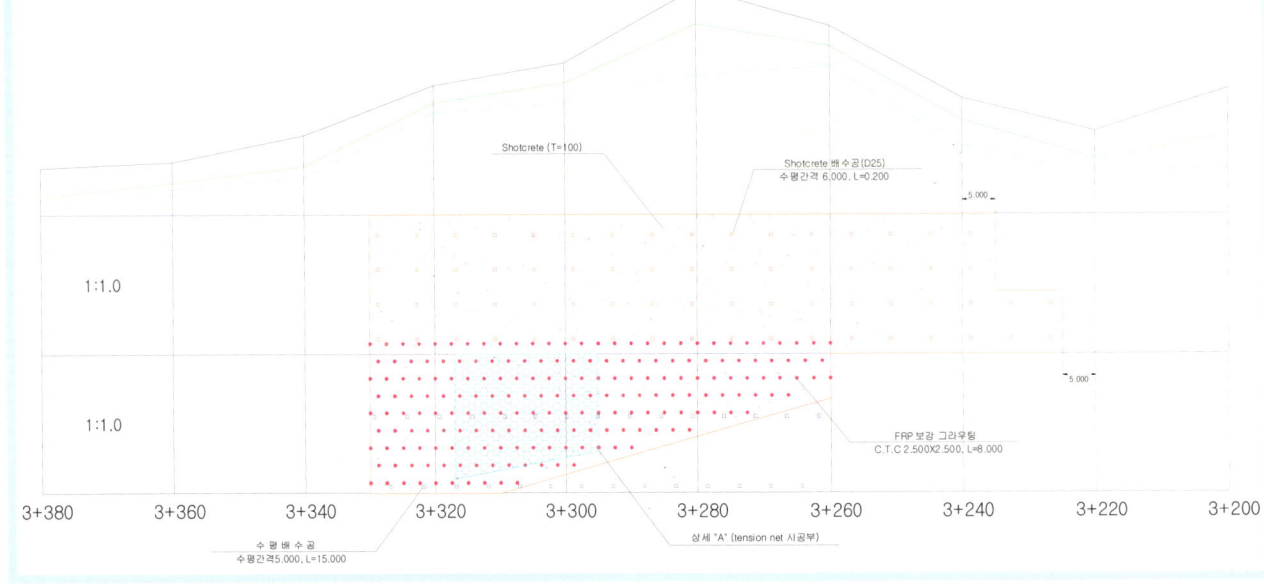

세부사진

지질특성	파괴현황	파괴특성 및 원인
• 대상사면은 선캠브리아기 변성암류인 흑운모편마암이 분포함. 분포상태는 매우 불규칙한 양상을 띠고 있으나. 엽리구조와 일치하는 방향성을 보이며, 유색광물이 많고 엽리가 잘 발달되어 있음	• STA.3+296~3+316(우측) 구간에 인장균열 및 파괴발생	• 사면 전면에 사면방향과 유사한 단층이 길게 연장되어 있고, 부분적으로 암반이 파쇄가 심한 상태에서 사면 절취에 따른 노출로 단층면이 미끄럼면이 되어 파괴 발생

대책공법 (예)

구분	Soil Nailing 공법	FRP 보강 공법
개요도	Shotcrete (T=100) Soil Nailing C.T.C 1.500X1.500, L=8.000 발파암 수평배수공	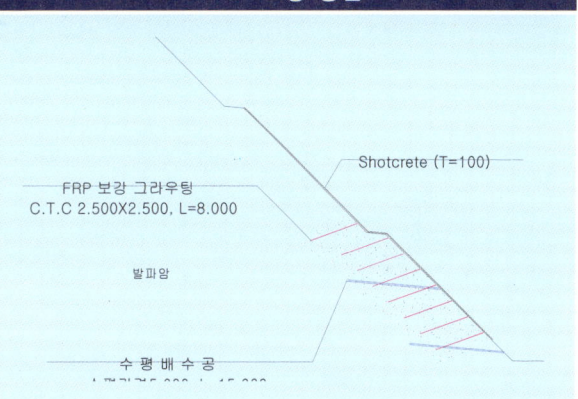 Shotcrete (T=100) FRP 보강 그라우팅 C.T.C 2.500X2.500, L=8.000 발파암 수평배수공
적용성	• 원지반 강도를 최대한 이용하면서 보강재(Nail) 설치 • 지반의 전단 및 인장강도를 증가시켜 변위 억제 및 지반의 이완 방지 • 부분적인 낙석이 발생하는 경우 경제적인 보강 가능 • 시공방법이 간단하고 작업이 빠름 • 암반의 풍화진행억제 및 표면유실방지를 위해 별도의 표면보호공 필요	• 주입재에 의한 지반의 고결로 인하여 FRP 보강재와 주변지반을 일체화 • 원지반의 전단강도 증대와 보강재에 의한 전단, 휨 및 Nailing 효과 • 균열 및 절리가 심한 파쇄대 지반에도 보강효과가 우수함 • 암반의 풍화진행억제 및 표면유실방지를 위해 별도의 표면보호공 필요
대책 방안 수립 배경	• 사면 내의 단층면을 따라 파쇄가 심한 상태에서 붕괴가 발생하였으므로 단층면을 따르는 활동에 대한 보강과 파쇄된 구간을 보강하는 것이 필요함 • 파쇄되어 토사형 붕괴양상을 보이므로 nail을 이용한 보강공법이나, 지중보강재를 통한 가압그라우팅 공법을 계획함	

example 사례 31

규모 및 경사		
높이		60m
연장		300m
경사	토사	-
	리핑	-
	발파	1 : 0.7

현 황

- 위 치 : ○○시 4차 순환도로
- 암 종 : 백악기 퇴적암
- 풍화도 : 약간 풍화(SW)~심한 풍화(HW)
- 현 황 : 중앙고속국도 건설 당시 사면파괴가 야기되어 현재 사면경사가 1 : 1.25~1 : 3.0 으로 소단없이 형성되어 있음
  지층분포는 30cm 내외로 표토 하부에 사암과 셰일이 2~6m 두께로 호층을 이루며 분포함

전경 및 현황도

세부사진

지질특성	파괴현황	파괴특성 및 원인
• 백악기 퇴적암(사암, 셰일) • 4set의(N20E/85SE, N8E/76NW, N14~24W/66~84NW, N50W/85SW) 연장성이 큰 절리분포	• 사면 상부에 인장균열 발생 • 단층작용으로 사암 및 셰일이 압쇄된 상태로 파괴 발생	• 연장성이 큰 불연속면(절리, 단층)이 발달하여 인장균열 등에 의해 사면파괴 발생 • 추후 지하수 유입에 의한 추가 파괴 가능성 내재

대책공법 (예)

구분	Rock Anchor공법	억지말뚝공법
개요도	(도면)	(도면)
적용성	• 암반 천공 후 Anchor체를 삽입하여 선단부는 그라우팅에 의해 정착, 정착되지 않은 자유장의 강선에 Prestress를 가해 사면파괴활동 억제 • 단위 보강력이 크고 억지효과 우수 • 대규모 파괴에 적합	• 지표면에서 활동파괴면 이하의 기반암까지 말뚝을 설치하여 사면활동 억제 • 대규모 파괴에 적합 • 대상사면에 연직으로 설치하므로 시공성 우수
대책방안 수립배경	\multicolumn{2}{l|}{• 단층면을 따라 대규모 파괴가 발생하였고, 퇴적암 지역으로 활동면이 뚜렷하여 활동예상면에 대한 보강이 필요함 • 뚜렷한 활동면을 따르는 대규모 파괴형태이므로 anchor를 이용한 방법이나 억지말뚝을 이용한 공법이 계획됨 • 지표면의 경사가 완만하여, 현장에서 억지말뚝의 시공성도 양호한 것으로 판단됨}

example 사례 32

규모 및 경사		
높이	75m	
연장	700m	
경사	토사	1 : 1.5 ~ 1 : 1.8
	리핑	1 : 1.0 ~ 1 : 1.5
	발파	1 : 0.5 ~ 1 : 1.0

현 황
- 위 치 : ○○○도 ○○시(○○시 우회도로)
- 암 종 : 화강암질 편마암, 석회암
- 풍화도 : 보통 풍화~신선한 암반사면, 다수의 단층 발달
- 현 황 : 발파에 의해 일부 낙석의 가능성 존재, 다수의 단층이 발달하여 쐐기파괴 발생. 부분적으로 지하수 유출 발생

전경 및 현황도

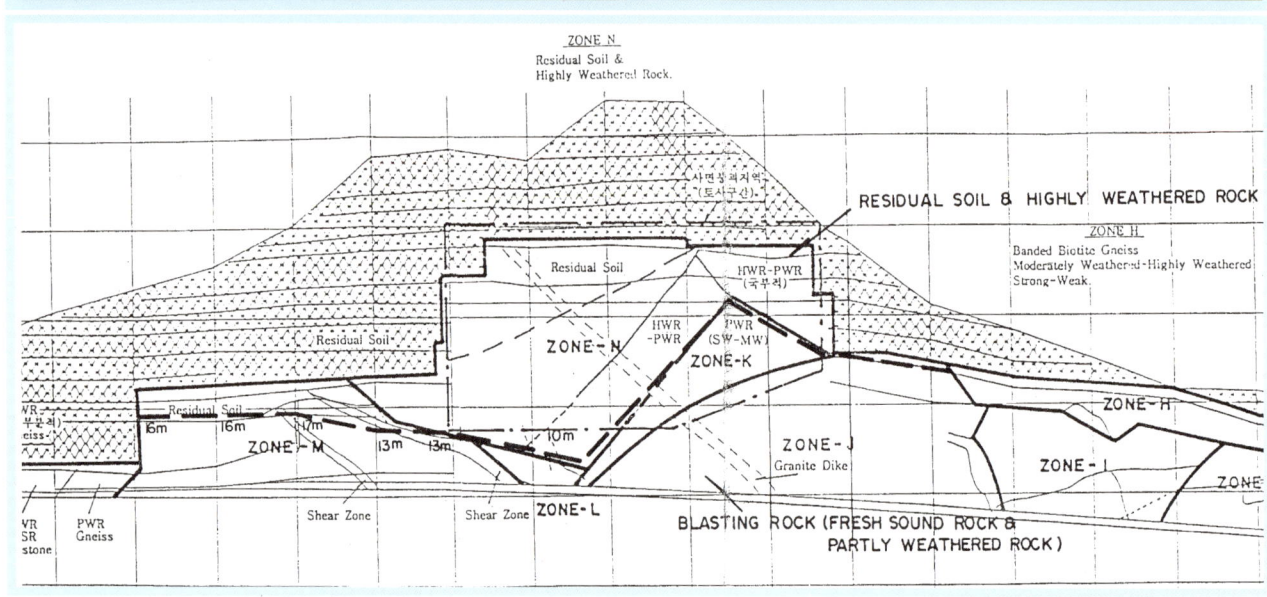

세 부 사 진

지질특성	파괴현황	파괴특성 및 원인
• 화강암질 편마암, 석회암 • 석영, 미사장석, 흑운모로 구성 • 절리 및 단층 파쇄대가 발달	• 쐐기파괴 발생 • 잔류토층 원호파괴 발생	• 신선한 경암층에 다수의 단층이 발달하여 소규모~대규모의 쐐기파괴 발생

대 책 공 법 (예)

구 분	계단식 콘크리트 + Rock Bolt 공법
개요도	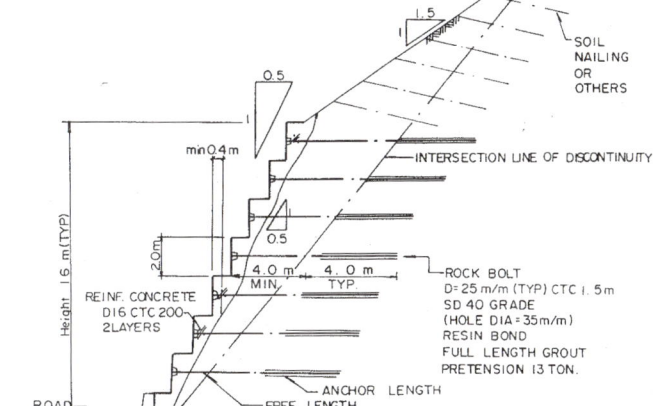
적용성	• Rock Bolt를 주요 보강재로 사용하여 암반이완 및 파괴 억제 • 현장타설 콘크리트 계단을 설치하여 파괴된 사면의 형상을 형성하고 표층보호 • 부분적인 낙석방지, 사면활동방지에 경제적임
대책 방안 수립 배경	• 신선한 암반 내에 여러 개의 단층대가 존재하여, 국부적으로 토사형 붕괴가 발생하고 있으므로 이에 대한 대책수립이 필요함 • 불연속면을 따라 활동하는 대규모 붕괴에 대한 안정성과 파쇄지역에서의 표면안정화를 확보하기 위하여 표면에 계단식 콘크리트옹벽을 시공하고 수평력에 대한 저항성 확보를 위하여 rockbolt를 병행시공하는 것으로 계획함

example 사례 33

규모 및 경사		
높이		25m
연장		95m
경사	토사	1:1.2
	리핑	1:1.2
	발파	1:1.2

현 황

- 위 치 : ○○도 ○○시 ○○공장 부지 배후사면
- 암 종 : 선캠브리아기 편암류 및 관입 석영암편류
- 풍화도 : 전체적으로 보통풍화, 상부는 풍화토 혼재, 좌측하부는 약한 풍화 상태
- 현 황 : 불연속면은 점토질의 풍화토가 협재되어 우기 시 파괴면으로 작용할 가능성 높음
  절리 발달로 암괴이완 진행 중이며 낙석발생 예상
  표층파괴 2개소 발생

전경 및 현황도

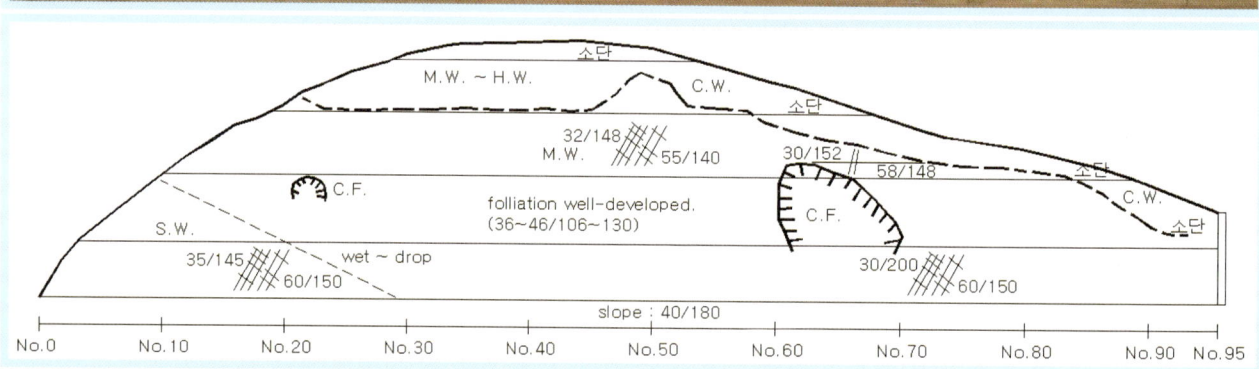

세 부 사 진

지질특성	파괴현황	파괴특성 및 원인
• 선캠브리아기 편암류 및 관입류 • 사면(40/180)과 비슷한 방향의 단층 (58/170)이 분포하여 평면파괴 유발 • 단층 및 엽리로 인해 심층파괴 예상	• 표층파괴 발생(평면+원호) • No.20지점 : 13m², 깊이1.0m • No.60지점 : 56m², 깊이1.5m	• 사면방향으로 발달한 단층(N60~70E /30~32SE) 및 엽리(N16~40E /36~46 SE)로 인한 심층파괴 • 불연속면은 4개 set 절리의 기하학적 형상으로 인해 쐐기파괴 발생 • 절리발달로 암괴 이완

대 책 공 법 (예)

구 분	텐션네트 + 바이오롤 공법
개요도	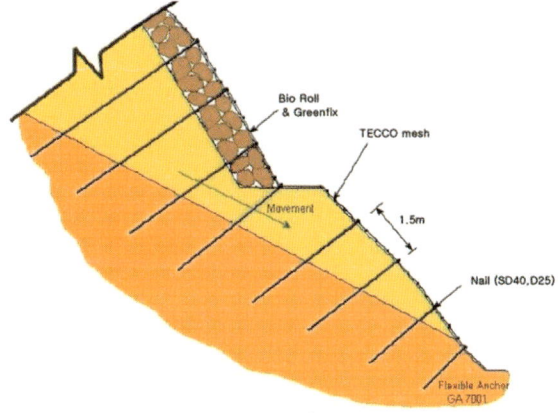
적용성	• 텐션네트와 네일 간 힘을 상호 접선이동시킴으로써 전체사면을 일체화하여 이중보강효과 • 고강도 텐션네트에 프리텐셔닝을 가하여 이완된 암괴를 밀착시켜 사면의 표층안정성 확보 • 고강도 텐션네트 하부 바이오롤의 탄력에서 생기는 복원력은 프리텐셔닝에 의한 긴장력에 추가되어 사면에 더 많은 압력을 가함 • 심층파괴, 표층파괴에 대한 동시 보강, 기 파괴구간의 친환경적 복구
대책방안 수립배경	• 사면 내에 부분적으로 붕괴가 발생하였으며, 활동력이 그리 크지 않은 것으로 판단되어, 붕괴된 구간을 중심으로 추가 붕괴를 억제시키는 것이 필요함 • 붕괴에 의해 유실된 구간을 메우고 붕괴부분을 포함하여 전체적으로 지중보강과 지표면 보호공을 일체화시켜 보강하도록 계획함

example 사례 34

규 모 및 경 사		현 황
높 이	25m	• 위 치 : ○○~○○ 고속국도 확장공사
연 장	240m	• 암 종 : 경상계 퇴적암
경 사	1 : 0.5	• 풍화도 : 보통풍화~심한풍화의 풍화도를 보임
		• 현 황 : 파괴에 의해 인장균열 관찰, 단층이 발달하고 지반이 불량함

전 경 및 현 황 도

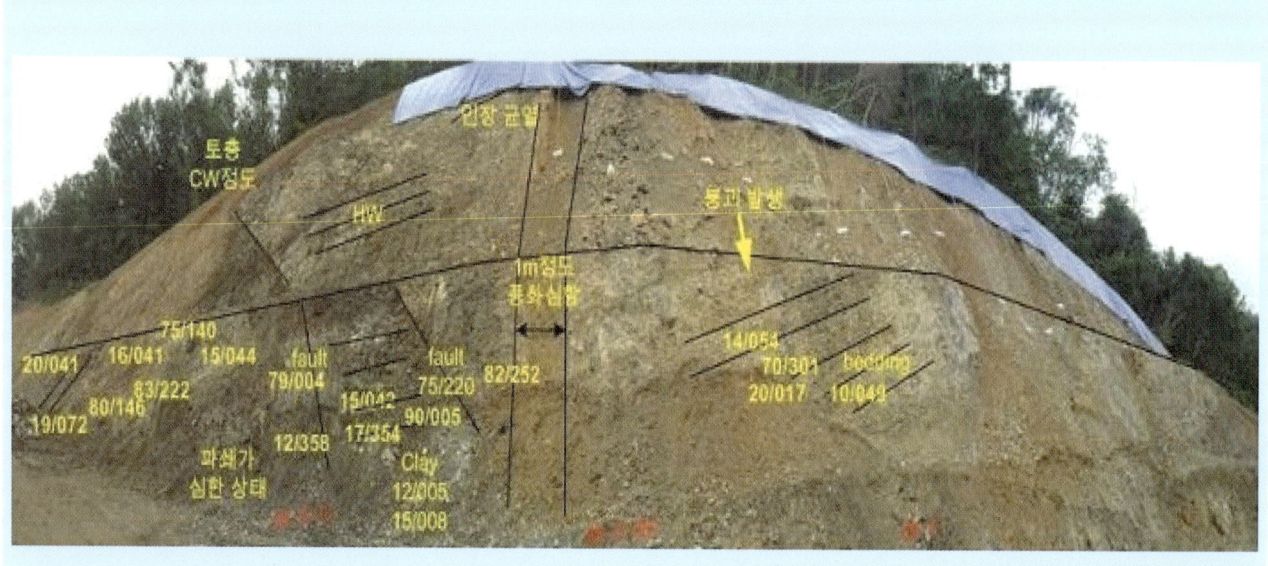

세 부 사 진

지 질 특 성	파 괴 현 황	파괴특성 및 원인
• 경상계 퇴적암 지역으로서 사암과 셰일이 호층을 이루며 층리면을 따라 불규칙하고 광범위하게 분포하고 있는 탄층 등의 영향으로 지층의 분포가 불규칙	• 평면파괴	• 퇴적암 사면으로 단층대 발달 및 암질 불량으로 평면파괴 발생

대 책 공 법 (예)

구 분	경사완화 + Anchor 공법	경사완화 + Nailing 공법
개요도	(예상 활동파괴면, 토사, 풍화대, 기반암, Rock/Earth anchor)	(토사, 풍화토, 기반암, Soil Nailing)
적용성	• 사면 절취를 통한 경사완화로 상재하중 경감 • 경사완화가 적용되기 어려운 구간에 Anchor를 통한 보강 • Anchor체를 지반에 정착시킨 후, Anchor 케이블에 Prestress를 가하여 Anchor체 두부에 작용하는 하중을 정착지반에 전달하여 암반의 거동 억제 • 대단위 파괴가 우려되는 암사면에서 절취사면의 전체적인 암반의 파괴 방지	• 사면 절취를 통한 경사완화로 상재하중 경감 • 경사완화와 병행하여 Nailing 보강으로 안정성 확보 • 원지반 강도를 최대한 이용하면서 보강재(Nail) 설치 • 지반의 전단 및 인장강도를 증가시켜 변위 억제 및 지반의 이완 방지 • 부분적인 낙석이 발생하는 경우 경제적인 보강 가능
대책 방안 수립 배경	• 붕괴가 발생하였으며, 붕괴에 의해 사면 내에 인장균열이 발생한 상태로, 활동에 대한 보강이 필요함 • 붕괴에 의해 이완된 영역의 일부 제거 및 활동력 감소를 목적으로 사면 경사를 완화시키고, 부족한 저항력은 anchor나 nail을 이용하여 보강하도록 계획함	

example 사례 35

규 모 및 경 사			현 황
높 이	66m		• 위 치 : ○○고속국도 ○○~○○ 간
연 장	220m		• 암 종 : 선캠브리아기 호상편마암과 중생대 쥐라기의 흑운모 화강암
경 사	토 사	1 : 1.2~1 : 1.5	• 풍화도 : 제4기 충적층이 퇴적되어 분포하고 있으며 이를 후기에 염기성 암맥이 관입한 양상을 보이는데 기반암인 화강암은 상당히 변성작용을 받은 상태
	리 핑	1 : 1.0	• 현 황 : 단층 및 절리의 발달로 인해 국부적인 쐐기파괴 및 평면파괴가 발생
	발 파	1 : 0.6	

전경 및 현황도

세부사진

지질특성	파괴현황	파괴특성 및 원인
• 선캠브리아기 호상편마암 • 절취면의 표면이 심한 요철로 구성되어 있으며 본 대상사면의 절취면에서 단층이 발견되었고 이 단층은 거칠고 틈 사이의 간격은 1~5cm 정도로 이완되어 분포하는 것이 관찰	• 인장균열부의 이완된 암괴부위에서 부분적인 낙석형 전도파괴 및 국부적인 평면파괴 등이 발생할 우려가 있음	• 접촉변성작용에 의해 지표에 노출된 면과 불연속면들은 다소 변질·변색되어 있고 절리면들은 대기 중에 노출 시 쉽게 풍화변질되는 편마암류가 넓게 분포하여 변질 및 풍화의 진행이 급진전되어 파괴의 위험성이 큼

대책 공법검토

Nailing + 낙석방지망 공법

구 분	
개요도	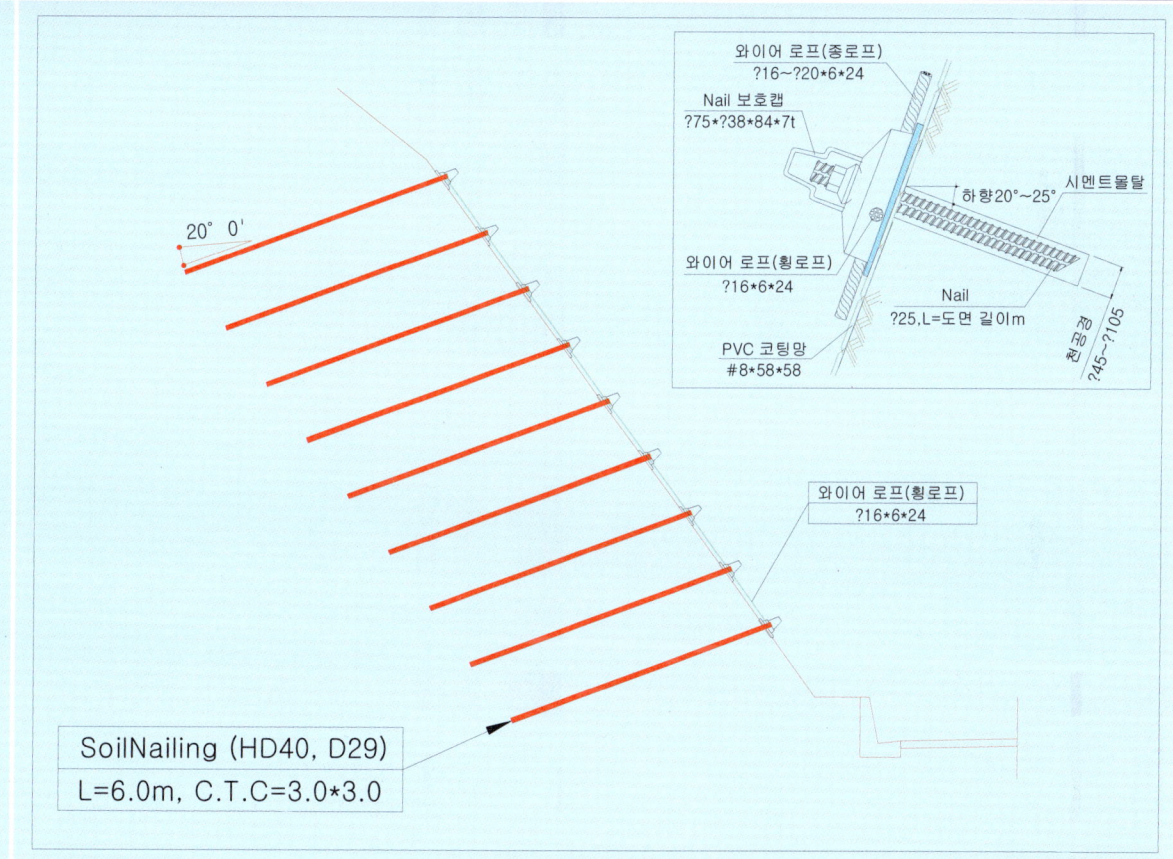 SoilNailing (HD40, D29) L=6.0m, C.T.C=3.0*3.0
적용성	• 지반의 결합력을 잃은 낙석을 Nail공법과 낙석방지로프를 연계 시공하여 일체화시켜 사면안정성 확보 • 절리면을 따라 국부적으로 전도 쐐기파괴가 발생가능한 사면에 적합 • 불안정 암괴들이 사면 보강 유무와 관계없이 발생되는 암괴가 있는 사면에 적합
대책 방안 수립 배경	• 사면은 전반적으로 큰 붕괴형태는 없으나, 불연속면의 발달에 따라 국부적인 안정성이 문제시 됨 • 부분적으로 보강이 필요한 구간에 대하여 nail공법을 적용하되, 불연속면의 발달에 따른 표면 붕괴를 억제시키기 위하여 낙석방지망과 nail을 연계시공하도록 계획함 • Nail 시공 시 전면판 하부에 낙석방지망을 위치시켜 철망이 지반을 압착하도록 함

example 사례 36

규모 및 경사		
높 이		40m
연 장		140m
경 사	토 사	1 : 1.2
	리 핑	1 : 1.0
	발 파	1 : 0.5

현 황

- 위 치 : 국도 ○○호선 ○○~○○ 간 ○○지점
- 암 종 : 하조층의 역암층, 아미산층의 사암, 셰일층
- 풍화도 : 파쇄 및 절리가 심하게 발달하였고, 3m 소단부에서 인장균열이 발생함. 일부 구간 거의 완전풍화상태를 보임
- 현 황 : 사면방향과 유사한 불연속면 및 수직의 불연속면 발달
  파괴로 인해 사면 좌우측 추가 파괴가 진행중이며, 현재 사면은 보강공법 적용 후 표면보호공법으로 녹생토를 시공한 상태

전 경 및 현 황 도

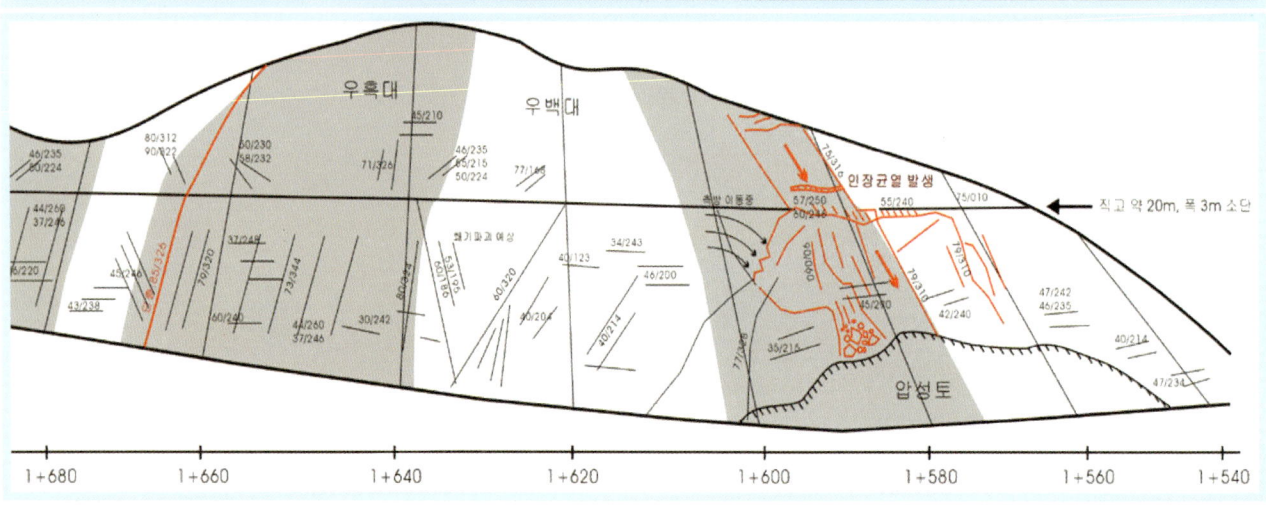

세 부 사 진

지질특성	파괴현황	파괴특성 및 원인
• 하부 남포층군 : 하조층의 역암층, 아미산층의 사암, 셰일층 • 하조층(월명산층) : 역암층 • 아미산층 : 사암 및 셰일층	• 우흑대 내 3m 소단부에서 상부 인장균열 발생 후 평면파괴 발생	• 3m 소단부에서 상부에서 발생된 인장균열로 인한 평면파괴 발생

대 책 공 법 (예)

구 분	FRP 보강 그라우팅 공법	Rock Bolt 공법
개요도	(토사 / 풍화대 / 기반암에 FRP관 보강형 다단그라우팅 개요도)	(절리가 있는 암반 / 경암에 Rock bolt 개요도)
적용성	• FRP 보강재를 지반에 삽입하고 주입관 내로 그라우트재 주입 • 주입재에 의한 지반의 고결로 차수 및 지반보강효과를 동시에 얻는 공법 • 평면활동이 우려되고 풍화 및 절리 등, 파쇄 및 절리가 심하게 발달된 암반에 효과적	• 낙석이 예상되는 암괴에 천공 후 철근을 삽입하여 정착시킨 후 두부에 지압판을 설치하여 낙석 방지 • 부분적인 낙석이 발생하는 경우 경제적인 보강 가능
대책방안 수립배경	• 사면의 소단부에서 파괴로 인한 인장균열이 발생한 상태이므로 이완된 영역을 제거하거나 이완된 상태에서 그라우트재를 주입하여 보강하는 것이 필요함 • 활동에 대한 보강을 목적으로 지중보강재를 시공하고, 이와 병행하여 이완된 부분의 그라우트재 충전을 위해 지중보강재 시공 시 가압그라우팅을 시행함	

example 사례 37

규모및경사			현 황
높이	35m		• 위 치 : ○○~○○ 간 ○○교
연장	40m		• 암 종 : 유문암질 안산암
경사	토사	-	• 풍화도 : 연·경암층으로 분포, 부분적으로 단층면(fault) 또는 암맥(dyke) 등의 지질구조를 따라 선택적인 풍화양상
	리핑	-	• 현 황 : 절취방향은 N60W/53NE 방향으로 발달되어 있으며 현 슬라이딩 발생 지점인 구간에 발달된 단층활동면(fault plane : N65W/33NE)에 의해 소규모 슬라이딩이 발생된 상태
	발파	1:0.7	사면 전반에 걸쳐 발달된 단층암맥 및 연장성이 우세한 단층면이 발달하여 있으며 지하수 유출이 심함

전경및현황도

세부사진

지질특성	파괴현황	파괴특성 및 원인
• 유문암질 안산암 • 지형 여건에 따른 풍화작용으로 사면 전반에 걸쳐 MW(Modreately Weathered) 정도의 풍화를 받은 연·경암층으로 분포하고 있으며, 부분적으로 단층면 또는 암맥 등의 지질구조를 따라 선택적인 풍화양상을 보임	• 절취방향은 N60W/53NE 방향으로 발달되어 있으며 현 슬라이딩 발생 지점인 구간에 발달된 단층활동면(fault plane ; N65W/33NE)에 의해 소규모 슬라이딩이 발생된 상태 • 사면 전반에 걸쳐 발달된 단층암맥 및 연장성이 우세한 단층면이 발달하여 있으며 지하수 유출이 심함	• 집중호우 발생, 지하수의 침투, 굴착에 의한 응력이완 및 대기노출에 따른 기반암의 풍화진행도(Slacking Duarbility)가 높아 예상 파괴양상이 특정구간(단층면)을 따라 선택적인 파괴가 발생

대책공법 (예)

구 분	Soil Nail 공법	Anchor + Nailing 공법
개요도	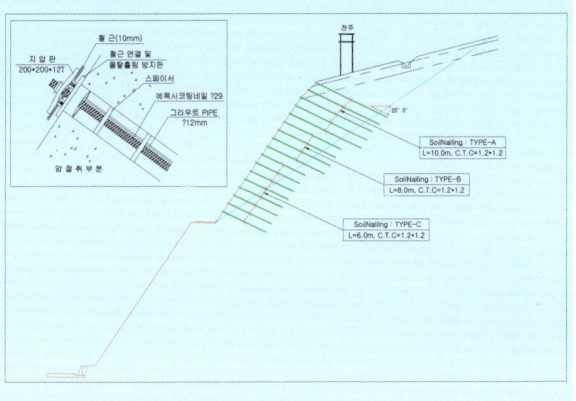	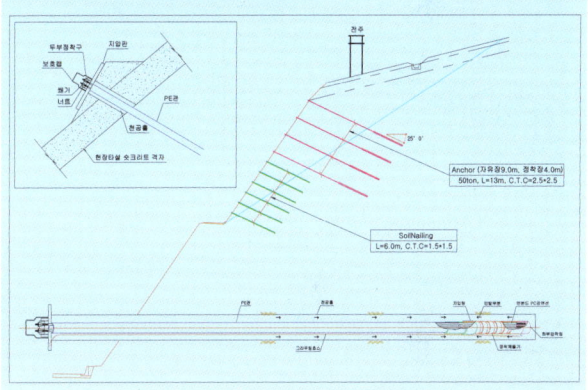
적용성	• 인장응력, 전단응력 및 휨모멘트에 저항할 수 있는 Nail을 지반 내에 일정간격으로 삽입 • 원지반의 전체적인 전단저항력과 활동저항력을 증가시켜 사면의 안정 확보 • 평면활동이 우려되고 얕은 활동이 발생 예상되는 사면에 적합	• 원지반을 천공한 후 사면에 예상 활동면보다 깊은 위치에 Anchor체를 정착, 이를 고장력 PC강선이나 강봉 등을 통해 지표면에 설치된 수압부에 연결하여 긴장력을 가해 정착시켜 지반의 활동 억지 • 깊은 심도의 대규모 파괴가 우려되는 사면, 절취사면의 보강 및 장기적인 측면에서의 안정성 확보가 요구되는 경우에 적합
대책방안 수립배경	• 사면 내에 존재하는 단층면을 따라 붕괴가 발생하였으므로, 확인된 단층면에 대한 보강이 필요함 • 단층면을 따르는 저항력을 증가시키기 위해 nail공법이나 anchor공법을 시공하도록 계획함	

example 사례 38

규 모 및 경 사		
높 이	20~40m	
연 장	260m	
경 사	토 사	1 : 1.1 ~ 1 : 1.2
	리 핑	1 : 1.0
	발 파	1 : 0.7

현 황
- 위 치 : 국도○○호선 ○○~○○ 간 ○○공구
- 암 종 : 선캠브리아기 화강암류와 편마암류
- 풍화도 : (HW-CW), 염기성 관입암분포
- 현 황 : 사면 중상부에 많은 절리면이 분포하며, 지하수 유출로 인한 부분 세굴 및 슬라이딩이 발생한 상황

전 경 및 현 황 도

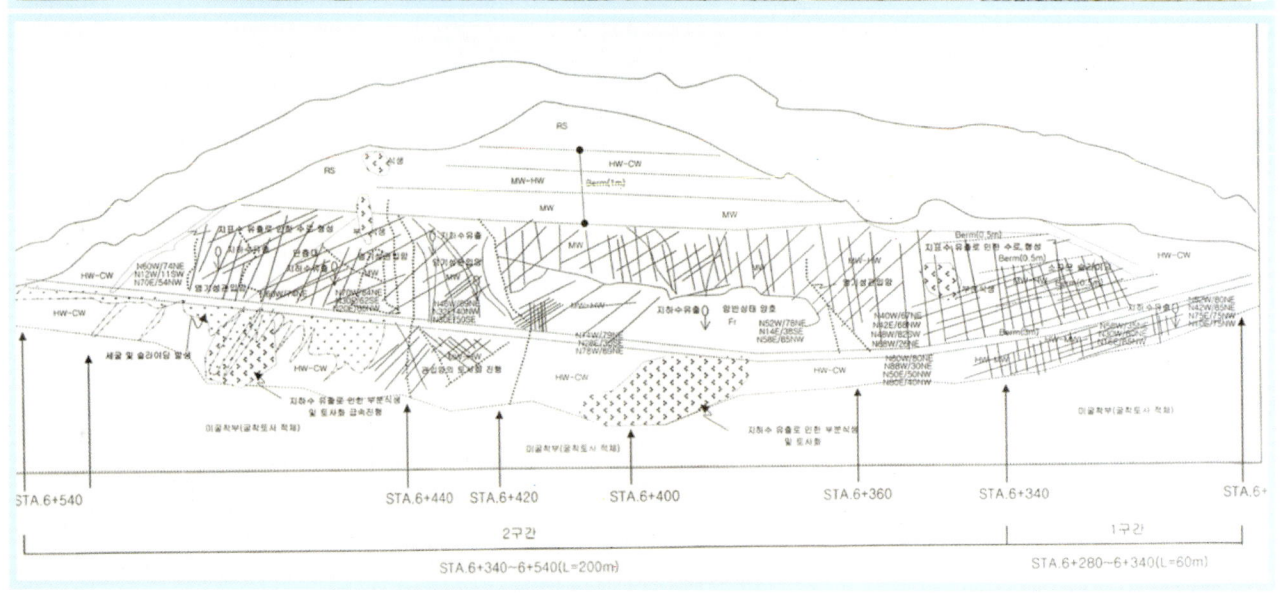

세부사진

지질특성	파괴현황	파괴특성 및 원인
• 선캠브리아기의 편마류와 이들을 관입한 화강암류와 편마암류로 구성 - 편마류 : 평택혼성편마암, 온양화강편마암류, 천상편마류 - 화강암류 : 각섬석흑운모화강암, 반상화강암 염기성관입암으로 몬조니암 및 맥암	• STA. 6+340~6+540 - 1소단하부에 핵석지반의 형태로 쇄굴 및 슬라이딩 STA. 6+340~6+360, STA. 6+520~6+540 - 절리 및 균열 등의 풍화가 심함	• 지하수 유출로 인한 수로 형성, 세굴 및 슬라이딩 발생

대책공법(예)

구 분	섬유거푸집 공법	Soil Nailing + 표면녹화공
개요도		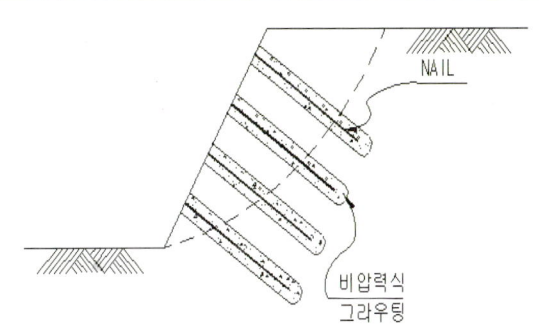
적용성	• 모르타르 격자블록이 표토 유실을 방지하도록 하여 안정적 보강효과 • 식생공과 병행하여 환경친화적인 사면형성 • 시공 시 소음, 진동이 적어 도심근접시공 용이	• 원지반 강도를 최대한 이용하면서 보강재(Nail) 설치 • 지반의 전단 및 인장강도를 증가시켜 변위 억제 및 지반의 이완 방지 • 부분적인 낙석이 발생하는 경우 경제적인 보강 가능 • 시공방법이 간단하고 작업이 빠름 • 암반의 풍화진행억제 및 표면유실방지를 위해 별도의 표면녹화공 시공
대책방안 수립배경	• 사면 내부 지하수 유출로 인한 세굴 및 유실이 진행되고 있어, 방치 시 추가의 슬라이딩이 우려되므로 초기 유실을 억제하기 위한 방안이 필요함 • 지표면 보호공을 적용하여 사면을 안정화시키도록 계획함	

example 사례 39

규모및경사			현 황
높이	75m		• 위 치 : ○○ 고속국도(○○~○○ 간) 제○공구
연장	550m		• 암 종 : 붕적토층 및 풍화토층 분포
경사	토사	1 : 2.2	• 풍화도 : 붕적토층은 실트 및 점토 섞인 모래질 자갈로 구성되어 있으며, 풍화잔류토층은 모래 섞인 실트 및 실트 섞인 모래로 구성되어 있음
	리핑	1 : 1.8	• 현 황 : 절토부에 슬라이딩이 발생하였고, 현재 사면은 보강공법 적용 후 표면보호공법으로 녹생토를 시공한 상태
	발파		

전 경 및 현 황 도

세 부 사 진

지질특성	파괴현황	파괴특성 및 원인
• 지층의 구성은 상부사면 표면에 붕적토층 및 풍화토층이 분포 • 붕적토층은 실트 및 점토 섞인 모래질 자갈로 구성되어 있으며, 풍화잔류토층은 모래 섞인 실트 및 실트 섞인 모래로 구성	• 표면 유실 및 원호파괴	• 점토 및 모래 섞인 실트로 구성된 풍화대층에 우기 시 지표수가 침투하여 간극수압 증가에 따른 유효응력 감소로 인장균열부를 따라 진행성 파괴 발생

대책공법 (예)

구분	FRP 보강 공법	Soil Nailing 공법
개요도	(개요도)	(개요도)
적용성	• 주입재에 의한 지반의 고결로 인하여 FRP 보강재와 주변지반을 일체화 • 원지반의 전단강도 증대와 보강재에 의한 전단, 휨 및 Nailing 효과 • 균열 및 절리가 심한 파쇄대 지반에 보강효과 우수함	• 원지반 강도를 최대한 이용하면서 보강재(Nail) 설치 • 지반의 전단 및 인장강도를 증가시켜 변위 억제 및 지반의 이완 방지 • 부분적인 낙석이 발생하는 경우 경제적인 보강 가능 • 시공방법이 간단하고 작업이 빠름
대책방안수립배경	• 토사화된 지반에서 우기 시 붕괴가 발생하였으므로, 지반의 강성을 증가시킬 수 있는 보강공법이 필요함 • 느슨한 지반을 일체화시킬 수 있는 nail공법이나, 지중보강재를 통한 가압그라우팅 병행공법의 적용이 고려됨	

example 사례 40

규모및경사		
높이		25m
연장		160m
경사	토사	1 : 1.2 ~ 1 : 1.5
	리핑	1 : 0.7
	발파	-

현 황

- 위 치 : 국도○○호선 우회도로 ○○시 ○○동
- 토 질 : 붕적 퇴적토층, 풍화토 및 풍화암의 층서로 분포하고 하부 1~2 소단은 풍화대층, 상부 3~5 소단은 붕적토층이 주로 분포
- 현 황 : 사면 안정확보를 위해 E/A(CTC 2.0m) 시공, 법면 보호공으로 ASNA 공법 시공, 수발공 random 설치, 5m 간격으로 1m 소단 설치, 종방향 배수로 및 사면 점검로 각 1개소 설치, 하부 폭 8.0m 도로가 공용 중 사면 내 손상 및 결함 발생

전경및현황도

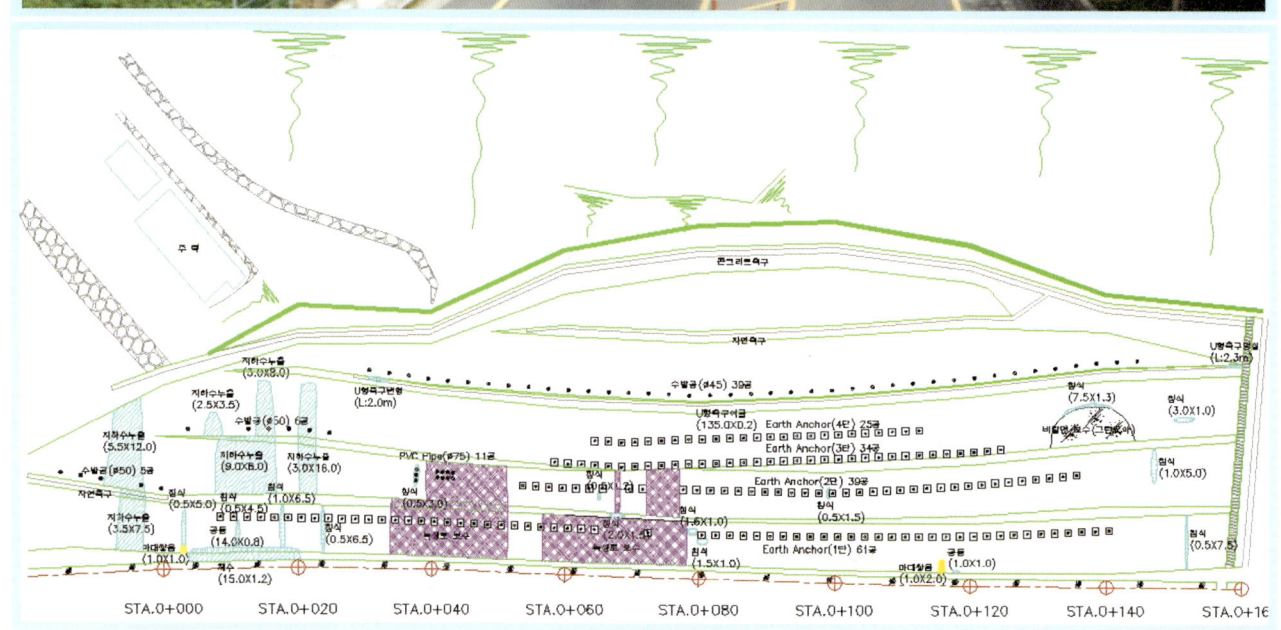

제4장 | 붕괴사면의 보강현황

세부사진

사면 손상 상태	손상원인	대책방안
• 지하수의 지속적인 유출 및 강우에 의한 국부적인 지표침식 • 지하수 및 지표수에 의하여 사면 국부적 침식되어 유로 형성 • 지속적인 세굴 등으로 인한 국부적인 사면 보호공 부착 불량 • 사면 전체적으로 배수기능 불량	• 발생구간이 주로 붕적층으로 지층 특성상 우수 시 침식 및 세굴 취약 • 지형조건상 지형이 낮아 우기 시 지하수 및 지표수의 주흐름이 집중 • 상부 붕적층을 통해 사면 내로 침투한 우수가 하부 풍화토층으로 유출 • 우수 시 배수로 기능 미흡	• 주요 손상구간 보강토옹벽 설치 • 수평 배수공 추가 설치 • 종배수로 추가 설치 • 풍화토 구간 횡배수로 신설 • 풍화토 구간 추가 수발공 설치 • 하부 맹암거 설치 • 기존 측구 개보수

대책공법(예)

구분	보강토옹벽 + 수평배수공 + 배수로	Anchor + PC 격자블록 + 배수로
개요도		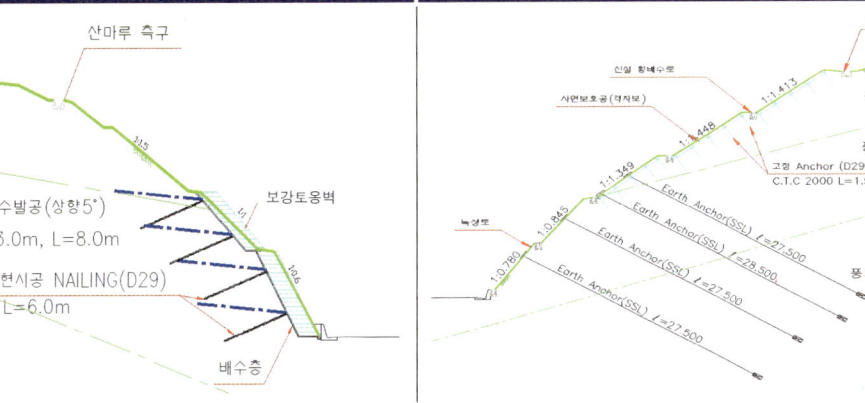
적용성	• 종단배수로 5개소 설치(주배수 2개소, 부배수 3개소) • 녹화공 손상 발생구간 일부 녹생토 재취부 • 하부 풍화토 구간 추가 수발공, 하부 맹암거 설치 • 현 공용중인 사면현황 및 시공성 고려 • 손상정도 및 지층조건을 고려한 구간별 대책	• 종단 배수로 3개소 설치(주배수로) • 풍화토 구간 Nailing 해체 및 전 구간 녹생토 재취부 • 붕적토층 구간 콘크리트 격자블록 설치 • 장기적 안정성 확보 가능하나 시공성 결여 • 공사비 과다 소요 및 공기 불리
대책 방안 수립 배경	• 대부분 우수에 의한 지표면 침식이 문제시 되고, 지형여건상 지하수 흐름이 모이는 곳으로 지하수 및 지표수 배수를 원활하게 하는 방안이 필요함 • 지하수 배수를 위해 추가의 배수공을 시공하며, 표면 유실방지를 위해 표면보호공을 병행하여 시공하는 것으로 계획함 • 표면보호공 목적으로 보강력을 함께 발휘하는 보강토옹벽이 고려되거나 PC격자블록을 이용하여 anchor로 고정하는 방안이 고려됨	

example 사례 41

규모및경사		
높이		21m
연장		66m
경사	토사	1 : 1.5
	리핑	1 : 1.0
	발파	1 : 0.7

현 황
- 위 치 : 국도 ○○호선 ○○~○○ 간 ○○지점
- 암 종 : 셰일층
- 풍화도 : 하부 → 약간풍화 내지 보통풍화
  상부 → 심한풍화 내지 완전풍화
- 현 황 : 현재 사면완화 깎기 후 표면보호공법으로 식생공을 시공한 상태임

전경및현황도

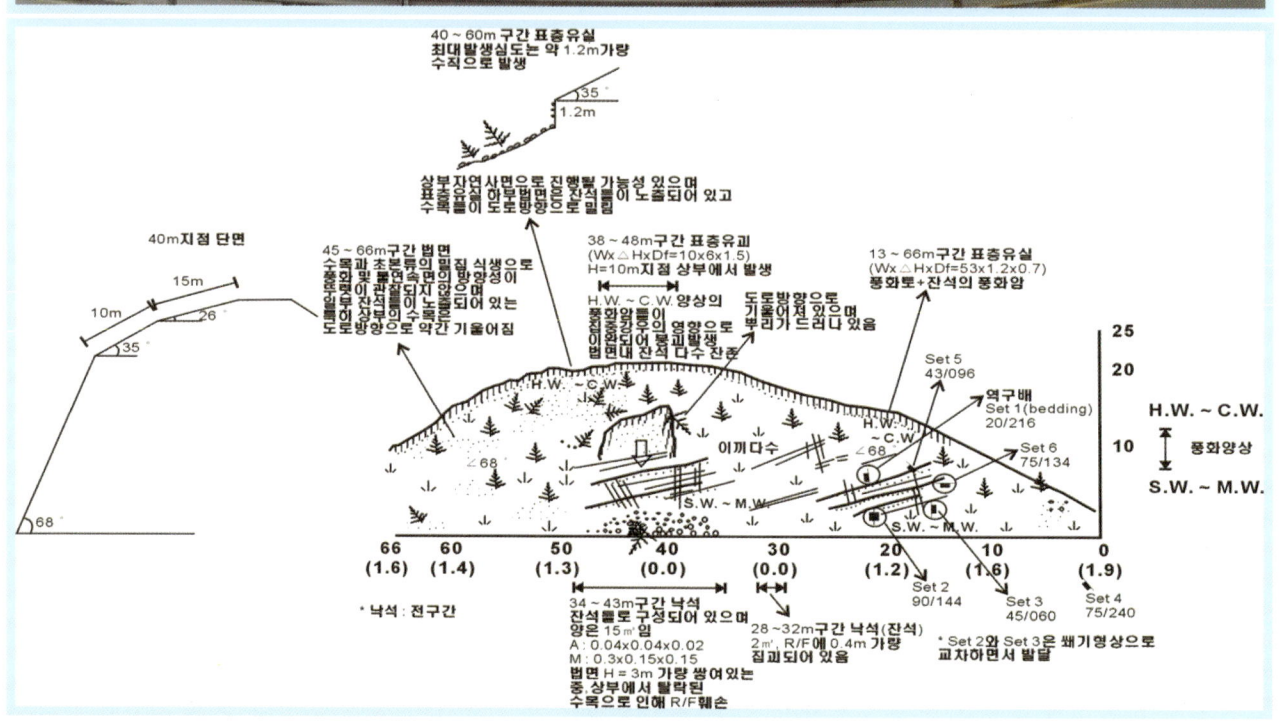

세 부 사 진

지 질 특 성	파 괴 현 황	파괴특성 및 원인
• 셰일층 • 심한풍화 내지 보통풍화	• 0~35m 4~5조 불연속면이 불규칙적으로 발달 • 풍화와 불연속면으로 잔석 및 낙석, 상부 표층파괴 • 낙석방지울타리 손상 • 수목과 초본 밀집식생	• 집중강우에 의한 간극수압의 증가로 사면의 활동력 증가

대 책 공 법 (예)		
구 분	구배완화 공법	Rock Bolt 공법
개요도	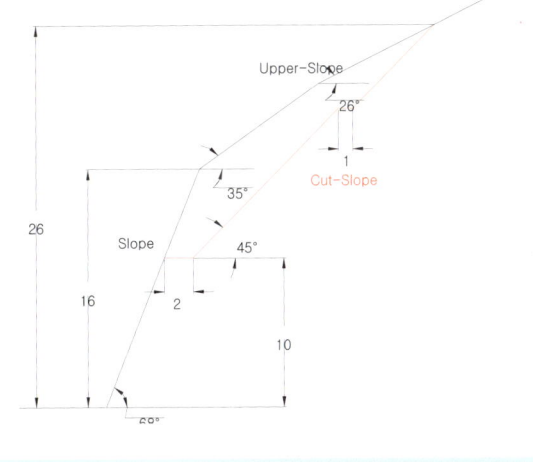	
적용성	• 별도의 보강재를 사용하지 않고 토공, 사면의 구배를 완화하여 사면의 안정성 확보 • 부지경계의 여유가 있는 경우 시공성 및 경제성에서 매우 효과적임	• 낙석이 예상되는 암괴에 천공 후 철근을 삽입하여 정착시킨 후 두부에 지압판을 설치하여 낙석 방지 • 부분적인 낙석이 발생하는 경우 경제적인 보강 가능
대책방안 수립배경	• 강우로 인하여 지표면 붕괴가 발생하였으므로, 현 상태의 경사에서 안정화되지 않는 것으로 판단되며, 따라서 구배를 지반의 강도에 맞도록 조절하는 것이 필요함	

example 사례 42

규모 및 경사			현　　　　황
높이	40m		• 위　치 : ○○ 지방산업단지 내
연장	250m		• 암　종 : 안산암 또는 안산암질 응회암 및 안산암질 각력암
경사	토사	1 : 1.2	• 풍화도 : 토사 및 완전풍화된 리핑암사면, 풍화토와 풍화암의 경계 부근 인장균열 있음
	리핑	1 : 0.8	• 현　황 : 사면상부의 풍화토와 풍화암의 경계 부근에서 파괴발생 풍화토 구간에 타설된 숏크리트 면에 다수의 균열 및 배부름현상이 관찰, 일부 어스 앵커의 파손 및 절취사면 배후 산사면부에 인장균열이 관찰
	발파	1 : 0.7	

전경 및 현황도

세부사진

지질특성	파괴현황	파괴특성 및 원인
• 안산암 또는 안산암질 응회암 및 안산암질 각력암 • 부분적으로 분포하는 함탄층이 파괴면으로 작용하여 다량의 토석류 발생	• 풍화토와 풍화암의 경계 부근 • 다수의 균열 및 배부름현상 • 절취사면 배후 산사면부에 인장 균열	• 풍화토와 풍화암의 경계 부근에서 발생된 균열 내 우수 침투로 인해 원호활동 파괴 발생

대책공법(예)

구 분	Anchor 공법	Rock Bolt 공법
개요도	(예상 활동파괴면, 토사, 풍화대, 기반암, Rock/Earth anchor)	(Rock bolt, 절리가 있는 암반, 경암)
적용성	• 앵커체를 지반에 정착시킨 후, 앵커 케이블에 Prestress를 가하여 앵커체 두부에 작용하는 하중을 정착지반에 전달하여 암반의 거동 억제 • 대단위 파괴가 우려되는 암사면에서 절취사면의 전체적인 암반의 파괴 방지	• 낙석이 예상되는 암괴에 천공 후 철근을 삽입하여 정착시킨 후 두부에 지압판을 설치하여 낙석 방지 • 부분적인 낙석이 발생하는 경우 경제적인 보강 가능
대책방안 수립배경	• 지층이 구분된 구간에서 지하수 침투에 따라 붕괴가 발생한 것으로 판단되므로 추정된 활동면을 따르는 저항력을 증가시키는 것이 필요함 • 원호활동에 대한 저항력을 확보하기 위하여, anchor공법과 nail공법이 고려되었으며, 주 붕괴원인이 지하수 침투이므로 이를 고려한 계획수립이 필요함	

example 사례 43

규모및경사			현 황
높이		20~40m	• 위 치 : ○○~○○ 간 고속국도 ○○공구
연장		2.18km	• 암 종 : 흑색셰일, 붕적토 분포
경사	토사	1 : 1.0	• 풍화도 : 보통풍화(MW~HW)
	리핑	1 : 0.8	• 현 황 : 붕적토 층이 발달되어 있으며 지하수 유출에 의한 부분 함몰
	발파		

전경및현황도

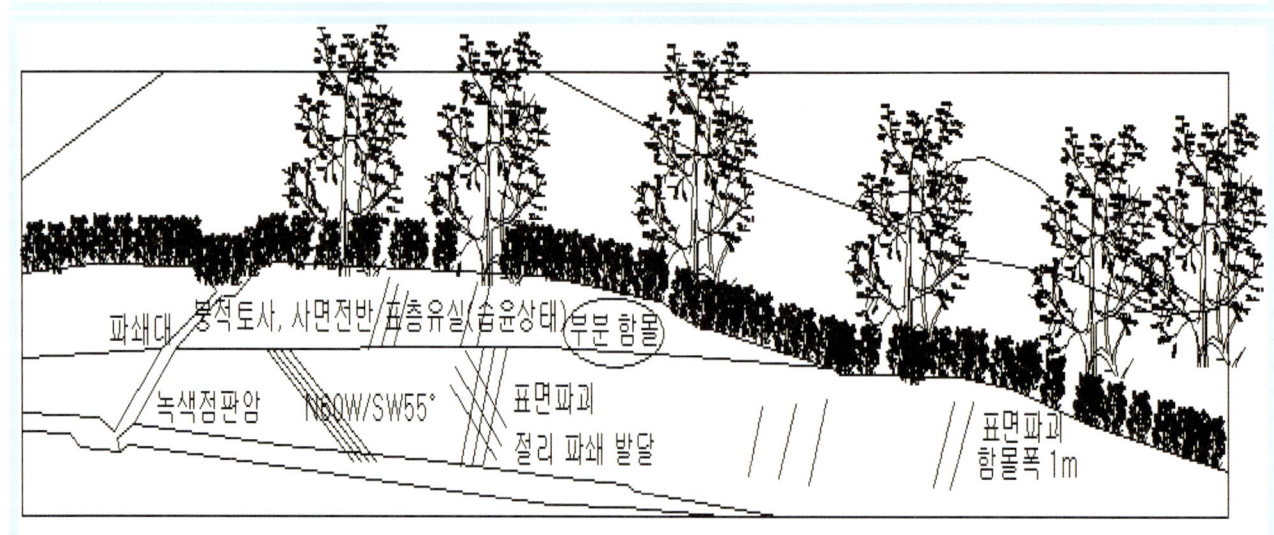

세 부 사 진

지질특성	파괴현황	파괴특성 및 원인
• 기반암은 파쇄가 심한 흑색 셰일로 보통풍화(MW)~심한풍화(HW) 상태이며, 상부는 붕적토층 발달	• 붕적토층이 발달하여 표면파괴가 다수 발생하였고, 지하수 유출이 심함	• 지하수 유출로 인한 동결융해 작용으로 표면파괴 및 함몰

대 책 공 법 (예)

구 분	섬유거푸집 공법	Soil Nailing 공법
개요도		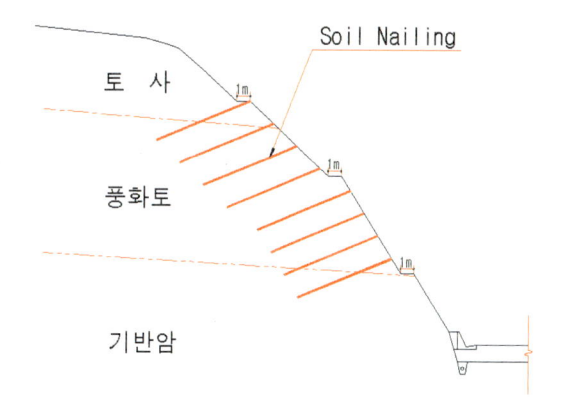
적용성	• 모르타르 격자블록이 표토 유실을 방지하도록 하여 안정적 보강효과 • 식생공과 병행하여 환경친화적인 사면형성 • 시공 시 소음, 진동이 적어 도심 근접시공 용이	• 원지반 강도를 최대한 이용하면서 보강재(Nail) 설치 • 지반의 전단 및 인장강도를 증가시켜 변위 억제 및 지반의 이완 방지 • 부분적인 낙석이 발생하는 경우 경제적인 보강 가능 • 시공방법이 간단하고 작업이 빠름
대책방안 수립배경	\multicolumn{2}{l}{• 붕적토층에서 우수에 의한 동결융해로 표면이 함몰됨 • 표면파괴가 발생하였으므로, 표면보호공을 시공하도록 계획함. 또한 붕괴의 원인이 지반의 강성 부족일 수도 있으므로 nail을 이용한 보강공의 적용도 검토함}

example 사례 44

규 모 및 경 사		
높 이	42m	
연 장	120m	
경 사	토 사	-
	리 핑	1 : 1.2
	발 파	1 : 0.8

현 황

- 위 치 : ○○○도 ○○시 ○○면 ○○리 국도 ○○호선
- 암 종 : 중생대 백악기 진동층의 역암(km7)이 신생대 제3기의 화강암(Tgr)에 관입당하여 Roof Pendent로 노출
- 풍화도 : 대상사면에 분포하는 암석은 화강암과 역암으로 분류할 수 있고 암반 내 불연속면이 발달
- 현 황 : 경주시 양북면 봉길리 지내 1.784km 구간 절취 중 암반 내 불연속면을 따라 산 정상부까지 파괴가 발생하여 보강공법을 적용하여 시공한 상태

전경 및 현황도

세 부 사 진

지 질 특 성	파 괴 현 황	파괴특성 및 원인
• 대상사면에 분포하는 암석은 화강암과 역암으로 분류할 수 있으며, 지사상 중생대 백악기 진동층의 역암이 신생대 제3기의 화강암에 관입당하여 Roof Pendent로 노출	• No.17~No.23 구간 불연속면을 따라 인장균열 및 사면파괴 발생	• 우기 시 지표수가 침투하여 간극수압 증가에 따른 유효응력 감소로 인장균열부가 발생되었고, 사면절취 중 암반 내 불연속면을 따라 사면 정상부까지 파괴가 발생

대 책 공 법 (예)

구 분	FRP 보강 공법	Rock Bolt 공법
개요도	수평배수공 수평간격=10.000, L=10.000 FRP보강 그라우팅 C.T.C=2.500X2.500, L=6.000	수평배수공 수평간격=10.000, L=10.000 ROCK BOLT C.T.C=1.800X1.800, L=6.000
적용성	• 주입재에 의한 지반의 고결로 인하여 FRP 보강재와 주변지반을 일체화 • 원지반의 전단강도 증대와 보강재에 의한 전단, 휨 및 Nailing 효과 • 균열 절리가 심한 파쇄대 지반에도 보강효과 우수	• 이완암반과 모암의 일체화 또는 불연속면을 경계로 한 여러 층을 일체화 • 파괴예상면의 깊이가 얕은 경우에만 보강효과 • 부분적으로 낙석이 발생하는 경우 경제적인 보강 가능
대책 방안 수립 배경	• 우기시 암반 내 불연속면을 따라 대규모 파괴가 발생한 양상이므로, 확인된 활동면을 따라 보강하는 방안이 필요함 • 활동저항력 증가를 위해 rockbolt공법 및 지중보강재 삽입과 지중 가압그라우팅을 병행할 수 있는 공법이 고려됨 • 우수침투에 의한 지하수 상승이 문제시 될 수 있으므로 수평배수공의 시공도 병행함	

example 사례 45

규 모 및 경 사			현　　　　　　　황
높이	200m		• 위　치 : ○○선 ○○역 부근
연장	520m		• 암　종 : 선캠브리아기 화강암질 편마암
경 사	토 사	-	• 풍화도 : 심한 풍화~보통풍화 상태. 전반적으로 암괴의 붕락 가능성이 크며, 전도파괴 형태로 진행
	리 핑	-	• 현　황 : 동결, 융해의 반복작용으로 인해 암반이 이완 나무뿌리가 지렛대 역할을 하여 풍하중에 의한 암반의 균열 및 이완을 촉진 열차통행, 복선화 공사 등 진동으로 지반약화
	발 파	30~88°	

전 경 및 현 황 도

세 부 사 진

지질특성	파괴현황	파괴특성 및 원인
• 선캠브리아기 화강암질 편마암 • 절리 연속성이 매우 불규칙 • 암괴의 붕락 가능성 크며 전도파괴 형태로 진행	• 전 구간에 전도파괴 • 식생으로 인한 균열파괴 • 낙석에 의한 교각 손상	• 동결, 융해의 반복작용으로 인해 암반이 약화, 이완되어 해빙기에 낙석 발생 • 나무가 자라면서 암의 절리, 균열부를 파고들어 바람이 불면 풍하중에 의해 뿌리가 지렛대 역할을 하여 사면 파괴

대책공법 (예)

구 분	낙석방지울타리	링네트 공법
개요도	(사진)	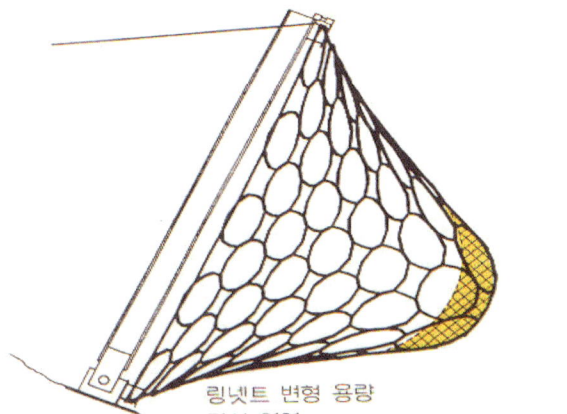
적용성	• 낙석에 의해 발생하는 충격에너지를 PVC망에서 받아들여 와이어로프 및 H-Beam에 전달하여 흡수, 분산시킴 • 사면의 형태와 높이에 따라 낙석방지울타리의 높이, 규격 등을 결정 • 소~중규모의 낙석방호에 적합	• 낙석에 의해 발생하는 높은 수준의 충격에너지를 시스템 전체로 분산·흡수하여 시스템의 파괴없이 낙석을 안전하게 방호하는 유연성의 원리 이용 낙석방호 • 강체형(Rigid)보다 유연성(Flexible)이 있어 중~대규모의 낙석까지 방호가능
대책 방안 수립 배경	• 불연속면이 동결, 융해작용으로 점차 안정성이 감소되었으며, 표면에 식생하고 있는 목본류의 뿌리가 불연속면의 틈새를 확장시켜 낙석의 원인이 됨 • 수동적 방법으로 낙석 발생 후 도로로의 유입을 억제하기 위해 낙석방지울타리 등과 같은 낙석방지시설을 계획함	

example 사례 46

규모 및 경사			현 황
높이		19m	• 위 치 : ○○시 ○○동 ○○현장
연장		256m	• 암 종 : 붕적토
경사	토사	1 : 1.3~1.4	• 풍화도 : 보통풍화(MW)
	리핑	-	• 현 황 : 수직절리 발달되어 있으며, 세립질 토사함몰로 부분 슬라이딩 발생
	발파	-	

전경 및 현황도

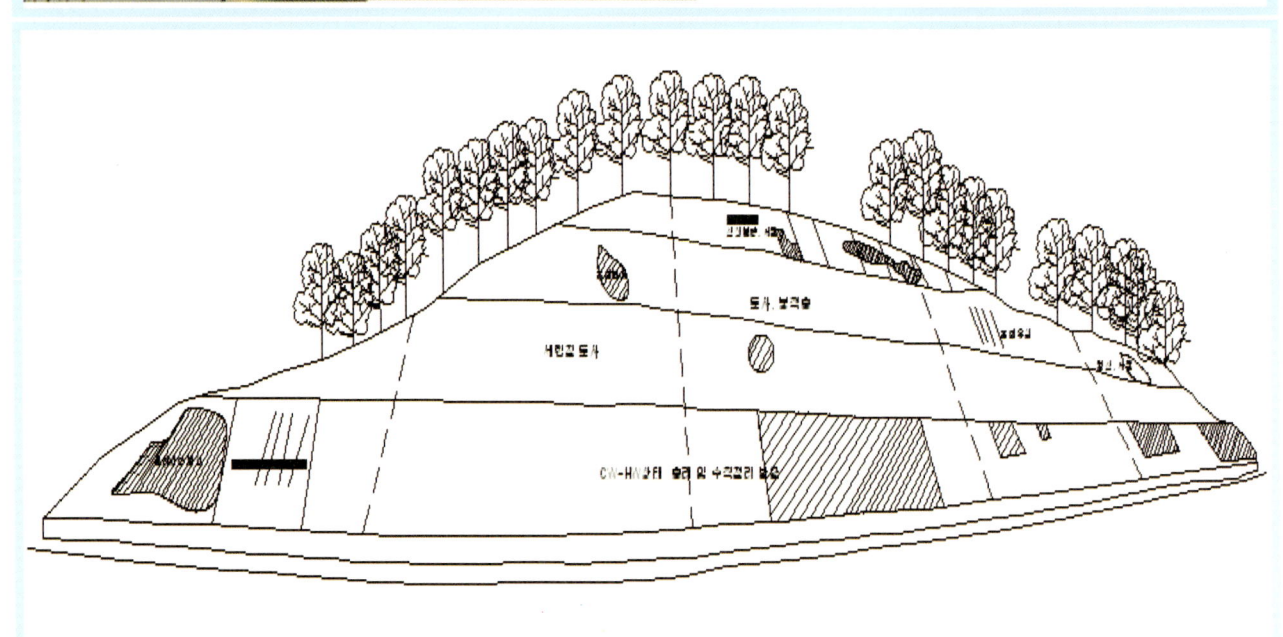

세 부 사 진

지 질 특 성	파 괴 현 황	파괴특성 및 원인
• 집중호우로 인한 표면유실상태가 심하며, 붕적층 식생 및 안정성 확보가 요구	• 사면 깎기부가 토사, 리핑, 발파암의 표준경사로 설계되었으나, 사면절취 결과 대부분 토사층으로 구성 • 전체적으로 슬라이딩에 의한 표면유실이 심함	• 우기 시 토압증가로 인한 토사층 슬라이딩 발생

대 책 공 법 (예)

구 분	FRP보강그라우팅 + 표면녹화공	섬유거푸집 공법
개요도	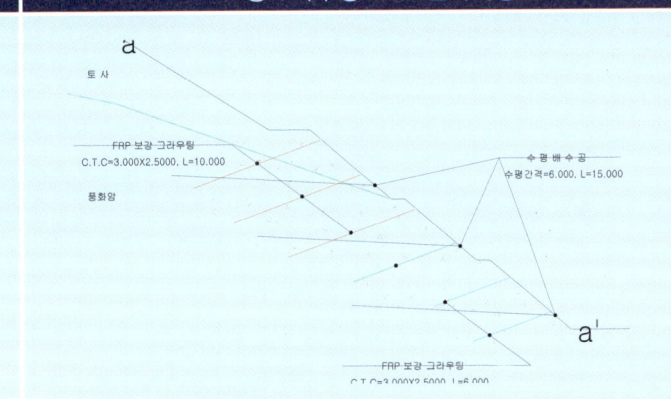	
적용성	• 주입재에 의한 지반의 고결로 인하여 FRP 보강재와 주변 지반을 일체화 • 원지반의 전단강도 증대와 보강재에 의한 전단, 휨 및 Nailing 효과 • 균열 및 절리가 심한 파쇄대 지반에도 보강효과가 우수함 • 암반의 풍화진행억제 및 표면유실방지를 위해 별도의 표면녹화공 실시	• 모르타르 격자블록이 표토 유실을 방지하도록 하여 안정적 보강효과 • 식생공과 병행하여 환경친화적인 사면형성 • 시공 시 소음, 진동이 적어 도심근접 시공 용이
대책방안 수립배경	• 우기 시 표면세굴 및 소규모 활동으로 인한 표면유실이 심하게 발생하고 있으므로, 지반을 그라우트재로 보강하여 지반의 강성을 증대시키는 공법이나 지표면을 보호, 보강할 수 있는 공법이 고려됨 • 지반을 그라우트재로 보강할 경우 지하수압 상승을 억제하기 위하여 수평배수공을 병행하여 계획함	

example 사례 47

규모및경사			현 황
높이		12m	• 위 치 : ○○시 ○○구 ○○동 ○○고등학교
연장		70m	• 암 종 : 화강편마암류
경사	토사		• 풍화도 : 보통 내지 심한 정도의 풍화암과 석축 구조물 사이에 풍화토로 뒤채움 실시
	리핑		• 현 황 : 2004년 6월 강우로 인하여 남측 석축 옹벽이 파괴하는 사고가 발생하여 응급조치로 압성토를 실시하고, 우수침투방지를 위한 천막, 비닐씌우기를 한 상태
	석축	1 : 0.2	

전경및현황도

사면파괴 직후 전경

보강공사 시공 중, 시공 후 전경

세부사진

지질특성	파괴현황	파괴특성 및 원인
• 기반암은 화강암이며 석축 배면의 하부에서는 풍화암층이 나타나며, 그 상부는 풍화토 원지반을 절토하여 발생한 잔토를 성토한 상태임 • 풍화암층 굴착면에서 3~5m 후방에 지반앵커를 정착할 수 있는 연암층이 형성	• 파괴영역 : 학교건물에서 4m 이격된 석축 70m 구간 • 학교부지 석축옹벽이 집중강우로 인하여 파괴되어 학교 건물이 전도될 우려가 있어 우선 압성토를 실시한 후 천막지로 덮어 응급복구를 한 상태임	• 2004년 6월 강우로 인하여 풍화토 및 풍화암층의 전단강도가 급격히 저하되고, 지반의 자중이 증가하여 당초 석축으로 보강한 사면의 활동력이 증가함 • 석축 뒤채움 토사의 배수성이 불량하고, 배수용 뒤채움 자갈의 시공이 불량하여 배수 불량으로 인한 과다한 수압이 옹벽 배면에 작용

대책공법 (예)

구 분	H-PILE + 토류판 + 앵커 합벽식 옹벽	중력식 또는 역T형 옹벽
개요도	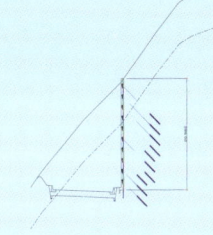	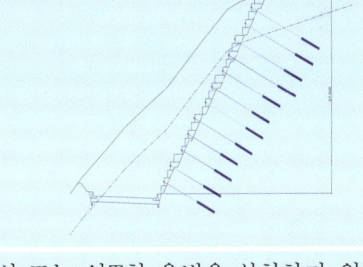
적용성	• H-Pile+토류판 흙막이 가시설 후 영구앵커를 설치, Tie back하고, Pile과 앵커두부가 콘크리트 벽체에 매입 일체화 • 시공 중 파괴를 방지할 수 있으며 옹벽 설치를 위한 추가굴착 불필요 • 사면경사가 급하고 절취고취가 높은 사면, 건물 근접하여 절취가 이뤄지는 사면에 적합	• 중력식 또는 역T형 옹벽을 설치하기 위하여 옹벽 바닥 기초부를 추가로 굴착하여야 하나, 사면 상부에 학교 건물의 파괴 우려로 추가굴착이 불가능하므로 적용 어려움 • 깊은 파괴가 예상되는 사면, 파괴발생지역에 추가 파괴가 예상되는 사면에 적합
대책 방안 수립 배경	• 석축옹벽이 붕괴되었으므로 기존의 옹벽공법을 적용하여 시공하되, 활동저항력을 증가시키기 위하여 지중보강재를 병행하여 계획함 • 지반조건 상 뒷채움 토사의 배수성이 불량하므로 지하수 배수보다는 지하수압까지 지지할 수 있도록 계획하는 것이 필요함	

example 사례 48

규모및경사			현 황
높이		12m	• 위 치 : 국도 ○○호선 ○○-○○ ○○지점
연 장		200m	• 암 종 : 셰일층
경 사	토사	1 : 1.0	• 풍화도 : 하부 → 약간풍화
	리핑	1 : 0.8	상부 → 심한풍화 내지 완전풍화
	발파	1 : 0.1~1 : 0.4	• 현 황 : 현재 사면은 의지식 옹벽과 전도파괴 방지용 앵커를 설치한 상태

전 경 및 현 황 도

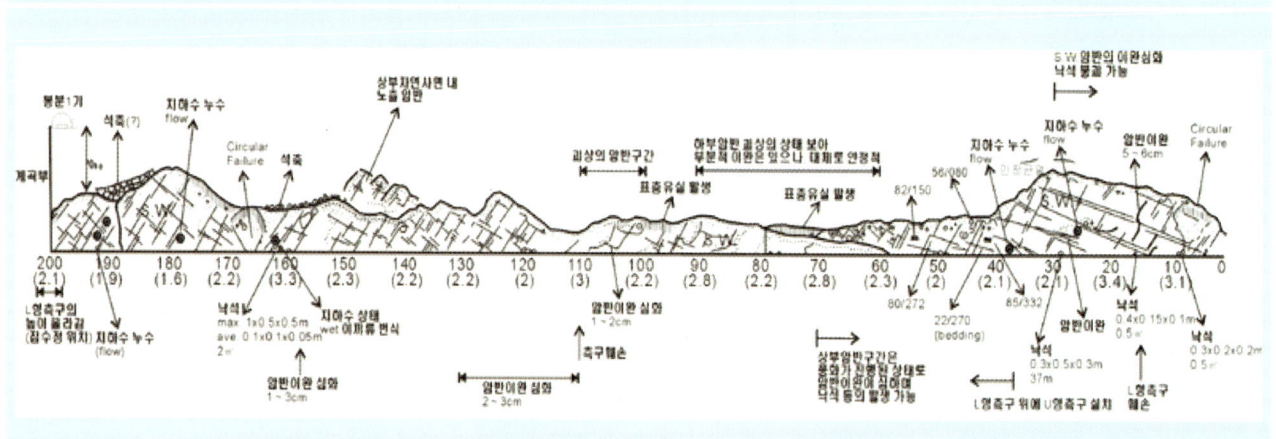

세부사진

지질특성	파괴현황	파괴특성 및 원인
• 셰일층 • 약간풍화 내지 보통풍화	• 심한 암반이완(35m 인장균열), 상부 심한 풍화 상태로 표층유실 • 전체적 암반이완, 표층유실 수목뿌리 노출	• 사면 깎기 후 시간의 경과에 따른 암반의 풍화작용에 의한 암반이완 및 유실

대책공법 (예)

구 분	의지식 옹벽 공법	Rock Bolt 공법
개요도	의지식옹벽 H=5~8m, 전도방지앵커	Rock bolt, 절리가 있는 암반, 2m, 경암
적용성	• 절개면 중 부분적으로 파괴되어 있는 곳을 기대기식으로 무근 콘크리트 옹벽 타설 • 시공성 양호하고 기타 보강재와 병행하여 표면 보호처리 확실	• 낙석이 예상되는 암괴에 천공 후 철근을 삽입하여 정착시킨 후 두부에 지압판을 설치하여 낙석 방지 • 부분적인 낙석이 발생하는 경우 경제적인 보강 가능
대책방안 수립배경	• 부분적으로 표층유실구간이 존재하며, 암반이완으로 인한 인장균열이 관찰되므로, 사면에 기대기 옹벽을 시공하여 표면을 보호하고, 배면 토압에 저항하기 위하여 전도방지앵커를 시공하는 것으로 계획함	

example 사례 49

규모 및 경사			현 황
높이	71m		• 위 치 : 국도○○호선 ○○~○○ 간 ○○공구
연장	310m		• 암 종 : 선캠브리아기 화강편마암류, 대동계 백운사층
경사	토사	1 : 1.2	• 풍화도 : 암회색 내지 조립사암, 셰일이 기반으로 분포하며 탄질셰일을 확인,
	리핑	1 : 1.0	핵석형태(HW-MW)
	발파	1 : 0.7	• 현 황 : 사면 중상부에 황색 풍화잔류토 및 탄질셰일이 수직으로 분포, 탄질
			셰일 속에 풍화된 핵석이 분포하여 추가 파괴 진행

전경 및 현황도

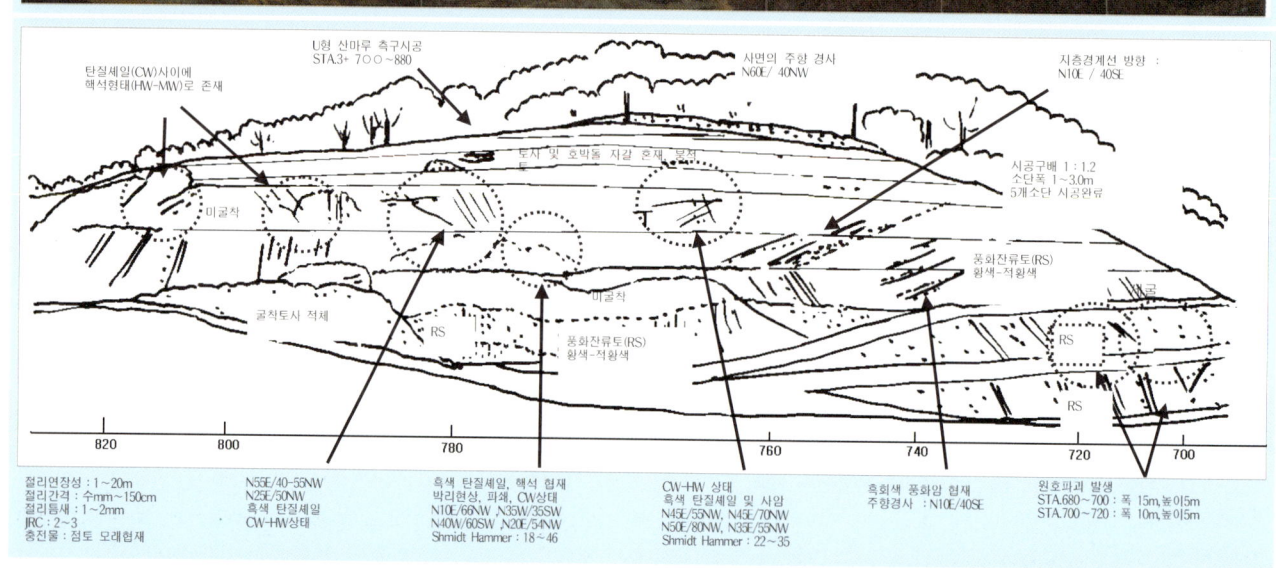

절리연장성 : 1~20m	N55E/40-55NW	흑색 탄질셰일, 핵석 협재	CW-HW 상태	흑회색 풍화암 협재	원호파괴 발생
절리간격 : 수mm~150cm	N25E/50NW	박리현상, 파쇄, CW상태	흑색 탄질셰일 및 사암	주향경사 : N10E/40SE	STA.680~700 : 폭 15m,높이5m
절리틈새 : 1~2mm		N10E/66NW, N35W/35SW	N45E/55NW, N45E/70NW		STA.700~720 : 폭 10m,높이5m
JRC : 2~3	흑색 탄질셰일	N40W/60SW, N20E/54NW	N50E/80NW, N35E/55NW		
충전물 : 점토 모래협재	CW-HW상태	Shmidt Hammer : 18~46	Shmidt Hammer : 22~35		

제4장 | 붕괴사면의 보강현황

세 부 사 진

지 질 특 성	파 괴 현 황	파괴특성 및 원인
• 선캠브리아기 화강편마암류 • 2 set(N10E/40SE, N55E/40~50NW) 절리가 발달 추가 파괴 우려 • 사면상부 : 토사~풍화암 • 사면하부 : 연암수준의 핵석분포, 완전 풍화 탄질셰일	• 원호파괴 및 박리현상, 파쇄대 형성 • STA.680~700 : 원호파괴발생 • STA.760~780 : 박리현상, 파쇄	• 탄질 셰일층이 수직의 분포하여 우수에 의한 파괴 진행 • 사면 중앙부에 핵석이 부분 분포하여 추가파괴 진행

대 책 공 법 (예)

구 분	섬유거푸집 공법	가압식 Soil Nailing 공법
개요도		
적용성	• 모르타르 격자블록이 표토 유실을 방지하도록 하여 안정적 보강효과 • 식생공과 병행하여 환경친화적인 사면형성 • 시공 시 소음, 진동이 적어 도심근접 시공 용이	• 가압그라우팅 실시 후 지반 침투효과로 인한 점착력 증가로 인한 전단강도 증가로 네일 간격을 넓혀 공사비 절감 • 암반의 풍화진행억제 및 표면유실방지를 위해 별도의 표면 보호공 필요
대책방안 수립배경	• 탄질셰일 속에 풍화된 핵석이 분포하므로 경사를 조정하여 안정화시키기 어려울 것으로 판단됨 • 차별풍화에 의한 낙석이 우려되므로 지표면 보강공법이나, 지중보강재를 통한 가압그라우팅 공법을 적용하여 차별풍화를 억제하고 낙석을 방지하도록 계획함	

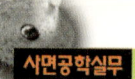

example 사례 50

규모및경사		
높 이	25m	
연 장	400m	
경 사	토 사	-
	리 핑	1 : 1.0
	발 파	1 : 0.6

현 황

- 위 치 : ○○ ○○시 ○○동
- 암 종 : 신생대 제3기 이암
- 현 황 : 절취 후 사면보호를 위해 녹생토 취부, 공사 후 5~6년이 경과한 후 국부적 표층파괴 발생
  정밀지표지질조사 결과 방치 시 심층으로 풍화가 진행되어 대규모 산사태로 발전할 가능성이 있는 것으로 판단, 보강대책공법이 검토됨

전 경 및 현 황 도

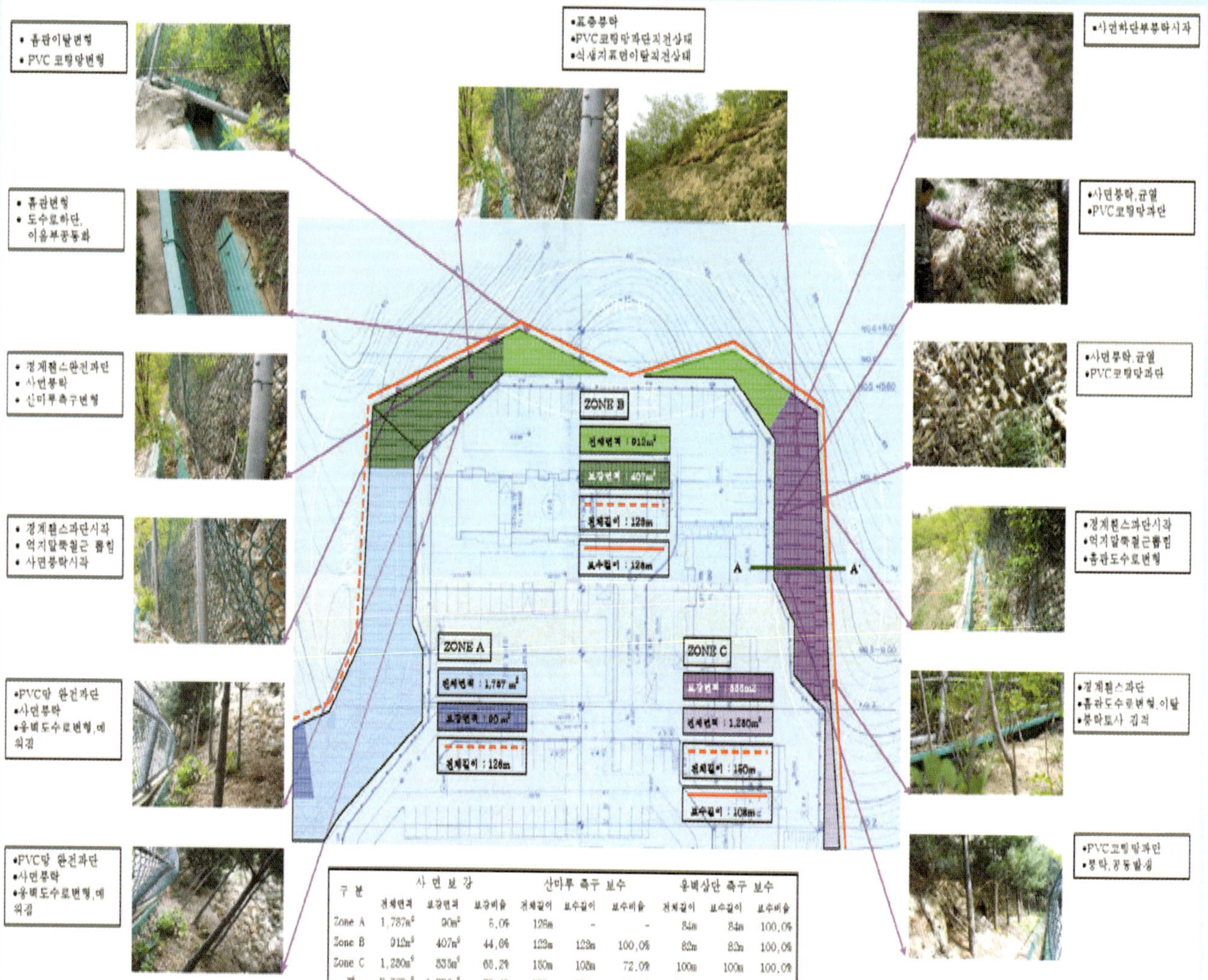

구 분	사면보강			산마루 측구 보수			옹벽상단 측구 보수		
	전체면적	보강면적	보강비율	전체길이	보수길이	보수비율	전체길이	보수길이	보수비율
Zone A	1,787m²	90m²	5.0%	126m	-	-	84m	84m	100.0%
Zone B	912m²	407m²	44.6%	123m	123m	100.0%	82m	82m	100.0%
Zone C	1,280m²	835m²	65.2%	150m	108m	72.0%	100m	100m	100.0%
계	3,979m²	1,332m²	33.4%	399m	231m	57.9%	266m	266m	100.0%

세 부 사 진

지질특성	파괴현황	대책검토
• 신생대 제3기 이암으로 구성 • 공사 후 5~6년 경과 후 국부적으로 표층파괴 발생 • 방치 시 심층으로 풍화가 진행되어 대규모 산사태로 발전할 가능성이 있는 것으로 판단	• 이완토괴가 이동하여 PVC코팅 망에 하중으로 작용하고 있는 상태 • 이완하중에 의해 PVC 망이 파단되어 토괴의 유실이 일어난 상태	• 사면의 안정성 확보 위해 지반 표층 및 심층부의 연계보강이 가능한 공법을 검토 • 자연경관이 중시되는 주거단지지역이므로 원지반의 안정성 확보 후, 주변식생과 생태적, 경관적으로 조화된 자연으로 복구하는 환경친화적 공법 적용

보 강 공 법 검 토

구 분	Rock Bolt + 텐션네트 + 녹화공	
개요도	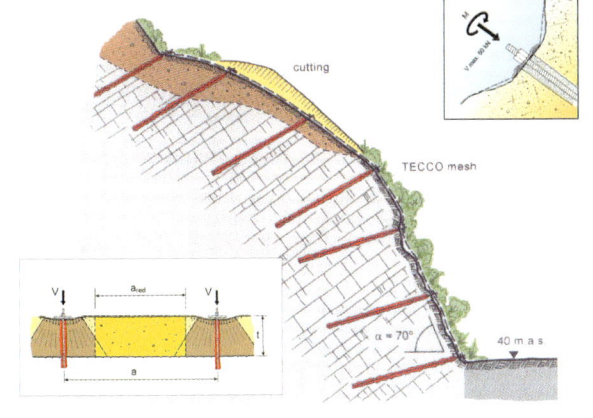	
적용성	• 일반철망 강도의 5~6배에 상당하는 고강도 네트와 Rock Bolt 간에 작용하는 응력의 시너지효과를 이용, 사면에 압력을 가함으로써 풍화나 전단강도를 감소시키는 요인 제거 • 텐션네트-Rock Bolt 간의 힘을 상호접선이동시킴으로써 전체사면을 일체화하는 공법 • 기시공되어 있는 PVC 코팅 철망 및 집적 토양을 잔존시켜 향후 식생이 가능한 지반조건의 형성 유도	
대책방안 수립배경	• 사면의 풍화가 진행되어 암괴의 탈락이 부분적으로 발생한 상태로서 낙석에 대한 적극적인 보강공법이 필요함 • 고강도망과 지중보강재를 일체로 시공하여 암반의 탈락을 방지하고, 풍화진행을 억제시키기 위하여 표면녹화공을 계획함	

example 사례 51

규모 및 경사		
높 이		35m
연 장		170m
경 사	토 사	1 : 1.0
	리 핑	1 : 1.0
	발 파	1 : 1.0

현 황

- 위 치 : ○○고속국도(○○방향)○○지점
- 암 종 : 토사류
- 풍화도 : 전반적으로 보통풍화의 상태이나 좌측 파괴구간은 완전풍화 이상의 풍화도를 나타냄
- 현 황 : 파괴구간의 암질은 완전풍화로 인하여 토사화된 상태이며, 파괴형태는 암질불량으로 인한 원호파괴 발생

전경 및 현황도

세부사진

지질특성	파괴현황	파괴특성 및 원인
• 사면 좌측구간은 풍화가 심한 토사상태로 존재하고 있으며, 하부의 세굴로 인하여 표면의 일정심도까지 불안정한 상태를 나타내고 있음 (파괴구간은 CW~RS 상태)	• 좌측구간에 원호파괴 발생	• 집중강우 시의 급격한 사면포화에 의한 자중 증가와 전단강도 저하 • 파괴된 토괴는 아직 사면중간에 걸려있는 상태이며, 인장균열면(scarp)이 넓게 노출되어 있고 배면에 추가균열이 없는 것으로 볼 때 파괴는 급격히 발생한 것으로 추정

대책공법 (예)

구 분	경사완화 공법	Nailing + 계단식 옹벽 공법
개요도	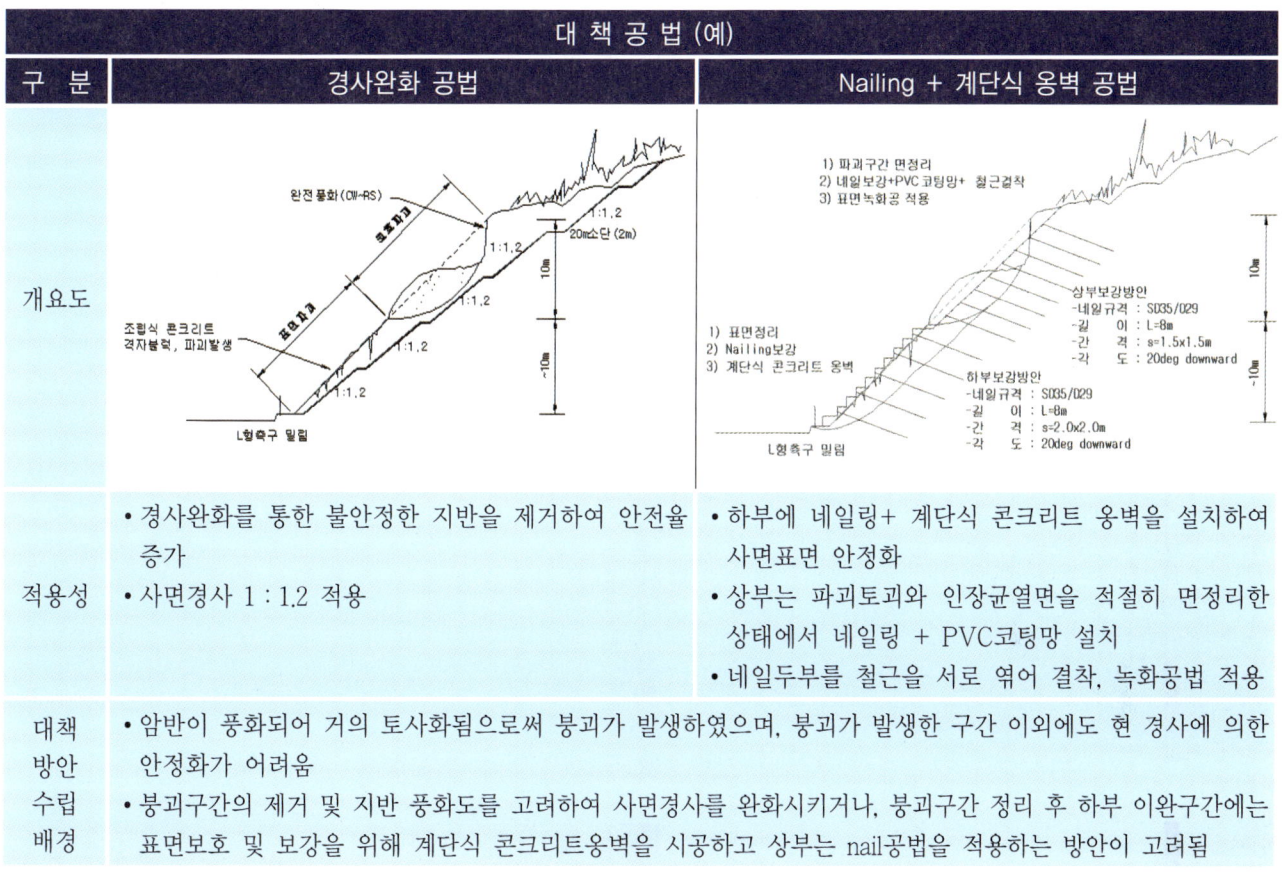	
적용성	• 경사완화를 통한 불안정한 지반을 제거하여 안전율 증가 • 사면경사 1 : 1.2 적용	• 하부에 네일링+ 계단식 콘크리트 옹벽을 설치하여 사면표면 안정화 • 상부는 파괴토괴와 인장균열면을 적절히 면정리한 상태에서 네일링 + PVC코팅망 설치 • 네일두부를 철근을 서로 엮어 결착, 녹화공법 적용
대책 방안 수립 배경	• 암반이 풍화되어 거의 토사화됨으로써 붕괴가 발생하였으며, 붕괴가 발생한 구간 이외에도 현 경사에 의한 안정화가 어려움 • 붕괴구간의 제거 및 지반 풍화도를 고려하여 사면경사를 완화시키거나, 붕괴구간 정리 후 하부 이완구간에는 표면보호 및 보강을 위해 계단식 콘크리트옹벽을 시공하고 상부는 nail공법을 적용하는 방안이 고려됨	

example 사례 52

규모및경사		현 황
높 이	55m	• 위 치 : ○○고속국도 ○○지점
연 장	200m	• 암 종 : 편마암류
경 사	1 : 0.7~1 : 1.5	• 풍화도 : 파괴가 발생된 구간에서는 RS 내지 CW 정도로 풍화가 상당히 진전되어 있음 • 현 황 : 풍화로 인하여 토층이 느슨해짐. 강우시 표면수의 침투로 인해 지반의 약화현상이 나타남

전경및현황도

세부사진

지 질 특 성	파 괴 현 황	파괴특성 및 원인
• 모암은 편마암으로 형성되어 있으나 파괴구간은 토층화되어 있고 하부 일부에 암괴형태로 잔존하는 모암층이 존재	• 사면 우측부 : 표층파괴	• 풍화로 인해 느슨해진 토층이 급경사를 형성하고 있어 강우 침투로 인해 파괴가 발생

구 분	대 책 공 법 (예)
	Nailing + 표면보호공법
개요도	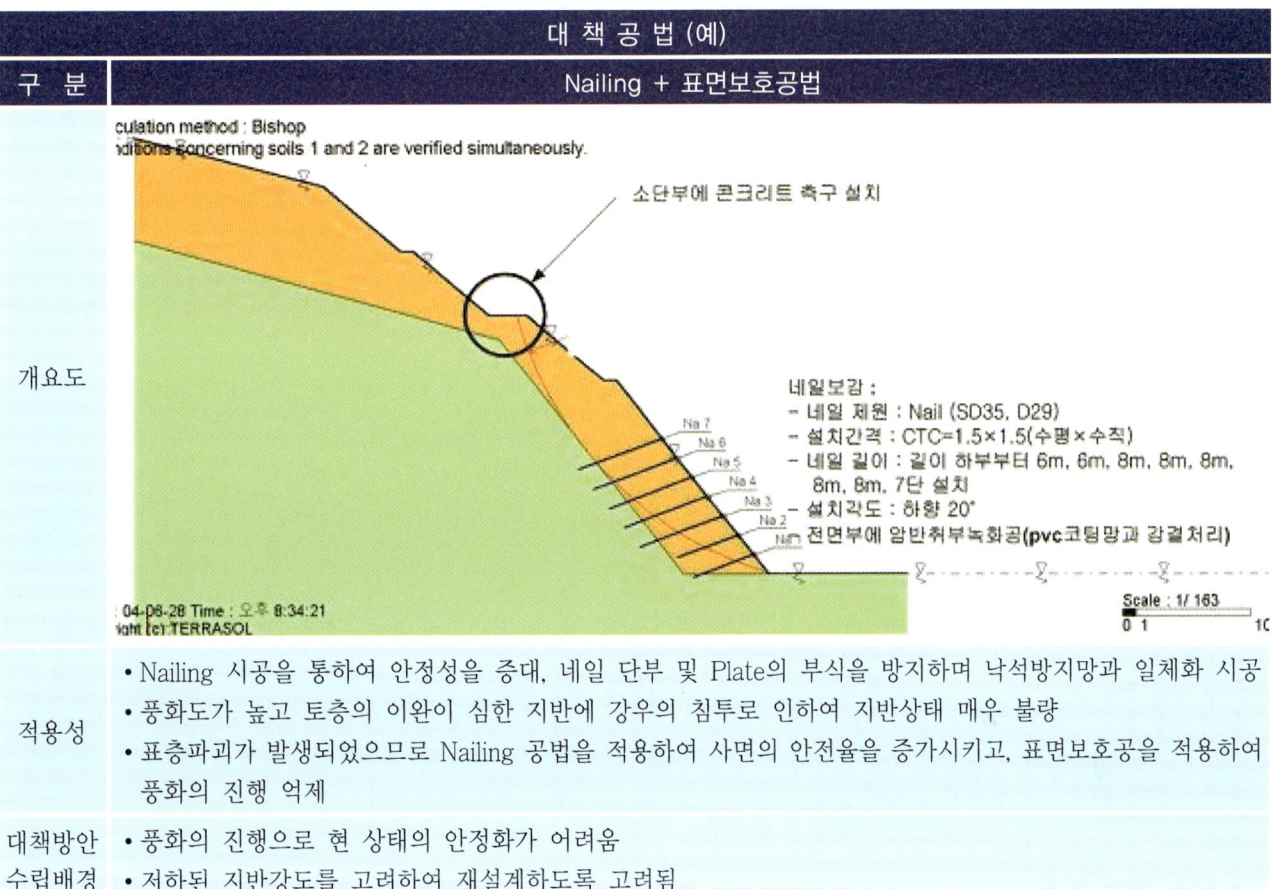
적용성	• Nailing 시공을 통하여 안정성을 증대, 네일 단부 및 Plate의 부식을 방지하며 낙석방지망과 일체화 시공 • 풍화도가 높고 토층의 이완이 심한 지반에 강우의 침투로 인하여 지반상태 매우 불량 • 표층파괴가 발생되었으므로 Nailing 공법을 적용하여 사면의 안전율을 증가시키고, 표면보호공을 적용하여 풍화의 진행 억제
대책방안 수립배경	• 풍화의 진행으로 현 상태의 안정화가 어려움 • 저하된 지반강도를 고려하여 재설계하도록 고려됨

example 사례 53

규모 및 경사			현 황
높이	50m		• 위 치 : ○○~○○ 간 1공구 절토사면
연장	110m		• 암 종 : 화강암류, 암회색-회갈색을 띠고 있음
경사	토사	-	• 풍화도 : 전반적으로 사면의 암질은 SW(Slightly Weathered) 정도의 풍화상태를 보이나 사면 우측부의 암질상태는 HW~CW(Highly Weathered~Completely Weathered) 정도의 풍화상태를 보임
	리핑	-	• 현 황 : 일부 구간에 세굴이 발생
	발파	1 : 0.5	전반적으로도 풍화가 매우 빠르게 진행되고 있는 상태

전경 및 현황도

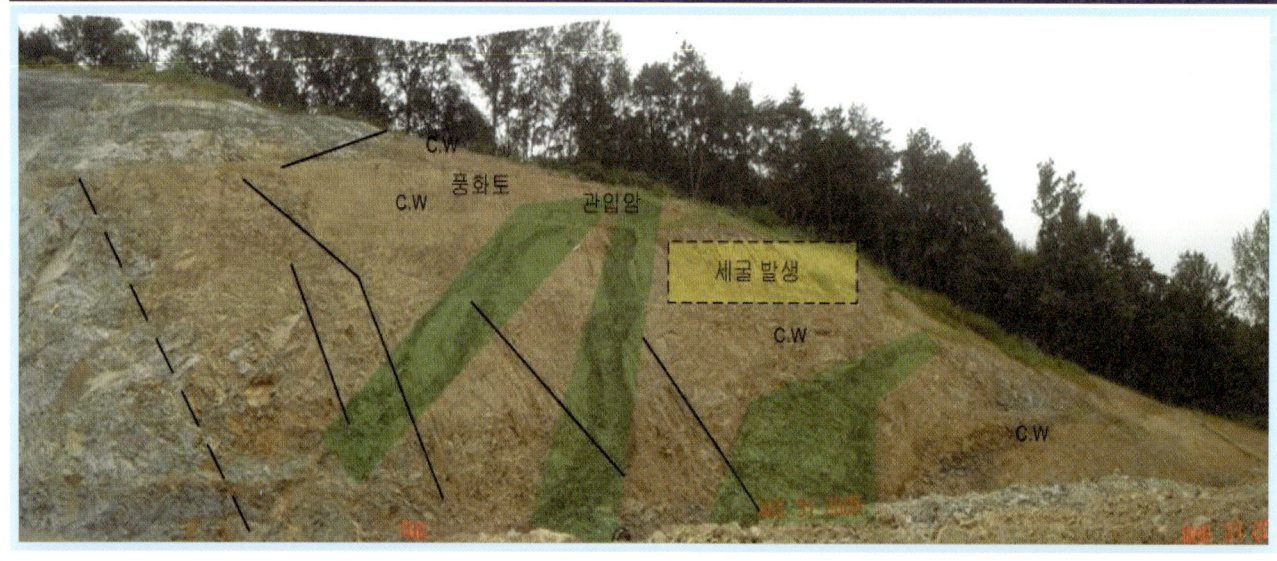

세부사진

지 질 특 성	파 괴 현 황	파괴특성 및 원인
• 화강암류 • 조사사면의 우측 구간은 큰 구조선의 모습은 관찰되어지지 않고, 관입암 발달로 인해 주변부의 풍화가 많이 진행 중	• 암반 상부 토사구간은 식생이 불량하고, 암질이 매우 느슨한 상태로 일부 구간에 세굴이 발생	• 관입암 발달로 인해 주변부의 풍화가 많이 진행 중임 • 상부 토사구간의 불량으로 인해 세굴 및 파괴가 발생

대책공법 (예)

구 분	Rock Bolt + 낙석방지망 + 녹화공
개요도	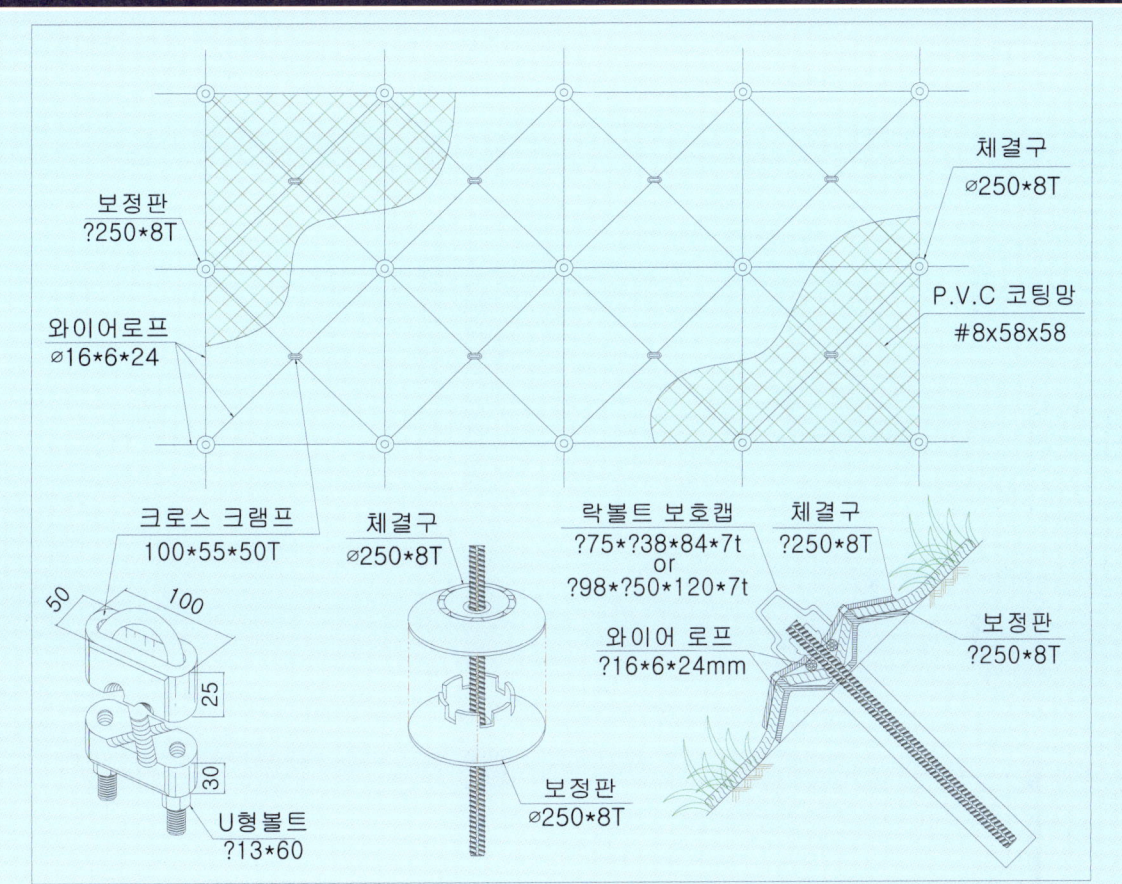
적용성	• 지반의 결합력을 잃은 낙석을 Rock Bolt공법과 낙석방지로프를 연계 시공하여 일체화시킴으로써 사면안정성 확보 • 절리면을 따라 국부적으로 전도 쐐기파괴가 발생가능한 사면에 적합 • 불안정 암괴들이 사면 보강 유무와 관계없이 발생되는 암괴가 있는 사면에 적합 • 녹화공을 병행하여 친환경적인 시공 가능
대책방안 수립배경	• 암반면의 차별풍화로 세굴이 발생하였으며, 주변의 풍화속도가 매우 빠르게 진행되고 있으므로, 세굴에 의해 불안정한 상태인 부분은 지중보강재를 이용하여 보강하고, 계속되는 풍화진행을 억제하기 위하여 표면 녹화공을 계획함

example 사례 54

규모및경사		
높이		22.4m
연장		190m
경사	토사	-
	리핑	1 : 1.0
	발파	1 : 0.5

현 황
• 위 치 : ○○○도 ○○~○○ 간 도로 확장공사
• 암 종 : 대상사면의 기반암은 셰일로 이루어짐
• 풍화도 : 시추조사 결과 지표하 0.3~7.1m에서 풍화암이 나타났고, 그 이하로 연암이 나타남
• 현 황 : 사면 조성 중 배면에 문화재 발굴로 인해 사면경사를 급하게 조정하여 인장균열 및 붕락이 발생하였고 현재 사면은 보강공법을 시공한 상태

전 경 및 현 황 도

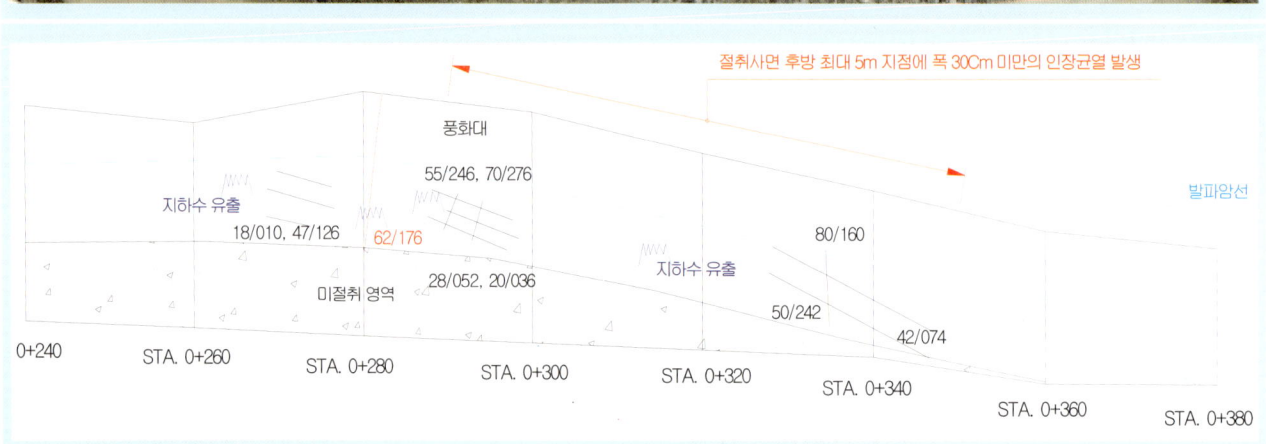

세 부 사 진

지 질 특 성	파 괴 현 황	파괴특성 및 원인
• 대상사면의 기반암은 셰일로 구성. 시추조사결과 지표하 0.3~7.1m에서 풍화암이며, 이하는 연암	• STA.0+180~0+370 구간에 인장균열 및 붕락이 발생함	• 본 구간의 절취사면을 조성하던 중 배면에 문화재가 발굴되어 부득이하게 사면경사를 급하게 조정함에 따라 STA.0+340 부근에서 인장균열 및 붕락이 발생

대 책 공 법 (예)

구 분	FRP 보강 공법	Soil Nailing 공법
개요도	FRP 사면보강 그라우팅 C.T.C 2.0X2.0, L=8m 수평 배수공 수평간격 5.000, L=12m 수평 배수공 수평간격 5.000, L=10m FRP 사면보강 그라우팅 C.T.C 2.0X2.0, L=6m	Soil Nailing C.T.C 1.2X1.0, L=8m 수평 배수공 수평간격 5.000, L=12m 수평 배수공 수평간격 5.000, L=10m Soil Nailing
적용성	• 주입재에 의한 지반의 고결로 FRP 보강재와 주변 지반을 일체화 • 원지반의 전단강도 증대와 보강재에 의한 전단, 휨 및 Nailing 효과 • 균열 절리가 심한 파쇄대 지반에 보강효과가 우수함	• 원지반 강도를 최대한 이용하면서 보강재(Nail) 설치 • 지반의 전단 및 인장강도를 증가시켜 변위 억제 및 지반의 이완 방지 • 부분적인 낙석이 발생하는 경우 경제적인 보강 가능 • 시공방법이 간단하고 작업이 빠름
대책방안 수립배경	• 현장여건상 지반의 강도에 비해 사면경사가 급하게 시공되어 붕괴가 발생하였으므로, 보강재를 이용하여 활동저항력을 증가시키는 방안이 필요함	

example 사례 55

규모 및 경사		
높이		10m
연장		18m
경사	토사	1 : 0.7
	리핑	-
	발파	-

현 황

- 위 치 : ○○~○○ 간 고속국도 ○○공구
- 암 종 : 선캠브리아기 이암의 풍화로 자갈 섞인 모래로 구성
- 풍화도 : 풍화가 심하며(HW), 토사층으로 구성됨
- 현 황 : 토사층 고절토 사면으로 사면 상단부 슬라이딩 발생

전경 및 현황도

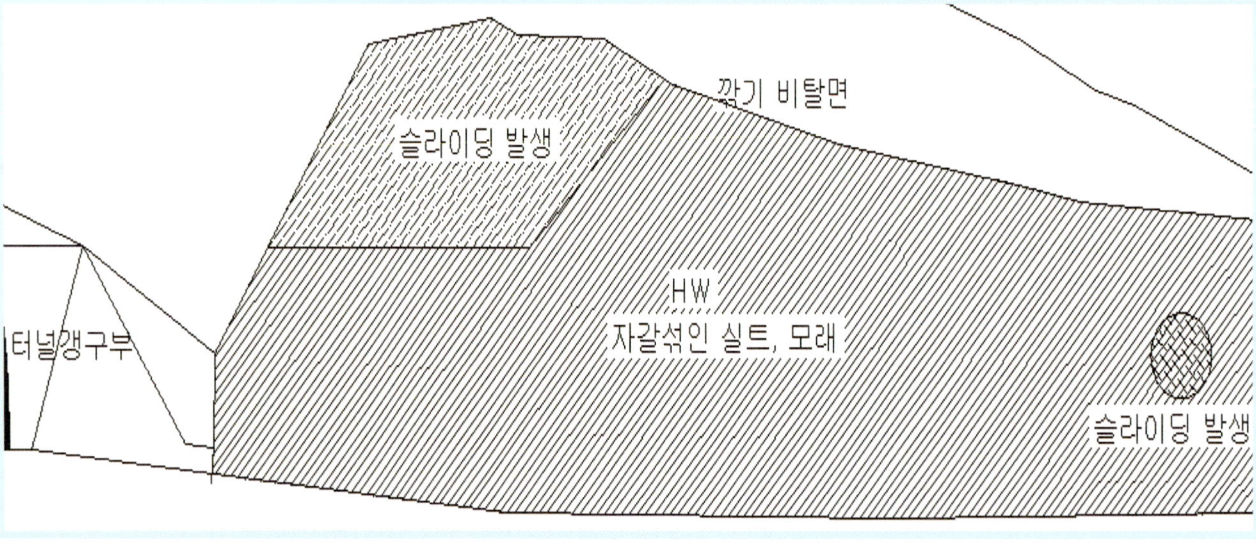

제4장 | 붕괴사면의 보강현황

세 부 사 진

지질특성	파괴현황	파괴특성 및 원인
• 구성지반은 이암의 풍화 및 파쇄로 형성된 자갈 섞인 실트~모래로 이루어진 붕적토 지반으로 폭 6m, 높이 7m, 깊이 1.0m 정도의 슬라이딩 발생	• 구성지반은 이암의 풍화 및 파쇄로 형성된 자갈 섞인 실트~모래로 이루어진 붕적토 지반으로 폭 6m, 높이 7m, 깊이 1.0m 정도의 슬라이딩이 발생	• 고절토 토사사면으로 우기 시 슬라이딩 발생

대 책 공 법 (예)		
구 분	구배완화 공법	섬유거푸집 공법
개요도	소단설치 / 구배완화 (1:1.2, 1:1.2, 1:0.7, 1:1.2)	
적용성	• 별도의 보강재를 사용하지 않고 토공, 사면의 구배를 완화하여 사면의 안정성 확보 • 부지경계의 여유가 있는 경우 시공성 및 경제성에서 매우 효과적	• 사면 내에서 발생되는 응력에 저항력이 있으며 모르타르 격자블록이 표토 유실을 방지하도록 하여 안정적 보강효과 • 식생공과 병행하여 환경친화적인 사면형성 • 시공 시 소음, 진동이 적어 도심 근접시공 용이
대책방안 수립배경	• 토사로 구성된 사면의 높이가 높아 우기 시 슬라이딩이 발생하였으므로, 우기조건과 지반강도조건을 고려하여 사면구배를 조정하거나 지표면 보호, 보강공을 시공하도록 계획함	

example 사례 56

규 모 및 경 사		
높 이		35m
연 장		200m
경 사	토 사	1 : 1.1
	리 핑	1 : 0.7
	발 파	1 : 0.6

현 황

- 위 치 : ○○시 ○○구 ○○동 ○○항 진입도로
- 암 종 : 안산암류
- 풍화도 : 사면 상부에는 풍화잔적토가 분포하고, 하부의 암반사면은 상부로 올라갈수록 풍화 정도가 심한 상태
- 현 황 : 도로를 따라 하부에 높이 2.5m의 현장 타설 철근콘크리트 옹벽이 설치, 옹벽 상부의 기반암 절취면은 숏크리트와 록볼트로 보강되어 있고, 풍화토 절취면은 씨앗뿜어붙이기 공법으로 보강되어 있음

전 경 및 현 황 도

시 공 전

시 공 후

세 부 사 진

지질특성	파괴현황	파괴특성 및 원인
• 주요 암종 : 중생대 백악기 안산암류 • 풍화 정도 : 약간풍화~보통풍화 • 주요 토층 : 풍화잔류토, 전석이 포함된 붕적토 • 주요 절리군 : 75~88/115~130, 80~89/040~060	• 3차례에 걸친 사면 파괴 • 복합적인 파괴(원호+쐐기 파괴, 풍화잔류토 파괴) • 현재 사면 상부 산마루 측구 부근에 인장균열 발달	• 사면경사가 표준경사보다 급하고 사면고가 높음에도 길이 3m 정도의 Rock Bolt로 과소하게 보강됨 • 강우 시 유속이 빨라 풍화토 사면 표면에 지속적인 침식에 의한 표면 유실이 발생 • 숏크리트 면이 노출된 암반층에는 균열 또는 들뜸현상이 발생하였고 사면 상부에는 인장균열이 발생

대 책 공 법 (예)

구 분	Anchor + PC Pannel	Soil Nailing + 현장타설격자블럭 + 녹생토
개요도	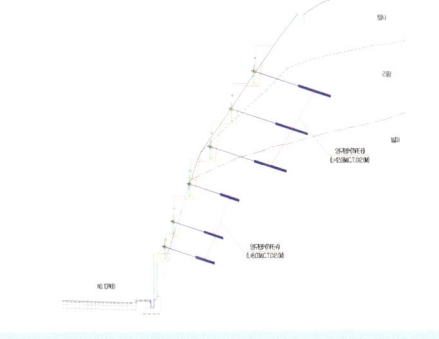	
적용성	• 원지반에 예상 활동면보다 깊은 위치까지 천공한 후 Anchor를 삽입하고 패널을 설치한 후 Anchor에 Prestress 도입하여 패널 고정 • 상하 옹벽 사이의 소단부에 수목을 식재 • 도심지 사면으로 수목 식재에 의하여 원상태의 생태계를 회복할 수 있는 자연친화적 시공 가능 • 깊은 파괴 예상 사면의 구조적 보강 가능	• 원지반에 예상 활동면보다 깊은 위치까지 천공한 후 Nail을 삽입하고 현장타설 격자블럭을 설치 후 고정 • 녹생토에 의한 사면 녹화 • 경암층은 숏크리트 면으로 노출되어 녹화가 불가하므로 미관을 고려하지 않는 사면의 보강 • 얕은 파괴가 예상되는 사면의 보강
대책방안 수립배경	• 지반의 강도에 비하여 사면경사가 급하게 시공되어 수차례 붕괴가 발생한 것으로 판단됨 • 예상된 활동면을 고려하여, 활동저항력을 발휘할 수 있는 공법이 계획됨. 지반의 풍화로 표면안정화도 필요하므로 anchor의 표면은 PC panel의 적용이 고려됨	

example 사례 57

규모 및 경사			현 황
높이	약 27m		• 위 치 : 00지역
연 장	140m		• 암 종 : 흑운모화강암의 암반사면, 불연속면 매우 발달
경 사	토 사	1 : 1.2	• 풍화도 : 심한풍화(HW)~완전풍화(CW) 상태
	리 핑	1 : 1.0	• 현 황 : 사면의 암질이 매우 불량하고 풍화가 심하며 사면하단부 배수관로 터파기로 인하여 부분적인 소규모의 평면파괴와 소규모 쐐기파괴 발생
	발 파	-	

전경 및 현황도

세부사진

세 부 사 진

지질특성	붕괴현황	파괴특성 및 원인
• 기반암이 흑운모화강암으로 구성된 암반사면으로서 불연속면이 매우 발달 • 전반적으로 매우 심한풍화(HW)에서 완전풍화(CW) 상태를 보이며 암질이 매우 불량	• STA. 3+365~3+375 구간의 1소 단부에 인장균열 발생 • STA. 3+450~3+465 구간에 소규모 쐐기파괴 발생 • STA. 3+470~3+480 구간에 소규모 평면파괴 발생	• 사면 절취 후 장기간 방치로 인해 급속히 풍화가 진행된 상태에서 배수관로 터파기로 인한 추가적인 전단응력 증가와 우기 시 간극수압 증가로 인한 전단강도 감소 등으로 인한 진행성 파괴로 판단

대 책 공 법 (예)

구 분	복합강관 보강공법	Soil Nailing 공법
개요도	용지경계 / 토사 / 풍화암 / 복합강관 보강공법 C.T.C 2.5×2.5m, L=6.0m	용지경계 / 토사 / 풍화암 / Soil Nailing C.T.C 2.0×1.5m, L=6.0m
적용성	• 가압그라우팅에 의한 원지반의 강도증가와 고강도 보강재(강관)에 의한 활동저항력 증대 • 활동이력으로 인해 이완된 지반의 강도증가효과 우수 • 균열 및 절리가 발달된 파쇄대 지반에도 보강효과 우수 • 점착력이 거의 없는 사질토나 붕적토 지반 보강효과 우수	• 원지반 강도를 최대한 이용한 보강재(Nail) 설치 • 지반의 전단 및 인장강도를 증가시켜 변위 억제 및 지반의 이완 방지 • 부분적 낙석이 발생하는 경우 경제적인 보강 가능 • 시공방법이 간단하고 작업이 빠름
대책방안 수립배경	• 지반의 풍화로 부분적인 소규모 파괴가 발생하였으므로, 지중보강재를 이용한 보강공법이나 지중보강재와 가압그라우팅을 병행하여 지반의 강도를 증가시키는 공법이 고려됨	

example 사례 58

규모 및 경사		
높이		22m
연장		120m
경사	토사	1 : 1.0 ~ 1 : 1.5
	리핑	1 : 1.0
	발파	-

현 황

- 위 치 : OO지역
- 암 종 : 모암이 흑운모화강암인 풍화잔류토 비탈면
- 풍화도 : 심한풍화(HW)~완전풍화(CW) 상태
- 현 황 : 모암의 구조적 특성이 잔존해 있으며, 절리 및 불연속면을 따라 풍화 및 파쇄가 매우 발달하여 국부적 평면파괴가 발생함

전경및현황도

세부사진

제4장 | 붕괴사면의 보강현황

세 부 사 진

지 질 특 성	붕 괴 현 황	파괴특성 및 원인
• 모암이 흑운모화강암으로 구성된 풍화잔류토 비탈면으로서 풍화 및 파쇄가 매우 발달됨 • 전반적으로 매우 심한풍화(HW)에서 완전풍화(CW) 상태	• STA. 7+135~7+145 구간에 소규모 평면파괴 발생 • STA. 7+155~7+165 구간에 소규모 평면파괴 발생	• 비탈면 절취 후 장기간 방치로 모암의 절리 및 불연속면을 따라 급속히 풍화가 진행된 상태로 우기 시 간극수압 증가로 인해 전단강도가 감소하여 소규모 평면파괴 발생

대 책 공 법 (예)		
구 분	복합강관 보강공법	Soil Nailing 공법
개요도	토사 / 풍화암 / C.T.C 2.5X2.5m, L=6.0,8.0,10.0m	토사 / 풍화암 / C.T.C 1.5X1.5m, L=6.0,8.0,10.0m
적용성	• 가압그라우팅에 의한 원지반의 강도증가와 고강도 보강재(강관)에 의한 활동저항력 증대 • 활동이력으로 인해 이완된 지반의 강도증가효과 우수 • 균열 및 절리가 발달된 파쇄대 지반에도 보강효과 우수 • 점착력이 거의 없는 사질토나 붕적토 지반 보강효과 우수	• 원지반 강도를 최대한 이용한 보강재(Nail) 설치 • 지반의 전단 및 인장강도를 증가시켜 변위 억제 및 지반의 이완 방지 • 부분적인 낙석이 발생하는 경우 경제적인 보강 가능 • 시공방법이 간단하고 작업이 빠름
대책방안 수립배경	• 풍화가 진행되어 지반강도의 저하로 인해 붕괴가 발생하였으므로, 지반의 활동저항력을 증가시키기 위한 방안이 필요함 • 풍화발달로 지반이 느슨한 상태이므로 지반을 함께 묶어줄 수 있는 nail공법이나 그라우트재의 주입에 의한 지반강도증가공법이 고려됨	

국내외 사면유지관리시스템 05

국내 기관별로 운영되고 있는 시설물별 사면유지관리시스템에 대하여 소개하고, 시설물별 특성에 맞추어 도로, 철도, 자연사면을 대상으로 자료를 수집하고 기술하였다.

1. 개요

국토의 대부분이 산지로 이루어져 있으며 국가 교통망 또한 산지를 벗어날 수 없이 매우 밀접한 관련을 가지고 구축되어 있다. 본 장에서는 국내의 사면관리 실태에 대하여 각 관리기관별로 설명하기로 한다.

국내의 사면관리는 크게 국가교통망과 관련한 유지관리와 댐, 산업단지, 주택지 및 산지 등과 관련된 유지관리로 구분할 수 있다. 먼저, 교통망과 관련된 사면의 유지관리는 도로와 철도로 구분하여 유지관리를 실시하고 있다. 도로의 중요도에 따라 고속국도와 일반국도로 구분하여 각각 별도의 기관에서 시스템을 개발·운용 중에 있으며, 철도의 경우에도 철도변 유지관리시스템을 개발하여 운용 중에 있다. 자연사면의 경우, 산사태의 발생 및 저감을 위한 관리가 매우 어려운 것이 현실이다. 산사태 발생지역을 사전에 감지하고 유지관리할 수 있는 산사태 관리시스템의 개발이 국가적인 차원에서 요구되며 이를 이용한 체계적인 관리가 필요하다.

사면유지관리시스템은 국토의 효율적인 관리차원이라는 개념하에 구체적으로 다음과 같은 장점이 있다. 사면의 안정성을 평가할 수 있는 각종 자료를 체계적으로 수집하고 효율적으로 데이터베이스화하여 국내 여건에 적합한 재해예방시스템을 개발할 수 있다. 실무적인 관점에서는 효율적이고 과학적인 사면의 관리를 통한 예산의 적절한 투자가 가능하고 사면의 설계기준, 시공 시 유의사항, 유지관리의 방법 등 국내 여건에 적합한 기준이 작성될 수 있을 것이다. 아울러 구축된 데이터베이스에 지리정보시스템(GIS : Geographic Information System)을 적용하여 각각의 사면현장의 특성을 수치지도상에 구현한다면 보다 효율적으로 지형·지리적인 특성을 반영한 정보관리가 가능할 것이다.

2. 고속국도 사면유지관리시스템

1) 개요

고속국도 주변의 절토사면의 경우는 통행량이 많고 차량의 속도가 매우 빠르기 때문에 절토사면의 붕괴는 대형 참사를 유발할 가능성이 매우 높다고 할 수 있다. 뿐만 아니라, 조그마한 낙석에 의해서도 운전자의 반사적 행동으로 매우 큰 위험을 초래하게 되므로 절토사면의 안정성 확보는 국도나 지방도 절토사면이나 철도 부근의 사면에 비하여 매우 중요하다.

고속국도는 2006년 12월 현재 경부고속국도 외 23개 노선, 연장 2,937km를 관리하고 있으며 현재에도 국민의 편익증진 및 원활한 물류를 위하여 고속국도의 신설 및 확장을 활발히 진행하고 있다. 우리나라 고속국도 주변의 건설 및 관리를 위한 지반공학적인 조건은 좋지 않은 상태이다. 국내의 산지분포는 국토의 약 70%를 차지하며, 절토사면이 분포되지 않는 지역이 없을 정도로 많은 분포를 보이고 있다. 이러한 많은 절토사면의 체계적인 관리를 위해 한국도로공사에서는 사면유지관리시스템을 구축하고 고속국도 주변에 분포된 모든 절토사면에 대한 데이터베이스를 구축하였으며 파악된 5m 이상 높이의 절토사면수는 2006년 12월 현재 5,336개이다.

절토사면은 보다 효율적이고 체계적인 관리가 요구되며 유지관리체계의 부실로 오는 문제는 사면을 불안정하게 만들어 경제적 손실이나 인명피해를 유발시킬 수 있다. 붕괴가 발생할 경우는 일련의 작업을 위해 많은 비용이 소요된다. 이에, 고속국도는 사면의 상태를 일상, 정기, 특별점검을 통해 지속적으로 관찰 및 보수보강하고 있으며, 1980년 8월부터는 이미 풍수해를 입었거나 풍수해가 예상되는 사면을 도로취약지점으로 지정하여 특별 관리하고 있다.

도로취약지점으로 지정된 사면에 대해서는 매월 1회 정기점검을 실시하고 결함이 발견된 곳은 수시로 점검하여 응급조치를 취하고 있으며, 경우에 따라서는 시설 자체를 개량하는 등의 항구적 안전대책도 강구하고 있다.

2) 과거 취약지점 관리시스템

과거 절토사면의 관리시스템은 취약지점이라는 명칭으로 통합되어 관리를 하였다. [그림 5.1]은 고속국도 건설유지관리시스템(HCMS ; Highway Construction & Maintenance System)의 시스템 구축환경을 나타낸 것이다. HCMS는 고속국도의 설계, 건설계획으로부터 공사, 유지관리까지 전 과정에서 다루어지는 각종 자료를 통합 관리하고 업무흐름에 따라 연계 활용할 수 있도록 통합시스템화 한 것으로 설계정보, 건설정보, 도로유지관리, 관리자정보의 4개 시스템으로 구분되며 이중 절토사면에 관한 내용은 도로유지관리의 재해대책 관리분야 중 취약지점 관리항목에서 다루고 있다.

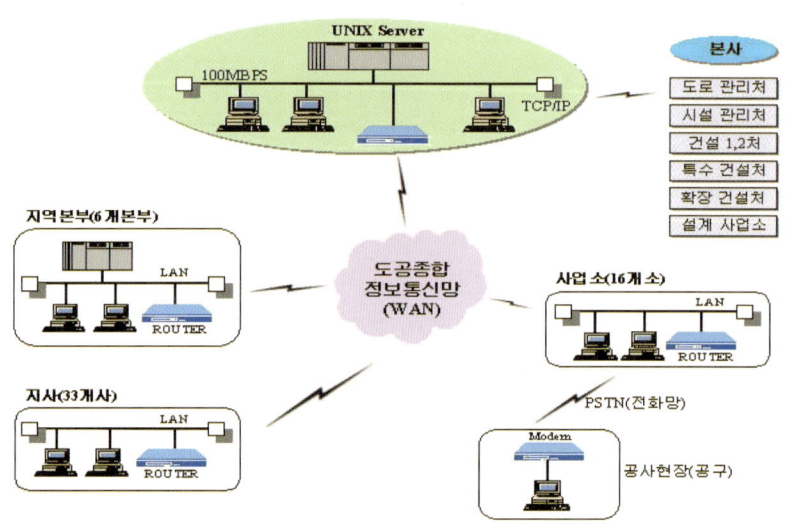

[그림 5.1] 한국도로공사 고속국도 건설유지관리시스템(HCMS) 개요도

절토사면에 관한 유지관리는 붕괴가 발생하였거나 붕괴가 발생할 가능성이 있는 절토사면을 취약지점으로 선정하고 이를 주기적으로 관리하는 체제를 구성하고 있다. 유지관리를 위한 정보로는 위치 및 관리에 관한 일반적인 정보의 입력 및 취약등급 입력 그리고 취약지점으로의 선정경위 및 절토사면 조건을 기술하도록 되어 있다([그림 5.2] 참조). 이후의 입력은 네 가지 형태로 구분하여 점검현황, 풍수해실태, 복구현황, 그림항목이 있으며 각 항에서의 입력항목은 〈표 5.1〉과 같다.

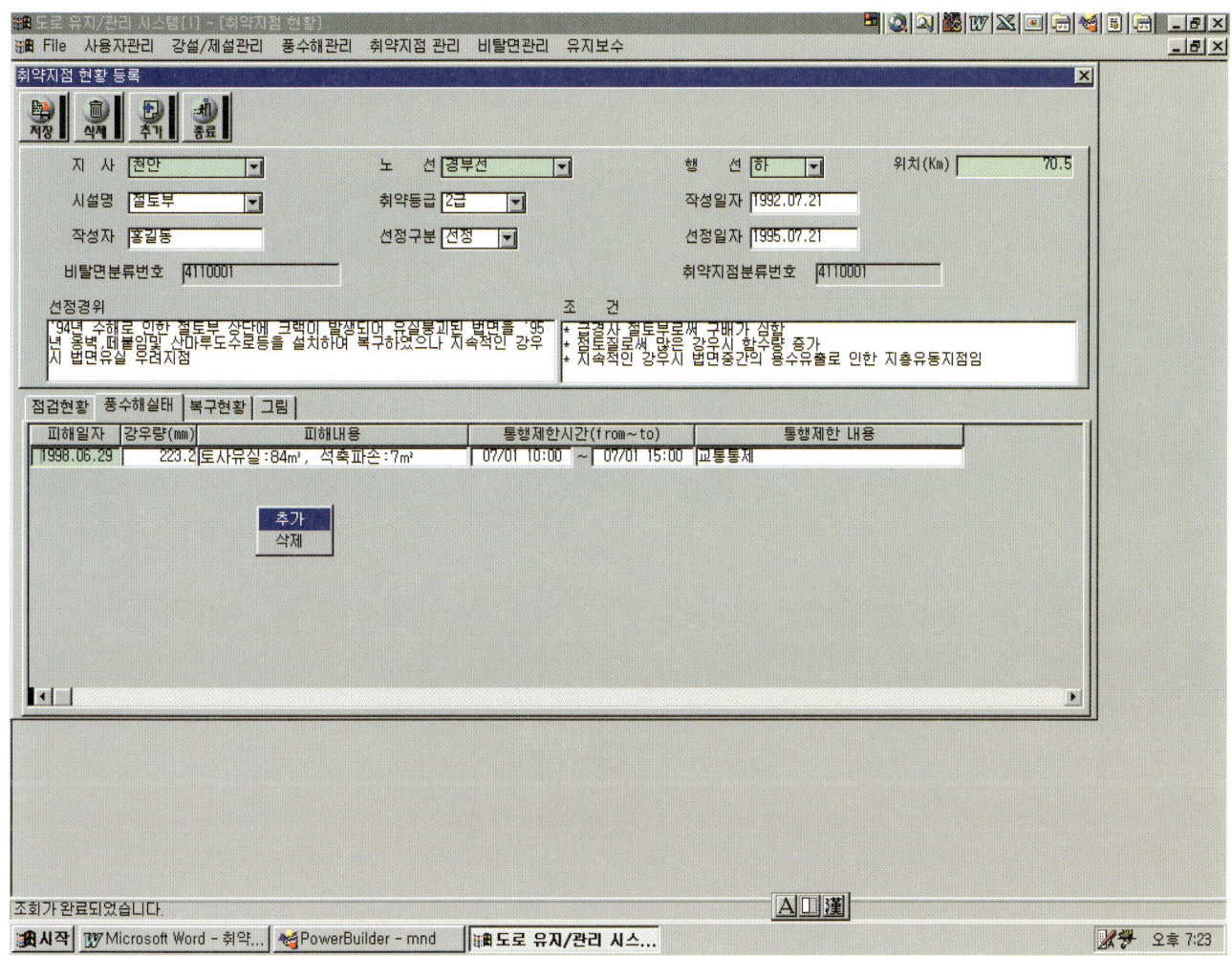

[그림 5.2] 도로유지/관리시스템[취약지점관리] 현황 예

<표 5.1> 도로유지/관리시스템[취약지점관리] 입력항목

구 분	입 력	내 용	구 분	입 력	내 용
일반현황	지사	지사명 입력	풍수해실태	피해일자	연월일표기
	노선	노선명 입력		강우량	mm로 표기
	상하행 구분	상하행 구분		피해내용	피해발생규모 기술
	위치(km)	노선시점으로부터 위치		통행제한시간	from-to
	시설명	절토부 등 입력		통행제한내용	
	취약등급	1~4등급으로 구분	복구현황	피해일	연월일 표기
	작성일자	연월일 표기		복구기간	from - to
	작성자	작성자 이름		시행방법	직영 또는 도급
	선정구분	선정 및 해제 여부 표기		복구비(원)	
	선정일자	연월일 표기		동원인원(명)	
	사면분류번호	번호 부여(자동생성)		장비(대)	
	취약지점분류번호	번호 부여(자동생성)		복구내용	약술
	선정경위	선정경위 조건 기술	그 림	현황사진	사진입력
	조건	절토사면 조건 기술		평면도	그림입력
점검현황	점검일자	연월일 표기		단면도	그림입력
	상태	이상 유무 약술			
	정비실적	약술			
	발전 여부	약술			
	점검자	점검자 성명			

[그림 5.3]은 대상 현장의 관련 사진이나 도면을 입력하고 이를 저장하는 것을 나타낸 것이며, [그림 5.4]는 입력된 DB 자료로부터의 출력 예를 나타낸 것이다.

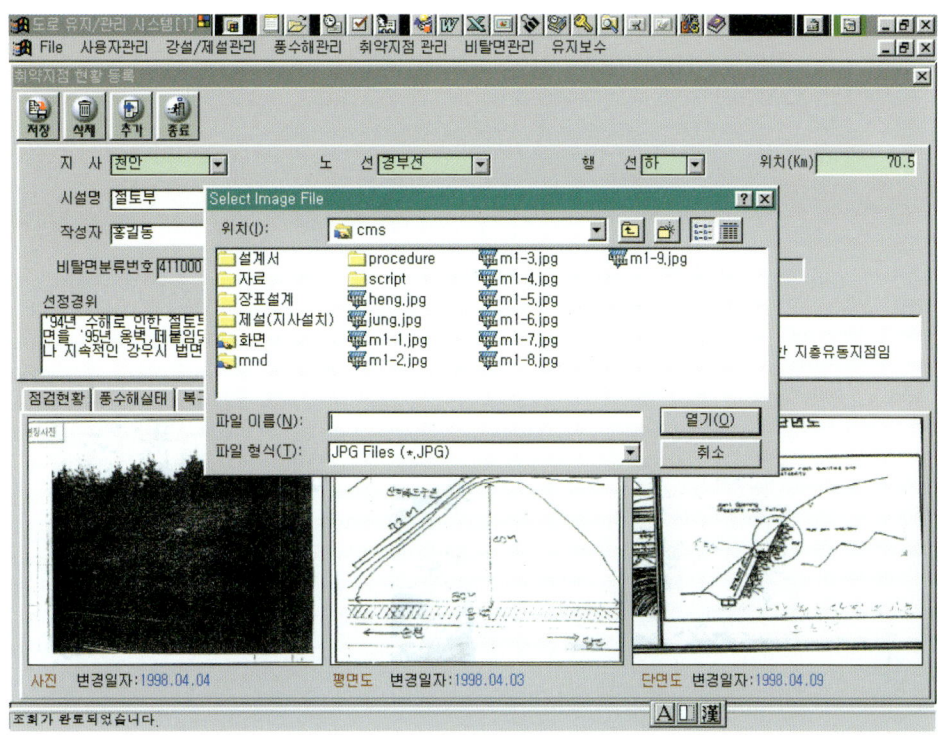

[그림 5.3] 도로유지/관리시스템[취약지점관리] 사례

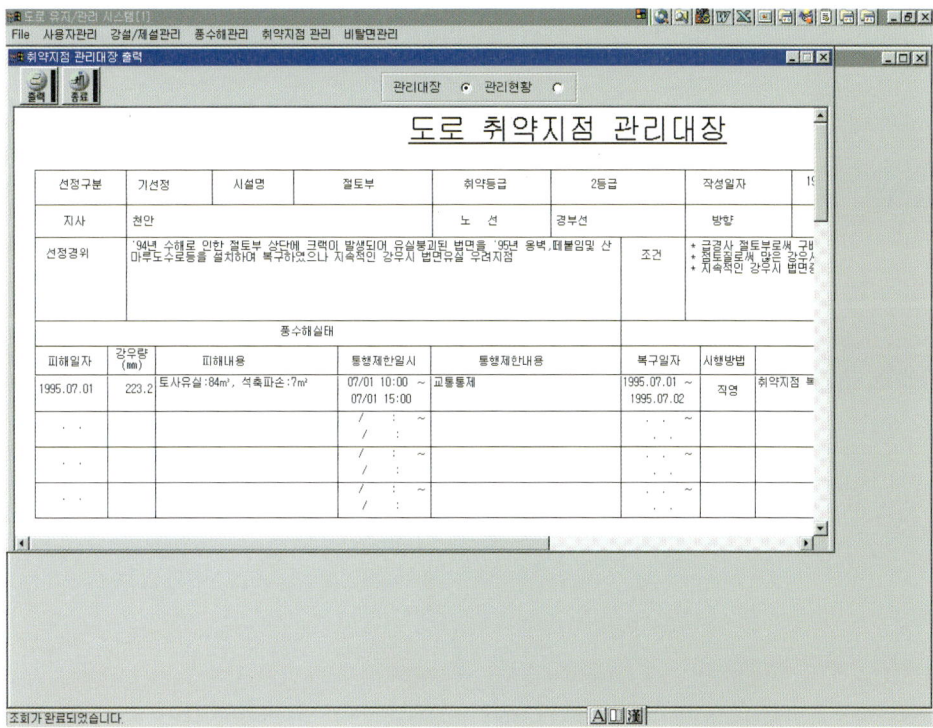

[그림 5.4] 도로유지/관리시스템[취약지점관리] 출력 예

3) 고속국도 절토사면 유지관리시스템

(1) 사면정보화

고속국도 주변에 분포하는 절토사면을 체계적으로 유지관리하기 위해서는 관리하고자 하는 기존 절토사면에 대한 정보를 데이터베이스화하는 것이 선행되어야 한다. 현재 한국도로공사에서 언급한 바와 같이 절토사면의 안정을 위한 지반공학적인 정보를 입력·관리하기보다는 붕괴이력을 중심으로 하여 붕괴가 발생한 시점과 붕괴규모, 그리고 대책수립방안을 개략적으로 기록하고 있어, 전문가적 관점에서의 지반공학적인 정보의 관리는 매우 미흡한 실정이다. 따라서 우선 기존 절토사면의 현황을 파악하는 것과 여러 붕괴사례들을 조사하여 고속국도 절토사면의 붕괴특성을 분석하고 이로부터 붕괴인자를 파악하여 이를 중점적으로 관리하는 것이 필요하다. 고속국도의 5,330여 개 사면에 대한 체계적인 현황관리와 정보자료의 축적을 위해서는 효율적인 관리체계와 자료보관과 활용방법이 매우 중요하다. 기존의 대장으로 보관하는 모든 자료는 사면 개수가 많아지고 자료가 자료정리의 어려움, 보관의 부실, 자료검색의 어려움 등 많은 문제를 야기시키며 점차 업무효율을 저하시키고 있다. 사면 전산정보화는 최근 정보화 추세에 따라 기존의 문서대장을 대체하고 자료보관의 효율성을 향상시키는 적절한 대안이다.

- 자료DB 시스템

  사면과 관련된 중요항목 및 일반적으로 관리해야 하는 항목에 대해서는 형식화된 포맷 또는 보고서 형태로 자료를 보관해야 한다. 사면의 정보화에 필요한 내용은 크게 관리정보를 포함하는 기본적인 정보와 공학적, 지질학적 내용을 포함하는 상세정보 그리고 사면의 조사와 안정검토, 사면 복구 등과 관련된 문서들로서 〈표 5.2〉에 사면의 정보화에 필요한 항목구분과 내용을 나타내었다.

〈표 5.2〉 사면 전산정보화를 위한 항목들

구 분	정 보 내 용
기본정보	① 관리정보 : 사면번호, 관리기관, 행정구역, 일시 등 ② 위치정보 : 노선명, 관리이정, GPS좌표 등 ③ 외형정보 : 사면높이, 연장, 평면/종단형상, 경사, 상부자연사면 지형 및 경사 주변구조물 여부, 집수지형 여부, 차선수, 교통량, 사면-도로 이격거리 ④ 시설정보 : 사면 내 설치되어 있는 점검, 안전, 배수 시설물 ⑤ 대책공법정보 : 사면 내 적용된 보강공, 옹벽공, 표면보호공, 녹화공의 종류 ⑥ 건설정보 : 시공사, 설계사, 감리자, 준공일, 하자완료일, 과거이정 ⑦ 관련도면, 사진 : 평면도, 횡단도, 전경사진

구 분	정 보 내 용

상세정보	① 지질정보 : 지질시대, 주지질구조, 지질도폭, 구성암의 분류
	② 암질정보 : 암질별 높이, 풍화상태, 강도, 절리발달 여부, 기타 Comment
	③ 불연속면 정보 : 평사투영망 작성, 절리 정보(주향, 경사, 거칠기, 틈새 등)
	   - 파괴 여부 Comment (평면, 쐐기, 전도)
	   - 지표지질도 작성
	   - 외관망도 작성
	④ 낙석유무 : 낙석가능위치, 높이, 크기, 유형, 분포
	⑤ 관련도면, 사진 : 지표지질도, Stereo Net, 보강단면도, 보강 전후 사진전경

문서정보	① 대상 사면에 대한 검토보고서(있는 경우) ② 조사보고서(있는 경우) ③ 기타 문서화된 자료 (※ 검토보고서 작성이 아니라 기존 검토보고서를 전산으로 첨부시키는 작업임)

- 업무시스템

  기존에도 교량유지관리시스템(HBMS), 포장유지관리시스템(PMS)의 기술적인 DB가 있었지만, 자료구축DB 수준으로 시스템이 개발되어 실제 업무를 도와주는 효과를 주지는 못하였다. 사면에 대한 전산정보화는 단순정보만을 축적하는 자료DB를 넘어서 자료분석기능, 보고서작성기능, 결재기능을 포함하는 업무시스템으로 개발하여 실질적인 업무를 수행하는데 도움을 줄 수 있어야 할 것이다.

- 건설 중인 사면과 폐도의 자료 관리

  현재 건설 중이거나 건설계획 중인 사면의 경우, 건설 당시부터 기본정보, 상세정보 그리고 붕괴 관련 정보 등의 초기자료를 축적하면 공용 중에 별도로 초기자료를 구축하기 위한 노력을 하지 않아도 된다. 또한 도로의 확장이나 선형변경으로 인하여 고속국도 일부구간 노선이 폐도로 되는 경우에는 전산시스템 내에서도 해당 구간에 존재하는 사면을 삭제하거나 또는 실질적인 관리가 필요 없는 상태로 변경해야 한다.

  건설 중인 사면에 대해서는 별도의 입력시스템을 구축하여 각 건설구간에 배포하여 자료를 축적하도록 유도할 수 있고, 폐도의 관리는 선택한 사면에 대하여 폐도상태로 관리상태를 변환시키도록 하는 모듈을 포함시키면 가능할 것이다. 특히, 건설 중인 사면에 대해서는 장기적으로 사면 관리에 유용한 자료가 되므로 자료구축을 위한 노력을 좀더 기울여야 한다.

  [그림 5.5]에는 사면의 생애주기와 각 단계에서의 사면 관련 업무를 나타낸 것이다.

단계별 추진현황 및 계획

[그림 5.5] 사면의 Life Cycle과 업무의 관계

- 초기자료 구축방법

  전산시스템이 구축된 후에는 현재 공용 중인 고속국도의 5,330여 개 사면에 대하여 DB 내에 초기자료를 구축할 필요가 있다. 이를 위해서는 지사의 사면 관리담당자에게 조사양식과 매뉴얼을 주고 조사를 수행하게 하는 방법과, 일괄적으로 외부의 전문조사기관에 의뢰하여 조사를 수행하는 방법이 있다.

  대량의 조사를 일시에 수행하기에는 전문기관에 의뢰하여 일관된 작업을 수행하도록 하고 향후 발생하는 소규모의 자료입력은 지사 관리담당자에게 수행하게 하는 것이 바람직하다. 대량의 조사를 일시에 수행하는 경우도 DB시스템 개발과 더불어 수행하는 최초의 자료구축작업이 있어야 하며, 확장이나 부분노선 개통의 경우에는 해당지사 또는 관할본부에서 전문기관에 의뢰하여 자료를 구축하여야 한다.

- 평가를 통한 우선순위 결정

  자료 DB와 업무시스템의 활용도를 높이기 위해서는 일반국도 사면시스템에서와 같이 정보화된 항목에 대한 평가체계를 도입하여 우선순위 평가시스템을 제공함으로써 신속한 의사결정을 지원할 수 있는 체계를 고려할 수 있을 것이다. 본 시스템에서는 기존의 평가체계들을 고려하여 자체적으로 사용가능한 평가시스템을 도입하였다.

평가의 최종적인 목표는 관리가 필요한 사면의 우선순위를 신속하고 합리적으로 찾고자 하는 것이며, 기존의 피해자료를 통계적으로 처리하여 우선순위 선정에 가장 영향이 큰 요소를 찾고 이에 대한 합리적인 평가 값을 설정하는 것이 필요하다. DB가 구축되지 않은 상태로서 우선순위 결정을 위한 평가체계는 초기 DB 구축이 되면 기존 자료를 토대로 평가체계를 구축할 수 있을 것이며, 향후에 발생하는 사면피해자료가 축적되면서 장기적으로 수정, 보완될 수 있을 것이다.

현재 단계에서는 일본, 홍콩, 국내 여러 기관에서 제시한 사면평가체계표를 토대로 관리 빈도가 높은 항목과 배점을 선정하고 이를 토대로 사면에 대한 평가를 실시할 수 있을 것이다.

(2) 절토사면 유지관리시스템

일반적으로 DB의 운영방식은 클라이언트/서버(Client/Server) 방식과 WEB 기반 방식으로 운영할 수 있으며 이는 다양한 사용자의 접근성에 따라 결정될 문제이다. 운영방식은 DB의 Table의 설계 자체에는 크게 영향을 미치지 않으며 다만 전산상으로 운영하는 환경만 달라지므로 간략하게만 소개한다.

절토사면 유지관리전산시스템은 [그림 5.6]과 같이 운영환경에 크게 구애받지 않으며 다중이용자와 이용자별 접근 권한을 설정하여 운영되도록 설계되었다.

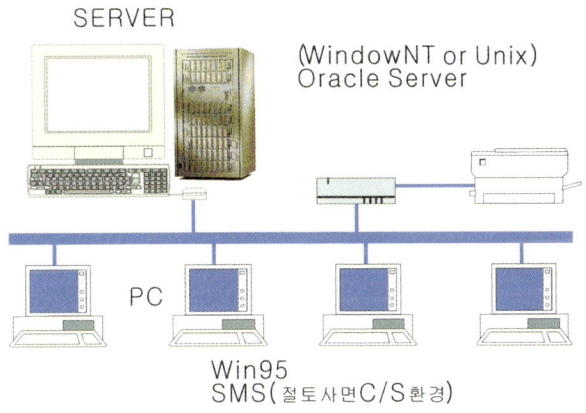

[그림 5.6] 다중 사용자를 고려한 C/S 환경 개념

① 정보입력

입력을 수행하는 자는 먼저 검색을 통하여 DB 내에 기존 사면이 있는지를 확인하고 없는 경우 신규생성작업을 진행하게 되며, 실제 사면에 대한 기본정보 조사대장을 수기로 작성하여 실제 사면정보를 가진 상태에서 신규사면에 대한 기본적인 정보를 입력해야 할 것이다.

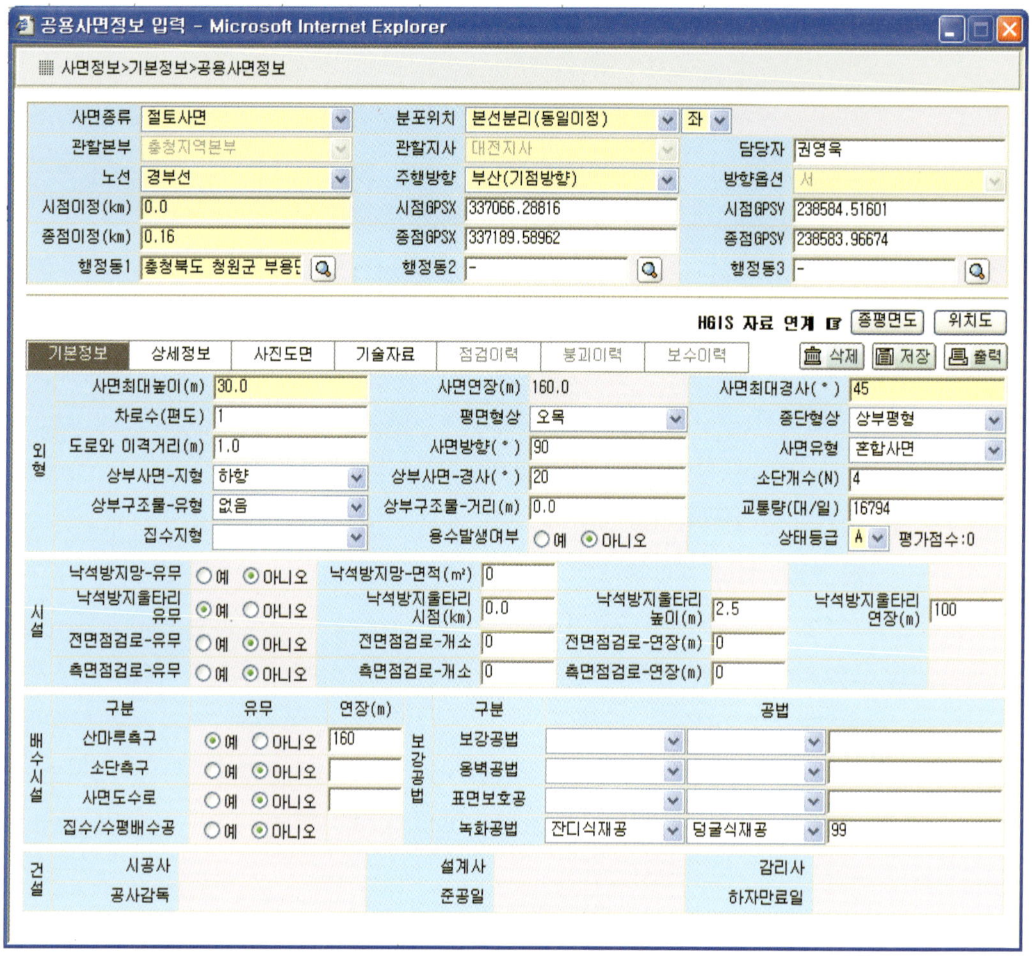

[그림 5.7] 고속국도 절토사면 기본정보 입력 예

기본정보를 입력하면 사면번호가 자동으로 부여되고, 사면의 기본정보 중에서 필수적으로 입력되어야 하는 항목이 있어야만 DB 내에 저장이 가능하도록 한다. 만약 필수항목이 입력되지 않으면 저장되지 않고 추가로 입력하도록 한다. 따라서 필수적으로 입력해야 하는 항목은 관리적인 측면에서의 사면정보와 기본적인 사면외형을 알 수 있는 정보로만 구성하는 것이 바람직할 것이다. 상세정보는 조사와 자료정리에 많은 시간을 요하므로 장기적으로 서서히 입력이 가능하도록 하는 것이 바람직하다. 유지관리와 관련된 점검정보, 붕괴정보, 대책적용정보 등 부가적으로 발생하는 많은 자료에 대한 입력방식도 결정해야 할 것이다.

- 사면 기본정보 입력, 사면 상세정보 입력, 일상 유지관리 정보의 입력 (점검), 상세 유지관리 정보의 입력, 붕괴구간 유형정보, 대책방안 적용정보

② 자료검색 및 통계처리기능

관리구간별로 다양한 형태와 다양한 조건의 사면이 존재하며, 사용자가 동일한 유형 또는 조건을 가진 사면을 쉽게 검색하는 기능이 필요하다.
- 사용자가 원하는 사면번호를 입력하여 찾기
- 관리구간에 대한 사면 list에서 찾아가기
- 사면의 관리정보로부터 순차적으로 찾아가기

③ 다양한 출력기능

각 정보 범주(기본정보, 상세정보, 기술자료……)별 입력항목 선정과 대장형식의 결정이 필요한데, 이는 장기적으로 보고서를 대체할 수 있으므로 사용자의 작업편의성을 위하여 필수적인 항목이 될 것이다. 검색결과의 출력과 양식에 따른 출력이 가능해야 할 것이며, 향후 다른 DB와의 연계를 위하여 정형화된 파일(Formatted File) 형태로도 출력이 가능해야 할 것이다.

④ 다양한 형태의 파일첨부기능

파일첨부기능은 입력기능의 일부가 될 것이다. 이는 각 사면별로 기본적인 정보 외에 입력되어야 하는 다양한 파일정보(그림, 사진, 도면, 보고서……)를 DB 내에 저장하기 위해서 반드시 필요하다. 사면의 건설 중과 유지관리 중까지 필요한 전산파일들은 다음과 같으며, 파일의 형식에 구애받지 않고 첨부할 수 있어야 하며, 다만 그림 파일인 경우에는 화면상으로 보여줄 수도 있다.
- 지반조사보고서(시추주상도), 종평도, 횡단도, 전면사진, 자문보고서, 지표지질조사도, 문제구간의 사진, 도면, 붕괴도면, 보강도면, 기타 파일 (동영상)

⑤ 사면안정성 평가순위

현재 평가모델을 테이블화하여 개발한 상태이나 실제적인 시뮬레이션을 통하여 배점이나 연관성을 보완해야 할 것이며, DB를 장기적으로 활용하면서 모델을 지속적으로 보완시켜야 할 것으로 판단된다. 평가시스템은 다음과 같은 업무에 활용할 수 있을 것이다.
- 관리담당부서별 관리구간의 사면에 대한 위험도 순위결정 가능
  (본사의 경우는 전체사면, 본부의 경우 본부관할사면 등)
- 일상적인 유지점검 계획 수립 시 우선순위 결정
- 보수보강 사면 결정 시 참고자료로 활용

그러나 평가시스템이 불완전성을 가지고 있는데, 이는 자연조건과 상황에 따라 변수가 많기 때문으로서, 절대적인 평가시스템 의존으로 의사결정의 역기능을 초래할 수 있음을 감안할 때 DB자료 구축 후 시험운영하는 몇 년간은 시험운영을 통하여 평가시스템의 적정성을 어느 정도 확인할 필요가 있고, 도입 후에도 평가시스템의 지속적 보완 또는 수정이 필요하게 될 것이다.

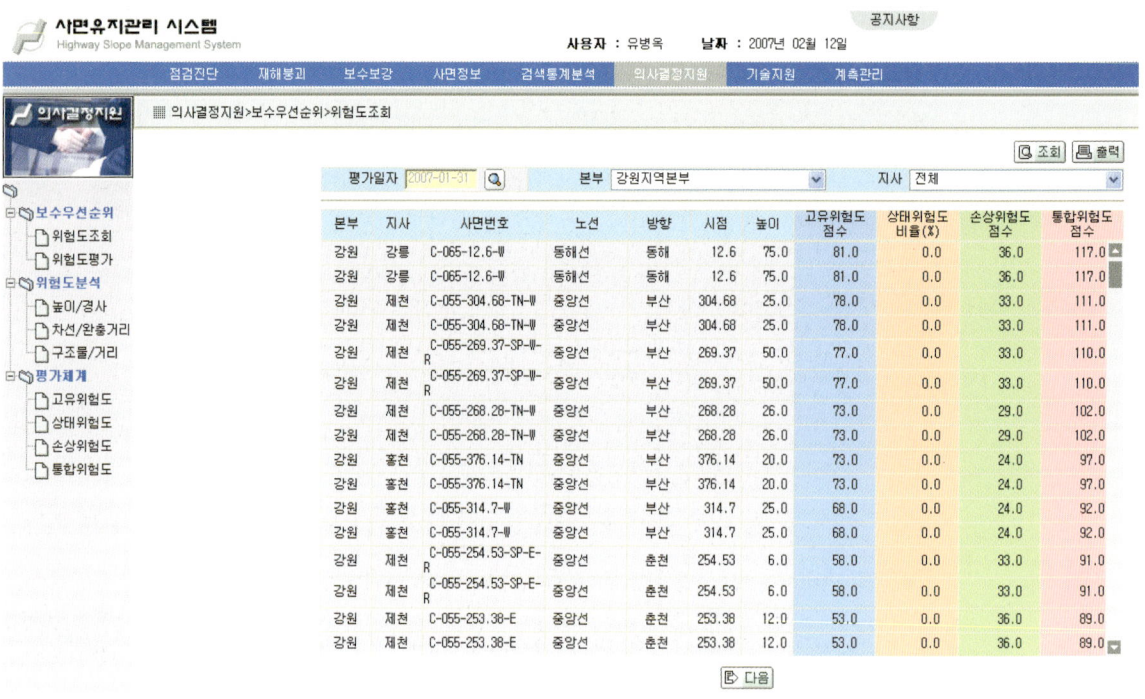

[그림 5.8] 사면안정 평가순위체계

4) 고속국도 상시계측시스템 구축

(1) 개요

최근 기상이변 등으로 시·공간을 초월한 재난이 불규칙적으로 발생하고 있으며 집중 호우, 지진 등의 재해·재난에 대한 체계적인 위기관리가 국가적 핵심과제로 부각하고 있다. 재해·재난 발생 시 사면의 붕괴를 예측하는 것을 불가능하며 현재는 사면붕괴 후 대책을 수립하는 수동적 관리만을 행하고 있다.

재해·재난 발생 시 신속한 대응체계가 필요하며 이에 대한 대응 및 관리는 복구 위주의 관리에서 예방우선체계로의 전환이 필요한 시점이고 이를 위하여 과학적이고 첨단화된 재난예방시스템의 필요성이 대두되고 있다. 이는 취약사면에 존재하는 위험요인 상시 감지 및 자동경보 체계를 구축하여 이루어질 수 있다.

(2) 사면계측

상시계측을 통한 사면관리는 현재 시행 초기단계에 있으며 향후 확대 시행할 예정이다. 2006년도에 시행된 사면계측은 [그림 5.9], [그림 5.10]의 과거 붕괴이력을 가지고 있는 사면에 대해 계측을 수행하고 있으며 다음과 같은 방식으로 구축되어 있다.

[그림 5.9] 계측사면의 건설 당시

[그림 5.10] 계측사면의 현재 사진

본 대상사면의 시험시공은 향후 설치계획 중인 계측기를 다양하게 설치하여 성능 및 내구성을 시험하고 계측 데이터를 연구자료로 활용하는 것이 목적으로 이를 위해서 [그림 5.11], [그림 5.12]와 같이 시험용으로 네 가지의 표면계측시스템과 지중계측기, 함수량계, 지하수위계, 우량계를 설치하여 서로 비교 분석하여 적용 여부를 판단하고자 한다.

각각의 시스템은 지정된 위치에서 데이터를 전송하거나 혹은 전송받아, 분석 처리하고 안정하게 데이터베이스에 입력하여, 최종 사용자가 분석된 데이터를 쉽게 접근할 수 있도록 처리되어 있다. 이를 위하여 현장에는 설치된 센서의 종류에 따라 관리프로그램을 설치하고 데이터를 통신할 수 있도록 설계되어 있다.

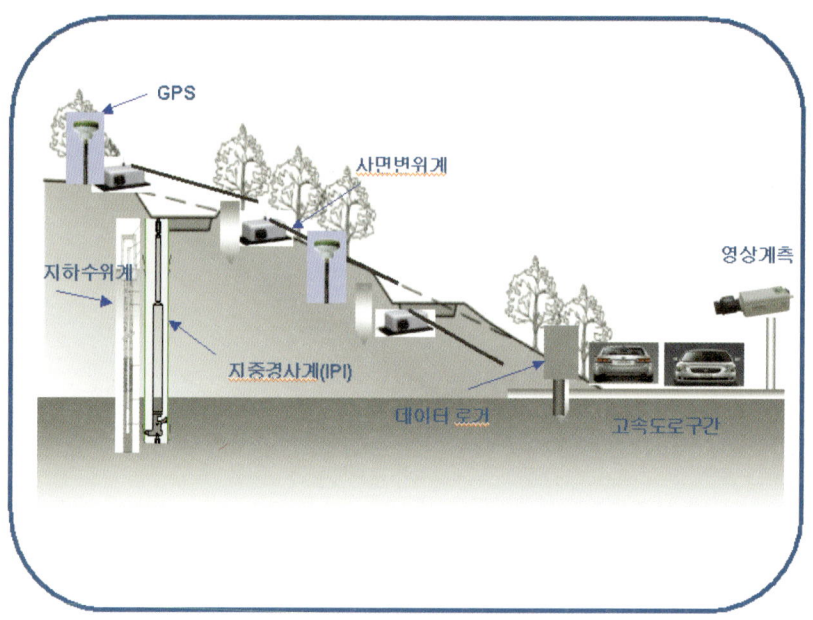

[그림 5.11] 계측기 설치 단면

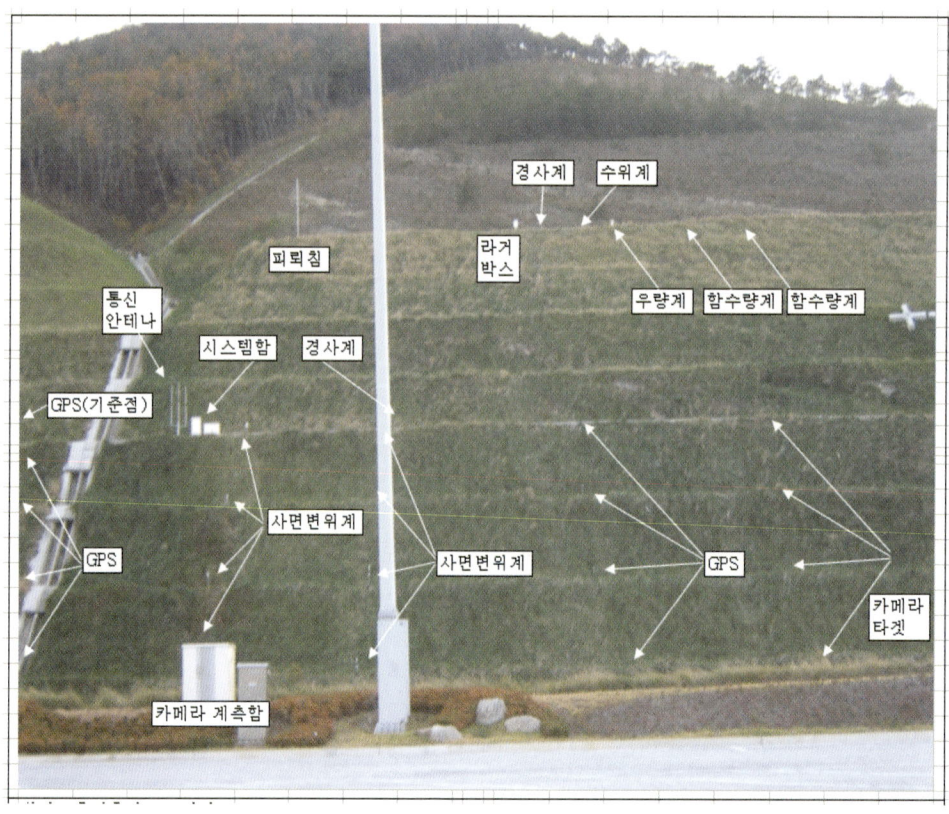

[그림 5.12] 설치된 계측기

3. 일반국도 사면유지관리시스템

1) 개요

우리나라는 60, 70년대의 급속한 경제발전이 이루어져 전국적인 도로망의 확충을 필요로 하였으며, 전 국토의 70% 이상이 산지로 구성된 지형적 특성상 다수의 절토사면이 생성되었다. 산업화가 시작된 1960년대 이후의 도로 건설은 조급한 개통시기와 넉넉하지 못한 경제사정, 그리고 기술적 낙후 등으로 인하여 도로시설 자체에 관심을 가질 뿐 산지의 자연 평행상태를 깨는 절토사면의 안정성에는 큰 관심을 두지 못하였다. 이때 형성된 위험절토사면은 오늘날까지 산재하고 있으며, 매년 반복적으로 붕괴가 초래되고 있다. 과거에는 절토사면 붕괴 후 대책을 수립하는 사후대책 위주의 절토사면 관리가 이루어져 왔으나, 최근에는 범정부적 차원에서 국민의 재산과 생명을 보호하기 위한 방편의 일환으로 위험절토사면을 사전에 파악하여 적절한 대책을 강구함으로써 붕괴를 사전에 차단하는 적극적인 방법이 모색되었다. 이와 같은 차원에서, 한국건설기술연구원에서는 1997년 말부터 전국 국도변에 산재하는 절토사면의 안정성 유지를 위해 「도로절토사면 유지관리시스템 개발 및 운용(CSMS : Cut Slope Management System)」 프로젝트를 수행하고 있다.

CSMS 프로젝트를 통해 전국 국도에 분포된 절토사면에 대한 현황조사를 실시하여 절토사면의 위험등급을 크게 5개 등급으로 구분하여 조사우선순위를 작성하고, 연차적으로 상위 위험등급부터 현장조사를 수행하고 있으며, 현장조사 결과를 통해 특성별 안정성 해석을 수행하여 최적의 대책공법을 결정하고 있다. 이와 같은 일련의 공정을 통해 획득된 자료들은 절토사면의 위치정보와 속성정보를 한눈에 파악할 수 있도록 지리정보시스템(GIS : Geographic Information System)을 이용하여 데이터베이스화하였으며, 도로절토사면 유지관리시스템에 의해 연차별 투자우선순위를 제시하고, 주변 지역의 도로공사설계에 필요한 각종 정보를 제공하고 있다.

최근에는 토목기술에 IT(Information Technology)를 접목시킨 상시계측시스템을 구축하여 위험 절토사면을 관리하고 있다. 또한 절토사면에 위험 징후가 관측되었을 때, 도로이용자에게 위험 징후를 사전에 알림으로써 안전사고를 미연에 방지하기 위한 목적으로 도로절토사면 유지관리시스템과 상시계측시스템을 결합한 재해예방 사전경보시스템 구축에 박차를 가하고 있다. 사전경보시스템 구축의 일환으로 2004년에는 낙석신호등을 위험절토사면에 시범 설치하여 적용성과 효용성을 검토하고 있다.

상기와 같은 시스템은 현저히 발전하고 있는 IT를 토목기술에 접목시킨 결과로서, 향후 IT 분야와 토목·건설 분야의 상호 발전을 통해 보다 향상된 시스템을 구축할 수 있을 것으로 기대되며, 도로절토사면의 피해 저감에 의한 안정적 도로 운용을 유지할 수 있을 것으로 기대된다.

2) 일반국도 절토사면 상시계측시스템

(1) 상시계측시스템 개요

절토사면의 지반변위를 원격자동으로 측정하고 측정결과(거동상태)를 실시간으로 관리자에 통보하여 붕괴위험징후를 사전에 감지, 도로차단 등의 응급조치를 할 수 있게 함으로써 피해를 예방하거나 최소화하는 IT산업을 접목한 최첨단 시스템

※ 지반변위 계측결과는 관리자 PC에 무선으로 실시간 통보되고, 변위가 커 붕괴위험 시는 PC, 핸드폰에 각각 위험상황 자동경보

(2) 상시계측시스템 목표

지반변위 특성예지에 의한 경보시스템 운영 및 붕괴피해 최소화

(3) 상시계측시스템 필요성

최근 기상이변에 의한 예측지 못한 집중강우 발생에 따른 붕괴위험을 최소화하기 위하여 붕괴위험이 존재하는 절토사면에 대하여 상시계측을 통하여 변위의 거동을 실시간으로 파악할 필요성이 존재함

(4) 상시계측시스템 설치계획

- '04까지 35개소 기설치 : 2002년 시범설치 4개소, 2003년 14개소, 2004년 17개소
- '09년까지 100개소 설치계획(매년 15개소 정도)

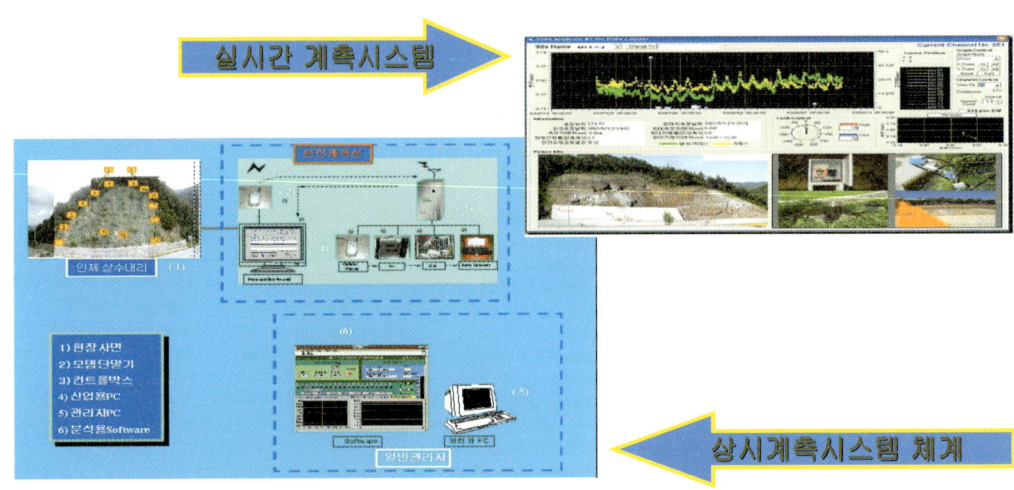

[그림 5.13] 도로절토사면 상시계측시스템 개요 및 계측기 설치 모식도

(5) 상시계측시스템 설치지구 조치사항(예, 충주 단양 사평 가곡 고수재, 국도 59호선)

- 본 현장의 경우, 과거 광석 폐석 더미 분포
- 2002년 8월 31일 태풍 루사에 의해 절토사면 대규모 붕괴 발생
- 2004년 7월 13일 장마에 의해 현장에서 경보가 발령되어 도로를 1시간 차단하고 지반변위 추이를 고려하여 재개통하는 등 재해예방에 만전을 기하는 성과를 올릴 수 있었으며, 이들 현장을 중심으로 세계 최초로 절토사면 재해예방 원격자동신호등체계를 개발 시범 도입(2004년 12월)하여 붕괴 직후 즉시 도로를 차단함으로써 인명피해 "0"에 도전하는 기초기반을 다지고 있다.

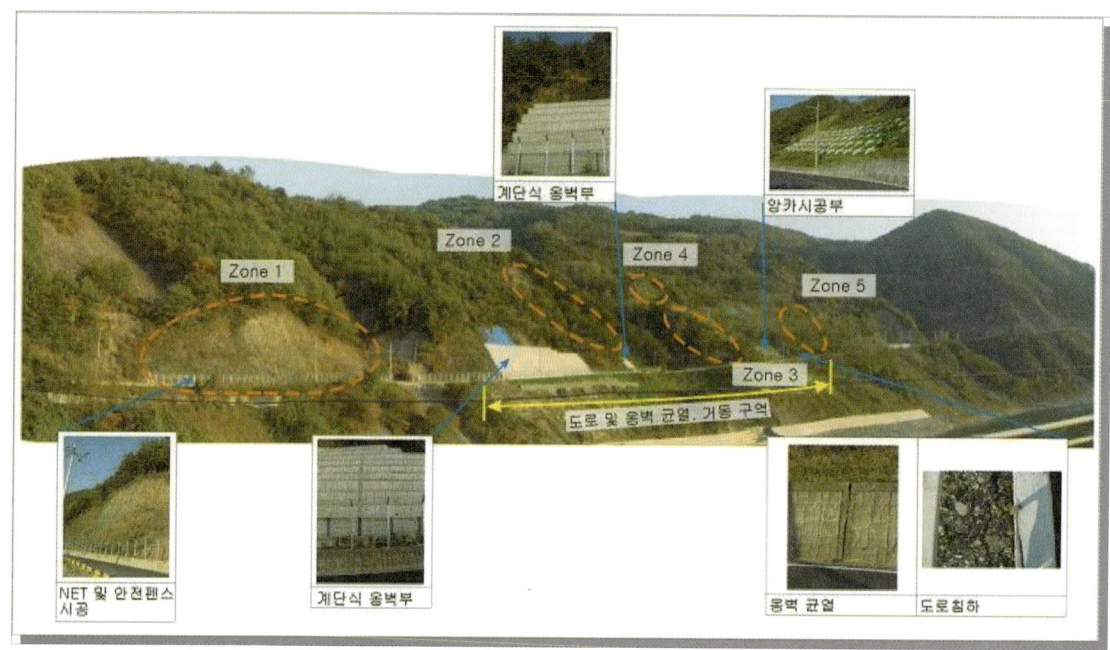

[그림 5.14] 상시계측시스템 설치현장(단양 사평 고수재)

(6) 사면상황실 운영

상시계측시스템 설치현장의 유지관리 운용의 일환으로 건설교통부, 지방국토관리청, 국도유지건설사무소 및 한국건설기술연구원 간의 유기적 재해방지 업무수행능력 제고를 위하여 한국건설기술연구원에 사면상황실을 설치하였다. 기설치된 계측기 통합관리를 위해 사면상황실 설치·운영 중에 있으며 호우주의보 이상의 예보 발령 시 24시간시스템을 운영 중에 있다.

3) 일반국도 위험절토사면 구간의 낙석신호등 운용

(1) 낙석신호등 개요

도로절토사면에 위험징후 발생 시, 도로이용자에게 주의를 요함과 붕괴 시 관리자의 현장 도착 전까지 자동적으로 도로의 일시적 차단으로 차량 이동에 의한 피해를 예방하고자 낙석신호등을 설치하고 상시계측시스템의 단계적인 확장과 발전을 도모하고자 시범설치를 실시하였다.

(2) 낙석신호등 목적

낙석신호등은 도로절토사면 상시계측시스템과 연계하여 변위나 붕괴발생 시 자동 및 원격 제어를 통한 조기경보 교통차단 시스템을 가동하고자 한 것이다.

제5장 | 국내외 사면유지관리시스템

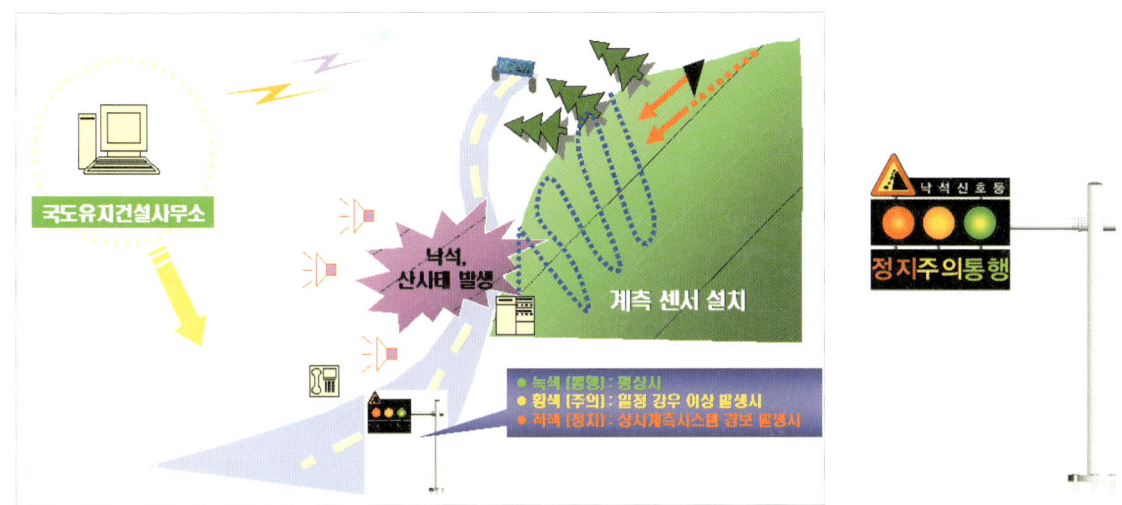

[그림 5.15] 도로절토사면 낙석신호등 설치모식도 및 신호체계

(3) 시범설치 절토사면

상시계측시스템 관측결과 비교적 변위가 꾸준히 발생한 절토사면 및 일일교통량이 많은 절토사면을 대상으로 선정하였다(제천 송악 무도 느릅재, 단양 사평 가곡 고수재).

(a) 느릅재   (b) 고수재   (c) 낙석신호등 세부

[그림 5.16] 낙석신호등 시범설치현장 전경

223

4. 철도 사면유지관리시스템

선로연변 사면관리시스템은 철도연변 재해 우려 개소에 대한 방호설비 구축을 위한 우선순위의 선정 등 체계적인 계획 수립 및 효율적 예산배정 기호연구 및 철도재해방지를 통한 열차 운행상의 안정성 확보 등에 필요한 종합방재시스템 및 재해복구지원시스템 구축의 기본 데이터베이스로 직접 활용할 예정이다. 또한 구축된 데이터베이스를 활용하여 낙석 및 산사태 위험지역을 사전에 인지할 수 있을 뿐만 아니라 지반 및 지질구조적(단층) 적정성 평가를 통하여 위험 지역 배제 등 신규 선로 및 시설물 입지 선정 시 낙석 및 산사태 위험지역에 대한 대책 마련의 기본자료로 활용할 수 있다.

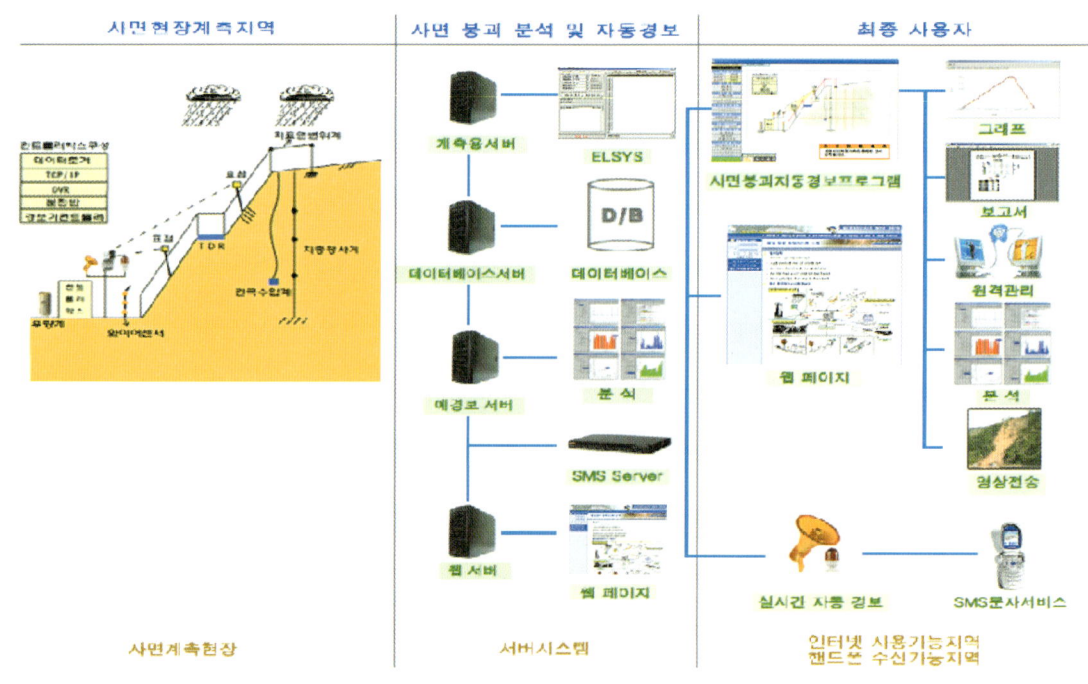

[그림 5.17] 철도 주변 절토사면 유지관리시스템 구성도

향후에는 현재의 철도종합방재시스템의 개념을 한 차원 높여 인공위성 및 무인계측시스템을 이용한 예·검지를 완전자동화하고, 재해에 대한 복구지원을 시스템 내부에서 지능적으로 판단, 그 대안 또는 처리방안을 제시하는 지능형 방재시스템인 지능형 철도 방재시스템(IR, DiPS, Intelligent Railroad Disaster Prevention System)을 개발할 예정이다.

5. 산사태 유지관리시스템

일반적으로 사면붕괴 감지 및 관측시스템의 구성은 크게 위험지 선정기준 검토(Identification of Slope Failure Hazard Areas), 감지 및 관측을 통한 예·경보 자료분석(Detecting, Monitoring and Forecasting), 예·경보 전달방법(Delivery and Transmission of Slope Failure Hazard Information), 그리고 대피 등 대응방안(Evacuation Plan)의 네 가지 요소로 구분될 수 있다.

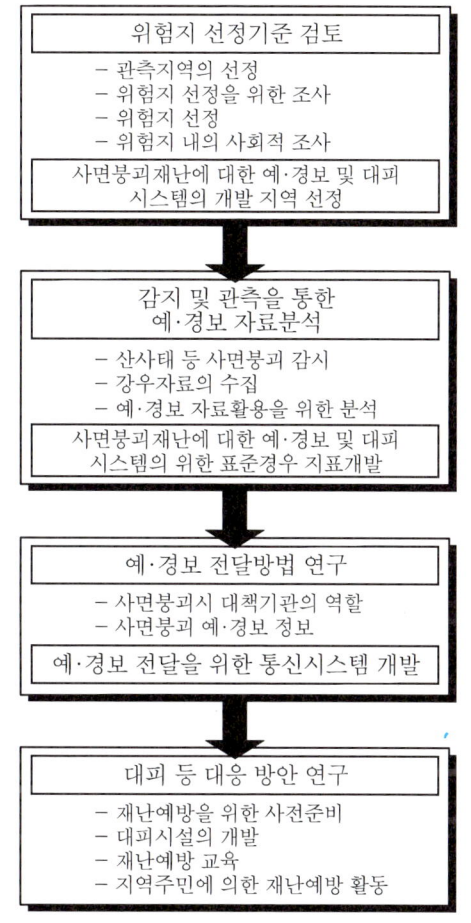

[그림 5.18] 산사태 감지 및 관측시스템의 일반적 구성

위험지 선정기준 검토는 관측지역의 선정, 위험지 선정을 위한 조사, 위험지로의 선정, 위험지 내의 토지 이용도 및 공공시설의 유무 등을 파악하는 사회적 조사 등으로 구성되며, 감지 및 관측을 통한 예·경보 자료분석은 산사태의 감시, 강우자료의 수집 및 예·경보 자료활용을 위한 분석 등을 포함한다. 또한, 예·경보 전달방법 연구로는 사면붕괴 시 이를 관장하는 기관의 역할 및 예·경보

전달을 위한 통신시스템 등을 포함하며, 마지막으로 대피 등 대응방안에는 재난예방을 위한 사전준비, 대피시설의 개발, 재난예방교육 및 지역주민에 의한 재난예방활동 등으로 구성될 수 있다.

(1) 위험지 선정기준 검토

사면붕괴 재난위험지 선정을 위한 기준은 미래의 상황을 고려한 지역을 포함하기보다는 현 시점에서의 예·경보시스템의 수립이 필요한 지역으로 그 범위가 제한된다. 위험지는 크게 토석류 등의 산사태 및 급경사지 붕괴의 위험성이 큰 지역으로 구분될 수 있다.

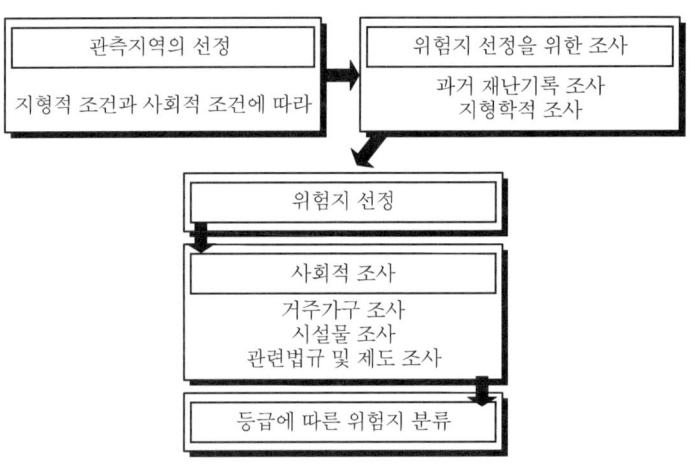

[그림 5.19] 위험지 선정기준 검토 시 고려사항

(2) 관측지역의 선정

토석류 등의 산사태 및 급경사지 붕괴로 재해재난이 발생될 위험성이 큰 지역은 일반적으로 지형적 조건과 사회적 조건을 1/25,000 지형도를 이용하여 조사하게 된다. 지형적 조건은 토석류 등 산사태의 발생시점, 경사도, 급경사면의 높이 및 경사 등 위험지의 지형적 특성을 가리키고 사회적 조건은 피해예상 지역의 주거수, 공공시설, 도로 및 철도 등 사회기반시설 등을 말한다.

(3) 위험지 선정을 위한 조사

위험지 선정을 위한 조사(Survey)는 지형도 검토, 현장조사 및 관계자료 수집 등에 의해 세밀하게 수행되어야 한다. 조사는 과거 재난기록 조사, 지형학적 조사, 지질학적 조사, 기존 방재시설물의 조사 등으로 구분되나, 위험지 선정을 위해서 수행되는 조사는 일반적으로 과거 재난기록 조사와 지형학적 조사에 국한된다.

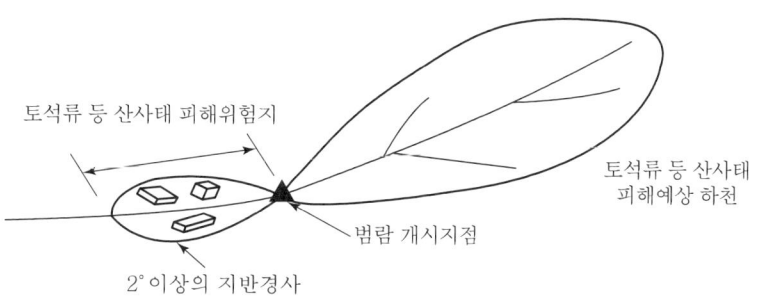

[그림 5.20] 산사태 위험지의 지형적 조건과 사회적 조건

(4) 유지관리 및 예·경보를 위한 자료 분석

국내 산사태 등 사면붕괴는 주로 호우와 태풍으로 유발되는 경우가 대부분으로 알려져 있다. 토석류 등 산사태로 인한 재난을 방지하기 위해서는 경보와 대피를 위해 산사태 발생을 미리 예측하는 일이 필수적이다. 이러한 목적을 달성하기 위해서 현재 가장 널리 사용되고 있고 적합한 자료가 바로 강우자료이다. 특히 토석류는 우기철에 매년 발생하여 피해를 유발하고 있는데, 문제는 토석류 등 산사태 발생 시점에 재난지역의 정확한 강우자료 취합이 쉽지 않다는 점이다. 취합 가능한 자료가 아예 존재하지 않거나 다른 장소 혹은 겨우 한두 시각의 자료로 제한적인 것이 현실이다.

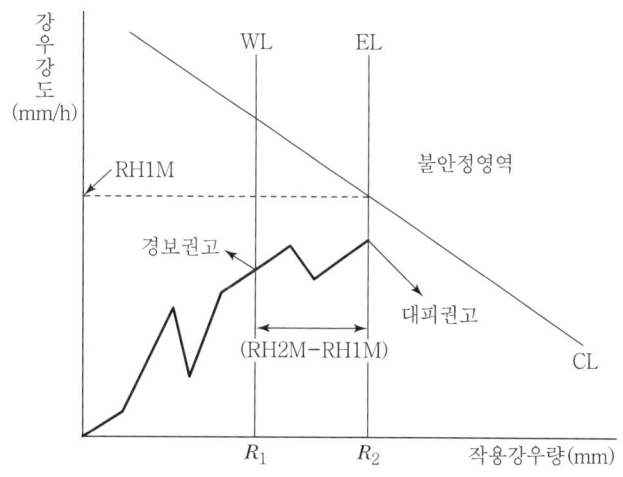

[그림 5.21] 산사태 유지관리를 위한 경보 및 대피표준선의 설정 및 권고시점

그러므로 현실적으로 자료를 분석할 때에는 [그림 5.21]의 산사태를 유발한 강우(유발 강우)뿐만 아니라 산사태를 발생시키지 않은 강우(미유발 강우)의 활용이 중요한 경우가 많다. 강우강도와 누적강우량 두 가지 지표를 적절히 분석 활용할 경우 산사태가 발생할지의 여부를 결정해 주는데 이러한 자료들이 이용될 수 있다. 이들을 대표적으로 나누는 직선(혹은 곡선)을 산사태 발생경계선(CL : Critical Line)으로 착안할 수 있으며 경보표준선(WL : Warning Standard Line)과 대피표준선(EL : Evacuation Standard Line)을 설정하기 위해 우선 시우량과 작용강우량의 관계를 살펴보면서 유지관리방안을 마련한다.

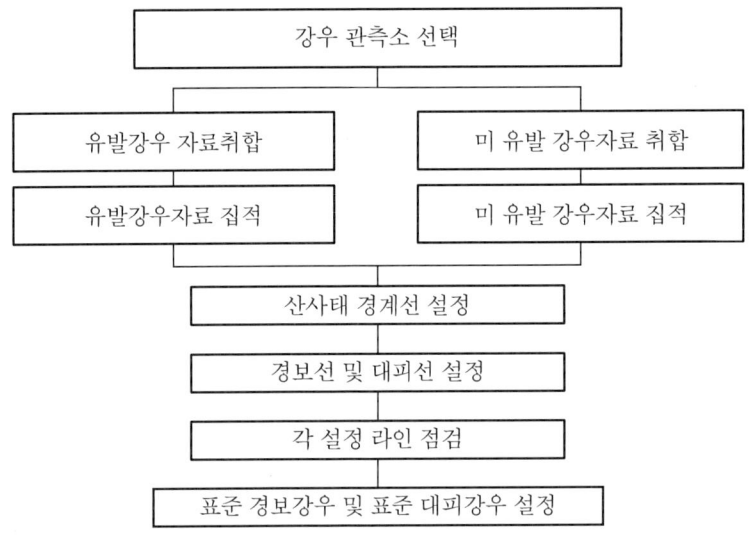

[그림 5.22] 표준강우량 설정과정

(5) 유지관리를 위한 예·경보 전달방법

유지관리를 위한 [그림 5.23]의 예·경보시스템의 구조는 산사태 모니터링 시스템(사면재난의 발생을 사전에 발견하기 위한 시스템), 강우관측시스템(강우의 기록 및 관측을 위한 시스템), 산사태재난 예측시스템(강우자료로부터 산사태재난 발생예측시스템), 네트워크 전송정보에 관한 사항 및 경보전달 대상기관 및 응급대책기관 등으로 구성된다. 여기서 제일 중요한 요소가 지역방재기관(지역주민에게 재난예방훈련 및 경보정보전달) 및 주민(직·간접적으로 사면재난에 노출된 국민)이 될 것이다.

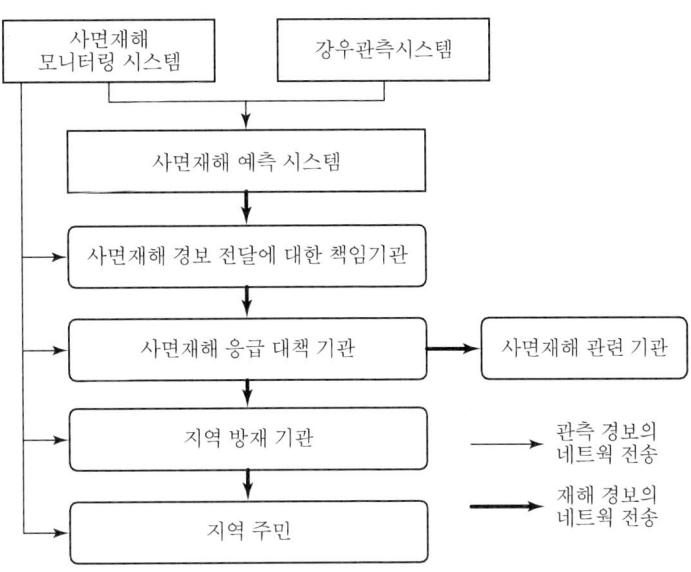

[그림 5.23] 산사태 유지관리 및 재난경보시스템의 구조

(6) 산사태 대응방안

대피 등을 포함하는 대응방안은 산사태 재난에 있어 인명 및 재산피해 예방에 중요한 요소라고 할 수 있다. 사면붕괴재난에 대한 예·경보와 정보전달이 원활하게 이루어진다 할지라도, 대피방안 등이 적절하게 마련되어 있지 않다면 많은 피해발생은 피할 수 없게 된다. 이와 같은 대피 등 대응방안은 재난예방을 위한 사전준비, 대피시설의 개발, 재난예방교육 그리고 지역주민에 의한 재난예방활동으로 구분될 수 있다.

지역주민의 사면붕괴 재난예방을 위한 노력을 향상시키기 위해서는 지역재난예방조직과 지역주민들이 스스로의 역할과 상호 간의 협동의식을 고취시키는 것이 중요하다. 사면붕괴재난 발생 시 효과적인 대피 등 대응활동을 위해서는 사전에 대피방안에 대해 지역주민이 숙지해야 할 내용을 재난예방지도(Disaster Prevention Map), 재난예방매뉴얼(Disaster Prevention Manual), 재난예방포스터(Disaster Prevention Poster) 등에 수록하여 활용하는 것이 효과적이다. 이와 같은 사전대응자료에는 각 지역의 위험지, 대피경로 및 대피시설, 과거 재난기록, 단계별 경보 시 행동요령 등을 담고 있어야 한다.

또한, 산사태 재난 발생 시 대피 등 대응대책은 충분한 교육과 훈련이 수반되지 않는다면 그 효과를 거두기가 어렵다. 이와 같이 대응방안에 있어 재난예방교육은 실제상황에서 최대의 효과를 발휘할 수 있도록 해준다. 재난예방교육은 크게 지역주민교육 및 계몽과 인적자원 개발 및 재난예방조직의 육성으로 구분할 수 있다. 지역주민교육 및 계몽과 인적자원개발 및 재난예방조직의 육성 등이 필요할 것이다.

(7) 사면붕괴 재난예방을 위한 제도적 방안

효율적인 산사태 유지관리를 위해서는 마지막으로 산사태 등 사면재해에 대한 제도 및 행정적인 대책이 수반되어야 한다. 2007년 현재 소방방재청에서는 "급경사지안전관리및재해저감에관한법률"을 입법하여 사유지를 포함하는 급경사지 붕괴위험지역의 점검 및 지정, 급경사지 붕괴위험지역의 변위관리 및 위험표지의 설치, 붕괴위험지역의 정비계획, 붕괴위험지역의 안전확보를 위한 이주대책, 토지 등의 수용 및 사면재해예방을 위한 긴급안전조치, 대피 및 강제대피조치, 응급부담 및 급경사지 정보체제 구축 등을 통해 합리적인 사면재해대책을 수립하고자 하고 있다.

1997년부터 2006년까지 재난통계에 의하면, 매년 자연재난으로 인한 인명피해 1,189명 중 27%인 321명이 산사태 등 사면재난으로 희생되고 있다. 따라서 이에 대한 체계적 관리와 재난방지를 위한 총괄적 법령이 제정되어 근원적인 재난예방 추진 및 효율적 관리체계를 갖추게 되었다. "급경사지안전관리및재해저감에관한법률"에는 경사면에 발생하는 산사태, 낙석, 절개지 붕괴 등 각종 재난으로부터 국민을 보호하기 위한 국가의 책무를 의무화하고 재난발생우려지역에 대하여 점검을 실시하도록 하는 내용과, 위험지역을 지정하여 효율적인 관리를 도모하고 고지를 통해 국민들이 평시에 재난에 대비하도록 경각심을 고취하는 내용, 그리고 붕괴위험지역에 대하여 현지조사를 실시하고 경사지 재난위험도 평가를 실시하도록 하는 규정 등이 명기되어 있다. 경사면종합계획수립의 근거를 마련하고 붕괴방지대책의 적용을 통하여 위험지역에 대한 적정대책 수립에 관한 조항과 급경사지 붕괴방지공사와 관련한 손실에 대한 보상규정을 명기하여 효율적인 위험지 관리와 대책공사를 지원하는 내용을 포함하고 있으며 각종 위험행위에 대한 제한규정을 두어 인위적인 요인으로 재난을 가중시키는 요소를 제거하는 내용을 포함한다. 연구개발사업을 육성하고 관련 기술을 검토하는 규정을 두어 경사면 관리의 역량강화와 지방자치단체 지원을 도모하고자 하였으며 또한 피해예상지역에 대한 주민대피근거를 마련하고 실시간 관측시스템 및 경보시설 설치의 근거를 제시, 효율적인 위험지 관리를 위한 대응근거를 마련하고 있다.

6. 홍콩의 사면유지관리시스템

홍콩은 가파르고 험한 지형, 집중호우, 그리고 과도한 도시개발로 인해 항상 산사태 위험에 처해 있다. 사면안정에 대한 높은 수준의 사회적 요구를 만족시키기 위해 홍콩정부는 1970년대 말 사면안정시스템을 구축하여 사면의 정기적인 조사 및 유지관리로 지속적으로 안정성을 확보하기 위한 노력을 하고 있다.

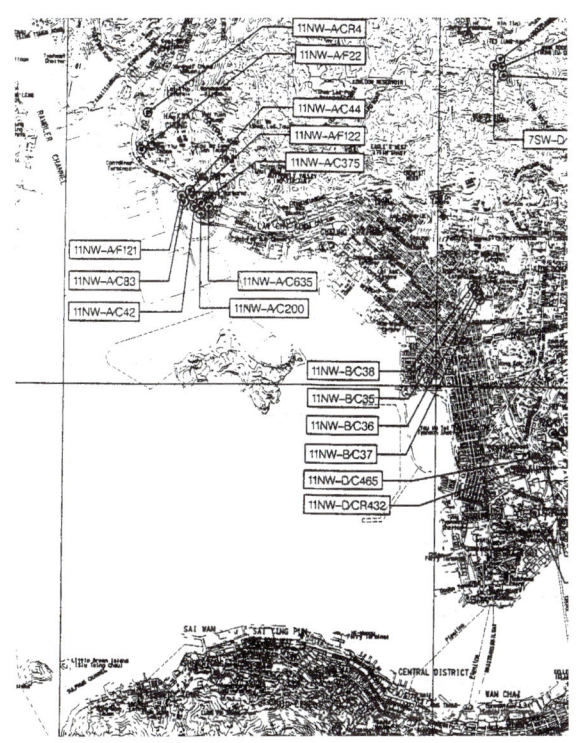

[그림 5.24] 홍콩의 사면관리번호 부여

그 예로 홍콩의 모든 사면들은 [그림 5.24]와 같이 관리번호가 부여되어 있다. 사면의 종류에 따라 [그림 5.25]와 같이 성토사면, 자연사면, 절토사면, 옹벽사면 등으로 분류하고 각 종류에 따라 절토사면의 경우 C, 성토사면의 경우 F, 옹벽사면 R로 분류한다. 그리고 관리번호는 예를 들어 11NW-A/C75와 같이 표시하는 데 11NW-A는 사면과 관련된 도면번호를 의미하며 C는 절토사면, 그리고 75는 사면의 일련번호를 의미한다.

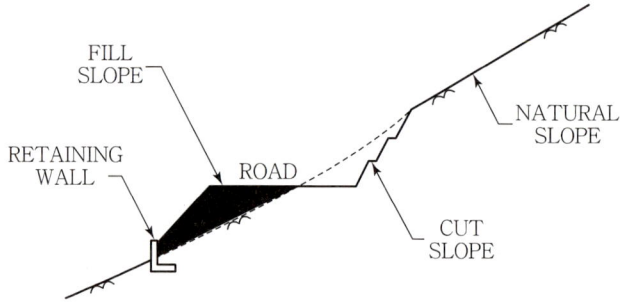

[그림 5.25] 사면 종류의 분류

각 사면들은 엔지니어들에 의해 정기적인 조사를 통해 위험도 평가를 실시하여 사면보강대책을 수립하고 있다. 그리고 이들은 [그림 5.26]의 유지관리시스템 프로그램을 이용하여 데이터베이스를 구축하고 있다.

유지관리프로그램은 사면현황에 대한 정보, 사면의 지질적인 정보, 붕괴이력, 횡단면도, 사진, 평면도, 조사단면도와 같은 정보를 가지고 있다.

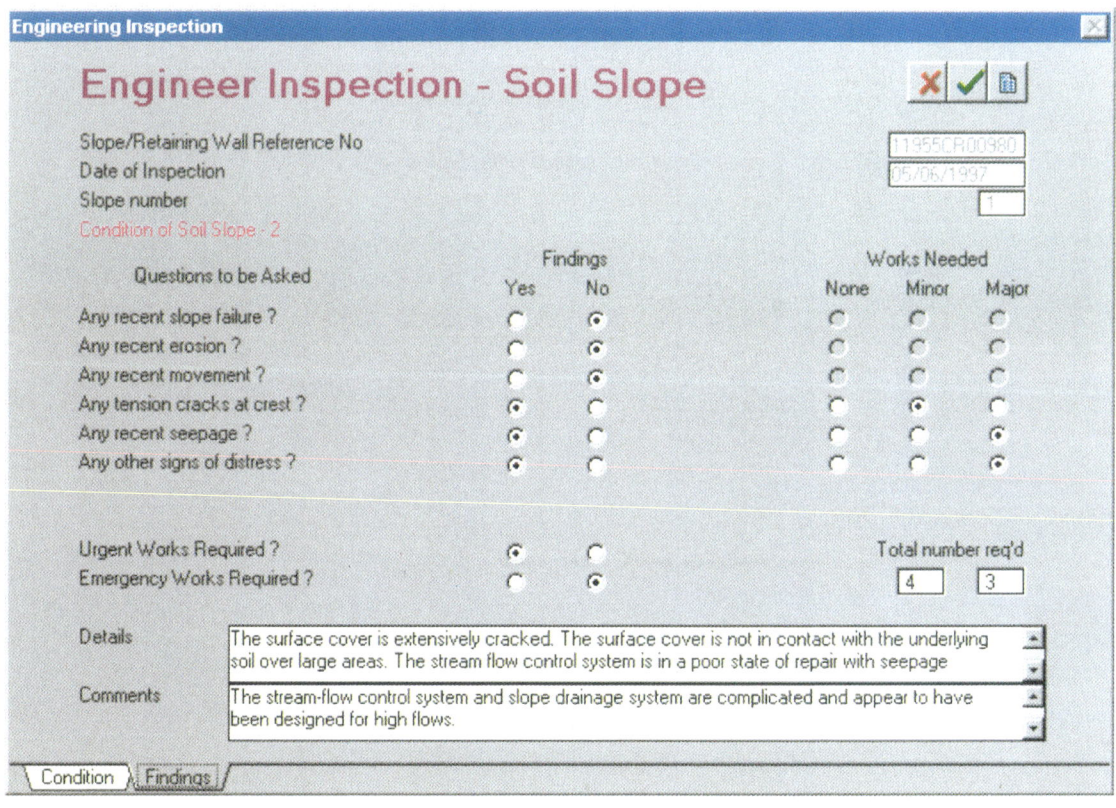

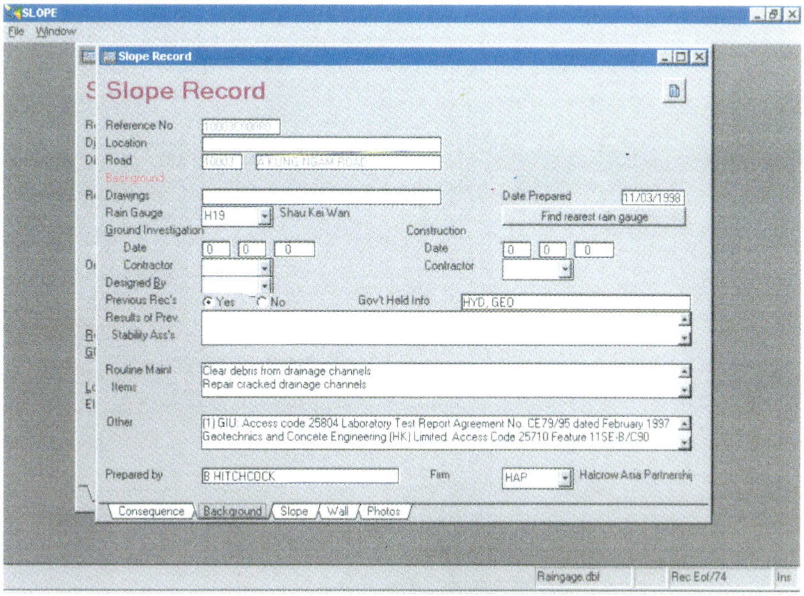

[그림 5.26] 사면유지관리프로그램

RECORD OF SLOPE OR RETAINING WALL — **SHEET 1 OF 8**

SLOPE HyD REF. NO. 32681C00180 / GEO REF. NO. 7SW-B/C605

SLOPE/RETAINING WALL LOCATION (ADDRESS)
SHING MUN TUNNEL ROAD
Sha Tin — NTE

MAP COORDINATES	E	836000	TOE ELEVATION (mPD)		58.1
(1980 DATUM)	N	827030	MAP SHEET	07-SW-14B	07-SW-15A

INFORMATION ON CONSEQUENCE-TO-LIFE CATEGORY

What facilities will be affected if this slope or retaining wall collapses ?

AT CREST (a) Type(s) of facility NONE
(b) Distance(s) 0 m

AT TOE (a) Type(s) of facility PUBLIC ROAD
(b) Distance(s) 1 m

Consequence-to-life category of the slope or retaining wall :Low

SERVICES

Location	Type	Size

GENERAL INFORMATION

Date of ground investigation : / / Name & Address of Contractor :

Date of construction : / / Name & Address of Contractor :

Designed by (Firm) :
As-constructed drawing no.(s) : 62783/1101B, 62783/1102C
Nearest raingauge(s) N02 : Sha Tin

[그림 5.27] 사면유지관리시스템의 출력 예

이러한 사면안정시스템은 토목공학건설학부(CEDD) 내 지반공학사무국(GEO)이 관리 운영하고 있으며 이 시스템은 몇 가지 중요한 분야로 구성되어 있다. 즉 안전기준의 설정, 그리고 새로운 기술개발, 지반공학적 통제 실행, 신규사면의 안전기준 확보, 기준이하 사면의 보강, 사면안정에 있어서 사면유지관리와 공공의 반응 장려, 그리고 사면의 미관 장려이다. 현재 홍콩에는 약 57,000개에 해당하는 상당한 크기의 절취사면이 있으며 이 중 2/3인 약 39,000개를 정부가 관리하고 있다.

홍콩정부는 공식적인 산사태 경보를 목적으로 실시간 강우자료를 수집하고 있으며 이를 위해 홍콩 전역에 자동으로 강우가 기록되는 광범위한 네트워크를 구축하였다. 홍콩정부는 정부관리 사면보강에 연간 약 9억불(HKD), 유지관리에 약 6억 5천불을 지출하고 있다. 매년 지반공학사무국은 상세조사와 필요 시 보강을 위해 진행성 산사태 예방(LPM) 프로그램에 근거한 위험순위에 따라 관리사면을 지정하고 있다.

홍콩은 장기적인 관점에서 산사태 문제를 다루어야 하므로 홍콩국민의 보다 안전하고 나은 삶을 위해 사면유지관리에 노력하고 있다.

7. 향후 유지관리시스템의 발전

사면의 체계적인 관리 및 관리기법의 과학화, 첨단화는 기술적인 측면이나 사용자의 편이성 등을 고려하여 다양한 용도로 활용이 가능하여야 할 것이다. 검색을 통하여 속성자료 간의 상관관계의 자료제공은 기본적인 항목이 될 것이고 위치정보와 속성자료를 통하여 사면의 붕괴가 발생할 경우, 원인을 파악할 수 있는 자료제공도 하나의 역할이라 할 수 있다.

사면관리시스템은 국가적인 차원에서의 관리주체, 재해대책본부, 중앙부서, 지방자치단체 등이 정보의 상호공유를 통하여 운영된다면 보다 효과적일 것으로 판단된다.

이는 정보네트워크 구축과 관련된 최근의 국내시장현황을 파악해 볼 때, 짧은 기간에 초고속 인터넷, 이동통신 등 쌍방향 정보소통기반이 구축되면서 빠르고 정확한 재난정보서비스 이용수요의 확대가 예상되고, 아울러 과학적 재난예측분석 및 예방중심의 선진시설물 안전관리를 위한 통합·지능·혁신적인 정보화역량 요구가 증가하고 있는 최근의 분위기와도 부합하는 것이다.

최근 개발된 사면대책공법

CHAPTER 06

본 장에서 제시된 사면대책공법은 집필진에 의하여 수집된 자료를 토대로 정리한 것이다. 본 도서가 준비되는 가운데 신청된 신기술 및 신공법에 대하여는 누락되는 사례가 발생할 수 있을 것으로 생각된다. 추가로 본 도서가 증판이 될 때, 신공법에 대하여 보다 많은 소개를 하고자 한다. 본 장의 구성은 보강공법과 보호공법을 근간으로 구분하여 설명하였으며 마지막에 미래의 사면 기술에 대하여 정리한 것이다.

1. 보강공법

1) 압축분산형 영구앵커공법

본 공법은 그라우트 내의 인장크랙(Crack)과 하중 집중으로 인한 진행성 파괴(Progressive Debonding) 현상이 발생되어 하중을 감소시키는 단점을 보완하여 하중을 앵커체 여러 부분에 분산시켜 연약한 지반에서도 일정한 앵커력을 확보할 수 있도록 개선한 영구앵커공법이다.

압축분산형 영구앵커공법은 압축마찰타입의 앵커로서 하중 전이는 자유장의 인장재, 내하체, 그라우트체, 지반순으로 전달된다. 압축분산형으로 하중을 분산시키므로 그라우트체의 압축강도를 활용할 수 있다[그림 6.1]. 강선은 내하체 내에서 정착된다.

본 공법은 [그림 6.2]와 같이 그라우트체의 압축파괴방지를 위해 정착체를 설치하는 것이 특징이다. 앵커체에 정착체를 설치하여 하중을 분산시키므로 기존 선단 압축형 앵커에서 발생할 수 있는 앵커 선단부의 응력집중에 의한 압축파괴를 방지할 수 있으며, 크립에 대한 변형이 적어 사면의 안정성을 향상시킨다.

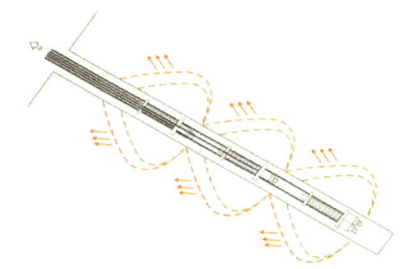

[그림 6.1] 압축분산형 영구앵커의 하중분포도

[그림 6.2] 압축분산형 영구앵커의 정착체

본 공법의 적용 대상은 다음과 같다. 사면의 활동깊이가 깊어서 인장력이 큰 앵커를 사용할 때 하중집중으로 인한 정착부 파괴의 위험성이 있는 지반과 지층별 조건이 상이하여 지층별로 앵커하중을 분산시켜야 하는 지반이다. [그림 6.3]은 본 공법을 이용하여 보강된 사면사례이다.

[그림 6.3] 중부내륙 고속도로 사면

2) 압력식 소일네일링공법

발포우레탄 패커를 이용한 압력식 소일네일링공법은 원지반을 천공한 다음 그라우팅 입구부에 패커를 설치하고, 급결성 팽창제를 주입하여 네일 두부를 완전히 밀폐시키는 시스템이다[그림 6.4]. 압력 그라우팅을 실시하여 정착부의 유효직경 및 인발저항력을 증가시킴으로써 기존의 소일네일링공법보다 전체안전율을 증대시키는 공법이다.

일반적인 소일네일링공법은 중력 그라우팅 방식으로 정착부의 수축현상을 보완하기 위하여 3~6회 정도의 그라우팅을 실시하므로 주입과 관련된 반복 공정으로 인하여 시공성이 저하되며 그라우팅 충진불량 등의 문제점이 있다. 본 공법은 발포우레탄 패커를 이용하여 정착부에 1회 압력그라우팅만으로 그라우팅의 품질향상 및 인발저항력을 증대시켰으며 시공을 단순화하였다.

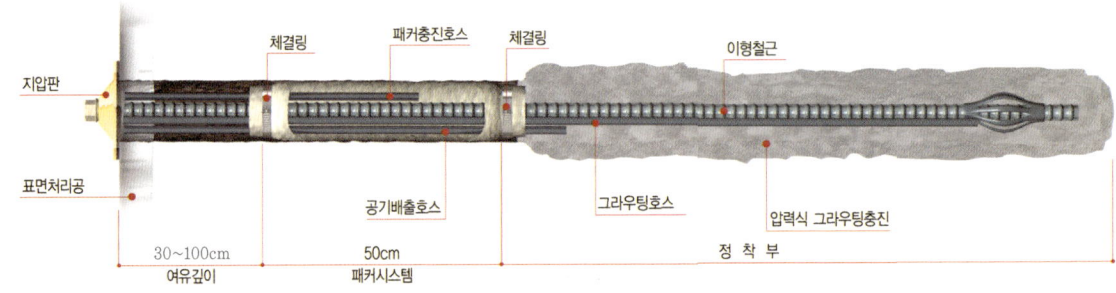

[그림 6.4] 압력식 소일네일링공법 개념도

[그림 6.5]는 부산광역시 강서구 지사동에 위치한 부산과학지방산업단지 조성공사의 비탈면 보강공사로서, 깎기 비탈면을 11구역으로 구분하여 토사 비탈면과 풍화암 비탈면의 보강을 위해 발포우레탄패커시스템을 이용한 압력식 소일네일링공법을 적용한 사례로서 현장사진과 함께 설계도를 보여준다.

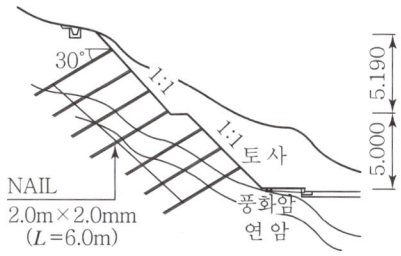

[그림 6.5] 부산과학지방산업단지 비탈면 전경과 보강설계도

(1) 특징 및 효과

① 기존 공법의 그라우팅 충전불량을 해소하였고, 유효경 및 인발저항력을 증가시켜 안전성을 개선

② 압력 그라우팅으로 증가된 인발저항력은 네일링의 소요개소를 감소시켜 경제성을 향상시켰으며, 그라우팅 작업을 1회로 단순화하여 공기단축 및 시공성을 개선

③ 정착부를 밀폐한 상태로 그라우팅하여 그라우트재의 유출을 최소화함으로써 자연환경 훼손을 방지

④ 품질향상을 통해 내구성 향상과 보수·보강 주기감소로 유지관리비용의 절감효과와 현장인발시험 등으로 시공 시 즉각적인 품질관리가 가능

(2) 패커구성

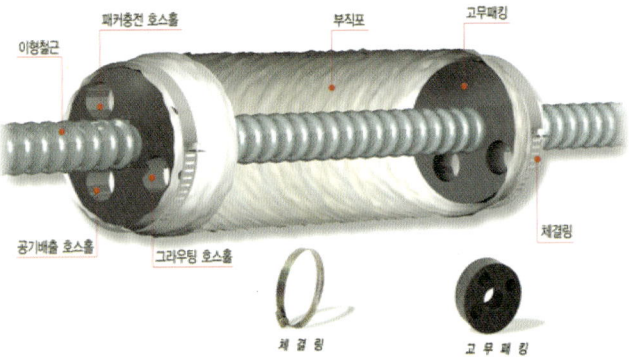

[그림 6.6] 패커구성

(3) 시공순서

[그림 6.7] 시공순서

3) FRP 보강그라우팅공법

원지반을 천공한 후 FRP관을 지질조건에 따라 적절한 간격으로 배열·설치하고, 파쇄 암반의 절리와 토사지반의 공극에 고강도 그라우트(FRC 1호 + 시멘트)를 주입함으로써 FRP 보강재와 주변지반을 일체화시켜 원지반의 전단강도 증대와 보강재에 의한 전단, 휨 및 네일링(Nailing) 효과를 동시에 얻는 공법이다[그림 6.8].

FRP 보강그라우팅공법은 FRP 강성체관[그림 6.9]과 이 관의 측면에 주입구멍을 통하여 원지반의 균열 및 불연속면을 따라 시멘트 밀크를 주입하여 이완된 영역을 일체화시켜 전단강도를 향상시킨다. 본 공법은 [그림 6.8]에서 보는 바와 같이 주입패커를 심부로부터 3~4m 간격으로 다단주입을 하는 것이 특징이다. FRP 관 내의 시멘트 밀크 채움 및 천공 구멍 내 주입재인 실링재로 직경 105mm 이상의 대형 구근을 형성하여 FRP 관과 공벽 사이의 부착력을 크게 증가시킨다. 또한 이완된 균열부 및 불연속면의 공간을 시멘트 밀크로 충진하여 고결시킴으로써 암반의 블록 매개체를 일체화시켜 사면의 안정성을 향상시킨다.

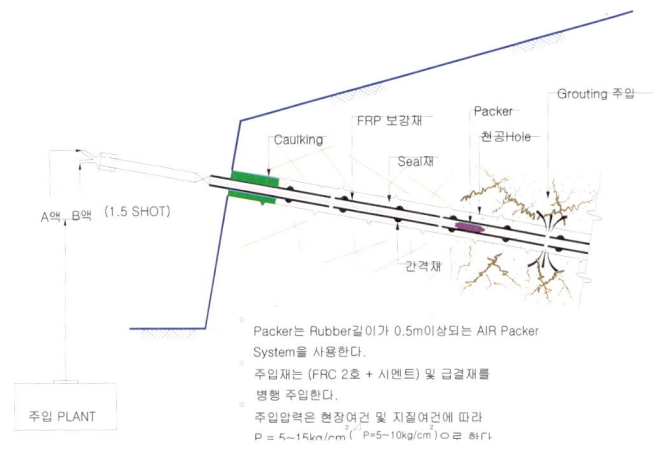

[그림 6.8] FRP 그라우팅공법 개념도

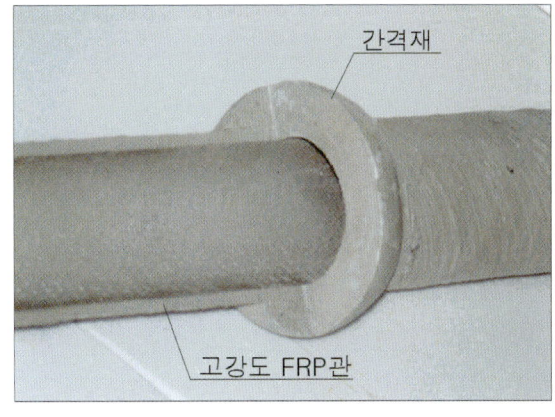

[그림 6.9] 강성체관의 구조

본 공법의 적용 대상은 다음과 같다.
① 지반의 자체강도가 낮거나 이미 이완되어 전단강도 증가가 필요한 사면
② 절취사면의 보강 및 장기적인 안정성 확보가 요구되는 사면
③ 지하수위가 높아 굴착공사 수행 시 지하수 배출에 따른 주변지반의 침하가 예상되는 경우
④ 점착력이 거의 없는 사질토 지반이나 풍화가 심하게 발달한 지반
⑤ 단층대와 절리 및 균열이 심하게 발달한 파쇄대 지반

4) SEC 마찰압축형 영구앵커공법

SEC 영구앵커공법은 압축형 앵커로서의 장점은 물론이고 완벽한 방수·방식기능을 가지고 있으며, 타 앵커와는 달리 너트식 두부 정착방식을 채용하여 내구성, 시공성, 긴장관리 및 유지관리 면에서 유리한 공법이다.

그라운드앵커공법은 정착지반의 지지방식에 따라 마찰인장형 앵커, 마찰압축형 앵커, 지압형 앵커, 복합형 앵커로 구분한다. 종래에는 마찰인장형 앵커를 많이 사용하였으나 근래에 와서는 그라우트에 발생하는 인장균열로 인한 진행성 파괴(Progressive Debonding) 현상 등으로 장기적으로 잔존 앵커력이 감소하는 사례가 발생하고 있어 경제적인 이유로 가설앵커로는 많이 사용되고 있으나, 영구앵커로는 진행성 파괴현상이 없고 지반으로의 하중전이가 양호한 마찰압축형 앵커를 선호하고 있는 추세이다.

SEC 영구앵커공법은 앵커의 인장재(주로 PC강연선)에 직접 그라우트가 부착되지 않고 별도의 내하체인 돌기형의 파이프 정착체를 구비하고 있다. 그라우트가 부착되는 정착체는 압축부재로 그라우트에 인장균열이 발생하지 않는 구조로 되어 있다[그림 6.10]. 또한 SEC 앵커는 정착체 외주면의 충분한 면적에 그라우트가 부착되므로 앵커 두부에서의 인장하중을 그라우트를 통하여 지반에 전달하는 하중전이(Load Transfer)가 양호하며 인장형 앵커와 같이 그라우트에 균열이 발생하지 않는 구조로 되어 있어 방수용 시스관이 필요 없다. [그림 6.11]은 본 공법으로 보강된 사면을 보여준다.

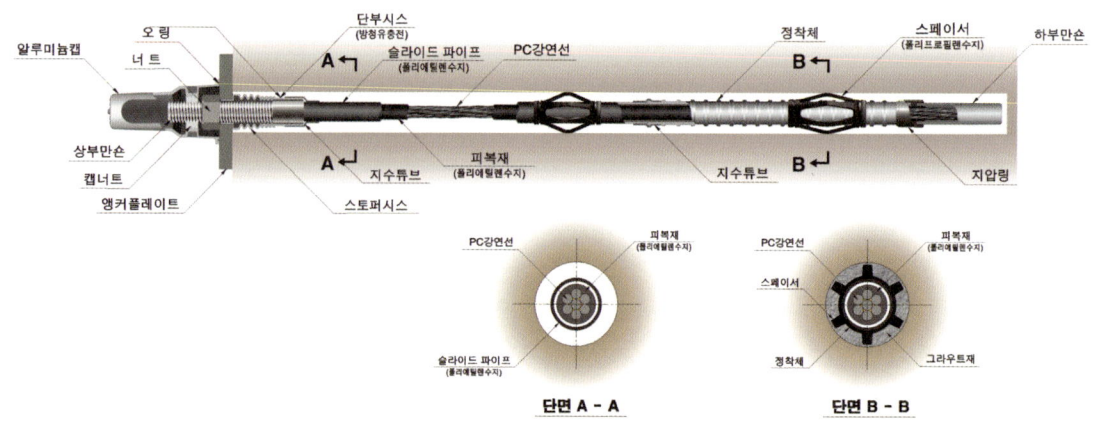

[그림 6.10] SEC 영구앵커의 구조

[그림 6.11] 국도 14호선 배둔지구 사면 보강

5) 콘네일링공법

본 공법은 소일네일공법의 단점을 보완한 암반사면 보강공법으로 철근보강재인 네일(Nail)에 원추형 콘을 일정한 간격으로 다수 장착하여 그라우트재와 원지반까지 방사입체형으로 힘을 미치게 하는 암반사면 보강공법이다.

사면붕괴 방지공사 중 네일링공사에 있어 보강철근에 원추형 콘을 장착하여 네일이 그라우트재와 완전 분리되지 않도록 하며 보강철근의 부착력 및 네일의 인발력을 증가시키고, 사면파괴 시 콘이 그라우트재 내에서 쐐기역할을 감당하게 함으로써 그라우트재와 주변 원지반까지 인발력이 전달되어 부착저항력을 증가시켜 네일의 인발강도 증대와 잔류인발력을 확보할 수 있도록 고안되었다[그림 6.10].

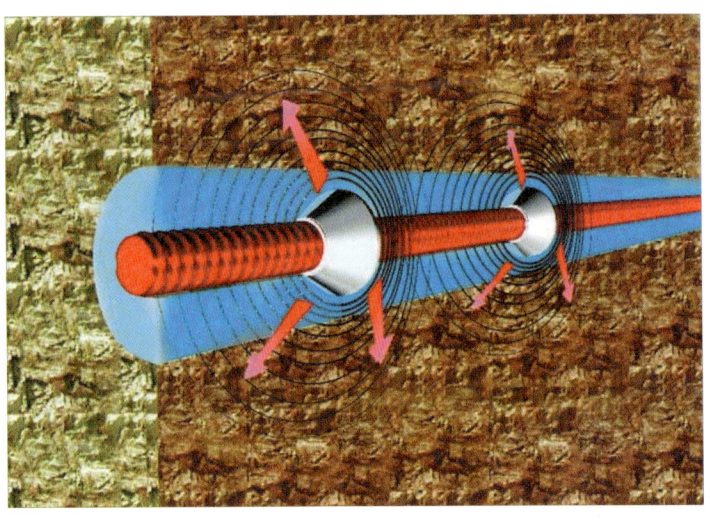

[그림 6.12] 원추형 콘의 인발력 증대 원리

본 공법의 적용 대상은 다음과 같다.
① 암반의 불연속면이 연속적으로 많이 존재하는 사면
② 풍화암 이상의 절토사면 중 쐐기파괴나 평면파괴가 우려되는 사면
③ 소일네일로 설계 가능한 사면 중 풍화암 이상의 암반사면
④ 기 개설 도로사면의 붕괴방지

[그림 6.13]은 중부고속도로 339.5k 지점의 절취 암반사면에 본 공법을 적용한 사례이다.

(a) 사면 전경

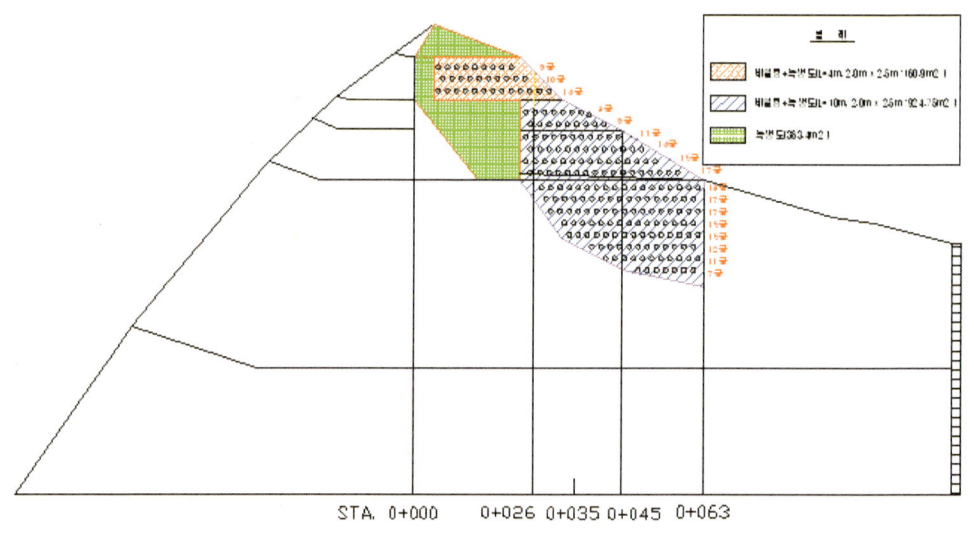

(b) 시공 현황

[그림 6.13] 중부고속도로 339.5km 지점 절취 암반사면

6) Green Slope Soil Nail 공법

Green Slope Soil Nail(G.S.N) 공법은 Soil Nail 시공 시 고강도 토목섬유로 직조한 섬유거푸집 사이에 시멘트 모르타르를 채워 콘크리트 격자기둥을 형성시키고 일반적인 사면 보강공법과 결합 시공 후 격자기둥 사이 식생이 가능한 환경친화적인 사면보강공법이다[그림 6.14].

[그림 6.14] Green Slope Soil Nail 공법

본 공법의 특징은 다음과 같다.
① 토사침식을 최소화하며, 활동저항성이 높음
② 콘크리트 기둥으로 침식 방지
③ 기존 Soil Nail에 적용한 모든 지반에 적용 가능
④ 식생이 가능하여 미관이 우수
⑤ 강성전면벽체로서의 하중분담역할
⑥ 절취면 국부파괴 및 침식 보호 역할

본 공법의 적용 대상은 다음과 같다.
① 대규모 파괴가 우려되는 깎기비탈면
② 대규모의 토공량으로 경제성이 떨어지는 경우
③ 깎기 시공 시 제반 위험요소가 높은 경우
④ 불연속면의 연속성으로 사면안정이 필요한 경우
⑤ 장기적인 측면에서의 안정성 확보가 요구되는 경우

[그림 6.15]는 본 공법을 적용한 사례이다.

[그림 6.15] 청양 도로 사면

7) SA 앵커공법

(1) 공법 개요

강봉 슬리브와 앵커헤드의 절삭날, 정착날을 이용하여 그라우트 주입 전 인장력을 확보하고 계획심도에 헤드를 확실하게 정착시킴으로써 시공이 간편하고 품질관리가 용이한 앵커공법

(2) SA 앵커 구조 및 시공 방법

- SA-앵커는 버릭과 헤드, 관입부 및 두부 등으로 구성되어 있는데, 버릭은 천공홀 끝단에 정착되어 앵커체가 작동되도록 하는 기능과, 관입 후 천공홀 끝단 지반에 완벽히 정착되어 앵커체가 천공홀 내부에서 이동을 못하도록 하는 기능이 있다.
- SA-앵커의 헤드에 절삭날과 정착날이 지그재그로 장착되어 있어서 절삭날을 이용한 천공홀 주변지반 직경의 확대와 정착날의 주변지반과의 일체화로 인해 그라우트 주입 전 인장이 가능하다.
- SA-앵커는 일반적인 주입호스 대신에 PC강연선의 늘어짐 방지와 그라우트 주입구 및 유출구가 있는 강봉으로 설계된 슬리브를 사용한다.
- 두부는 쐐기너트병용법을 사용하였으며, "1차 지압판(쐐기형) → 주름관 → 2차 지압판 → 너트 → 캡" 순으로 구성된다.

- 그라우트 주입 전 설계인장력을 확보할 수 있어 그라우트 주입을 단 한 번으로 완료할 수 있으며, 주름관을 이용한 지압판 시공을 통해 거푸집을 일일이 제작할 필요가 없는 등 공비와 공기를 크게 단축할 수 있다.
- SA-앵커체는 천공홀에 완전한 삽입이 가능하고, 그라우트 주입 전 인장을 실시함으로써 기존 앵커 시공에서 문제점인 PC강연선의 늘어짐을 방지할 수 있는 등 반복 주입의 불필요와 앵커 인장력을 확보하여 완벽한 시공이 이루어진다.
- SA-앵커 중앙에는 슬리브가 있어서 앵커체 삽입 시 PC강연선의 휘어짐을 방지하며, 헤드부 쪽에 그라우트 유출부가 있어서 그라우트 주입 공정이 간편하다.
- SA-앵커 시공공정은 "천공 → 앵커체 삽입 → 앵커체 회전 → 인장 → 지압판 조립 → 그라우트 주입 → 두부처리 → 완료"로 이루어지며, 기존 앵커와 차이점은 완전삽입의 유무를 확인할 수 있는 점, 그라우트 전 앵커 인장력을 확보할 수 있는 점, 그라우트 주입을 단 한번으로 완료함으로써 주입장비의 반복 투입이 불필요하다는 점과 거푸집 대용으로 주름관을 제작, 사용하여 편리하다는 점이다.

(3) 특징 및 효과

- 주입 전 인장력을 확보함으로써 앵커 인장 후 그라우트 주입공정이 이루어지기 때문에 공사기간이 짧다.
- 압축식 주름관을 이용함으로써 지압판 시공이 간편하다.
- PC강연선이 늘어지지 않고 긴장되어 정착되므로 지반거동 시 초기인장력이 완벽하게 발휘된다.
- 강봉슬리브에 의해 앵커체가 천공하단부까지 완전하게 관입된다.

(4) 구성요소

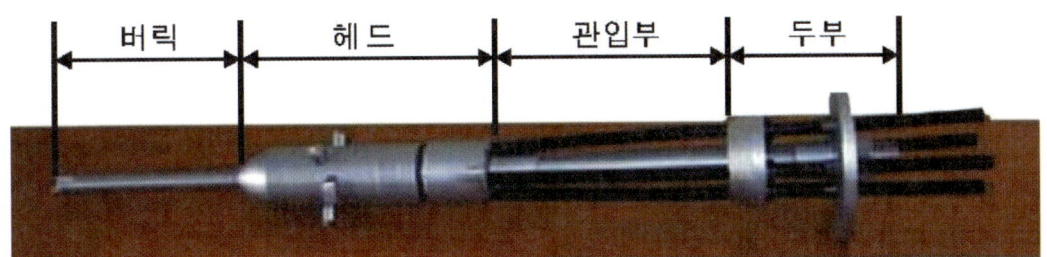

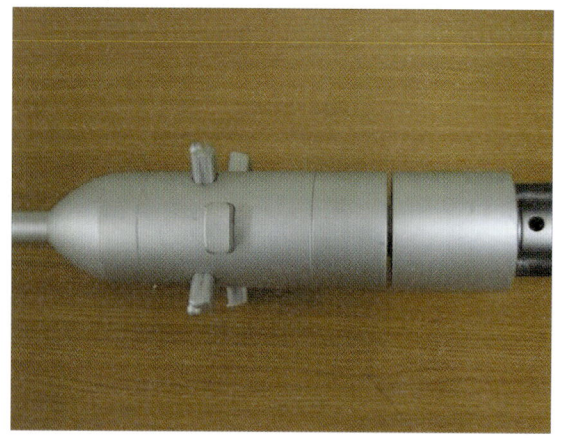
〈SA-앵커 헤드(절삭날, 정착날)〉

〈강관 슬리브 그라우팅 유입구〉

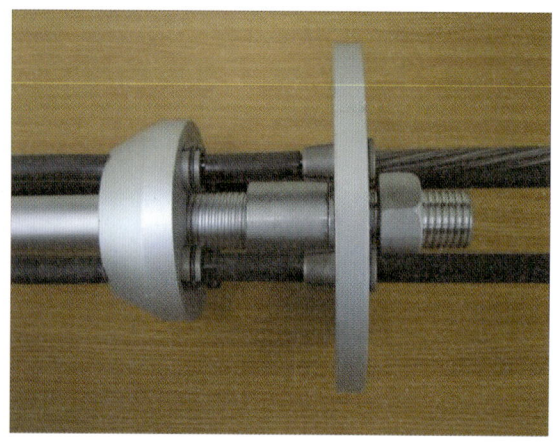
〈SA-앵커 두부〉

〈SA-앵커 두부처리 모식도〉

[그림 6.16] SA-앵커 구성요소

8) 복합강관을 이용한 사면보강공법

복합강관을 이용한 사면보강공법은 보강플레이트를 삽입하여 강관의 강성을 보강하고 그라우팅 효과를 증대시킬 수 있도록 고안된 복합강관을 사면에 직천공 또는 일정 깊이의 천공 홀을 형성하여 설치한 후 천공 홀과 그 주변의 이완영역 및 원지반의 공극과 불연속 면에 그라우트를 주입하여 원지반을 보강하는 공법이다.

복합강관은 열십자 또는 삼각형 형태의 보강플레이트를 삽입하여 강관의 강성을 보강 [그림 6.17] 하는 한편, 보강플레이트에 의해 분할된 강관 내부의 분할영역에 그라우트가 각각 분할 주입되도록 고안되어 주변 지반을 상·하·좌·우 균등하게 주입할 수 있다[그림 6.18]. 또한, 본 공법은 강관의 선단부에 설치되는 그라우트 분할 어댑터와 주입호스 커넥터를 이용하여 강관 내부의 분할영역에 대응하여 강관의 선단부에서 후단부까지 일정 간격의 스크류 형태로 배열된 분사공을 통해 전 심도에 동시 주입되는 그라우팅 시스템으로서 기존의 패커를 이용한 다단 그라우팅 시스템에 비해 공기와 공사비를 현저히 줄일 수 있다.

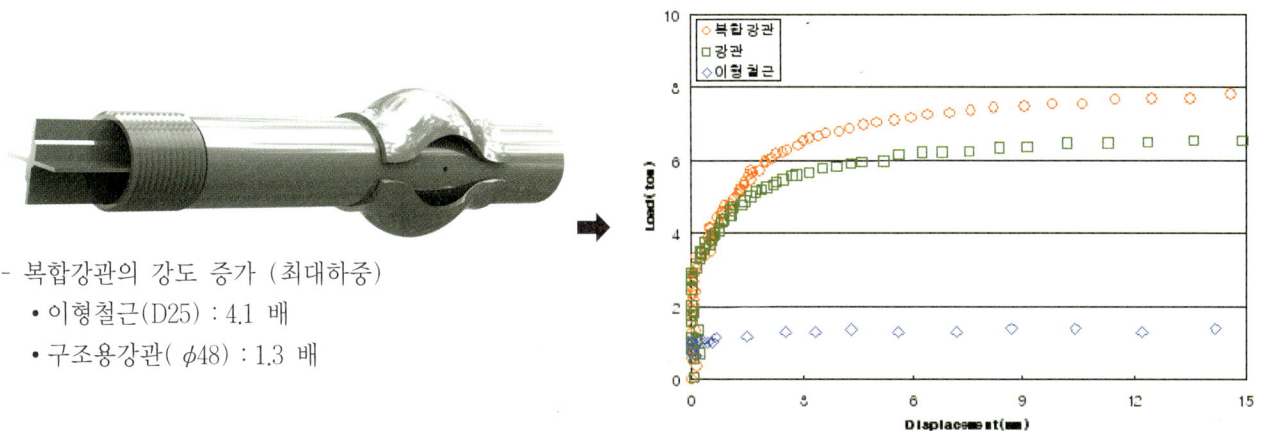

- 복합강관의 강도 증가 (최대하중)
  • 이형철근(D25) : 4.1 배
  • 구조용강관(φ48) : 1.3 배

[그림 6.17] 복합강관의 강성 증가

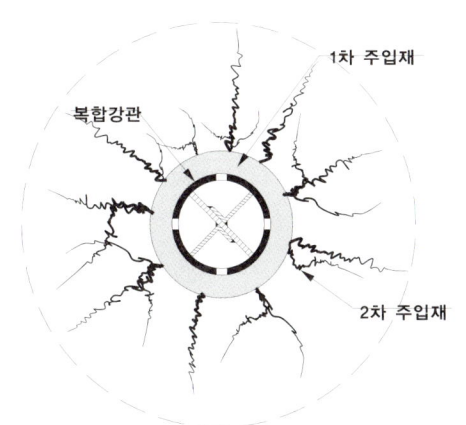

- 1차 주입 (천공홀 및 패커 채움) : Sealing Hose를 이용하여 시멘트 밀크 주입

- 2차 주입 (가압그라우팅) : 연결구에 의한 동시 가압주입으로 연약층 및 불연속 면에 그라우트 충진

[그림 6.18] 주입효과 극대화

본 공법의 적용 범위는 다음과 같다.
① 대규모 붕괴가 예상되는 대절토 비탈면
② 파쇄대 암반 또는 풍화가 심한 암반 비탈면
③ 이미 붕괴되어 전단강도 증가가 요구되는 비탈면
④ 느슨한 사질토 지반이나 붕적토 비탈면
⑤ 원호파괴 범위가 매우 깊어 중력식 주입으로 보강이 어려운 비탈면

2. 낙석방지공법

1) 링네트

링네트 공법은 낙석운동 에너지를 강성구조로 이루어진 힘으로 대항하는 것이 아니라 큰 변형성에 의해 에너지를 흡수하는 유연성 원리를 이용한 공법으로서, 각 부재에 의한 에너지 흡수뿐 아니라 방호책을 구성하는 전 시스템에 의해 복합적으로 에너지 흡수성능을 향상시켜 극히 높은 낙석에너지에 대응하도록 고안되었다.

링네트 방호책에 충돌한 낙석의 충격에너지는 다음 3단계의 시스템에 의해 흡수된다.

- 1단계 : 낙석 충격을 받은 링네트는 탄소성 변형으로 에너지를 흡수하며, 운동에너지의 대부분은 개개의 링네트 변형의 총합에 의해 상쇄된다[그림 6.19].
- 2단계 : 브레이크 링에 의한 에너지 흡수가 시작된다. 브레이크 링의 변형 및 마찰저항에 의해 에너지를 흡수한다[그림 6.20].
- 3단계 : 링네트 낙석방호책 전체가 잔존 에너지를 흡수한다. 하중방향의 변화에 대응하는 와이어 로프 앵커 등의 시스템이 에너지를 흡수한다[그림 6.21].

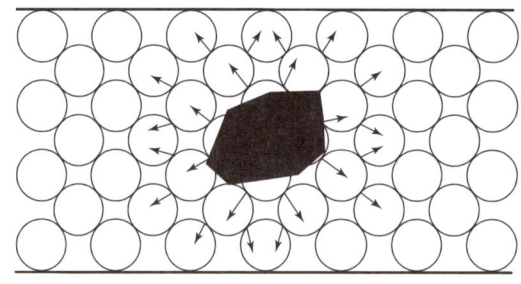

(링네트에 충격이 가해진 후 하중이 고르게 분포)

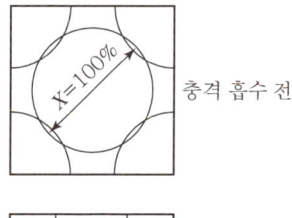

충격 흡수 전

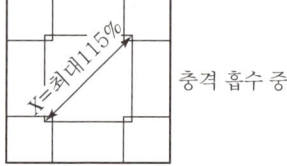

충격 흡수 중

(충격 시 개개 링네트의 변형도)

[그림 6.19] 유연성 방호책의 작동 메커니즘(Ⅰ)

(에너지 흡수 전)　　　　　　　　　　　　　(에너지 흡수 후)

[그림 6.20] 유연성 방호책의 작동 메커니즘(Ⅱ)

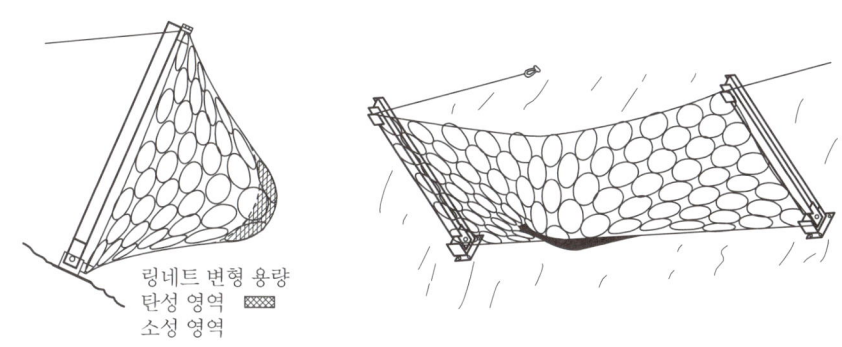

[그림 6.21] 유연성 방호책의 작동 메커니즘(Ⅲ)

본 공법의 적용 대상은 다음과 같다.
① 피암터널을 설치할 만한 공간이 확보되지 않은 도로나 철로변
② 직경 40cm 이상의 낙석이 우려되는 모든 사면
③ 일반적인 보강공법(예 : 네일, 록볼트, 앵커 등)을 적용하기에는 대상면적이 너무 광범위한 경우
④ 터널갱구부에 지붕형식 낙석방호책
⑤ 계곡 또는 소하천 등을 횡단하여 폭 15~25m, 높이 3~5m 내외로 설치함으로써 유수에 포함된 토석류(Debris), 유목 등의 부유물들을 걸러내는 필터링 기능을 통해 하부지역의 수해를 방지해야 하는 경우

[그림 6.22]는 충북선 동량~삼탄 간 500여 m에 이르는 구간에 설치한 링네트가 16톤 규모의 낙석(암괴크기 : 2.4m×1.8m×1.5m)을 잡아낸 모습을 보여준다[그림 6.21].

(a) 링네트 설치 전경

(b) 낙석이 링네트에 걸린 모습

[그림 6.22] 충북선 링네트가 16톤 크기의 낙석을 잡아낸 사례

2) EX-Metal 낙석방지울타리

고강도 Ex-Metal망과 지주(H 형강)를 경간별로 조립하여 낙석의 도로유입을 방지하는 공법[그림 6.23]으로서 다음과 같은 특징을 갖고 있다.

- 지주와 Ex-Metal이 낙석에 동시에 저항하므로 기존 낙석방지울타리의 부분적 취약성을 보완
- Ex-Metal 자체가 하중에 의한 변형 시 지주와 Ex-Metal이 일체구조로 되어 있으므로 낙석발생에 대한 낙석방어 능력 증가
- 낙석으로 인한 어느 한 구간의 Ex-Metal 파괴 시 손상된 경간만 교체 가능
- 기존 낙석방지울타리의 단부 시설이 필요 없게 되어 공사비 절감

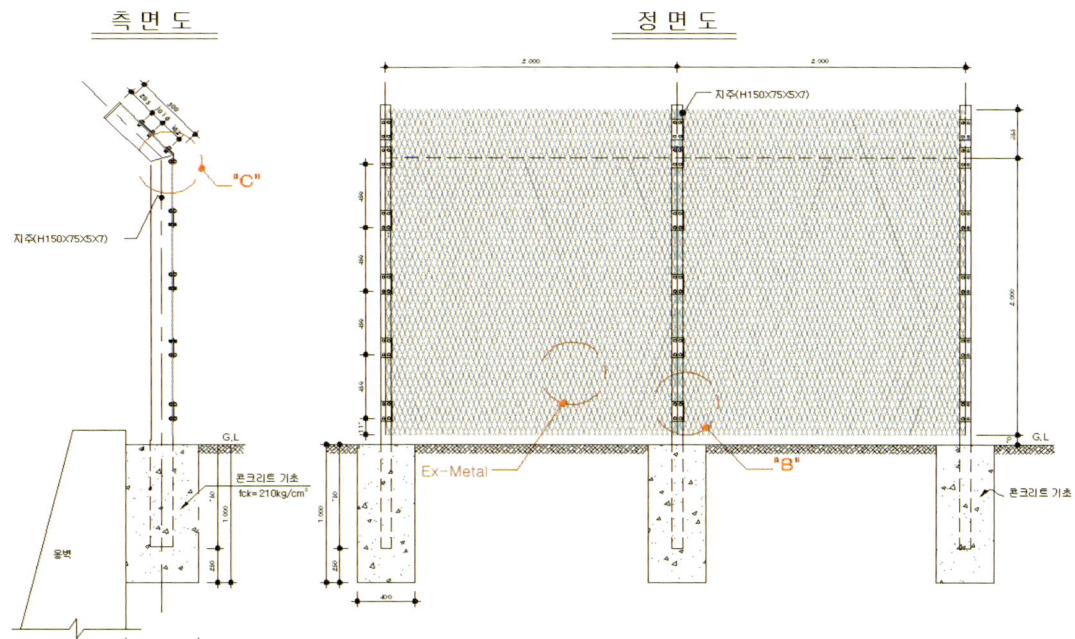

[그림 6.23] Ex-Metal 낙석방지울타리

본 공법의 적용 대상은 다음과 같다.
① 낙석충격에너지 50kJ 정도 낙석규모를 갖는 낙석위험 절개지
② 도로(고속도로, 국도, 지방도 등) 및 철도
③ 주택단지 및 채석장
④ 기타 낙석 위험 절개지
⑤ 토사붕괴가 예상되는 위험 비탈면

3) SA NET

SA NET 공법은 고에너지 흡수형 낙석방지망 공법의 일종으로 일반적으로 사용하고 있는 낙석방지망의 와이어로프의 단부와 종·횡 와이어로프의 교차점에 각각 완충구를 설치하여 낙석에 의한 충격에너지를 철망과 와이어로프의 탄성변형에너지로 흡수할 뿐만 아니라, 낙석에너지가 커서 와이어로프에 일정치 이상의 장력이 발생하게 되면 와이어로프가 완충구 내에서의 슬립에 의한 마찰에너지를 이용하여 추가적으로 낙석에너지를 흡수할 수 있다[그림 6.24].

즉, 와이어로프에 발생하는 장력을 일정 규모 이하로 제어할 수 있게 함으로써 와이어로프가 파단되지 않게 되는 원리를 이용하여 불안정한 암괴를 가진 사면에 와이어로프(Wire Rope)에 완충구를 부착한 SA NET를 설치하면 암괴가 와이어로프와 네트(Net)를 뚫고 나오지 못하게 제어하면서 사면과 네트 사이로 낙하시켜 암괴를 하방으로 안전하게 유도할 수 있는 공법이다.

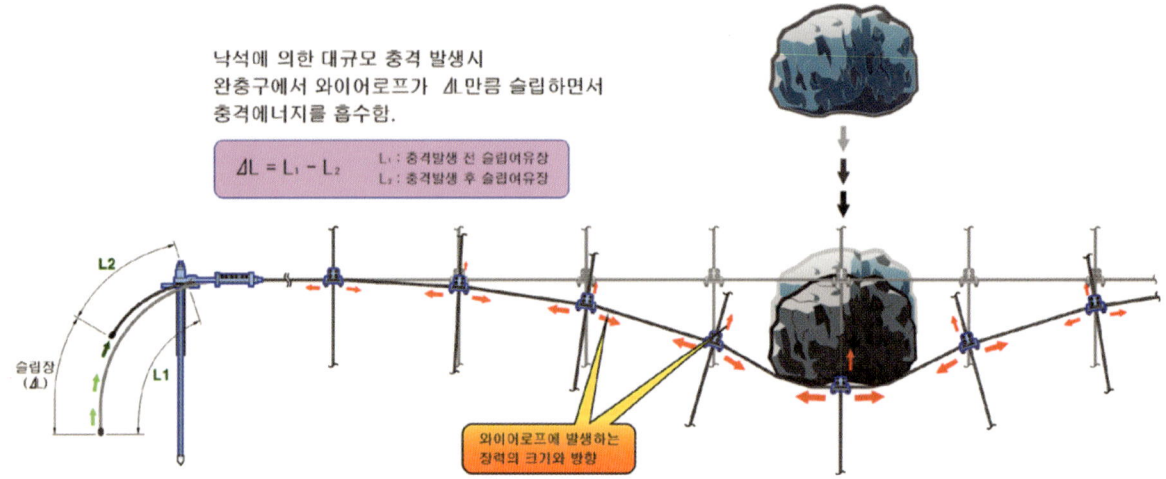

[그림 6.24] 완충구에 의한 낙석에너지 흡수 원리

[그림 6.25]는 인제지구 사면에 SA NET가 시공된 모습을 보여준다.

[그림 6.25] SA NET가 설치된 인제지구의 한 사면

4) 고강도 텐션테코네트

고강도 텐션테코네트 공법은 고인장 강도(1,770N/mm² 이상)를 지닌 테코네트를 사면에 밀착시킨 후, 프리텐셔닝(V_{max}=50kN)으로 표면의 응력을 강화하고 네일(또는 록볼트)로 지반의 전단강도를 제고시켜 테코네트·네일(또는 록볼트) 간의 힘을 상호 접선이동시킴으로써 전체사면을 일체화하여 표면의 낙석보호와 심층의 파괴에 대처하는 공법이다[그림 6.26].

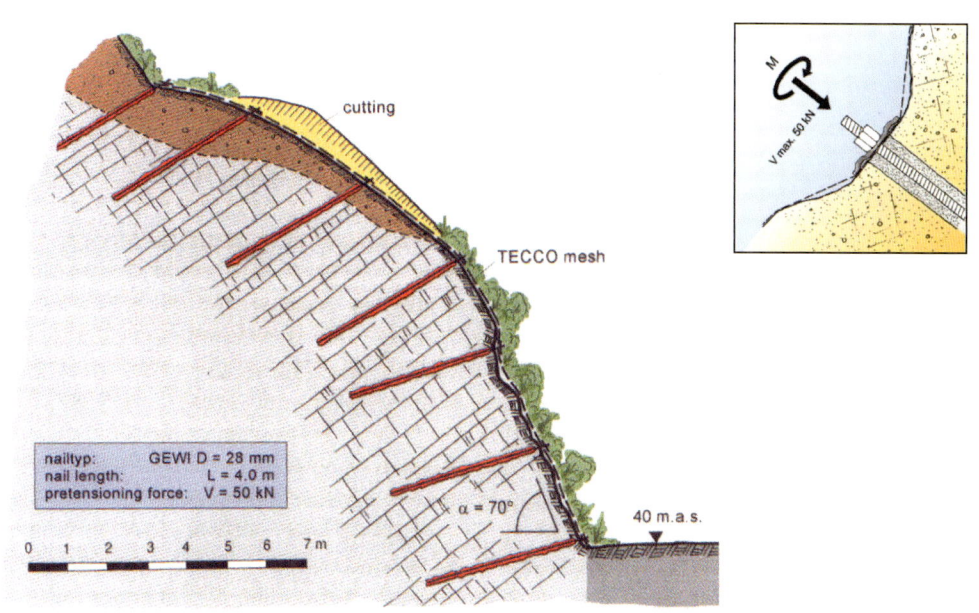

[그림 6.26] 고강도 텐션테코네트 공법 개념도

본 공법의 적용 대상은 다음과 같다.
① 불연속면의 발달이 심한 암반사면이나 붕괴 가능성이 높은 지역
② 차별풍화가 급진전된 지층이 형성되어 대규모 슬라이딩 발생이 우려되는 사면
③ 사면에 이완영역이나 암편 조각에 의해 낙석발생이 가능한 지역에 시공되는 숏크리트 대체공법
④ 암반 내 파쇄가 매우 발달된 사면으로서 패턴 앵커링이 필요한 경우나 판상의 평면파괴 또는 쐐기파괴가 발생 가능한 지역
⑤ 높은 활동력이 우려되는 절토사면으로서 절취 고려 시 대규모의 토공량으로 경제성이 떨어지는 경우
⑥ 절토부 주위에 위험시설물이나 주택, 공공시설물이 인접하여 항구적인 안정성이 요구되는 경우
⑦ 암반의 상태는 양호하나 불연속면의 연속성으로 사면보강이 필요한 경우

[그림 6.27]은 OO반도체 건설현장의 공장 배후 사면에 고강도 텐션테코네트가 시공된 모습을 보여준다.

[그림 6.27] 고강도 텐션테코네트를 시공 중인 사면

5) 암부착망공법

암부착망공법은 고장력 와이어로프 네트 패널을 와이어로프 앵커와 육각 지압판을 사용하여 프리스트레스를 주어 표면의 응력을 강화하고, 네트의 경계부는 와이어로프 앵커로, 내부는 내부앵커(게비네일)로 심층을 지지하여 지반의 전단강도를 높여주며 앵커와 네트 간에 작용하는 힘의 상호 접선이동으로 표층 낙석을 보호하고 심층 파괴에 대처하는 공법이다[그림 6.28].

와이어로프 네트 패널과 와이어메시는 사면상단 및 측면에 설치된 와이어로프 앵커에 대한 프리텐셔닝을 통해 사면에 압착된다. 이는 하중의 효과적인 흡수를 위한 것으로 암괴나 토괴의 이완을 사전에 방지하게 된다.

이완하중은 와이어로프 네트 패널과 메시를 결속하고 있는 횡방향, 종방향 와이어로프를 통해 전달되며 와이어로프에 발생하는 인장력은 앵커 설치지점으로 전달되어 전체시스템이 흡수하게 된다.

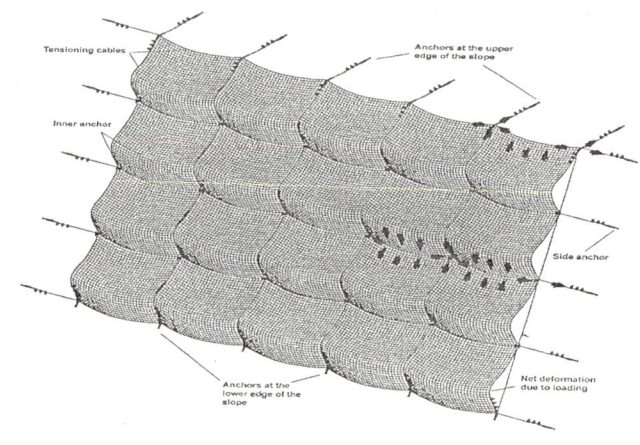

[그림 6.28] 암부착망 공법의 개념도

본 공법의 적용 대상은 다음과 같다.
① 절리, 층리, 단층 등 불연속면의 발달이 심한 암반사면이나 선택적인 차별풍화가 급진전된 지층이 형성되어 대규모 슬라이딩 발생이 가능한 지역
② 사면에 이완된 영역이나 암편 조각에 의해 낙석발생이 가능한 지역에 시공되는 숏크리트 대체공법
③ 암반 내 파쇄가 매우 발달된 지역, 패턴 앵커링이 필요한 경우나 판상의 평면파괴 또는 쐐기파괴가 발생가능한 지역
④ 하부의 큰 암체가 낙석가능성이 높은 경우 그 암체를 와이어로프 네트패널과 앵커로 인장시켜 낙석을 방지하는 경우
⑤ 국립공원이나 풍치지구 내의 거대한 독립암반 등의 낙석 우려 시 자연경관 훼손을 최소화하며 보강할 경우

[그림 6.29]는 국도31호선 나산5지구 사면에 본 공법이 적용된 사례를 보여준다.

[그림 6.29] 암부착망 시공 사면

6) 암부착 특수망공법

(1) 공법 개요

일정간격으로 압축식 볼트(SA-볼트)를 설치하고 와이어로프, 철망을 일체화하여 사면에 압착시키는 공법으로 낙석방지 및 사면보강기능을 조합한 공법

(2) 특징 및 효과

- SA-볼트가 설치되고 와이어로프가 종횡 및 대각선방향으로 배열됨으로써 사면보강효과 및 낙석하중에 대한 저항력이 뛰어남
- 쐐기파괴, 전도파괴 등 얕은 사면 활동에 대한 예방효과가 뛰어남
- 해당사면에 식생하고 있는 수목을 제거하지 않고 시공가능하므로 친환경적임
- 사면여굴에 용이하게 대처할 수 있으며 잡석에 의한 배불림 현상이 없음

(3) 시공전경

[그림 6.30] 암부착 특수망공법 시공전경

(4) 일반낙석방지망과 비교 검토

〈표 6.1〉 암부착 특수망과 일반낙석방지망 비교검토

구 분	암부착 특수망	일반 낙석방지망
공법개요	• 일정간격으로 압축식 볼트(SA-볼트)를 설치, 정착하여 암반활동에 저항하도록 하고 와이어로프 및 철망을 사면에 압착시킴으로써 암반봉합(꿰매기) 기능을 갖는 낙석방지 및 보강공법	• 사면전반에 능형망을 덮고 와이어로프를 가로와 세로로 배치하고(와이어로프 종횡 간격 2×5, 3×3) 로프 교차부에 0.5~1.0m 앵커핀을 설치하여 낙석에 대비하는 공법

구 분	암부착 특수망	일반 낙석방지망
구성요소	• 와이어로프 • 철망 • SA-볼트 • 압축식 연결관 • 조립구 • 턴버클	• 와이어로프 • 철망 • 고정핀 • 결속선 • 조립구
시공성	• 식생상태나 사면 여건에 크게 제한받지 않고 장비 및 비계를 이용하여 시공하며 SA-볼트 천공작업에 따른 일정한 공기가 필요함	• 와이어로프 교차부에 인력으로 조립구를 설치하여야 하며 작업과정이 복잡하여 시공성이 떨어짐
구조적 안정성	• 일종의 앵커공법인 SA-볼트가 설치되고 와이어로프를 종횡 및 대각선방향으로 배열함으로써 낙석제어 및 암반보강효과가 뛰어나며 쐐기파괴, 전도파괴 등 얕은 지표활동 가능성이 있는 사면에 적합함	• 고정핀을 이용하여 와이어로프와 철망을 암반에 정착시키므로 외력에 저항하는 데 비효율적임
특 징	• SA-볼트는 이완, 분리된 암반 사이를 봉합하는 앵커효과를 지님으로써 사면보강효과가 뛰어남 • 해당 사면에 식생하고 있는 수목을 제거하지 않고 시공하여 친환경적임 • SA-볼트는 모르타르채움 이전에 충분한 인발저항력을 보유할 수 있으므로 양생기간에 관계없이 시공 가능함	• 고정핀이 낙석하중에 저항하는 데 불충분하며 시간경과에 따라 정착력이 저하됨 • 격자형의 와이어로프 배열형태는 구조적으로 낙석하중을 저항하는 데 비효율적이며 사면보강기능이 없고 앵커핀 이탈 시 낙석에 대한 저항력을 상실하여 지지력이 크게 떨어지는 취약점이 있음

(5) SA 볼트 설치

 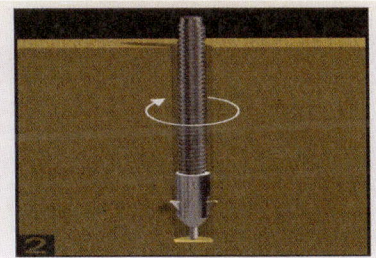 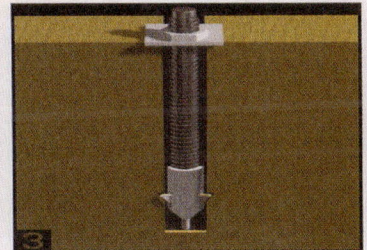

- 천공 후 이형철근 헤드에 SA-볼트를 장착(1)
- 공 선단부까지 삽입 후 회전하여 공벽 절삭(2)
- SA-볼트 고정 확인 후 모르타르주입 및 너트체결(3)

[그림 6.31] SA 볼트 설치

(6) 암부착 특수망 구성요소

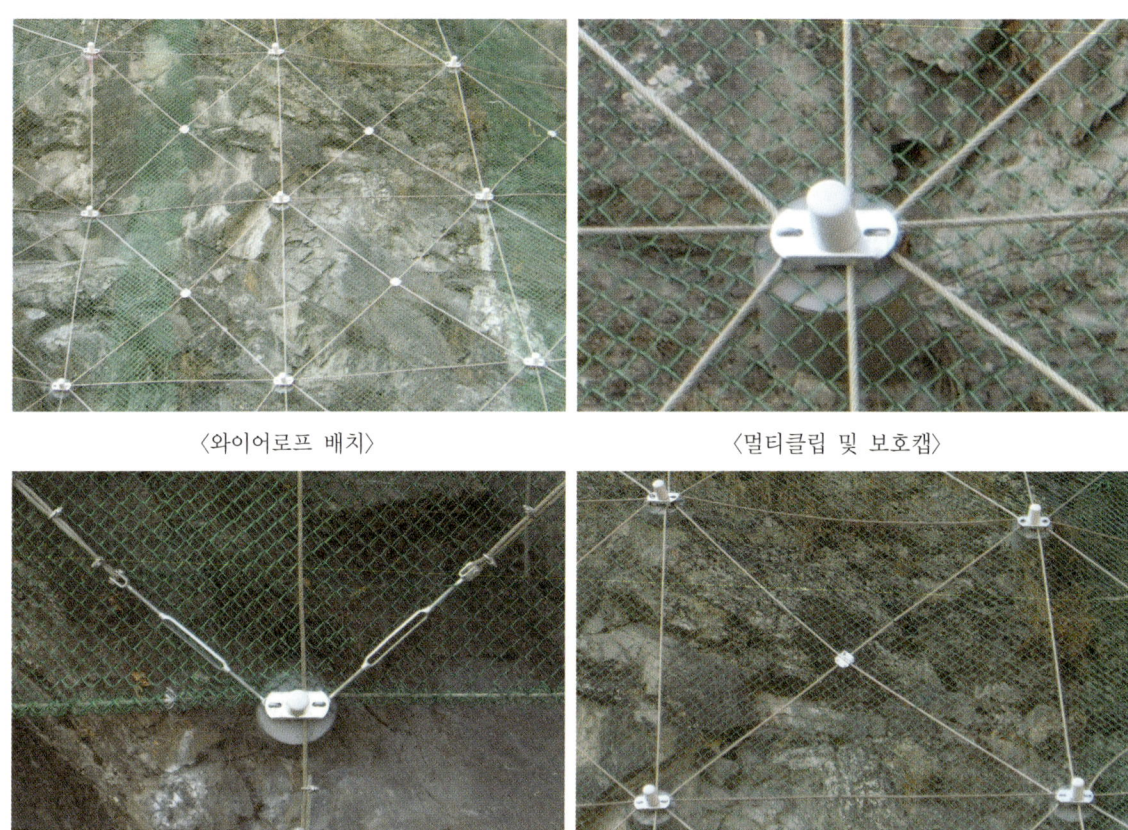

〈와이어로프 배치〉 〈멀티클립 및 보호캡〉

〈턴버클 및 압축식 연결관〉 〈크로스클립 및 연결구조〉

[그림 6.32] 암부착 특수망 구성요소

(7) 시공사례

국도 38호선 상거노지구

[그림 6.33] 암부착 특수망 시공사례

7) 도르래식 방사형 낙석방지망공법

(1) 개요

단일 가닥의 와이어로프를 도르래식의 방사형태로 배열하여 낙석 암블록 발생 시 와이어로프가 인장/재배열하는 과정을 통해 낙석의 운동에너지를 흡수하고 사면정착력을 강화하여 낙석 하중지지력을 증대시키고, 유닛(1개 단위의 낙석방지망)을 공장에서 제작하여 현장조립 시공함으로써 시공성과 현장 적용성을 개선한 낙석방지망공법

(2) 원리 및 개요도

본 공법은 피작용체의 유연도(Flexibility)가 증가할수록 작용체의 운동에너지는 감소하는 점을 이용하여 초기 낙석운동에너지를 효율적으로 흡수하기 위해 고안되었으며 단일유닛에서 중앙보강구와 보조보강구를 통해 단일 가닥의 와이어로프가 도르래식으로 배열됨으로써 낙석에너지의 효율적인 분산을 통해 낙석하중 지지력을 향상시킬 수 있도록 하였다. 낙석방지망이 낙석하중에 대한 충분한 하중지지력을 보유하기 위해 중앙보강구에 설치되는 A-볼트는 모르타르채움 이전에 소정의 인발저항력이 발휘되어 사면정착력이 강화되도록 하였고 공장에서 제작된 유닛(6×6m)을 턴버클을 이용하여 현장에서 조립식으로 시공하는 구조를 갖추고 있다.

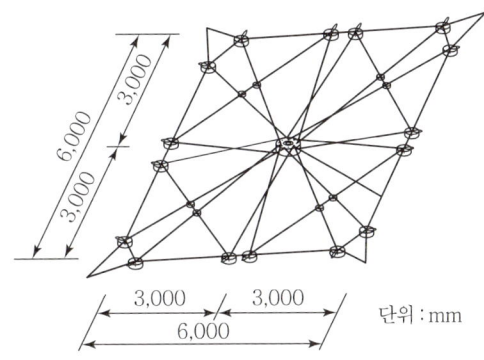

[그림 6.34] 도르래식 방사형 낙석방지망 개요도

(3) 적용범위

- 불연속면이나 파쇄대가 많이 분포하고 있는 사면
- 낙석발생이 빈번하고 낙석규모가 클 것으로 예상되는 사면
- 낙석방지 및 표면파괴 방지를 위한 대책이 요구되는 사면
- 요철이 많은 사면
- 낙석피해를 예방하기 위한 안전하고 기능이 뛰어난 낙석방지시설이 요구되는 사면
- 기존 도로확장공사 절토사면 등에 활용

(4) 공법 비교

〈표 6.2〉 도르래식 방사형 낙석방지망과 일반낙석방지망 비교검토

구 분	도르래식 방사형 낙석방지망	일반 낙석방지망
구성요소	• 와이어로프 • 철망 • A-볼트(1EA) • 중앙보강구 • 보조보강구 • 턴버클	• 와이어로프 • 철망 • 고정핀 • 결속선 • 조립구
시공성	• 중장비를 이용하고 공장에서 가공된 단일 유닛을 현장에서 턴버클로 연결하므로 시공성이 매우 우수함	• 와이어로프 교차부에 인력으로 조립구를 설치하여야 하며 작업과정이 복잡하여 시공성이 떨어짐
구조적 안정성	• 와이어로프-A-볼트-철망의 일체구조로 되어 있어 낙석하중에 대한 저항력이 뛰어남	• 고정핀을 이용하여 와이어로프와 철망을 암반에 정착시키므로 외력에 저항하는 데 비효율적임
특 징	• 암반-낙석방지망의 일체구조를 확보할 수 있어 낙석하중에 충분히 저항할 수 있음 • 단일가닥의 와이어로프를 이용하므로 구조적인 일체성을 확보할 수 있음 • A-볼트 모르타르채움 이전의 인발저항을 기대할 수 있어 신속시공이 가능함	• 고정핀이 낙석하중에 충분히 저항하는 데 비효율적인 구조를 갖추고 있음 • 격자형의 와이어로프 배열형태는 구조적으로 낙석하중을 저항하는 데 비효율적이며 사면보강기능이 없고 앵커핀 이탈 시 낙석에 대한 저항력을 상실하여 지지력이 크게 떨어지는 취약점이 있음

(5) 적용 메커니즘

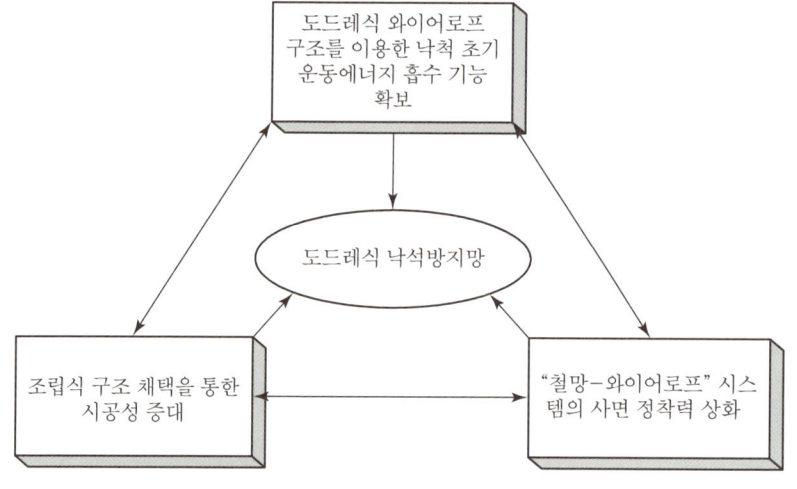

[그림 6.35] 도르래식 낙석방지망 적용메커니즘

(6) 시공사례

[그림 6.36] 도르래식 낙석방지망 시공사례

8) 분리형 낙석방지울타리공법

(1) 개요

와이어로프-철망-지주의 일체화 기술과 중앙결속구를 이용하여 경간별로 설치 및 해체가 가능하게 하고 낙석에너지를 효율적으로 분산, 흡수토록 하여 시공성, 안전성, 경제성 및 유지관리 편리성을 향상시킨 낙석방지울타리공법이다.

(2) 특징 및 효과

- 구조적 유연성
  일체화된 와이어로프와 철망이 연동되어 에너지를 분산시키고 중앙결속구에 감겨있는 여유분의 와이어로프가 낙석에너지 흡수장치로 작동함으로써 낙석에 대한 저항력이 증대되고 유연한 거동을 보이며 완충식 지주 또한 구조적 유연성을 지니고 있다.
- 우수한 시공성
  공장에서 제작된 경간별 기본틀을 현장에서 조립 설치함으로써 시공이 빠르고 간편하다.
- 유지관리 편리성
  경간별로 해체 및 조립이 용이하여 적체된 낙석제거작업이 편리하고 파손 시 부분 보수 및 신속한 복구가 가능하다.
- 경제성
  H빔 지주자체를 교체할 수 있어 재활용이 가능함
  시공성, 유지관리 측면에서 효율적임

(3) 공법 비교

〈표 6.3〉 분리형 낙석방지울타리와 일반낙석방지울타리 비교검토

구 분	분리형 낙석방지울타리	일반 낙석방지울타리(고속도로 형식 3)
공법개요	• 와이어로프와 철망을 경간별로 분리 설치되도록 하여 독립적인 거동이 가능하고 유연성을 향상시킨 공법	• H빔에 구멍을 뚫어 와이어로프를 통과시키거나 지주별로 고정시킨 후 시점과 종점부에 단부 설치
구성요소	• 와이어로프 • 철망 • 중앙결속구 • 완충식 지주기초 • 고정유지대 • 클립	• 와이어로프 • 철망 • 지주 • 단부지주 • 간격유지대
시공성	• 공장에서 제작된 경간별 기본틀이 현장에서 조립설치되므로 시공이 빠르고 간편함	• 경간별로 해체 및 조립이 불가능하여 와이어로프 설치작업 시 어려움이 많아 시공성이 떨어짐
특 징	• 중앙결속구 와이어로프의 에너지흡수효과와 유연한 완충식 기초에 의해 낙석에너지 흡수력 향상 • 각 경간별로 조립, 설치되므로 유지관리가 편리함 • 적체된 낙석제거작업이 간편하고 원상복구가 용이함 • 지주를 교체하거나 재활용할 수 있어 경제적임	• 와이어로프, 철망, 지주가 일체화되지 못하고 개별적인 거동을 하며 변형량이 제한적이므로 에너지흡수능력 저하 • 낙석에너지가 단부에 집중되어 단부의 파손이 자주 생김 • 낙석제거 시 장비사용이 불가하여 인력처리하는 어려움이 있음 • 부분파손 시에도 와이어로프 전부를 해체하여야 하는 문제점이 있음

(4) 유지관리특성 비교

〈표 6.4〉 분리형 낙석방지울타리와 일반낙석방지울타리 유지관리특성 비교

구 분	분리형 낙석방지울타리	일반 낙석방지울타리
부분보수	• 경간별 해체가 가능하므로 해당경간 보수 후 재조립	• 전면교체하거나 일부 절단하여 U클립으로 연결하므로 강도저하 및 미관불량
낙석처리	• 경간별 해체 후 장비에 의한 처리	• 인력에 의한 처리 또는 전 구간 해체 후 장비사용으로 비용 증가
응급복구	• 제작된 기본틀 조립으로 신속처리	• 전구간 와이어로프 해체에 의한 작업속도 증가로 신속하지 못함
지주교체	• 완충식 기초커버 적용으로 간편한 지주 교체 가능	• 용접절단 또는 기초깨기 등 지주보수 및 교체가 어렵고 작업시간이 늘어남

(5) 구성요소

〈중앙결속구〉　　　　　　　〈완충식 지주커버〉

〈롤러클립〉　　　　　　　〈고정유지대〉

[그림 6.37] 분리형 낙석방지울타리 구성요소

(6) 시공사례

국도 42호선 장열지구

국도 42호선 장열지구

[그림 6.38] 분리형 낙석방지울타리 시공사례

3. 표면보호공법

1) TEXSOL 녹화토공법

연속장섬유(원사)를 인공토양에 혼입시키고 이를 암절취 사면에 고압으로 취부하여 조기에 인공적으로 풀과 나무의 뿌리 역할을 함으로써 토양의 점착력을 증가시켜 우기 시 표면의 유실과 붕괴를 방지하는 공법으로서 급경사 구간에서도 식물을 비옥하게 생육할 수 있는 녹화기반을 조성할 수 있다.

자연적으로 형성된 사면은 풀과 나무뿌리의 발달로 인하여 지반의 유실, 붕괴가 방지되고 그 표토는 식물이 생육하기에 적합한 응집 토립자 구조로서 적당한 수분 비료분을 포함하고 있다. 본 공법은 자연이 장기간에 걸쳐 형성하는 식생기반을 연속장섬유(원사)를 인공토양에 혼입시켜 인공적으로 단기간 내에 자연상태로 복원 및 재현시킨다[그림 6.39].

[그림 6.39] 응집토양과 연속장섬유에 의한 인공토양

본 공법의 적용 대상은 다음과 같다.
① 절취사면(암사면)에 녹화와 사면의 안정이 요구되는 지반
② 우기 시 집중호우로 인한 세굴과 탈락이 발생되는 지반
③ 절취면의 경사가 급하여 표면의 소규모 붕락이 지속되는 지반
④ 단층대의 절리와 균열이 많이 발달하여 파쇄대가 형성된 지반
⑤ 영구적인 식물의 식생환경을 필요로 하는 지반

[그림 6.40]은 대전 사이클 경기장 진입도로공사에 연속장섬유(원사) 텍솔녹화토공법으로 식물 식생기반을 조성하여 절취면의 안정과 조경효과를 얻은 사례를 보여준다.

[그림 6.40] 대전 사이클 경기장 진입도로 암절취 사면

2) NGR 자생식물 녹화공법

NGR(Native Groundcovers Restoration & Revegetation) 공법은 한국의 자생식물을 주요 식물소재로 사용하는 경관 생태적인 환경복원 녹화공법을 의미하며, 자생식물 녹화공법이라고도 부른다. 현재 국내의 녹화공법은 대부분 외국에서 기술과 소재를 도입하여 사용하고 있지만, NGR 공법은 국내에서 자체 개발한 순수 국산 기술로서, 도로공사나 주택단지, 골프장을 비롯한 리조트 단지 등의 암비탈면, 토사비탈면, 도로변과 하천의 고수호안과 호안블럭 등의 지역을 우리나라의 자생식물과 종자를 주로 이용하여 환경생태에 친화적인 사면을 제공한다.

NGR 녹화공법은 종비토 뿜어붙이기 공법의 하나로 자생식물 종자를 주요 식생소재로 사용하고, 녹화대상지에 따라 선구종 향토식물과 산림형 목본식물, 그리고 특수처리된 자생식물 영양체(Sprigs, Roots, Plantlets)를 식생토양 및 접착제 등이 포함된 토양첨가제와 혼합하여 Mono Seed Sprayer를 사용하여 시공하는 공법으로, 강우에 의한 침식을 효과적으로 억제하고 자연스럽고 아름

다운 경관조성이 조성될 수 있도록 개발된 경관생태적인 녹화공법이다[그림 6.41].

NGR 공법에는 자생식물의 초기 안정적인 활착을 위한 종자발아 촉진기술, 돌나물과 같은 영양체의 시공을 위한 발근촉진기술, 단기간에는 초기 사면안정을 도모하고 차후 시간경과에 따라 계절별 아름다운 경관을 제공하며 궁극적으로는 생태천이를 촉진시키는 종자배합 및 조합기술이 사용된다. 또한 척박한 대상지역의 부족한 비료성분을 효과적이고 지속적으로 공급하기 위해서 고품질 식생토(NGR Soil과 NGR Soilplus) 조성기술이 적용된다.

[그림 6.41] NGR 공법을 적용하여 자연감을 살린 사면

[그림 6.42]는 ○○리조트 진입도로 녹화공사 사례를 보여준다.

(1) 시공 전　　　　　　　　　　　　(2) 시공 직후

(3) 4개월 후	(4) 1년 3개월 후(초화 만개)

[그림 6.42] ○○리조트 진입도로 사면

3) 원지반 식생 정착공법(CODRA SYSTEM)

훼손된 자연이 방치상태에서 극상에 이르는 자연천이과정 중 초기단계의 식생천이과정에 개입하여 시간을 단축시켜 다음 세대로 식생천이가 이용되도록 유도하는 공법으로서, 자연이 지닌 힘과 식물이 척박한 환경에서 생존을 위해 보다 좋은 조건을 스스로 찾아가는 생리현상을 이용하여 식물발아 및 초기생장에 필요한 최소한의 조건을 생육보조재를 통해 충족시켜 주고 식물이 암반의 절리와 균열지점을 찾아 뿌리를 직접 착생토록 하는 공법이다.

원지반 식생 정착공법은 도로 및 대규모 개발공사로 인한 절·성토 사면에 천연 면네트를 설치하고, 생육보조재(코드라), 종자, 고분자수지를 혼합하여 원 지반에 두께 Spray를 2cm로 직접 취부함으로써 선구식물을 통한 조기녹화와 식생복원을 위한 미기후 개선, 토양조건 개량으로 자연천이를 촉진시켜 영구녹화를 유지토록 하는 친환경공법이다.

본 공법은 다양한 종자를 이용하므로 자연스러운 경관 연출은 물론 자연 천이를 유도하여 생태적으로 안정된 식물생태계를 조기에 형성하여 영구적인 녹화를 이룩할 수 있다. 또한 철망이나 NET를 사용하지 않고 자연 분해되는 천연물질을 사용함으로써 토양오염을 방지할 수 있다. 그러나 경암 구간 중 균열, 절리가 없는 곳에서는 적용이 곤란하다. [그림 6.43]은 경기도 성남시의 성남문예회관 신축공사 사면에 CODRA 시스템을 적용한 사례를 보여준다.

[그림 6.43] 성남문예회관 신축공사 사면

4. 첨단사면조사기법

1) 3D Scanning 기법

사면안정분야에서 가장 중요도가 높은 현장지표지질조사(절리면의 방향성, 상태)를 위해서 종래에는 클리노미터(Clinometer)를 이용하였다. 개개 절리면에 대한 현장조사 시 사면에 근접하여 절리면에 대한 방향성 자료를 수집하였다. 그러나 암반사면의 근접조사(사면고가 높고, 사면경사가 급경사인 경우)가 어려운 경우 조사가 불가한 상태로 사면하단에서 개략적인 목측으로 불연속면의 방향성을 측정하였다. 이는 관측자의 숙련도에 따라 조사자료의 오차가 크며 기기의 노후 및 민감도(자성)에 의한 영향으로 동일 지점의 자료가 관측자에 따라 차이가 발생하였다. 자료에 따라, 오차범위가 20° 이상으로 나타나 지표지질조사 자료의 신뢰도에 따른 사면안정대책수립에 대한 가중치를 적용하여 보강계획수립 및 설계에 적용하여 비경제적이며 과다설계의 문제점이 종종 도출되고 있는 실정이다.

[그림 6.44] 지표지질조사 시 현장 접근 전경

따라서 이러한 지표지질 조사자료의 신뢰도 제고를 위한 측지분야의 "항공레이저 측량기법"을 응용한 고정밀 3차원 레이저 스캐닝을 이용한 지표지질조사 모델링 기법이 개발되었다.

"3차원 레이저 스캐닝"은 무타겟 토털 스테이션을 자동화한 측량기법의 일종으로 측량할 범위를 결정하고 측량할 간격을 설정하면 3차원 레이저 스캐너가 1초당 3,000번의 측량을 자동으로 실행하고 전체사면을 30~50mm 범위에서 스캐닝을 실시하며 정밀조사구간에 대해서는 5~10mm 범위 내에서 정밀측정이 가능하다.

이로써 현장조사자가 클리노미터로 대상사면에서 수집한 자료(숙련도에 따라 차이가 있겠지만 100개 미만)보다 훨씬 방대한 자료를 단시간에 수집할 수 있게 되는 것이다. 또한 암반사면의 DB화 및 3차원 표현기법의 개발로 암반사면의 절리면의 경사 및 경사방향 등 3차원 분석을 실시하여 시설물 및 암반사면 조사자료의 객관화, 조사기간의 단축, 조사경비 절감 등의 효과를 거둘 수 있다. 더욱이 산업안전부문에서 체계적이고 과학적인 관리가 가능하며, 사면붕괴 평가를 실시하여 각각의 사면별로 관리대장자료를 확보함으로써 장기적인 사면안정성 확보 및 유지관리의 편리성이 증대될 것으로 판단된다.

〈표 6.5〉 Long Range 레이저 측량 시스템

장비 형태(Instrument Type)	Long Range 레이저 측량 시스템
스캐닝 거리(Scanning Range)	2~100m
스캐닝 속도(Scanning Speed)	1초당 3,000
정확도(Accuracy)	3~6mm(표준모드), 1mm(정밀모드)
각 정밀도(Angular Resolution)	32 μ rd(0.0018°)
측정범위(Field of View)	360°(H), 60°(V)
레이저 크기(Spot Size)	0.3~8mm(Optimal Range)
레이저 안전도(Laser Safety)	Class 2
측정방법(Metrology Method)	Time of Flight
화면(Video)	578×726 Color Resoluation Real-time Video Transmission
크기(Dimensions)	32cm×42cm×28cm
무게(Weight)	13kg
작동온도(Operating Temperature)	0~40℃

레이저 스캐너(GS-100)　　　　　레이저 스캐너 사면조사 전경

[그림 6.45] Long Range 레이저 측량 시스템

2) 최근 사면조사 연구개발실태

각종 영상매체의 개발과 컴퓨터 관련 기술의 발전, 그리고 수치영상처리기술의 눈부신 발전에 힘입어 정량적 분석과 그 적용에 괄목할 만한 발전을 하고 있다. 최근 암반사면의 조사기법으로 몇 가지 조사방안이 제시되고 있으나 아직은 초기단계 상태이다. 각종 영상정보 및 GIS 기술을 이용한 시설물 및 암반사면조사기법의 과학적이고 체계적인 기술기법 제시 및 정밀안전 진단 시 객관적이고 과학적인 자료를 도출하기 위해 학교 및 연구소, 그리고 설계사에서 기술개발을 추진하고 있는 상태이다.

레이저 스캔을 이용한 3차원 사면안정조사 및 사면안정해석기법은 레이저의 직진성에 의한 영상자료의 왜곡이 거의 없이 완벽한 표현이 가능하며 조사자료의 객관화, 조사기간의 단축, 조사경비 절감 등의 효과가 높아 시설물과 암반사면의 조사 및 평가에 도입할 경우 정밀 안전진단과 기술적 파급효과가 클 것으로 판단된다.

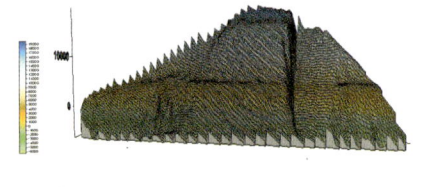

Ⓐ 3차원 좌측면도　　　　Ⓑ 3차원 전개도　　　　Ⓒ 3차원 우측면도

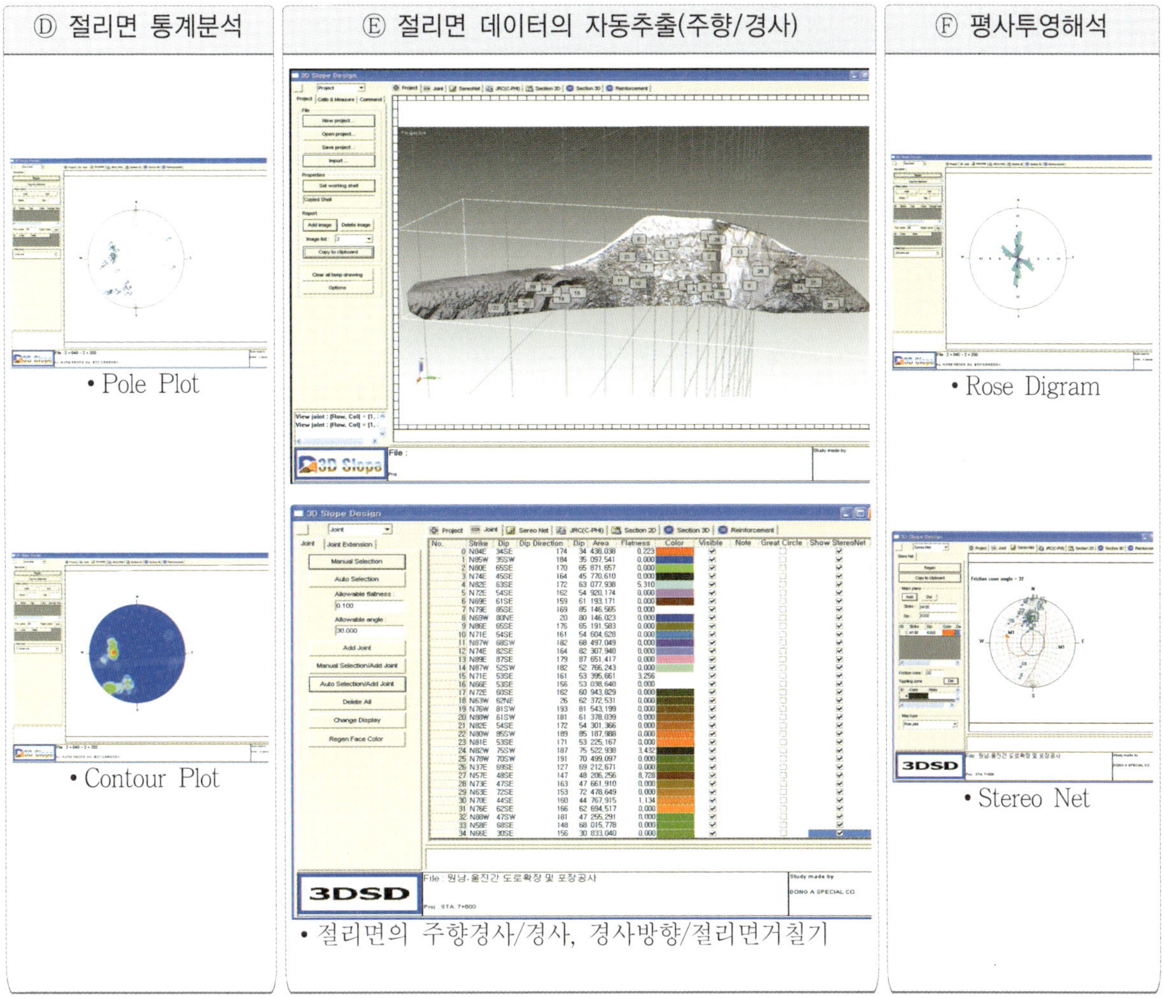

제6장 | 최근 개발된 사면대책공법

[그림 6.46] 레이저 스캔을 이용한 3차원 지형도 작성

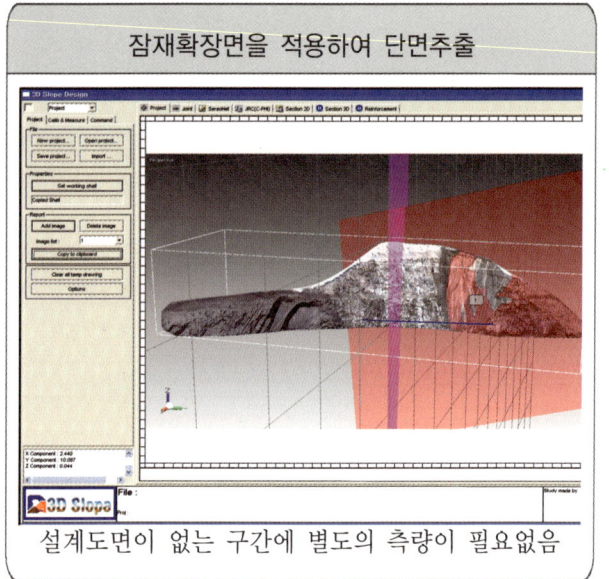

잠재확장면을 적용하여 단면추출

설계도면이 없는 구간에 별도의 측량이 필요없음

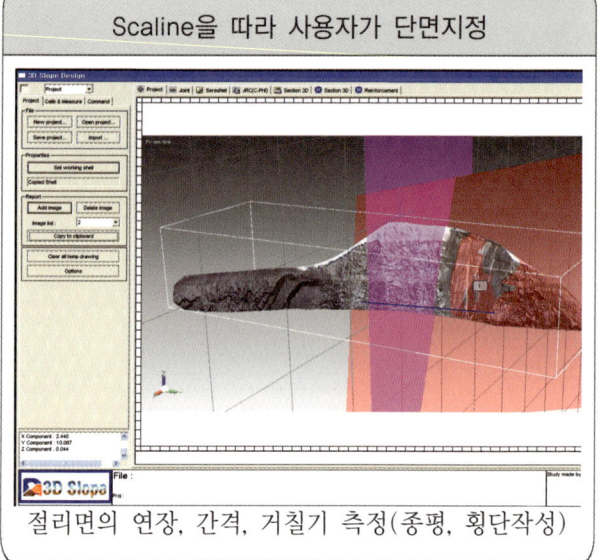

Scaline을 따라 사용자가 단면지정

절리면의 연장, 간격, 거칠기 측정(종평, 횡단작성)

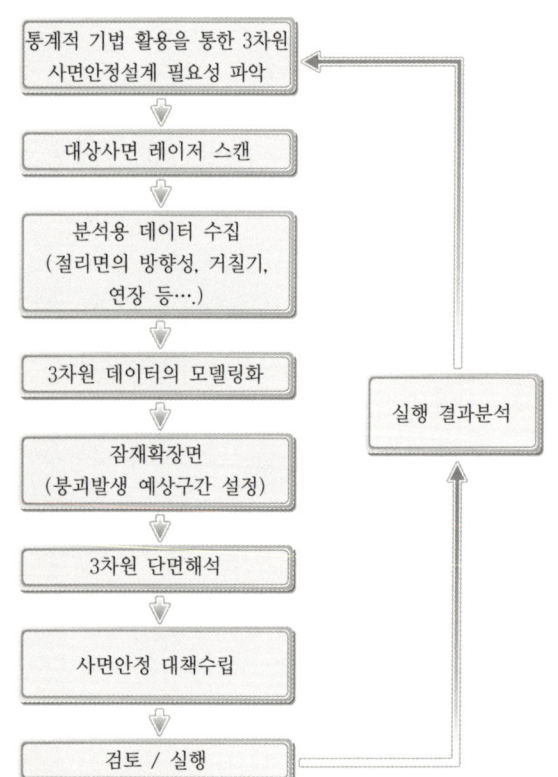

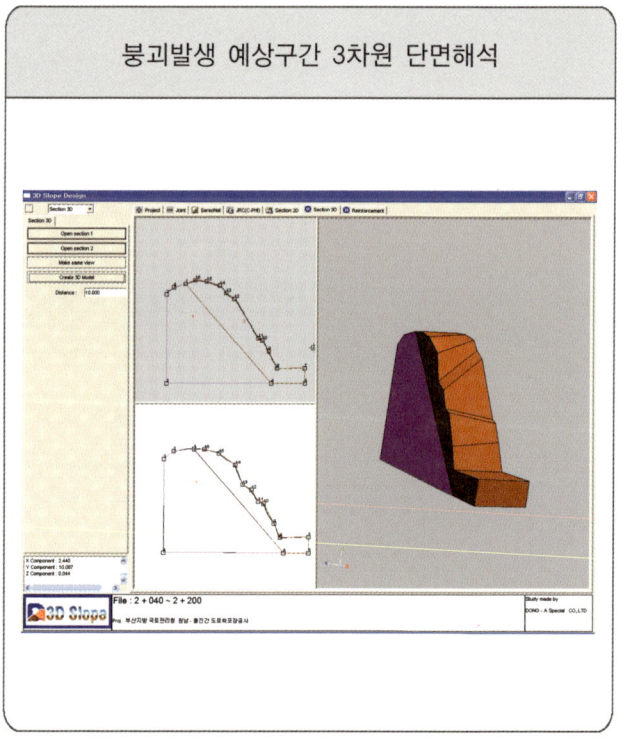

붕괴발생 예상구간 3차원 단면해석

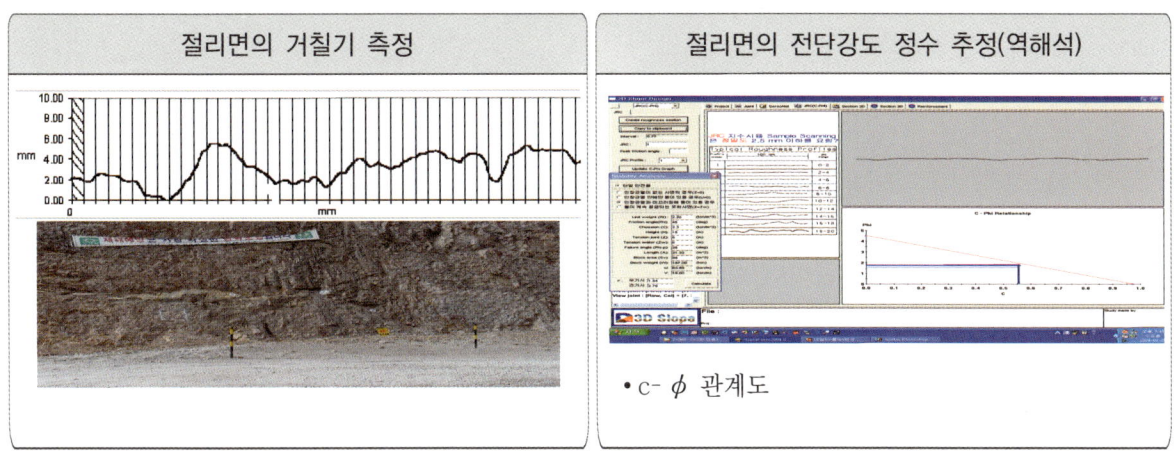

[그림 6.47] 3차원 사면 안정분석

3) 최근 사면조사 향후추진방향

본 연구는 차후 암반사면 및 구조물의 균열에 대한 조사와 지속적인 유지관리가 필요한 분야에 활용될 수 있고, 토목설계분야의 다량의 3차원 자료를 완벽히 표현가능하며 조사자료의 객관화, 조사기간의 단축, 조사경비 절감 등의 효과와 시설물 및 암반사면 등과 같이 근접조사가 필요한 경우 조사가 가능하며 조사자의 안정성 확보가 가능하여 산업재해 감소 등의 기대효과를 감안할 경우 분석기법의 개선과 다양한 분야에 그 활용이 증대될 수도 있다.

또한 도로 및 가옥주변의 절취암반사면, 터널 갱구부 사면에 대한 정밀 진단으로 절리면의 확장 및 추가 균열면의 발생에 대한 비교분석과 이의 분석을 통한 원인규명으로 인해 진단기술 및 조사기술의 향상을 기대할 수 있다. 더욱이 개발된 기술을 시설물의 균열 등의 외관조사 분야에 적용할 경우 교량의 디지털 가조립, 터널의 내공단면 계측 및 터널막장의 암반분류(R.M.R) 등의 지반조사 분야에 적용할 경우 객관적인 평가와 함께 추후 재 진단 시 균열의 확대 및 보강 전의 지반상태에 관한 객관적 자료를 확보하여 유지관리 및 설계분야에 대한 대상목적물의 3차원 평가는 물론 보강공법의 경제성 및 적정성을 감안한 최적의 토목설계가 가능할 것으로 사료된다.

[그림 6.48] 최근 사면조사 향후추진방향

향후 사면연구의 개발방향 07

21세기의 급변하는 환경 속에서 산업기간망을 연결하기 위해 건설된 도로나 철도사면은 기상이변에 의한 집중호우 등으로 많은 사면재해가 발생되고 있다. 사면재해는 직접적인 인명피해뿐 아니라 심각한 경제적 손실을 초래할 수 있으며, 최근 신설되는 절토사면은 그 규모가 점점 대형화되어가는 추세로서 사면재해위험 또한 더욱 높아지고 있는 실정이다. 이에 본 장에서는 사면과 관련된 향후 연구방향에 대하여 조사분야, 해석분야, 대책분야, 유지관리분야로 구분하여 기술하였다.

1. 개요

21세기의 급변하는 환경 속에서 산업기간망을 연결하기 위해 건설된 도로나 철도사면은 기상이변에 의한 집중호우 등으로 많은 사면재해가 발생되고 있다. 사면재해는 직접적인 인명피해뿐 아니라 심각한 경제적 손실을 초래할 수 있으며, 최근 신설되는 절토사면은 그 규모가 점점 대형화되어가는 추세로서 사면재해위험 또한 더욱 높아지고 있는 실정이다.

이에 본 장에서는 사면과 관련된 향후 연구방향에 대하여 조사분야, 해석분야, 대책분야, 유지관리분야로 구분하여 기술하였다.

2. 향후 사면연구의 개발방향

1) 조사분야

국가경쟁력 강화에 따른 선진국 진입에 발맞추어 국가기간망인 도로의 중요성은 아무리 강조해도 지나치지 않다. 도로 이용자에게 최적의 환경을 제공하기 위하여 절토사면 붕괴 등의 재해로부터 자유로워야 함은 당연하다. 선진국형 도로재해 예방은 반복적으로 발생하는 도로절토사면 붕괴에 대한 기존의 사후대책 차원을 벗어나 사전예방 차원의 적극적 방재대책이 필요하며, 도로관리 차원의 체계적이고 중·장기적인 대책방안 수립이 요구되고 있다. 한국건설기술연구원의 도로절토사면 유지관리시스템 개발 및 운용 연구보고서에 따르면, 현재 전국 일반국도에 분포하는 관리대상 절토사면은 12,650개로 파악되고 있다(한국건설기술연구원, 2006). 또한 고속도로와 지방도, 시군도, 철로변 등에 분포하는 절토사면과 도심지 주택 배후사면 및 자연사면 등을 포함하면 그 수는 헤아릴 수 없을 정도로 많다. 이처럼 수많은 사면들의 붕괴를 미연에 방지하기 위해서는 체계적인 관리방안의 수립이 선행되어야 한다. 일반국도에 분포하는 사면의 경우 한국건설기술연구원(2006), 고속도로에 분포하는 사면의 경우 한국도로공사(유병옥, 2004)에서 각기 도로유형별 특성에 맞는 조사방법을 적용하여 수집된 현황자료를 바탕으로 관리대상 등급을 선정하여 우선순위가 높은 사면을 대상으로 점검 및 정비를 순차적으로 시행하고 있다. 그러나 지방도나 시군도, 도심지 등에 분포하는 사면의 경우에는 현황조사조차 이루어지지 않은 실정이며, 고속도로 및 일반국도의 경우에도 지속적으로 사면의 개소수가 증가하고 있어서 추가적인 조사가 수행되어야 한다.

현재 사면조사는 조사자의 정성적인 판단으로 취득된 자료를 수기 입력하고, 특징적인 현상을 사진 촬영으로 자료화하고 있다. 또한 이러한 자료는 실내에서 추가적으로 전산화 작업을 수행하여 데이터베이스화된다. 이렇게 취합된 자료는 전문가 기관에 의해서 재평가하고 위험성을 판단하여 상위기관에 보고되는 등의 일련의 과정을 거치게 된다. 또한 최근 신설되는 절토사면은 그 규모가 대형화되고 표면보호공의 적용이 높아지고 있어서 기존의 조사기법으로는 자료의 취득이 어려운 상황이다. 이러한 현행 사면조사기법은 전문가에 의해서 수행되는 경우와 비전문가가 수행하는 경우에 따라 취득된 자료의 신뢰도에 차이가 있다. 조사항목의 체계적인 정립이 이루어지지 않은 상황에서 비전문가에 의해 취득된 자료는 앞에서 언급한 유지관리 등급 구분의 기초자료로 활용 시 정확도가 떨어질 수 있으며, 데이터의 기입방법의 차이로 인하여 전혀 활용이 어려운 경우도 있다. 따라서 전문가는 물론이고 비전문가에 의해서 수집되는 현장자료의 신뢰도 및 활용도를 일정수준 이상으로 확보하기 위하여 정량화된 조사기법의 마련이 필수적이다. 아울러 복잡하고 비효율적인 조사 및 평가체계를 혁신적으로 개선하기 위하여 무선통신, 디지털 영상 등 첨단기법을 접목하여 사면을 조사하고 평가하는 기술 및 장비의 개발이 요구되는 실정이다.

21세기에 들면서 IT 산업의 발달과 함께 토목 분야도 PDA 또는 무선통신 기반의 기술 접목이 두드러지게 이루어져 왔다. 사면조사에 있어서도 자료의 취득과 정보화의 간편화를 위하여 IT 기술을 적극적으로 활용하는 경향이다. 이에 국내에서도 사면조사 관련 첨단장비의 개발이 이루어져야 할 필요성이 대두된다. 첨단 사면조사장비의 개발은 사면유지관리에 직접적으로 관여하는 현장관리인 또는 국도관리 공무원 등 상대적으로 비전문가에 속하는 인력이 손쉽게 유지관리에 필요한 객관적인 자료를 수집하고, 동시에 데이터베이스화 함으로써 유지관리 업무에 효율을 극대화할 수 있을 것으로 기대된다. 개발하고자 하는 장비는 기본적으로 사진촬영 기능, GPS 기능, 터치스크린 형식의 불연속면 속성자료 및 사면의 일반현황 자료 입력기능 등을 수행할 수 있도록 설계한다. 또한 취득된 자료가 유지관리자용과 전문가용으로 구분된 점검결과 평가를 통하여 사면의 유지관리 및 점검주기를 결정하는 데 적극 활용할 수 있도록 설계한다. 본 장비는 무선통신시스템을 기반으로 하여 현장에서 취득된 자료가 자동으로 통제센터 시스템에 데이터베이스화되도록 하여 조사자료의 정보화를 최대한 간편히 할 뿐만 아니라 통제센터 시스템의 각종 데이터를 불러들여 현장에서 열람 및 확인이 가능하도록 쌍방향 송수신 기반의 정보공유 시스템을 구축할 계획이다.

위험 대상사면에 대한 첨단조사기법 개발과 체계적인 재난관리체제 구축은 국가 예산의 효용성 극대화 추구 및 위험사면 관리비용의 절약을 추구할 뿐만 아니라 건설기술 분야에 있어서는 선진국에 버금가는 지속적인 기술개발을 통해 전문인력을 양성할 수 있을 것으로 기대된다. 앞으로 첨단 IT기술 강국으로서 토목건설기술 분야의 방재기술 해외 의존도에서 벗어나 순수 국내기술을 기반으로 한 방재기술 수출국으로 자리매김할 것을 기대한다.

2) 해석분야

현재 사면공학에서 보편적으로 활용되고 있는 안전율의 개념은 결정론적 접근방식에 바탕을 두고 있다. 결정론적 해석은 현장으로부터 획득된 다양한 분포의 자료로부터 대표값을 선정하여 해석에 활용하는 기법으로 계산이 간단하고 용이하다는 장점을 가지고 있다. 그러나 결정론적 해석방법은 사면의 강도특성이나 기하학적 특성 내에 포함된 자료의 분산이나 불확실성을 고려하지 못하므로 현장여건을 정확하게 반영하지 못하는 한계점을 가지고 있다. 따라서 이를 보완하기 위해 경험과 공학적인 판단에 근거하여 사면의 안정성을 평가하는 접근방식을 활용하고 있으며 과거의 사례나 경험에 기초한 경험적인 접근방식이 문제를 해결하는 데 기여해 왔다. 그러나 이러한 접근방식은 경우에 따라 공학자의 판단이나 경험에 지나치게 의존하는 경우가 발생할 수 있으며 시간이 지남에 따라 미처 예상하지 못했던 지반정수들의 특성에 의해 대규모의 붕괴가 발생하고 그러한 붕괴에 의해 심각한 피해를 초래하는 결과를 보이고 있다. 이러한 결과는 지반 강도 정수 자료의 획득과정이나 해석과정에서 포함되는 불확실성에 대한 정량화가 부족하기 때문이다.

불확실성은 지반공학적 문제해결을 위한 모든 과정, 즉 현장조사부터 물성파악, 설계 및 해석 그리고 피해산정에 이르기까지 모든 분야에 영향을 미친다. 불확실성의 원인으로는 강우나 지진 등 사면붕괴를 유발하는 요인들에 대한 부정확한 예측, 사면붕괴 발생 메커니즘에 대한 부정확한 이해, 그리고 현장상황에 대한 불충분한 정보에 의해 발생하는 원인 등이 있다. 사면붕괴를 유발하는 요인들에 대한 부정확한 예측은 강우나 지진 등과 같은 사면붕괴 유발요인의 발생 시기와 강도 등을 정확하게 예측할 수 없는 점에 기인한다. 따라서 이러한 사면붕괴 유발요인들은 확률적으로만 예측가능하며 이를 결정론적으로 해석하는 과정에서 불확실성이 개입한다. 사면붕괴 메커니즘에 대한 부정확한 이해의 경우 복잡한 자연현상에 의해 발생하는 사면의 붕괴를 쉽게 이해하기 위해 활용되는 여러 가지 사면붕괴모델들이 단순화 과정을 통해 제안되었기 때문에 개입되는 불확실성이다. 또한 현장의 불충분한 자료에 의해 개입되는 불확실성의 경우는 대개 자료의 부족으로 인한 불확실성이 그 원인이다. 자연생성과정을 통해 형성된 사면물질의 공학적 특성을 파악하기 위해서는 많은 양의 조사와 시험 등이 요구된다. 그러나 현실적 제약, 즉 현장여건이나 예산부족에 의해 대개 시험이나 조사의 수량이 한정되며 이러한 상황에 의해 불확실성이 개입된다. 이러한 불확실성은 사면의 안정성에 대한 예측뿐만 아니라 사면붕괴를 제어하기 위한 대책공법의 효용성에 대한 정확한 판단을 방해하는 요소로 작용한다. 따라서 사면붕괴의 위험성을 감소시키기 위한 방법을 고려할 때 반드시 불확실성을 감안하여 판단하여야 한다. 그러나 결정론적 접근방식에 의한 해석기법은 이러한 불확실성을 정량적으로 파악하여 해석에 반영하는 것이 불가능한 실정이다.

또한 현재 사용되는 사면의 안정성 해석기법은 주로 붕괴가능성에 대한 판단만 가능할 뿐 붕괴에 의해 초래되는 예상피해에 대해서는 전혀 어떠한 고려도 할 수 없다는 문제점을 가지고 있다. 따라서 결정론적인 해석방식은 통상적인 구조물의 안정성을 분석하는 데는 적절하나 과다 공사비용 지출과 지나치게 보수적인 설계 또는 보강공법의 과다적용이라는 문제점을 가지고 있다. 즉, 안정성의 확보라는 측면과 비용과의 균형, 보수적인 해석과 불확실성의 고려라는 측면에서 접점을 찾지 못하는 문제점을 가지고 있다. 따라서 이러한 문제점을 해결하기 위한 대안으로 제시된 것이 Risk Analysis 기법이다.

Risk는 붕괴발생 가능성과 붕괴에 따른 피해를 함께 고려한 개념이다. 즉, 한 변수가 영향을 미쳐 붕괴가 발생할 경우 어떠한 형태의 붕괴가 발생할 것인가를 결정하고 이로 인해 발생할 예상 피해 규모는 어느 정도인가를 통합적으로 분석할 수 있는 접근방식이다. 이러한 과정은 어떠한 불확실성이 개입하여 어떠한 종류의 파괴가 발생할 수 있는가를 밝히고 이러한 결과로부터 안전율의 증가나 문제가 되는 구조물의 신뢰성을 증가시키거나 또는 붕괴가 발생하여 피해가 발생할 경우 피해를 최소화하는 방식들 중 선택함으로써 다양한 해결방법 중 효과적인 것을 선택하여 Risk를 효과적으로 조절하는 방식을 따른다. 이러한 Risk를 획득하기 위한 방법에는 평가표를 활용하는 정성적인 기법부터 정량적인 해석기법인 확률론적 해석기법까지 다양한 기법이 사용되고 있다. 이들 중 확률론적 해석기법은 Risk의 기본 개념에 가장 충실한 방법으로 현재 우리나라에서도 논의가 활발히 진행되고 있다. 확률론적 해석기법은 안전율을 대체하여 붕괴확률(Probability of Failure)을 사용하여 사면의 위험도를 산정하므로 확률개념을 사용했다는 점에서 현재까지 제시된 Risk Analysis 기법 중 가장 정량적인 방법의 하나이다. 특히 확률론적 해석은 기존의 사면해석모델에 대한 공학적인 응용을 허용하면서 해석을 위해 사용되는 파라미터들 내에 포함되어 있는 불확실성에 대하여 확률이론을 이용하여 효과적으로 해석할 수 있는 해석기법이다. 따라서 이러한 확률론적 해석기법이나 Risk Analysis는 현재 문제가 되고 있는 안전율의 결정론적 특성을 보완할 수 있는 기법 중의 하나로 인식되고 있다.

이러한 Risk Analysis 기법은 이미 유럽과 미국, 홍콩, 그리고 일본 등에서 폭넓게 활용되고 있다. 유럽연합(EU)의 경우 EUROCODE 7을 통해 지반공학에서 다루는 구조물의 설계 및 안정성 해석에 불확실성을 고려하도록 하고 있어 안정성에 대한 Risk 개념의 접근을 유도하고 있으며 미국에서도 유사한 개념인 LRFD(Load and Resistance Factor Design, 하중저항계수설계법)이 사용되고 있다. 또한 미공병단의 경우 구조물의 계획 및 설계단계에서 정량적인 Risk 개념에 바탕을 둔 의사결정방법을 이용하여 각 대안에 대한 비용편익분석(Cost Benefit Analysis)을 수행하고 있다. 이러한 경향에 따라 Risk Analysis를 수행할 필요성이 증가하고 있으며 각국에서도 점차 이러한 기법을 채용하고 있다. 이에 따라 홍콩과 일본의 경우도 1990년대 이후 정량적인 Risk Analysis Method를 도입하여 사용하고 있다.

우리나라에서도 지난 수년간 사면붕괴에 의한 피해를 감소시키기 위해 많은 예산을 투자하고 관련 연구를 진행하는 등 많은 노력을 기울여왔다. 그러나 사면붕괴는 다른 나라의 예에서와 같이 발생 횟수는 감소하겠지만 근절되지는 않을 것이며 산업화의 진행으로 인해 사면붕괴로 인한 피해규모는 더욱 증가할 가능성이 높다. 따라서 사면붕괴의 가능성과 함께 붕괴로 인해 예상되는 피해규모 정도를 동시에 고려하여야 하며 이러한 접근방식은 결정론적 해석과정이 가지는 단점, 즉 구조물의 안정성 확보를 위한 과다비용 지출 및 지나치게 보수적인 설계 등의 문제점을 보완할 수 있을 것으로 보인다. 특히 국제무역기구(WTO)는 국제표준화기구(ISO)에서 통과한 한계평형해석개념을 바탕으로 한 국제설계기준을 필수적으로 따르도록 의무화하고 있어 Risk Analysis와 확률론적 해석의 중요성은 더욱 증대되어갈 것이다.

사면의 안정성 검토는 2차원 해석이 주를 이루고 있으며 토사의 경우, 한계평형해석식에 의한 사면안정검토 및 암반의 경우, 평사투영망에 의한 안정성 검토, 한계평형 해석에 의한 안정성 검토가 주를 이루고 있다. 그리고 일부 사면에 대한 설계에 사용되는 방법 중에 수치해석기법에 의한 해석이 도입되고 있다.

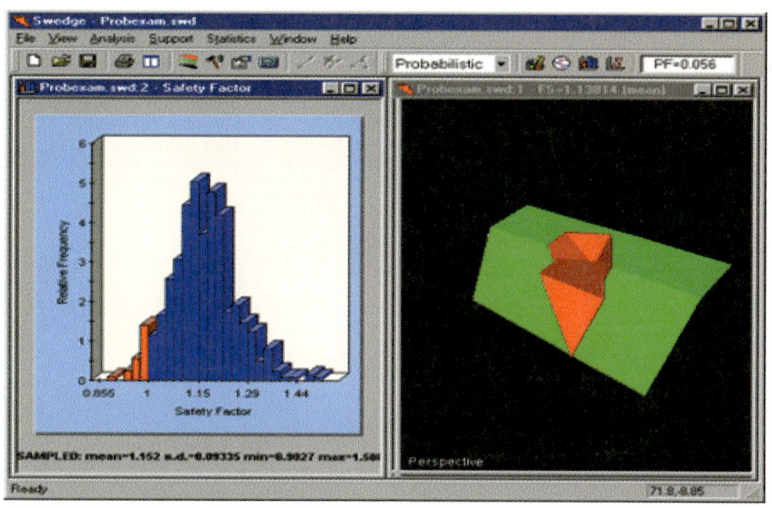

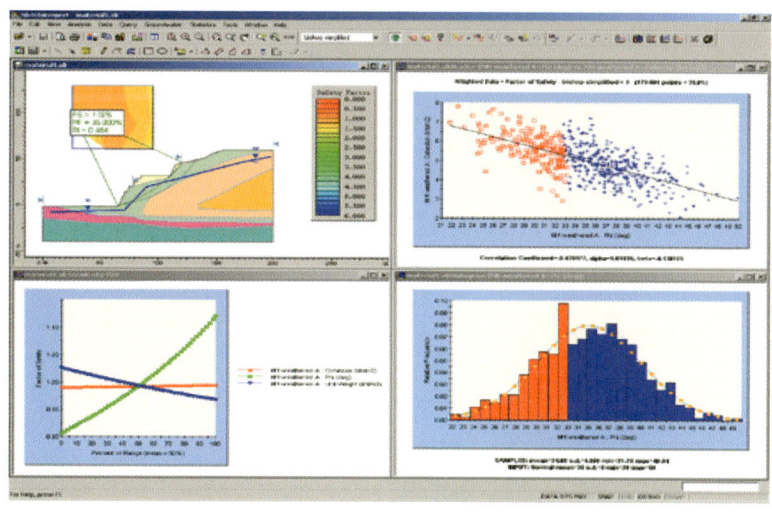

[그림 7.1] 기존 사면안정해석 프로그램

사면안정해석 방법의 발전은 확률론적인 접근에 의한 사면안정해석과 3차원 해석에 대한 이론이 국내외적으로 정립되고 있는 추세로 미루어 3차원 해석방법에 의한 사면해석이 도입될 것으로 전망된다. 3차원 사면해석은 2차원 해석 시의 최고 불량한 지반의 단면을 설계하는 것보다 전체 3차원 지형을 감안하여 설계가 이루어지므로 2차원 사면안정해석보다 경제적인 사면의 설계가 가능할 것으로 판단된다.

지형사진

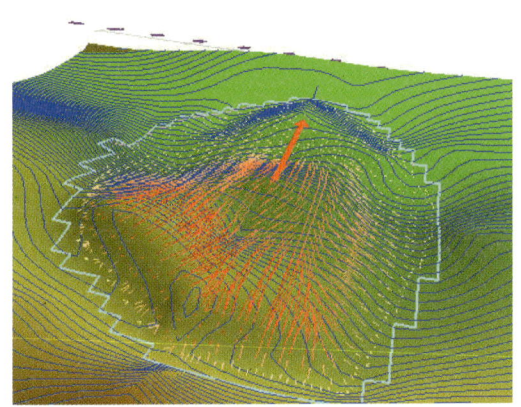
3차원 모델링

[그림 7.2] 3차원 해석에 의한 사면안정해석

3차원 사면안정해석에 대해 일본에서 개발된 프로그램으로 앵커 및 말뚝의 보강을 고려한 사면해석법이 사용되고 있다.

그리고 이러한 3차원 사면해석과 최근에 시행되고 있는 계측자료에 의한 비교를 통해 지반 강도정도에 대한 역해석 및 보강공에 대한 검증을 위한 자료로 한층 활용도가 높을 것으로 판단된다.

3) 대책분야

우리국토의 약 70%는 산지로 구성되어 있으며 이러한 지형적 여건을 고려할 때 도로, 철도, 등의 구조물을 건설하기 위해서는 인위적인 사면조성이 필연적이라 할 수 있다. 그러나 사면이 조성되기 위해서는 부득이 환경훼손이 발생될 수밖에 없고, 지속적인 유지보수비용이 발생하게 된다.

특히, 현재의 도로설계는 운전자의 안정감 및 주행편의성에 치중하여 과도한 사면절취와 성토가 이루어지고 있는 실정이므로 앞으로는 계획 초기부터 사면의 안정성을 확보하고 환경훼손을 최소화할 수 있는 방안이 고려되어야 한다. 또한 인위적으로 조성된 사면은 시간이 경과할수록 위험요소가 추가되므로 계획단계에서부터 지형 및 지질조건 등을 충분히 고려하여 대규모 사면이 발생되는 것을 가능한 줄이고 환경훼손을 최소화하여야 한다.

친환경적인 사면 건설을 위해서는 우선적으로 친환경적인 시공을 하여야 한다. 기술적으로나 경제적 측면에서 우수하고 환경오염을 최소화함과 동시에 경관이 우수하여 주행하는 운전자와 탑승자들에게 심리적으로 안정감을 주는 절토사면 등의 건설을 말한다. 최근 사면안정화 공법들은 놀라운 기술의 발달과 첨단장비의 개발로 시공이 간편하면서도 더욱 안전하고 친환경적으로 변모해가면서 동시에 두 가지 이상의 효과를 나타내는 방향으로 발전하고 있다. 그러나 특화된 기술에 대한 반대급부로 공사비가 증가하여 현장에서 쉽게 받아들여지지 않는 경우도 종종 있다. 이 때문에 뛰어난 신공법들이 현장에서 정착되지 못하고 사장되어 많은 토목기술자들에게 실망을 주는 경우도 있다. 이런 문제점들을 개선하기 위해서는 현장에서 다소의 비용을 감수할지라도 더욱 안전하고 환경친화적인 공법들을 적극 수용해야 하며, 특히 토목기술의 발전과 환경오염을 최소화하기 위하여 기술자들은 저비용 고효율의 보강대책 개발에 적극 힘써야 할 것이다.

4) 유지관리분야

절토사면에서의 유지관리는 크게 점검기법과 유지관리체계의 과학화로 대별할 수 있는데, 사면 점검은 시설물의 종류, 중요도, 관리주체에 따라 상호 상이한 점검기준을 가지고 있으며, 첨단화된 점검기법의 체계수립이 사면의 붕괴를 방지하고 인적·물적 피해를 줄일 수 있는 큰 역할을 할 수 있을 것이다.

유지관리의 과학화는 USN 기반의 관리기법의 체계화 수립과 여러 감시장비의 도입으로 인한 첨단장비를 이용한 사면의 관리시스템의 도입이 본격적으로 추구되고 있다. 국내 사면의 과학화된 관리기법의 도입 변화추이를 살펴보면, 철도, 도로, 고속도로 등의 절토사면의 여러 가지 계측시스템을 통한 사면의 체계적인 관리시스템을 구축하는 데 많은 노력을 기울이고 있다.

특히 절토사면 감시용 카메라, GPS 계측, 광섬유센서 등의 감시센서 및 시스템 개발이 활발하게 진행되고 있으며 광섬유센서 응용기술은 다양한 항목의 절토사면용 분산계측 응용기술 개발이 진행되고 있다. 이들 기술 중에는 암반균열 및 옹벽균열 감지에 광섬유센서를 응용할 수 있는 기술, 절토사면의 법면이 광범위하고 장기적인 지반의 변동감지기술, 암반과 토사사면이 혼재된 혼합사면의 변동감지기술 등이 있다.

그리고 현재 시행되고 있는 계측감시시스템의 운영방식의 문제점인 개개 절토사면에 적용하여 사면별 거동과 변위만 감지할 수 있는 시스템으로 구성되어 있다는 점이다.

이러한 문제점은 절토사면의 개개관리차원에서 위험구간에 대하여 집중관리함으로써 사면 방재의 효율적 운영방안 마련이 필요하고 절토사면 중 암반사면 및 토사사면의 특성에 따라 지질 및 지반 특성에 부합되는 시스템이 요구되며 지반의 특성별 계측시스템이 개발되어야 할 것으로 생각된다. 그러나 이러한 과학화된 장비만으로 사면붕괴로 인한 피해를 저감하는 때에는 한계가 있으므로 교육된 전문인력의 양성과 이들을 통한 체계적인 점검관리가 결합이 된다면, 사면의 붕괴로 인한 피해를 최소화시킬 수 있을 것이다.

부록

1. 특이한 붕괴현장 ·· 289
2. 사면붕괴형태를 고려한 유지관리방안 ·········· 300
3. 사면현황도 작성방법 및 조사시트(Sheet) ····· 306
4. 도로설계요령 ·· 315
5. 2006년 집중호우 당시 강원도 피해사진 ······ 363
6. 사면보강공법 적용사진 ······························· 367

1. 특이한 붕괴현장

사면붕괴의 원인은 다양한 지형조건, 풍화도, 지질구조, 강우 등 매우 다양하게 나타난다. 따라서 일반적인 규명보다는 고속도로에서의 사면붕괴사례를 분석한 결과에 의해 붕괴를 발생시킬 수 있는 주요 원인을 분석하는 것이 필요하다.

고속도로 주변 절토사면에서의 사면붕괴는 구성암반과 밀접한 관계를 가지고 있는 것으로 나타났다. 특히 경기변성암복합체를 이루는 편마암, 편암과 중생대 백악기의 퇴적암에서 높은 붕괴빈도를 보이는 것으로 조사되었다. 지질구조에 따른 사면붕괴는 단층(점토, 파쇄대), 층리(점토충전), 편리, 엽리 등이 붕괴가 발생될 가능성이 크며 특히, 사면방향과 유사할 경우가 극히 위험하다고 할 수 있다. 절리면의 경우도 절리면의 마찰각 이상의 급한 경사를 가진 경우에 붕괴가 쉽게 발생된다.

강우 및 배수문제로 인하여 소단 하부에서 표면이 유실되는 소규모 붕괴가 발생한 것을 나타내고 있다. 퇴적암지대에서 셰일층의 풍화에 의해 사면의 붕괴가 예상되는 지점을 나타낸 것이다. 이 사면은 조사 당시 표면붕괴 이외의 대규모 붕괴는 발생하지는 않았으나, 사면 절취 후 풍화가 급속도로 진전되어 거의 토사화된 사면이다. 이러한 사면은 절취구배에 비하여 불량한 암질에 의한 지속적인 붕괴가 발생할 가능성이 매우 크며, 이를 방치 시 상부로부터의 대규모 붕괴가 예상되는 사면이다.

[부록 그림 1.1] 강우 및 배수문제로 인한 표면유실사례

[부록 그림 1.2] 퇴적암(셰일층)에서의 풍화발달로 인한 표면붕괴사례

[부록 그림 1.3]은 비교적 큰 붕괴는 아니지만, 전반적으로 불량한 암질과, 소단부에서의 우수침투, 그리고 사면 내부 쪽으로 발달하여 절리면을 끊어주는 절리면에 의해 소단부에서 붕괴가 발생한 사면이다. 고속도로 절토사면의 많은 부분이 그 규모는 다양하나 이러한 붕괴형태를 보이고 있다.

[부록 그림 1.3] 지질구조선 및 불량한 암질에 의한 소단부 파괴사례

[부록 그림 1.4]는 불량한 암질에 의해 대규모 붕괴가 발생한 사면이다. 현장조사 시 사면은 암편화 되어 있고, 점토질을 함유한 구간도 많았으며 이에 따라 강우 시 사면이 전체적으로 유동한 경우이다.

[부록 그림 1.4] 암질불량에 의한 사면 대규모 붕괴사례

[부록 그림 1.5]는 지질구조선에 의한 평면파괴가 발생한 사면으로 비교적 뚜렷한 절리면을 가지고 있었다. 본 사면의 경우 절리면은 사면 절취구배보다 약간 완만하여 시공 시 이러한 불연속면을 고려하여 시공하였다면 추가공사비는 매우 적었을 것으로 추정되는 사면이다.

[부록 그림 1.5] 지질구조선에 의한 평면형태의 파괴사례

[부록 그림 1.6]은 IC 구간으로 사면의 절취구배가 발파암 설계기준인 1 : 0.5로 시공되어 있고 점차 토사화되어 구배를 점차로 완만하게 처리한 구간이다. 이 구간에서는 암반과 토사면의 구분이 확연하고 토사는 함수량이 높아질 경우 강도저하가 뚜렷한 특성을 가지고 있으나 암반과 토사가 접해있는 구간의 절취구배가 거의 1 : 0.5 정도로 매우 급경사져 있는 관계로, 강우에 의해 대규모 붕괴가 발생한 사면이다.

[부록 그림 1.6] 부분적 암질불량 및 지질구조선에 의한 붕괴사례

[부록 그림 1.7]은 지질구조선에 의해 대규모 붕괴가 발생한 사면이다. 본 사면은 하부를 제외하고는 풍화암 내지 풍화토 정도의 사면으로 시공 시 지질구조적 활동면을 발견하기가 비교적 어려웠을 것으로 추정되는 사면이다.

[부록 그림 1.7] 지질구조선에 의한 대규모 활동파괴사례

[부록 그림 1.8]은 퇴적암 지대 사면에서 절리면 사이에 충전된 점토질 층을 따라 대규모 붕괴가 발생한 사면이다. 퇴적암층은 주로 셰일과 사암으로 이루어진 암층으로 점토질이 충전된 층리면을 따라 붕괴가 발생되는 특성을 가지며 이러한 붕괴유형은 대부분 대규모 활동형태로 나타난다.

[부록 그림 1.8] 퇴적암에서의 점토층에 의한 대규모 평면파괴 발생사례

[부록 그림 1.9]는 풍화를 받은 암석을 암석용 망치로 수차례 타격에 의해 부서지는 현상을 나타낸다. 이 암석은 대구-포항 고속도로 절토사면에서 촬영한 것으로 암종은 셰일이다. 약 50cm 정도 크기의 본 암석은 겉으로 보기에 절리면이 없는 매우 신선한 상태인 것으로 보이나 미세균열이 발달하고 있어, 단 몇 차례의 타격으로 1cm 혹은 2cm 이하의 아주 작은 암편들로 부서져버리는 특징을 가지고 있다. 이러한 암석은 지중 내에 있을 경우 외부하중에 의한 압축강도는 강하더라도 절취에 의해 표면에 노출되었을 경우, 공기나 물에 의해 쉽게 풍화되고 또 부서져 버려 장기적으로 절취사면의 안정을 위해하는 요소로 작용한다.

따라서 절토사면에 대한 유지관리 시 이러한 현상도 충분히 고려할 수 있도록 붕괴유발인자가 고려되어야 한다.

[부록 그림 1.9] 신선해 보이는 암괴가 수차례 타격에 의해 산산이 부서지는 현상

테일러스가 발달하는 특이사면에 대하여 살펴보면 다음과 같다. 먼저 테일러스의 정의를 살펴보면 외적요인에 의해 쪼개진 암편들이 중력작용으로 사면 저부에 퇴적된 반원추형의 지형을 말한다.

[부록 그림 1.10] 테일러스 지형(경상남도 밀양 국도 24호선 주변)

※ 테일러스 사면의 공학적인 문제점 : 일반적으로 테일러스 사면 자체는 안식각을 이미 형성하였으므로 추가적인 대형붕괴의 가능성이 낮은 것으로 인식되고 있으나 지진이 발생하거나 사면 하부 절취 또는 테일러스 하부 제거 등에 의해 힘의 평형상태가 깨어져 대형붕괴 발생이 발생될 경우, 인적·물적 피해를 초래할 가능성이 높다.

[부록 그림 1.11] 테일러스 노출양상(강원도 정선군 북평면 숙암리)

[부록 그림 1.12] 테일러스 하단부 붕괴사례(강원도 정선군 북평면 숙암리)

※ 테일러스 연구방법
① 테일러스의 단면길이 - 테일러스의 경사 방향을 따라 측정
- 사면의 최정상부(apex)로부터 3등분
- 상단부(Proximal Part), 중간부(Intermediate Part), 하단부(Distal Part) 구분
- 각각의 거리(Lm/Lt)는 전체연장(Lt)을 1로 두었을 때,
  최정상부로부터 떨어진 상대적 거리(Lm)로 표현
  (ex) Lm/Lt=0 : 최상단부, Lm/Lt=1 : 최하단부
       Lm/Lt=0.3 : 전체연장 중 최정상부로부터 30% 떨어진 지점)
② 테일러스의 단면 경사[부록 그림 1.13]
- 최정상부의 경사 및 3등분한 각 부분의 경사 측정
- 상단부의 평균경사는 αPz, 중간부는 αIz, 하단부는 αDz로 표현
③ 테일러스 역의 특성에 관한 기재[부록 그림 1.14]와 [부록 그림 1.15]
    ③-1 부분별 거력(Boulder : a-축 길이 > 256mm)에 해당되는 역의 개수
    ③-2 측정 역의 a-축, b-축, c-축의 길이 측정
    ③-3 a-축의 선방향(Trend)과 선경사(Plunge) 측정

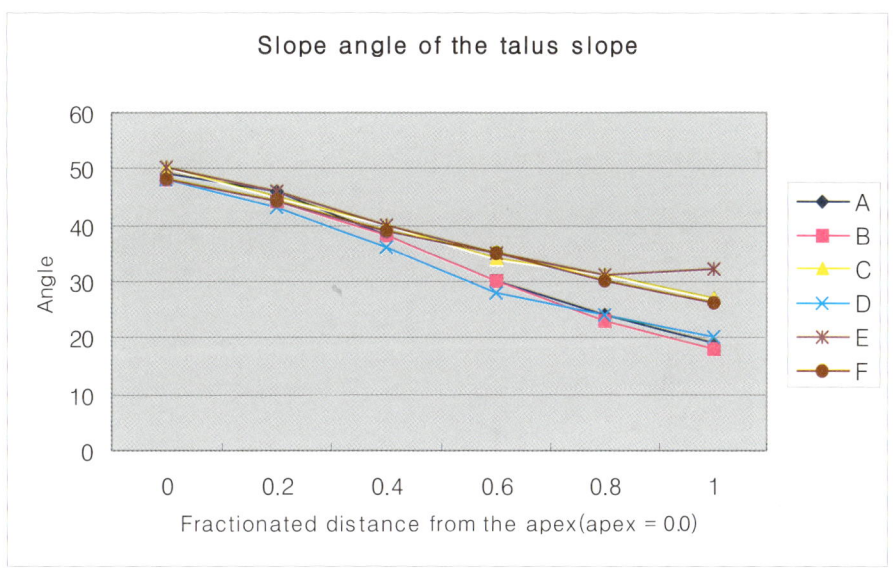

[부록 그림 1.13] 테일러스의 구간별 경사 연구사례

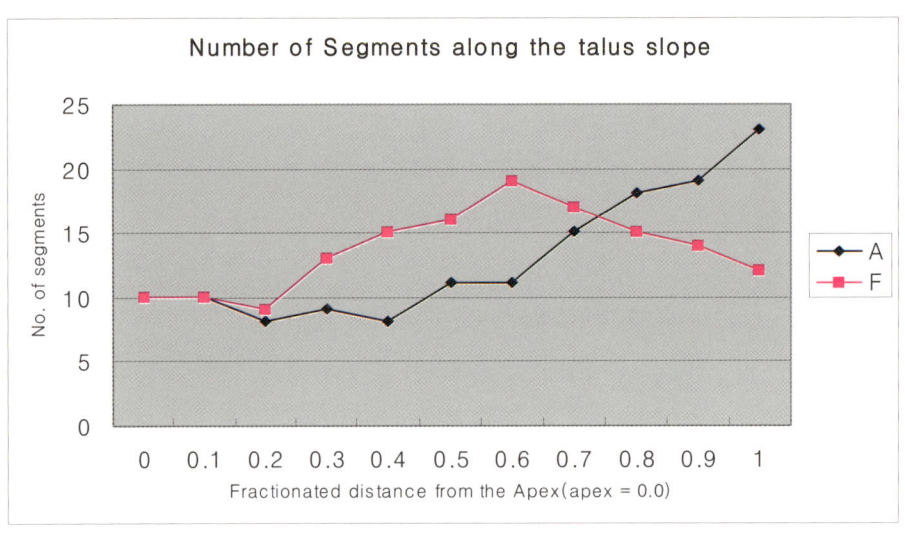

[부록 그림 1.14] 테일러스 구간별 거력의 크기 연구사례

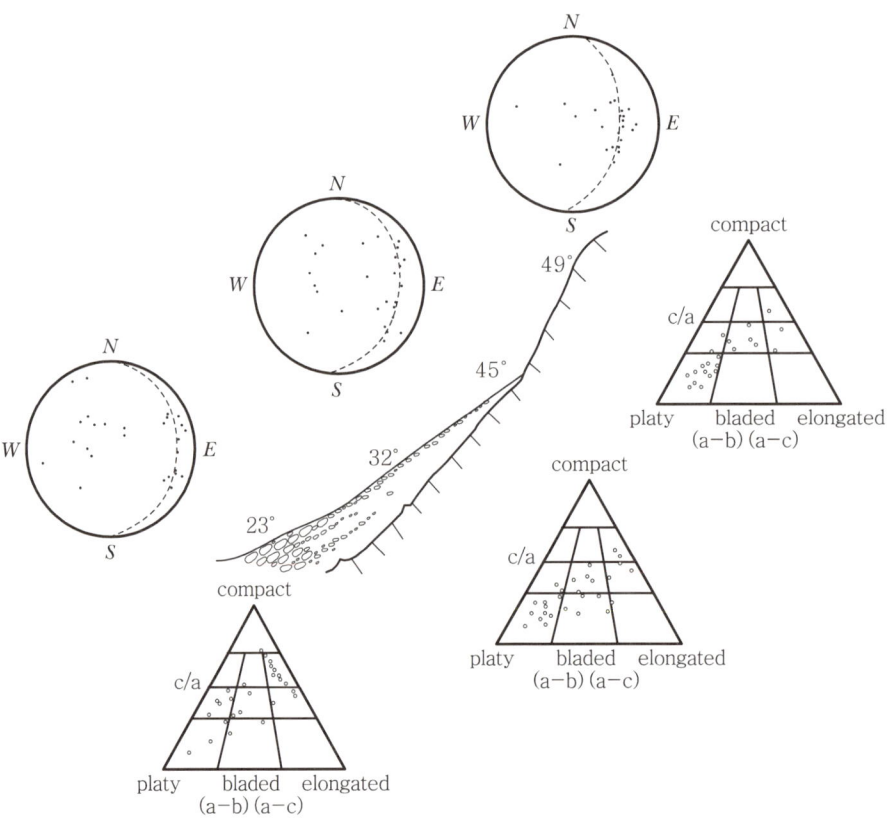

[부록 그림 1.15] 안정형 테일러스 암편의 배열방향 및 형태 연구사례

※ 테일러스 사면의 처리방법

① 사면 높이고가 15m 이하일 경우(특이한 경우, [부록 그림 1.16])
- 굴착 등을 통하여 테일러스의 역을 제거하고,
- 노출면에 격자블록, 앵커, 네일링 등 보강공을 실시하고,
- 하단부에 옹벽 또는 개비온 등으로 지지력을 확보하고,
- 보호공을 설치하여 안정성 추구

② 사면 높이고가 15m 이상인 경우(일반적인 경우)
- 하단부에 옹벽시설을 설치한 후,
- 옹벽 배면은 콘크리트로 뒤채움하여 하단부의 지지력을 확보하는 방법
- 대규모 테일러스 사면인 경우, 테일러스 자체에 인위적인 요인을 가하게 되면, 추가적인 대형 암설사태를 유발할 수 있으므로 ①번 방법은 지양하여야 한다.

[부록 그림 1.16] 소규모 테일러스의 대책공법 적용처리사례

2. 사면붕괴형태를 고려한 유지관리방안

사면보호공의 선정에 있어서는 장기적인 안정확보를 주목적으로 하여 대상사면의 암질, 토질, PH 등의 지질·토질조건, 용수·집수상황, 한랭지인지 아닌지와 같은 기상조건, 사면규모나 사면경사 등을 고려하는 외에 공사비나 시공조건 및 환경보전 등도 염두에 둘 필요가 있다. 사면보호공의 선정에 있어 주의해야만 하는 사항을 열거하면 다음과 같다.

1) 집수면적이 넓은 사면

사면 상부의 집수면적이 넓은 경우나 기존의 표준도의 배수단면으로 시공이 된 경우에는 [부록 그림 2.1], [부록 그림 2.2]와 같이 배수로를 Overflow하는 경우가 발생되므로 집수면적 및 강우량에 대한 산정을 통하여 배수단면을 설계하여야 한다. 단면이 부족한 경우에는 배수단면을 크게 적용하여 시공해 준다. 그리고 강우에 의해 [부록 그림 2.3]과 같이 상부토사 및 암괴가 배수로를 막아 배수가 되지 않는 경우도 많으므로 배수로에 대한 청소를 실시하여 원활한 배수가 되도록 해 준다.

[부록 그림 2.1] 배수단면 부족으로 Overflow 발생(a)

[부록 그림 2.2] 배수단면 부족으로 Overflow 발생(b)

[부록 그림 2.3] 암괴 및 토사에 의해 배수로가 막힌 상태

2) 식물성장에 적합한 사면경사

사면경사가 점성토 지반으로 1 : 1.2, 모래나 사질토로 1 : 1.5보다 완만한 범위에 있으면, 일반적인 경우는 식생공만으로 침식이나 표층유실을 어느 정도 방지할 수 있다고 생각해도 좋다. 사면경사가 이것보다 급해지면, 식생공만으로는 사면의 안정을 유지하는 것이 곤란해지고 사면 블록격자틀공이나 편책공 등의 병용이 필요해진다. 더욱이 사면경사가 1 : 0.8보다 급하게 되면, 사면 블록격자틀공이나 편책공을 병용해도 사면의 침식이나 표층붕락을 방지하는 것이 곤란해지므로 식생공 이외의 사면보호공을 검토하여야만 한다.

3) 사질토 등의 침식되기 쉬운 토사로 된 사면

[부록 그림 2.4]와 같이 침식되기 쉬운 토사로 이루어진 사면은 용수나 표면수에 의해 침식되거나, 침투수에 의해 사면표층이 유실되는 경우가 많다. 이와 같은 토질의 절토사면에서 용수가 적은 경우에는 일반적으로 식생공만인 경우가 많지만 유기질 비료와 함께 씨뿌리기를 실시한 후, Carpet를 설치하는 Coir Carpet공과 같은 식생공이 효과가 좋다.

[부록 그림 2.4] 침식이 쉬운 사면의 유실발생

4) 소규모적인 낙석의 위험이 있는 암반의 사면

본 사면은 사면경사가 급하고 높은 사면에서 흔히 발생하는데, 자갈질 혼합토사와 풍화된 연암 등에서는 작은 낙석이 발생되므로 식생공과 병용하거나 부석의 억제책으로써 낙석방지망을 씌우는 방법, 그리고 낙석을 저지하는 낙석방지책을 사면 중간에 설치하는 방법이 좋다. 그러나 균열이 많고 용수가 없는 연암 이상의 사면에는 숏크리트공을 설치하는 것도 바람직하다.

5) 용수가 많은 사면

용수가 많은 사면에서는 집수정이나 수평배수공 등의 사면 내 배수시설을 적극적으로 도입함과 동시에 사면보호공으로는 Gabion 옹벽이나 조적식 옹벽공, 중간채움의 자갈을 이용한 사면격자틀공 등과 같은 물이 빠질 수 있는 개방형의 보호공을 적용하는 것이 좋다.

동절기에는 절토사면의 용수현상으로 인해 [부록 그림 2.5]와 같이 절토사면에 결빙이 발생되어 노면으로까지 동결되어 교통사교를 유발할 수 있는 구간이 존재하게 되는데 근본적으로 용수되는 지점에서 용수를 방지하는 것이 적절하나 완전하게 용수되는 것은 어려운 실정이므로 이 구간에서는 주변암반에 대한 그라우팅을 실시하는 방법으로 용수되는 것을 분산시켜 주는 방안을 검토할 필요가 있다.

[부록 그림 2.5] 절토사면의 용수로 인한 결빙현상

6) 한랭지의 사면

강원 산간지방이나 경기 북부에 분포하는 사면으로 실트분이 많은 토질로 구성된 사면은 땅 속이 얼어 땅이 들뜸이나 동결융해작용에 의해 핵석이 붕락되거나 식생이 박리되어 활락하는 경우가 많다. 이와 같은 위험이 있는 경우는 사면경사를 가능한 한 완만하게 해두는 것이 바람직하다. 사면경사를 완만히 할 수 없는 경우, 메트와 같은 표면보호공으로 피복하여 앵커핀으로 고정해 두거나 동결 깊이를 계산하여 양질재로 치환하는 방법 등이 효과가 좋다.

7) 풍화에 약한 암질로 세굴이 예상되는 사면

구성암석 중 셰일이 풍화에 약해 차별적인 풍화로 인해 상부 암괴가 붕락되거나 강우에 의해 세굴이 발생된다. 세굴이 발생되면, 이 구간으로 빗물이 집중되어 추가적인 침식 및 세굴깊이가 깊어져 결국에는 주변 암반이 붕락되는 형태를 보인다[부록 그림 2.6, 2.7].

이러한 유형의 사면에는 풍화가 진행되어도 붕괴를 일으키지 않을 만한 사면경사로 절토한 후에 식생공을 행하든가 풍화의 진행을 억지하기 위해 표면수를 투수시키지 않는 밀폐형의 사면보호공(가령 숏크리트공, 블록쌓기 옹벽공, 중간 채움에 블록장을 이용한 사면격자공, 부벽식 옹벽공 등)을 적용한다(Powell & Irfan, 1986). 그러나 세굴이 깊지 않은 경우에는 세굴 구간에 찰쌓기를 실시하여 더 이상의 세굴이 진행되지 않도록 해주는 것도 중요하다.

풍화암 내지 토층으로 이루어진 사면에서는 표면의 침식을 방지하여 주는 사면 보호공이 유리하고 세굴 가능한 지역은 빗물이 집중되지 않도록 상부에 배수로를 설치하여 주는 것이 바람직하다.

[부록 그림 2.6] 풍화에 약한 암질에서의 세굴현상(a)

[부록 그림 2.7] 풍화에 약한 암질에서의 세굴현상(b)

3. 사면현황도 작성방법 및 조사시트(Sheet)

1) 개요

도로, 철도, 부지조성 등 건설을 위하여 지반을 절취할 경우 원시상태 사면의 형상, 지질상태, 풍화정도, 불연속면, 지하수 특성 등 제반 특성을 평면상에 기재(스케치)한 도면을 현황도라 말하며, 현황도를 데이터베이스 관리함으로써 예상치 못한 붕괴 또는 녹화 후 부분적인 붕괴에 대한 효율적인 대책을 강구하기 위함이다.

2) 현황도 작성 포함항목과 요령

1) 풍화도 : 절토사면 내 지반의 풍화정도를 기호로써 표기한다.
   기재 예) M.W.
2) 불연속면 : 절토사면 내 조사된 불연속면(절리, 층리, 엽리, 단층, 습곡 등)의 특성을 기재한다 (〈부록 표 3.1〉 및 [부록 그림 3.1] 참조). 불연속면 특성은 절토사면을 최소 4개 이상의 조사 영역을 선택하여 자료를 수집하여야 하며, 특히 소단이 형성된 절토사면은 1소단부 이상에 최소 1개 이상의 조사영역을 추가로 선정하여 조사한다. 또한 불연속면의 발달이 불규칙하여 추가조사가 필요하다고 판단되는 경우 현장파악에 필요한 적정 개소 수에 대해 조사를 실시한다.

〈부록 표 3.1〉 불연속면의 종류 및 특징

종 류	특 징	기 호
절리	암석에 발달된 갈라진 면으로서 틈 양쪽에 전이가 발생되지 않은 것	20
역전된 절리	절리면이 사면방향에 대하여 역방향인 경우	
층리	퇴적물 입자의 크기와 색을 달리하며 쌓인 띠상의 평행구조	30
엽리	암석에 높은 압력이 작용하여 두 종 이상의 광물들이 교대로 늘어선 변성암의 조직	45
단층	• 지각 중에 생긴 틈을 경계로 양쪽 지반이 이동하여 어긋난 것 • 지각 중에 생긴 틈을 경계로 양측이 상대적으로 전이한 것	U D

종 류	특 징		기 호
습곡	지층의 구부러짐	솟아오른 부분은 배사	
		아래로 휜 부분은 향사	

※ 현황도 표기는 기호로서 표기

 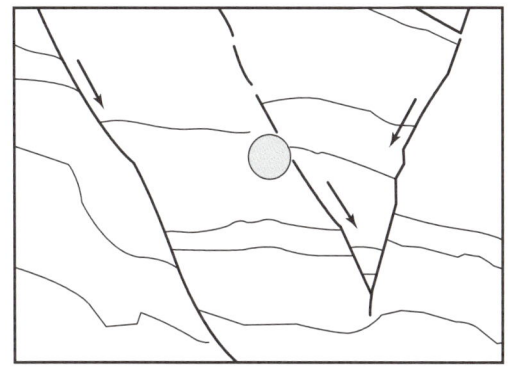

(a) 단층구조

 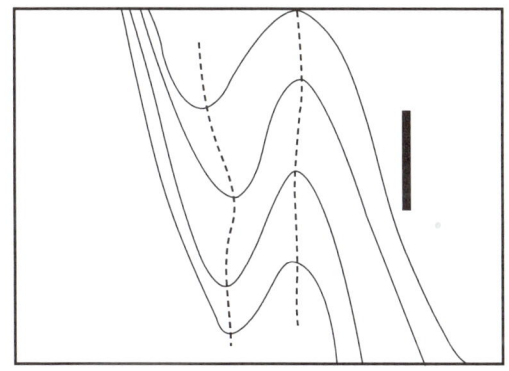

(b) 습곡구조

 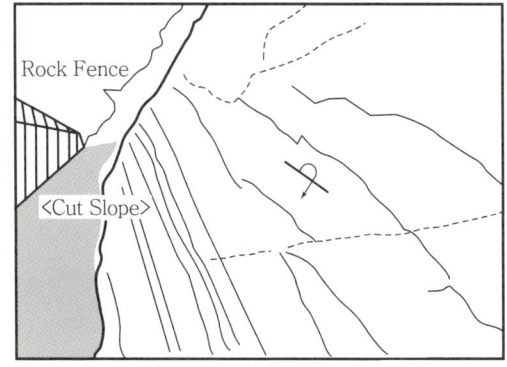

(c) 역전된 절리

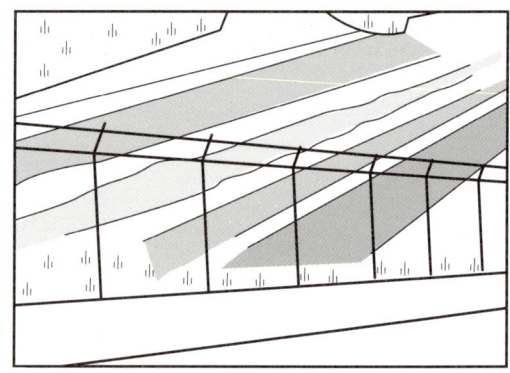

(d) 층리 구조

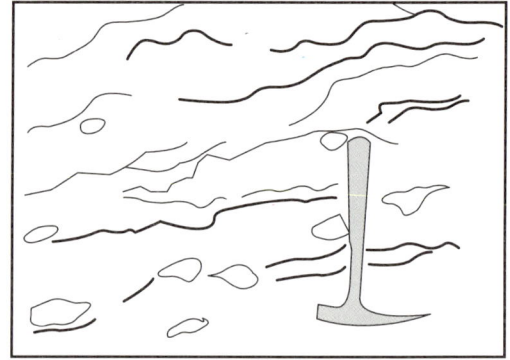

(e) 엽리 구조

[부록 그림 3.1] 불연속면 현장사진

3) 불연속면의 특징 기재방법

① 방향성(Joint Orientation) : 방향성은 경사/경사방향으로 표시한다.
② 간극(Aperture) : 틈 게이지(Aperture Gauge)에 이용하여 측정한 간극을 기호로써 표기한다 (부록 표 3.2 참조). 기재 예) A : A2

〈부록 표 3.2〉 불연속면의 간극

구 분(mm)	기 호
0	A1
0.0~0.1	A2
0.1~1.0	A3
1.0~5.0	A4
〉 5.0	A5

③ 간격(Spacing) : 불연속면의 간격은 불연속면군을 이루는 불연속면의 수직거리로, 절리를 직접 잴 수 없는 경우에는 시추코아를 사용하여 추정하며, 절리간격은 다음과 같은 값의 범위로 분류하여 기호로써 표시한다(부록 표 3.3 참조).
기재 예) S : S3

〈부록 표 3.3〉 불연속면 간격

구 분(m)	기 호
〉 2.0	S1
0.6～2.0	S2
0.2～0.6	S3
0.06～0.2	S4
〈 0.06	S5

④ 연장성(Persistence) : 불연속면이 연장되는 크기를 기호로써 표기한다(부록 표 3.4 참조).
기재 예) P : P4

〈부록 표 3.4〉 불연속면의 연장성 구분

연장성 (m)	기호
〈 1	P1
1～3	P2
3～10	P3
10～20	P4
〉 20	P5

⑤ 거칠기(Roughness) : 불연속면의 거친 정도를 기호로써 표기한다(부록 표 3.5 참조). 기재 예) R : R5

〈부록 표 3.5〉 불연속면의 거칠기 구분

구 분	기 호
매우 거침(Very Rough)	R1
거침(Rough)	R2
약간 거침(Slightly Rough)	R3
평활(Smooth)	R4
활면(Slickensided)	R5

⑥ 암괴의 크기(Block Size) : 암괴의 크기는 불연속면군의 수, 불연속면 간격 및 연장성에 의해 결정되며, 현황도상의 표기는 규모(가로×세로×높이)로써 기재한다.
기재 예) B : 2 × 2 × 2

⑦ 충진물질(Filling Material)의 종류 및 두께 : 불연속면의 인접 암괴 벽면을 분리시키고 있는 물질에 대해 기술하는 것으로 점토, 사질토, 단층점토, 방해석, 단층각력 등의 존재 여부와 두께를 기호로 표시한다.(부록 표 3.6 참조)
기재 예) F : F2

〈부록 표 3.6〉 충진물질 구분

구 분			기 호
없음			F1
있음	단단한 충전물 (Hard Filling)	〈 5 mm	F2
		〉 5 mm	F3
	연약한 충전물 (Soft Filling)	〈 5 mm	F4
		〉 5 mm	F5

⑧ 누수정도 : 불연속면 내 지하수의 누수정도를 습윤(Damp), 젖음(Wet), 흐름(Flow)의 3단계로 구분하여 기호로 기재한다(부록 표 3.7 참조).
기재 예) ●flow

〈부록 표 3.7〉 누수정도의 기재

용 어	정 의	기 호
습윤(Damp)	불연속면 내 이끼가 자생하여 축축한 상태	●damp
젖음(Wet)	불연속면 내 지하수로 인하여 젖어 있는 상태	●wet
흐름(Flow)	불연속면 내 지하수가 유출되고 있는 상태	●flow

⑨ 붕괴부 : 붕괴규모, 낙석의 양, 이완암괴, 표층유실부분 등에 대한 사항을 기재한다. 또한 단차, 폭, 길이 등에 대한 사항을 기재한다.

3) 절토사면 현황도 작성 예시

① 현황도 작성 절토사면 전경

[부록 그림 3.2] 현황도 작성 절토사면 전경

② 현황도 작성

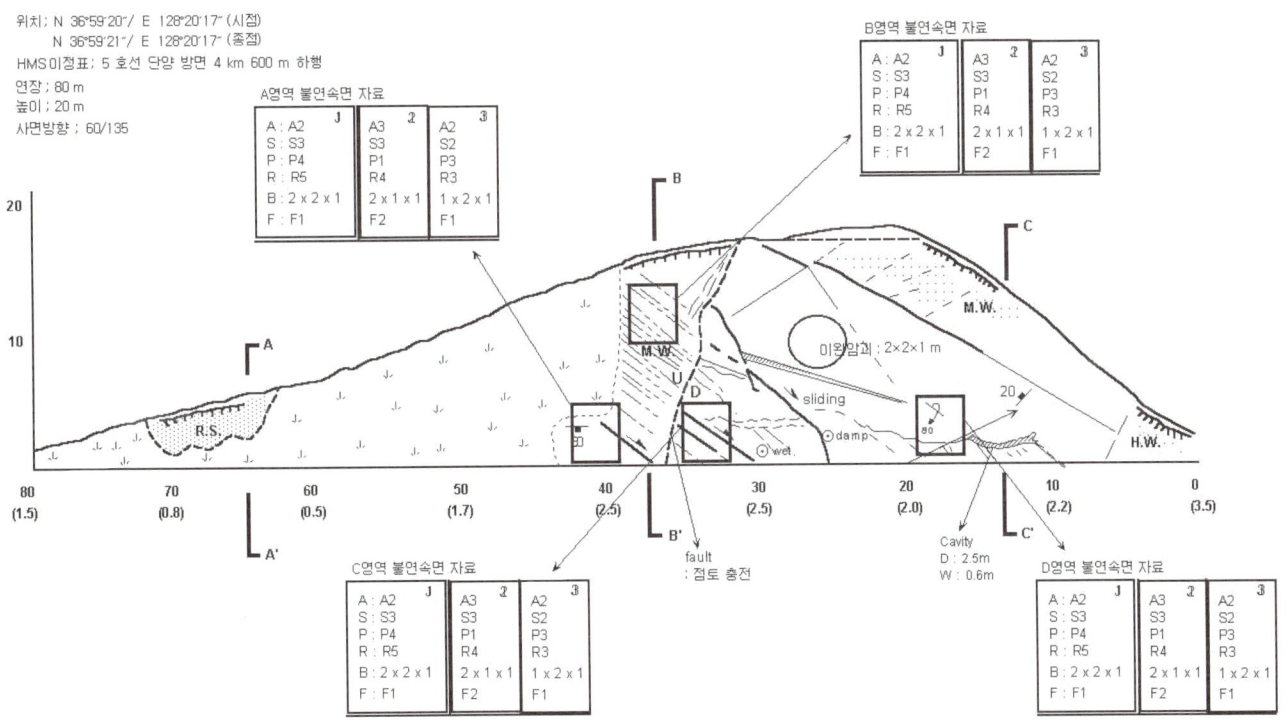

[부록 그림 3.3]

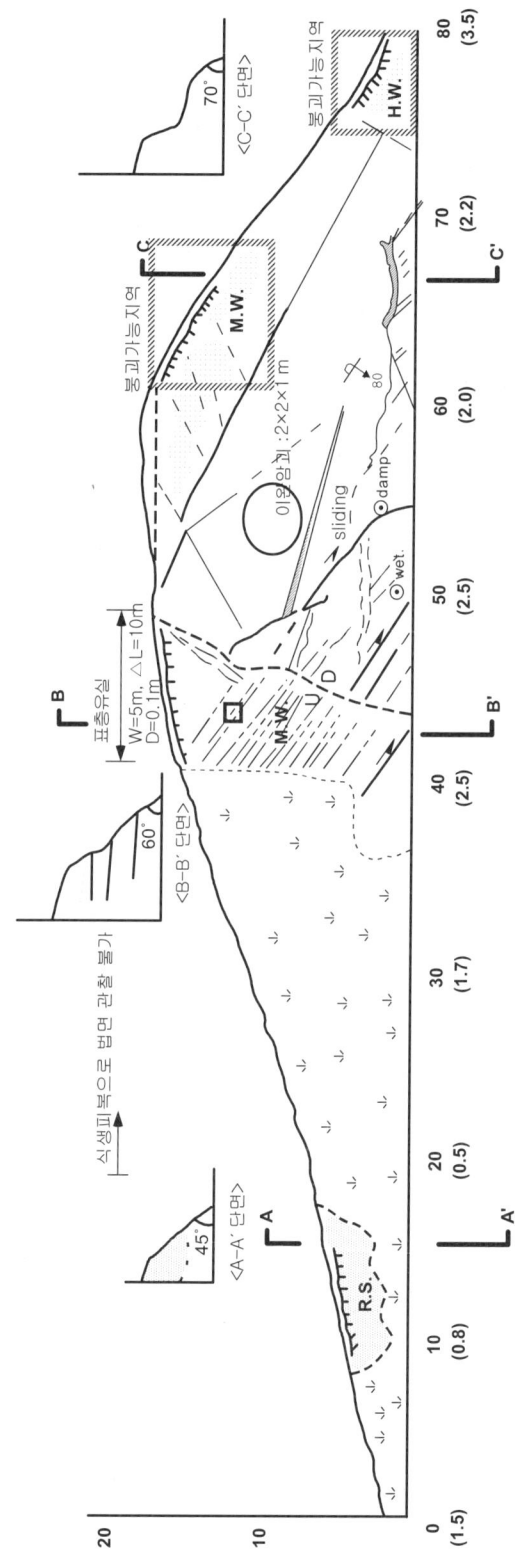

[부록 그림 3.4] 현황도 작성 예시

③ 절토사면 현황도(Face Map) 작성 사용기호

기호	대상	비고	기호	대상	비고
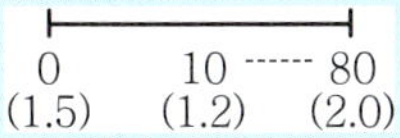 0 10 80 (1.5) (1.2) (2.0)	연장(이격거리)		S : S3	불연속면 간격	
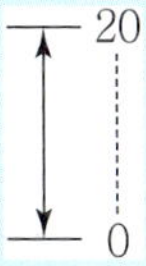 20 ↕ 0	높이		P : P4	불연속면 연장성	
M.W.	풍화도		R : R5	불연속면 거칠기	
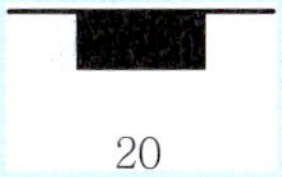 20	절리(20 : 경사)		B : 2×2×1	암괴의 크기	
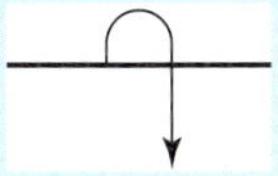	역전된 절리		F : F2	불연속면 충진물질	
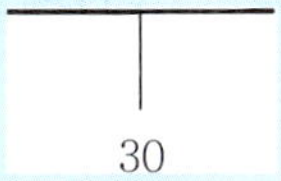 30	층리(30 : 경사)		 ⊙ damp	누수정도	
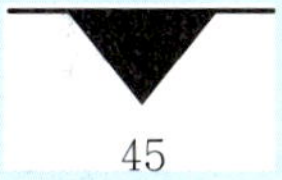 45	엽리(45 : 경사)			붕괴부	
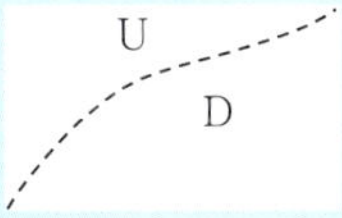 U / D	단층(U : 상반, D : 하반)		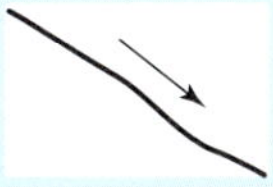	슬라이딩	
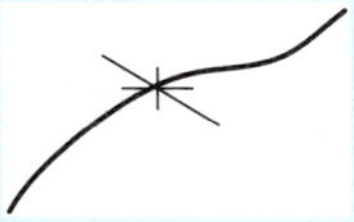	습곡(향사)			동굴	
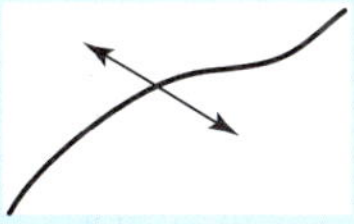	습곡(배사)			식생	
A : A2	불연속면 틈 간극			붕괴가능지역	

[부록 그림 3.5] 현황도에 사용되는 기호

4) 절토사면 현황조사 체크리스트

절토사면 현황조사 체크리스트

■ 일반현황

관리청/국도	청/ 국도	도로호선/구간	호선 (→)
행정구역	( )시/군 ( )읍/면 ( )리		
거리표	( )호선 ( )방향 ( )km ( )m ( )행		미설치 ( )
위경도	N : ( )°( )´( )˝ E : ( )°( )´( )˝		
차 선	왕복·편도 (차선)	교통량	( ) 대/일
조사일자	년 월 일	조사자	
		조사기관	

■ 절개면 특성

연 장	( ) m	최대높이	( ) m
경 사	( )°	이격거리	( ) m
종 류	□ 암 □ 토사 □ 혼합 □ 자연	누수위치	□ 상 □ 중 □ 하 □ 무
횡단형상	직선형□ 철형(블록)□ 요형(오목)□ 파형□	종단형상	직선형□ 요철형□ 하부이탈형□ 돌출형□
주변지형 특성	□ 구릉 □ 준산악 □ 산악	상부자연 사면경사	( )°
계곡부	( ) 개소	풍화정도	□ 상 □ 중 □ 하
암석의 결	(도식)	붕괴유형 (중복가능)	□ 쐐기 □ 평면 □ 전도 □ 원호 □ 표층유실 □ 낙석 □ 무

■ 시공현황 및 필요공법

시공현황 (중복가능)	□ 낙석방지망 □ 낙석방지울타리 □ L형측구 □ 격자블록 □ 옹벽 □ 식생공 □ 개비온 □ 사방공 □ 수평배수공 □ 록앵커 □ 록볼트 □ 어스앵커 □ 억지말뚝 □ 버트리스 □ 법면정비 □ 측구배수로 □ 수직배수로 □ 피암터널 □ 링네트 □ 암부착특수망 □ 기타 ( )
필요공법	□ 현상태유지, □ 기존시설 교체·보수, □ 보호공 필요, □ 보강공 필요
조사자 소견	

[부록 그림 3.6] 절토사면 현황조사 체크리스트

4. 도로설계요령

1) 땅깎기 비탈면

(1) 설계 기본사항

> 자연 지반의 토질은 아주 불균일하고, 풍화도, 성층 상태, 균열 등에 의해 지반의 강도는 현저하게 다르다. 따라서 그 상태를 정량적인 지표로 정확히 평가하는 것은 곤란하고, 과거의 시공실적이나 기존 비탈면의 실태 등을 참고로 하고 인근 토지 이용 상황 등을 감안해서 설계하는 것이 중요하다.

비탈면 경사를 결정하는 경우 일반적인 지질이라면 표준 비탈면 경사의 범위로서 거의 문제가 없지만 붕괴성 요인을 갖는 비탈면에서는 비탈면 경사를 별도로 검토해야 한다.

또한 각 현장의 토량배분계획이나 용지의 제약조건 및 적설한랭지 특유의 제반조건을 추가하여, 표준적인 비탈면 경사만을 취하지 말고 시공성, 경제성 및 유지관리도 포함해서 충분히 비교·검토되어야 한다.

(2) 땅깎기 비탈면 설계순서

> 땅깎기 비탈면은 도로의 계획, 설계, 시공의 각 단계에서 효과적인 조사를 실시하여 비탈면 경사를 결정해야 한다.

[부록 그림 4.1]은 땅깎기 비탈면의 설계순서를 흐름도로 표시한 것이다. 적용에 있어서는 각 단계에서의 유의점을 참고하여 재설계가 되지 않도록 신중히 한다.

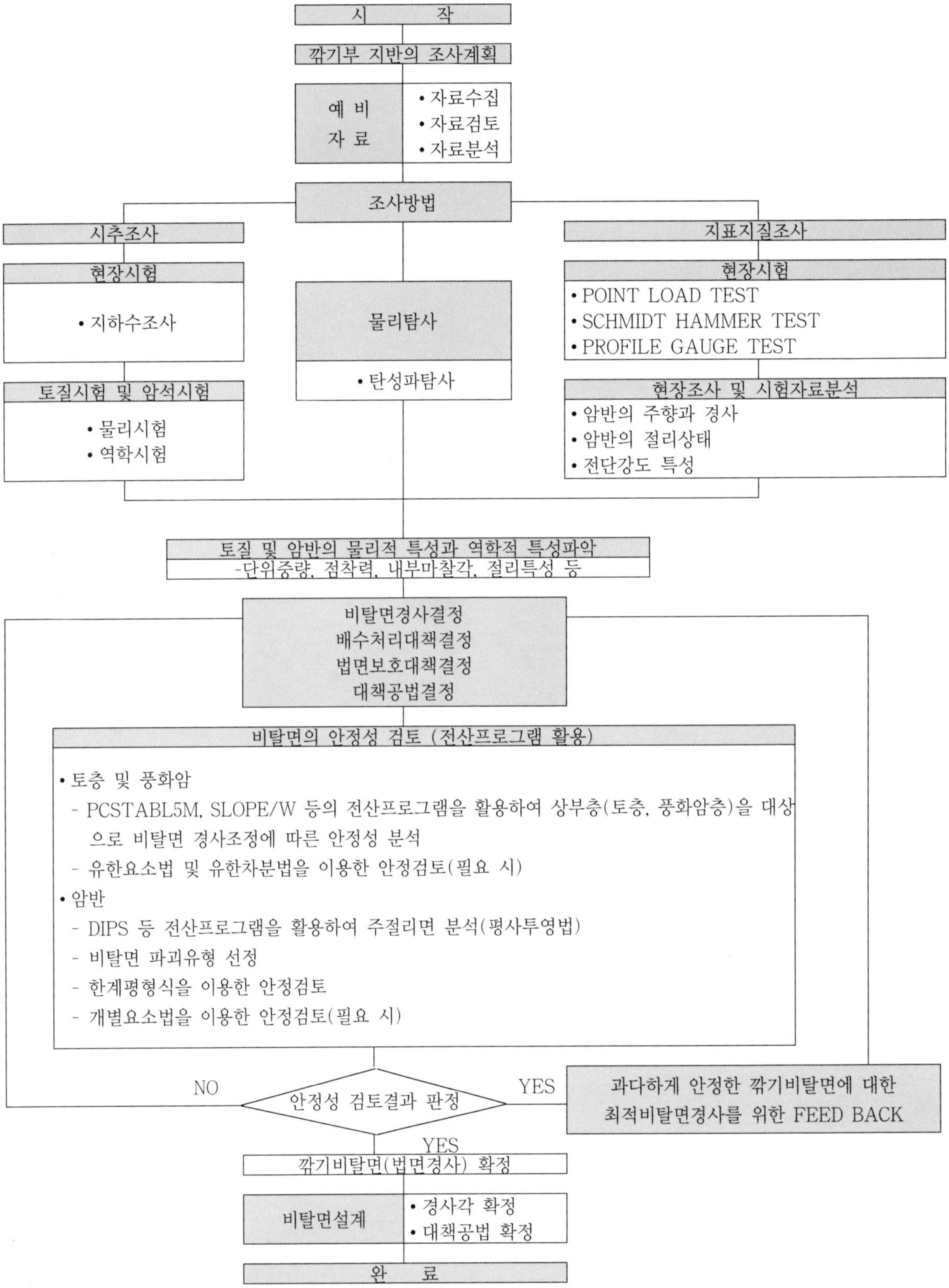

[부록 그림 4.1] 땅깎기 비탈면 설계순서

① 땅깎기 비탈면의 안정성 여부는 공사비와 공기는 물론 비탈면 하단부의 도로 구조물이나 통과 차량의 안전에도 큰 영향을 미칠 수 있으므로 암석의 강도뿐만 아니라 불연속면에 대한 물성 및 공학적 특성을 충분히 고려하여 합리적이고 경제적인 설계를 수행하여야 한다.
② 깎기 비탈면 설계 시 지반조사는 크게 시추조사, 물리탐사, 지표지질조사와 현장 및 실내시험의 단계로 구분되며 깎기 대상 비탈면의 암종에 따라 4등급으로 분류하여 적용한다. 상세한 사항은 '도로설계요령 7.3 땅깎기 비탈면의 지반조사·시험'을 참조한다.
③ 토층 및 풍화암층에 대해서는 한계평형식에 의한 수치해석 프로그램을 사용하여 복합적으로 비탈면의 안정해석을 수행하는 것을 기본으로 중요도가 높은 비탈면에 대해서는 유한요소법등을 이용한 정밀 안정계산을 수행하는 것으로 하며 상세한 사항은 '도로설계요령 7.6.2 토층 및 풍화암 비탈면 안정검토'를 참조한다.
④ 초기의 비탈면 설계단계에서는 국부적인 암반의 안정성을 판단하기보다는 전체적인 암반의 해석이 중요하다. 그러므로 여러 단계의 조사에 의해 나온 결과를 가지고 대표적인 절리면의 공학적인 특성을 고려하여 평사투영법으로 발생가능한 파괴형태를 파악하며, 불안정한 것으로 판단된 비탈면에 대해 한계평형식을 이용하여 안정성 분석을 수행하는 것으로 한다. 또한 중요도가 높은 비탈면에 대해서는 개별요소법에 근거한 불연속체 해석 등을 통해 정밀 안정계산을 수행하는 것으로 한다. 상세한 사항은 '도로설계요령 7.6.3 암반비탈면 안정검토'를 참조한다.
⑤ '도로설계요령 7.5 땅깎기 비탈면경사'에서 제시하는 비탈면경사의 설계기준은 경험에 의한 일반적인 경사로 암반의 지질 및 절리상태에 따라 과다 및 과소한 경사가 될 수 있으므로 비탈면 안정계산의 FEED BACK 작업을 통하여 경제적이고 합리적인 경사를 결정해야 한다.

2) 땅깎기 비탈면의 지반조사·시험

(1) 조사·시험의 목적

> 깎기 비탈면에 관한 조사·시험은 비탈면을 구성하는 원지반의 물리적 특성과 역학적 특성을 파악할 수 있는 기초자료를 제공함으로써, 비탈면 경사 결정, 굴착공법 결정, 보호대책 결정 및 안정성 검토 등과 같은 깎기 비탈면 설계의 주요 결정 과정에 합리적인 근거를 제시하기 위한 것이다. 즉 깎기 비탈면의 계획, 설계, 시공 및 유지관리를 합리적이고 경제적으로 실시하기 위한 것이다.

비탈면 설계는 지반조사, 주위의 지형·지질조건, 동종의 비탈면 실태조사 및 기술적 경험 등에 기초한 종합적인 검토를 행하는 것이 필요하다. 또 시공 중에 지반이 노출된 조건에 대해서는 비탈면 조사를 실시하여 안정성을 확보할 수 있는 공사가 이루어지도록 하는 것이 중요하다.

(2) 조사·시험의 과정

> 깎기 비탈면의 조사·시험은 일반적으로 설계단계에서 예비조사, 개략조사, 정밀조사의 세 단계로 나눌 수 있으며 시공 중 조사과정이 추가된다.

① 예비조사는 공사 전체의 계획을 위한 것이며 문헌, 공사·재해기록 등의 자료수집을 주로 실시한다.
② 개략조사는 비탈면 주변의 지형·지질, 지하수상황 등의 실태를 파악하는 것을 주목적으로 하여 붕괴 및 산사태 위험지역의 위치, 분포, 위험도의 예측에 반영하는 등 비탈면의 개략설계를 위하여 실시한다.
③ 정밀조사는 대상으로 한 비탈면의 안정해석, 설계, 시공, 대책공의 결정 등에 직접 관련된 자료를 파악하는 것을 목적으로 한 물리·화학 및 역학적인 조사나 탐사·시험을 주로 실시하는 것이다.
④ 시공 중 추가조사는 시공 시 설계단계에서 가정한 지반상태가 최종굴착면의 굴착상태와 일치하는지 여부를 재확인(Face Mapping)하여 기존 설계 비탈면의 적정성을 평가하고 비탈면 붕괴를 예방할 수 있도록 비탈면 경사 조정 또는 보완대책 수립을 위해 수행한다.

(3) 조사·시험의 항목

> 깎기 비탈면의 중요한 조사·시험 항목으로는 ① 지형(불안정지형) ② 지질(지질구성, 지질구조) ③ 원지반의 공학적 성질(흙, 연암, 풍화도, 균열) ④ 원지반의 물성(물리·역학적 특성과 시간에 따른 변화) ⑤ 지하수 상황 등이다.

이들 조사항목의 구체적 이미지는 다음의 [부록 그림 4.2]와 같다.

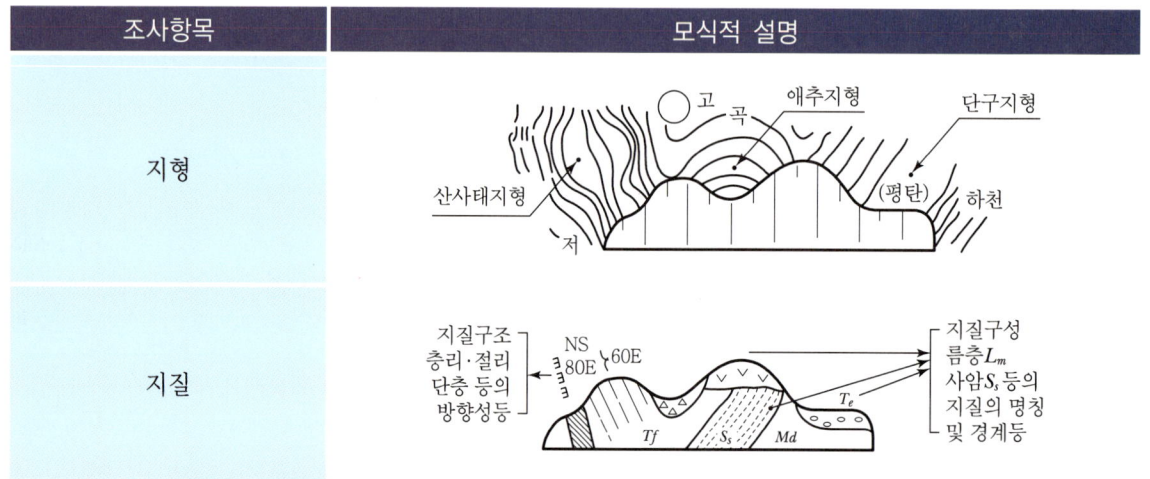

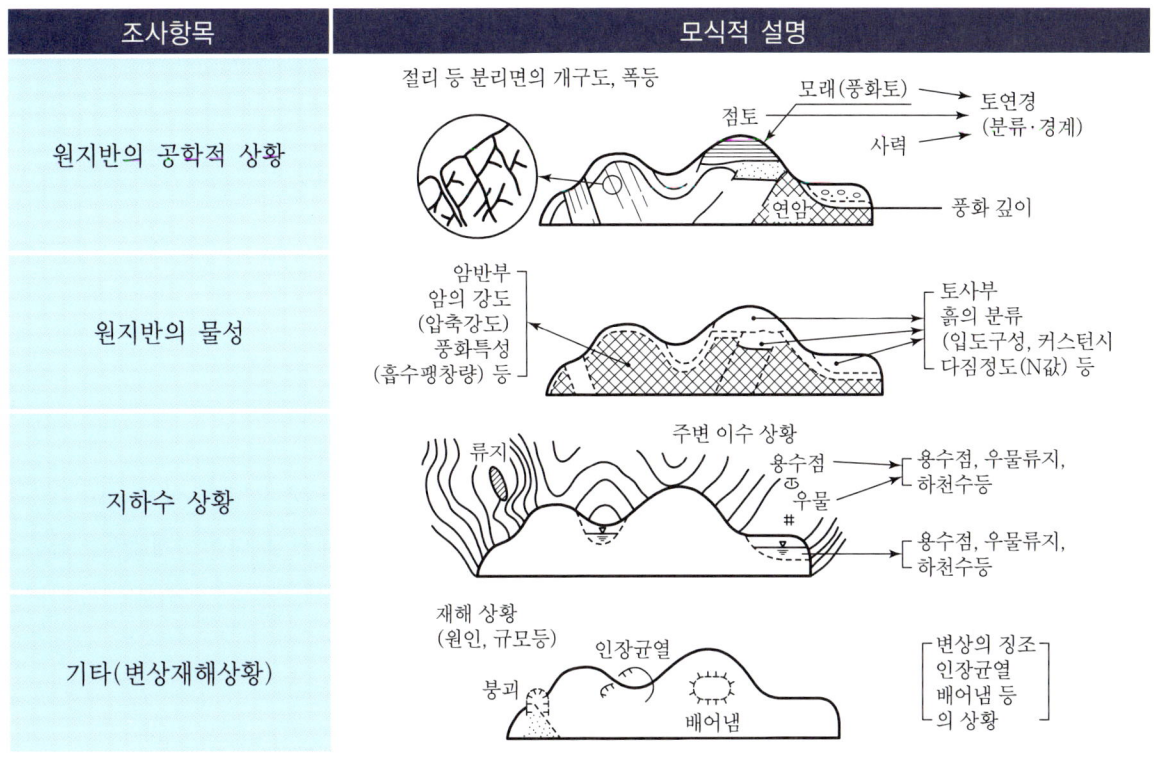

[부록 그림 4.2] 조사·시험 항목의 구체적 이미지

(4) 조사·시험의 방법

> 조사·시험 방법은 통상의 경우 복수의 조사 목적에 적용할 수 있기 때문에 적절하게 편성해 조사·시험을 수행해야 한다. 비탈면 원지반의 종류에 따라 조사·시험 방법과 항목이 달라질 수 있으며, 특히 대깎기 비탈면 및 암반 비탈면의 경우 정밀한 조사가 필요하다.

조사항목과 그것에 대해 많이 사용되는 조사·시험방법과의 관련은 〈부록 표 4.1〉과 같으며, 조사·시험 단계별 조사방법은 [부록 그림 4.3]에 나타내었다.

〈부록 표 4.1〉 조사 및 시험의 방법 및 내용

조사·시험	조사·시험 내용	조사항목
지표지질 조사	- 암반의 풍화상태, 절리의 방향성, 연속성, 간격 및 거칠기 등 - 충진물의 분포상태 - 단층선 등의 구조대 발달 여부	지형·지질파악
시험굴	- 지질파악	지질파악

조사 · 시험	조사 · 시험 내용	조사항목
시추조사	- 지층 분포상태 - 절리면의 발달상태(절리간격 및 경사각) - 암석코아의 강도 및 RQD - 파쇄구간의 존재 여부 - 시추공전단강도시험(풍화암층 C, ø 측정)	지질 파악 원지반의 공학적 · 물리적 특성 파악 지하수상황 파악

물리탐사	- 탄성파 탐사, 전기비저항, 토모그래피
	  : 탄성파 속도 및 전기비저항의 분포에 의해 지하지질구조 및 파쇄대의 존재 여부 파악
	- 시추공영상처리기법(BIPS, 텔레뷰어 등)
	  : 불연속면의 방향성 파악
		지질 파악
		원지반의 공학적 · 물리적 특성 파악
		지하수상황 파악

현장시험	- Schmidt Hammer Test - Point Load Test - Profile Gauge Measurement	원지반의 공학적 · 물리적 특성 파악
실내시험	- 토성시험 : 함수비, 비중, 입도 및 액 · 소성 한계 등 - 암석시험 : 일축압축강도(풍화암 점하중시험으로 측정) 절리면전단강도(C, ø 측정)	원지반의 공학적 · 물리적 특성파악
성과분석	- 주절리군의 방향성 - 암반의 공학적 특성 : 강도 정수 산출(C, ø) - 암반비탈면의 경사 결정 : 예상파괴형태 및 구간별 안정성 검토 - 대책공법 선정	

① 깎기비탈면은 원지반에 따라 토사비탈면과 암반비탈면으로 나눌 수 있으며 일반적으로 정밀조사가 필요한 깎기비탈면은 깎기고 20m 이상의 대깎기비탈면 또는 그에 준하는 비탈면으로 볼 수 있다. 우리나라의 지질특성상 토층의 발달이 미약하여 대부분의 깎기 비탈면은 암반비탈면으로 예상할 수 있으며, 특히 대깎기 비탈면은 거의 암반 비탈면으로 볼 수 있다. 대부분 풍화암 이하의 지반조건으로 이루어진 깎기 비탈면의 경우 지표지질조사, 시험굴, 시추조사 및 실내시험을 위주로 조사를 수행하며, 암반 비탈면의 경우 굴착난이도 평가와 불연속면의 방향파악이 중요한 조사 · 시험 항목이 되기 때문에, 굴착난이도 판단을 위해서는 시추조사, 물리탐사(탄성파탐사, 전기비저항탐사 등)와 같은 방법으로 실시하고 불연속면의 방향 및 특성파악을 위해서 지표지질조사에 추가하여 시추공영상처리장치(BIPS, 텔레뷰어 등)를 이용하여 비탈면 안정성에 가장 큰 영향을 주는 불연속면의 방향을 조사하는 방안을 강구해야 한다.

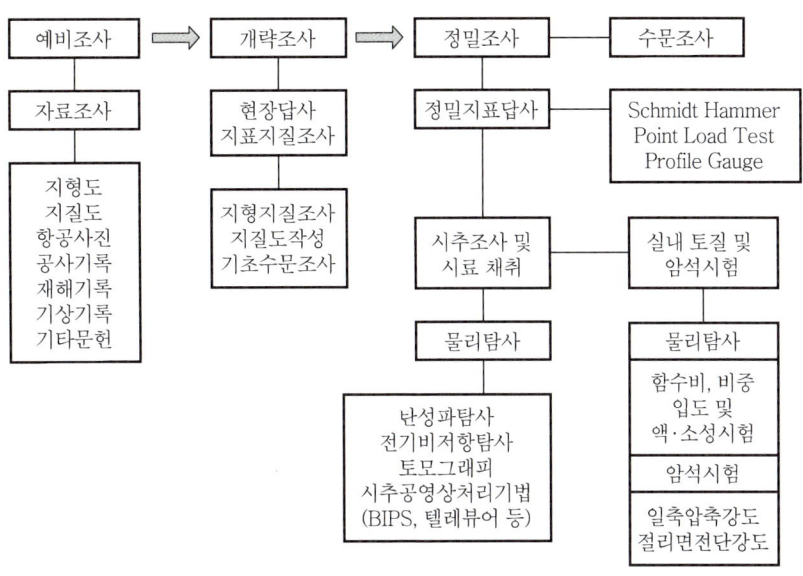

[부록 그림 4.3] 설계단계에서 조사 및 시험 단계별 조사방법

② 비탈면 깎기에 의해 주변의 지하수에 악영향을 미칠 우려가 있다고 판단되는 경우에는 필요에 따라 〈부록 표 4.2〉와 같은 조사·시험을 수행할 수 있다. 지하수의 대수기구는 지질구성과 밀접한 관계가 있고 지질구성이나 구조가 다르면 [부록 그림 4.4]에 나타낸 바와 같이 다양한 지하수 형태를 가져오기 때문에 조사계획 때 참고로 하면 좋다.

〈부록 표 4.2〉 지하수조사

조사·시험방법	조사내용	비고
㉠ 주변 우물의 수위 변동 조사	연간의 변동 측정	
㉡ 시추조사	지하수위, 용수개소, 불투수층의 확인 기타 ㉣, ㉤, ㉥의 관측공으로 사용	
㉢ 전기탐사	지하수위의 수평방향 분포, 등수위선	
㉣ 양수시험	양수에 의한 주변 지하수위의 변동 측정을 필요에 따라 실시	필요에 따라 실시
㉤ 지하수 추적 조사	지하수의 유동방향 측정	
㉥ 현장투수시험	원지반의 투수계수 측정	

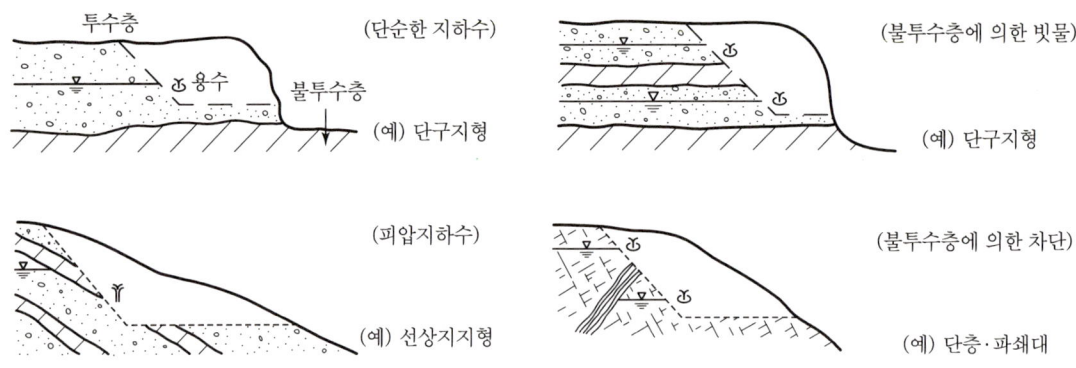

[부록 그림 4.4] 비탈면 지질구성이나 구조에 따른 지하수 형태

(5) 대깎기 비탈면 및 암반 비탈면 조사방법

> 깎기 비탈면의 붕괴 위험정도에 따라 국내 암종을 4등급으로 나누고 각 등급별로 본 조사와 추가조사로 구분하여 조사의 경중을 고려·결정하며, 절리면방향, 절리면의 점착력(C) 및 내부마찰각(ϕ)을 시험에 의해 구한다.

깎기 비탈면 조사·시험은 불규칙하고 변화가 심한 원지반의 특성 및 시공될 비탈면의 붕괴위험정도에 따라서 조사의 경중을 고려해야 하며, 특히 깎기 비탈면의 붕괴위험 정도에 따라 국내 암종을 4등급으로 나누고 각 등급별로 본조사와 추가조사를 구분하여 조사·시험방법을 차등 적용하며 적용 기대효과는 다음과 같다.

- 기존의 비탈면 붕괴사례에 근거하여 기존의 획일적 조사방법을 탈피하여 암종별 특성을 고려한 합리적 조사방법으로 설계수준 향상에 기여
- 설계단계에서 대규모 비탈면 붕괴예상지역을 찾을 수 있으며, 사전에 비탈면 경사조정 및 보강공법 선정이 가능하여 비탈면 붕괴로 인한 공사비 추가 소요, 민원발생 및 공기 연장 등의 문제점 최소화 가능
- 공사 중 또는 공용 중에 비탈면 붕괴로 인한 사고발생 최소화

대깎기 구간은 깎기 높이 20m 이상 구간을 원칙으로 하나 다음의 경우는 20m 이하에서도 현장 조건에 따라 대깎기 비탈면에 준하여 조사·시험을 행한다.
- 구성지반이 붕적층 또는 퇴적층인 경우
- 현재까지 붕괴이력이 있고 불안정한 상태에 있는 지반의 경우
- 지하수위가 높고 용수가 많은 곳
- 주변의 기존구조물(철탑 등)에 나쁜 영향을 미칠 것으로 예상되는 경우

① A급 깎기 비탈면 조사·시험방법
  1. 대상 : 경상도 일대 퇴적암 지역으로 인근에서 산사태성 대규모 붕괴가 다수 발생한 지역의 비탈면 높이 20m 이상인 비탈면
  2. 본조사항목
    ㉠ 비탈면 전체 조사 : 지표지질조사 및 시험굴조사를 수행하여 암종분포 및 절리방향을 조사하고, 탄성파탐사 또는 전기비저항탐사와 같은 물리탐사를 시행하여 지반의 파쇄대, 암반의 분포사항 등을 파악할 수 있는 조사 수행
    (물리탐사는 전기비저항탐사를 원칙으로 하며 현장여건에 따라 탄성파 탐사로 대체 가능)
    ㉡ 시추조사위치 선정 : 물리탐사 결과를 근거로 비탈면 조사 위치를 3개소 선정
    ㉢ 시추방법 : 1공에 대하여는 풍화암층에 대해 3중관 시추기를 이용하여 불교란 시료를 채취한다. 또한 BIPS, 텔레뷰어 등과 같은 화상제공장비를 이용하여 시추공당 모든 절리면의 방향 및 풍화정도를 조사한다.
    ㉣ 시험항목
      a. 현장시험 : 물리탐사, 시추조사 3공, 풍화암층에 대한 시추공 전단시험, 시추공 화상정보시험(BIPS, 텔레뷰어 등)
      b. 토질시험
        • 토질시험 : 공당 1회
        • 절리면 전단강도시험 : 단층과 같이 절리간격이 커서 불교란 상태의 시료 채취가 불가한 경우 충진물질을 재충진한 상태에서의 전단강도시험 수행
        • 강도시험 : 일축압축강도 또는 점하중시험을 실시한다. 단, 점하중 시험은 일축압축강도시험이 불가한 경우에 한하여 현장에서 수행한다.
  3. 추가조사항목
    본조사 결과 평가 후 시추공간의 조사결과가 서로 상이한 경우 추가조사를 수행한다.
    ㉠ 현장시험 : 2중관 시료 채취기를 이용한 시추조사 1개소, 시추공 화상정보(BIPS, 텔레뷰어 등)
    ㉡ 실내시험 : 일축압축강도 또는 점하중시험을 실시한다. 단, 점하중시험은 일축압축강도시험이 불가한 경우에 한하여 현장에서 수행한다.
② B급 깎기 비탈면 조사·시험방법
  1. 대상 : 경상도 일대 퇴적암 또는 편마암으로 이루어진 지역으로 절리방향이 불량하여 표준 비탈면경사로 시공 시 붕괴가 다수 발생되는 지역으로 비탈면의 높이가 20m 이상인 경우

2. 본조사항목
   ㉠ 비탈면 전체 조사 : 지표지질조사 및 시험굴조사를 수행하여 암종분포 및 절리방향을 조사하고, 탄성파탐사 또는 전기비저항탐사와 같은 물리탐사를 시행하여 지반의 파쇄대, 암반의 분포사항 등을 파악할 수 있는 조사 수행
   (물리탐사는 전기비저항탐사를 원칙으로 하며 현장여건에 따라 탄성파 탐사로 대체 가능)
   ㉡ 시추조사위치 선정 : 물리탐사 결과를 근거로 비탈면 조사 위치를 2개소 선정
   ㉢ 시추방법 : 1공에 대하여는 풍화암층에 대해 3중관 시추기를 이용하여 불교란 시료를 채취한다. 또한 BIPS, 텔레뷰어 등과 같은 화상제공장비를 이용하여 시추공당 모든 절리면의 방향 및 풍화정도를 조사한다.
   ㉣ 시험항목
      a. 현장시험 : 물리탐사, 시추조사 2공, 풍화암층에 대한 시추공 전단시험, 시추공 화상정보시험(BIPS, 텔레뷰어 등)
      b. 토질시험
         • 토질시험 : 공당 1회
         • 절리면 전단강도시험 : 가장 불안한 절리면에 대하여(공당 1개소) 전단강도 시험을 수행한다.
         • 강도시험 : 일축압축강도 또는 점하중시험을 실시한다. 단, 점하중 시험은 일축압축강도시험이 불가한 경우에 한하여 현장에서 수행한다.
3. 추가조사항목
   본조사 결과 평가 후 시추공간의 조사결과가 서로 상이한 경우 추가조사를 수행한다.
   ㉠ 현장시험 : 2중관 시료채취기를 이용한 시추조사 1개소, 시추공 화상정보(BIPS, 텔레뷰어 등)
   ㉡ 실내시험 : 일축압축강도 또는 점하중시험을 실시한다. 단, 점하중시험은 일축압축강도시험이 불가한 경우에 한하여 현장에서 수행한다.

③ C급 깎기 비탈면 조사 · 시험방법
1. 대상 : 절리면 방향이 불량하여 인근에서 비탈면 붕괴가 종종 발생되는 지역 및 A, B 등급 지역으로 비탈면의 높이가 10m 이상 20m 미만인 경우 또는 특별히 안정검토가 필요한 경우
2. 본조사항목
   ㉠ 비탈면 전체 조사 : 지표지질조사 및 시험굴조사를 수행하여 암종분포 및 절리방향을 조사하고, 탄성파탐사 또는 전기비저항탐사와 같은 물리탐사를 시행하여 지반의 파쇄대, 암반의 분포사항 등을 파악할 수 있는 조사 수행
   (물리탐사는 전기비저항탐사를 원칙으로 하며 현장여건에 따라 탄성파 탐사로 대체 가능)

ⓒ 시추조사위치 선정 : 물리탐사 결과를 근거로 비탈면 조사 위치를 2개소 선정
ⓒ 시추방법 : 풍화암층이 5m 이상 깊이로 존재하는 경우 1공에 대하여 3중관 시추기를 이용하여 불교란 시료를 채취하며, 모든 시추공에 대하여 BIPS, 텔레뷰어 등과 같은 시추공 화상제공장비를 이용하여 절리면의 방향 및 풍화정도를 조사한다.
ⓒ 시험항목
  a. 현장시험 : 물리탐사, 시추조사(1공에 대하여 풍화암층이 5m 이상 존재할 때 풍화암층에 대하여는 3중관 시추기 사용 및 시추공 전단시험), 시추공 화상정보시험(BIPS, 텔레뷰어 등)
  b. 토질시험
    • 토질시험 : 공당 1회
    • 절리면 전단강도시험 : 가장 불안한 절리면에 대하여(공당 1개소) 전단강도 시험을 수행한다.
    • 강도시험 : 일축압축강도 또는 점하중시험을 실시한다. 단, 점하중시험은 일축압축강도시험이 불가한 경우에 한하여 현장에서 수행한다.

3. 추가조사항목

본조사 결과 평가 후 시추공간의 조사결과가 서로 상이한 경우 추가조사를 수행한다.
  ⓒ 현장시험 : 2중관 시료채취기를 이용한 시추조사 1개소, 시추공 화상정보(BIPS, 텔레뷰어 등)
  ⓒ 실내시험 : 일축압축강도 또는 점하중시험을 실시한다. 단, 점하중시험은 일축압축강도시험이 불가한 경우에 한하여 현장에서 수행한다.

④ D급 깎기 비탈면 조사·시험방법
  1. 대상 : 비탈면이 안정한 지역으로 소규모의 붕괴 또는 낙석발생이 우려되는 지역 및 단순 확장구간으로 기 노출된 비탈면으로 절리의 방향 및 거칠기 등을 추정할 수 있는 구간
  2. 본조사항목
    ⓒ 비탈면 전체 조사 : 탄성파탐사 등을 이용하여 암반의 전반적인 암반분포상황을 파악한다.
    ⓒ 시추조사위치 선정 : 물리탐사 결과를 근거로 비탈면 조사 위치를 1개소 선정
    ⓒ 시추방법 : 풍화암층이 5m 이상 깊이로 존재하는 경우 1공에 대하여 3중관 시추기를 이용하여 불교란 시료를 채취하며, 모든 시추공에 대하여 BIPS, 텔레뷰어 등과 같은 시추공 화상제공장비를 이용하여 절리면의 방향 및 풍화정도를 조사한다.
    ⓒ 시험항목
      a. 현장시험 : 물리탐사, 시추조사 1공, 시추공 화상정보시험(BIPS, 텔레뷰어 등)
      b. 토질시험

- 토질시험 : 공당 1회
- 강도시험 : 일축압축강도 또는 점하중시험을 실시한다. 단, 점하중시험은 일축압축강도시험이 불가한 경우에 한하여 현장에서 수행한다.

3. 추가조사항목

   본조사 결과 평가 후 시추공간의 조사결과가 서로 상이한 경우 추가조사를 수행한다.

   ㉠ 현장시험 : 2중관 시료채취기를 이용한 시추조사 1개소, 시추공 화상정보(BIPS, 텔레뷰어 등)

   ㉡ 실내시험

   a. 일축압축강도 또는 점하중시험을 실시한다. 단, 점하중시험은 일축압축강도시험이 불가한 경우에 한하여 현장에서 수행한다.

   b. 절리면 전단강도시험 : 가장 불안한 절리면에 대하여만(1개소) 전단강도시험을 수행한다.

이상과 같이 4등급에 따른 시험항목별 조사빈도를 정리하면 다음의 〈부록 표 4.3〉과 같다.

---

1. 불교란시료 채취 : 풍화암층에 대하여 점하중시험을 수행하기 위하여 수행
   - A, B 등급 : 모든 풍화암층에서 수행
   - C, D 등급 : 풍화암층이 5m 이상인 경우에 수행
2. 토질시험 : 본조사 시 시추공당 1회 수행하며, 추가조사 시에는 생략함
3. 점하중시험 : 일축압축강도시험이 불가한 경우에 수행
4. 절리면 전단시험 : 연암보다 양호한 암반에 대해 공내 화상정보 분석 후 1공당 가장 불안한 절리면 1개소에 대한 전단시험 수행

<부록 표 4.3> 4등급에 따른 시험항목별 조사빈도

구 분	A급 본조사	A급 추가조사	B급 본조사	B급 추가조사	C급 본조사	C급 추가조사	D급 본조사	D급 추가조사
지표지질조사	1회	-	1회	-	1회	-	1회	-
전기비저항탐사[1]	1회	-	1회	-	1회	-	-	--
탄성파탐사[1]	-	-	-	-	-	-	1회	-
시추조사	3공	1공	2공	1공	2공	1공	1공	1공
토질시험	공당 1회	-	공당 1회	-	공당 1회	-	공당 1회	-
풍화암 불교란시료채취	1공	-	1공	-	1공 (5m 이상 경우)	-	1공 (5m 이상 경우)	-
시추공화상정보시험	3공	1공	2공	1공	2공	1공	1공	1공
풍화암층 시추공전단시험	1개소	1	1개소	-	1개소 (5m 이상 경우)	-	1개소 (5m 이상 경우)	-
연암 및 경암 절리면전단시험	1공당 1개소	-	1공당 1개소	-	1공당 1개소	-	-	1공당 1개소
일축압축강도 또는 점하중시험	약 6m당 1회	-	약 6m당 1회	-	약 6m당 1회	-	약 6m당 1회	-

주) 1. 물리탐사는 A급, B급, C급에서 전기비저항탐사를 원칙으로 하며 현장여건에 따라 탄성파탐사로 대체 가능

(6) 비탈면 연장, 형상별 조사빈도

① 한 개의 능선이 있는 경우

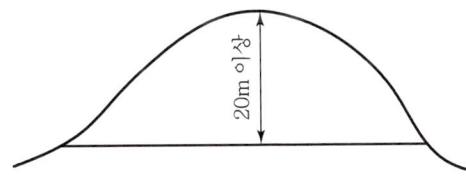

항 목 \ 연장	600m 이하	1000m 이하	1400m 이하	1800m 이상
시추조사	1배	1.5배	2배	2.5배
시추공화상정보	1배	1.5배	2배	2.5배
절리면전단시험	1배	1.5배	2배	2.5배
시추공전단시험	1배	1.5배	2배	2.5배

② 여러 개의 능선이 같이 있는 경우

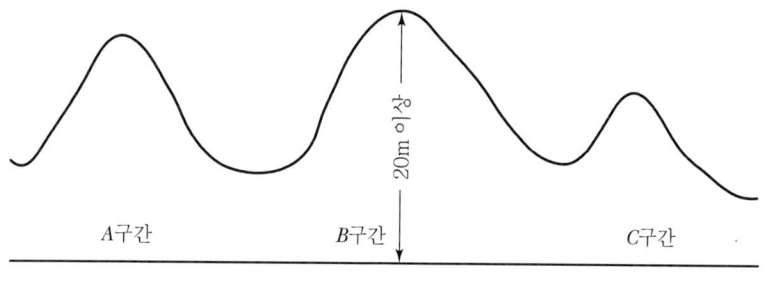

B구간의 암질의 변화가 심할 경우나 A, C 구간의 깎기고가 B구간 깎기고의 1/3 이상일 경우 A, C 구간도 시추시행(단, A, B등급의 경우 A, C구간은 C등급의 조사기준 적용)

(7) 붕괴성 요인을 가지는 원지반 지반조사 시 유의사항

> 다양한 붕괴성 요인을 가지는 지형, 지질조건의 토대에서 원지반을 깎기 하는 경우에는 비탈면 붕괴의 위험성이 높기 때문에 정밀한 조사가 필요하다.

① 붕적토, 강풍화 비탈면의 깎기

붕추, 풍화암, 화산이류, 화산회토 등의 비탈면이나 구 붕괴지 등에서는 고결도가 낮은 흙이 퇴적하고 [부록 그림 4.5]에 나타내는 바와 같이 비탈면의 경사가 원지반의 안정 경비탈면을 나타내고 있는 일이 있다. 이와 같은 불안정한 원지반을 깎기 하는 경우에는 현지답사의 초기에 시추조사, 탄성파탐사등 물리탐사 및 토질시험에서 토사, 강풍화암의 층후와 분포, 기반의 경사각, 지하수위, 입도분포 및 자연함수비 등 비탈면의 안정을 좌우하는 요인을 충분히 조사할 필요가 있다.

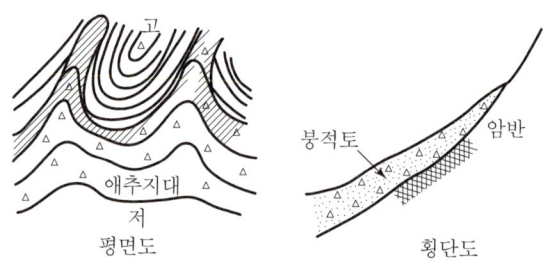

[부록 그림 4.5] 애추지형에서의 깎기 비탈면

② 침식에 약한 토질의 깎기

시라스(silet), 마사토, 산모래 등 사질계의 토사는 고결도가 그다지 높지 않기 때문에 빗물이나 지하수에 의해 침식되기 쉽고 비탈면의 붕괴나 토사유출이 일어나는 것이 많다. 이와 같은 원지반을 깎기 하는 경우에는 시추조사, 탄성파탐사, 토질시험, 토양경도시험, 세굴저항시험에서 토사의 층후와 분포, 입도분포, 고결도, 내침식성 등을 조사하는 동시에 유사 토질로 구성된 기존 깎기 비탈면이나 자연 비탈면의 상황도 참고하여 종합적 견지에서 판단할 필요가 있다.

③ 풍화가 빠른 암의 깎기

제3기층의 이암, 셰일이나 고결도가 낮은 응회암, 사문암 등은 깎기에 의한 응력개방에 의해 흡수팽창을 일으키기 쉽고 또 깎기 후 시간의 경과와 함께 건조, 습윤의 반복이나 동결, 융해의 반복작용에 의해 강도가 저하하고 비탈면 붕괴가 발생하는 것이 많다.

④ 암에 균열이 많은 경우나 균열이 유발되는 경우의 깎기

원지반을 구성하는 암석 자체는 단단해도 균열(층리, 편리, 절리)이 많은 경우에는 균열을 따라서 붕괴가 생기기 쉽다. 이 경향은 중고생대의 퇴적암이나 오래된 화성암 등 장기간 지각변동이나 풍화작용을 받은 암반지대에서 많이 볼 수 있다. 특히 층리, 편리, 절리 등 일정 방향으로 규칙성을 가진 균열이 발달하고 있는 경우에는 그 경사방향과 같은 방향으로 균열의 경사각보다도 급한 경사로 깎기하면 균열이 유발되어 붕괴를 일으키는 경우가 많으므로 정밀한 조사가 필요하다. 암반 비탈면의 안정성에 가장 중요한 불연속면(균열)의 방향성은 시추조사만으로는 충분한 자료를 얻기가 거의 불가능하므로 시추공영상처리기법(BIPS, 텔레뷰어 등)을 적용해서 불연속면에 대한 자세한 정량적인 정보를 취득해서 암반 비탈면 안정해석에 적용한다.

⑤ 구조적 약선을 가지는 비탈면의 깎기

단층 및 단층의 영향을 받은 파쇄대는 단층운동의 반복에 의해 주위의 암석보다도 현저하게 취약해지고 이러한 약선을 따라서 붕괴를 일으키는 일이 많다. 특히 단층파쇄대가 비탈면에 평행이든가 예각으로 만나는 경우에는 거기가 약선이 되어 붕괴하는 일이 있기 때문에 주의가 필요하다. 단층파쇄대는 보통의 암석에 비교해 침식에 대한 저항이 약하기 때문에 침식지형으로서 직선상의 골짜기나 직선상으로 늘어선 안부를 형성하기 쉽기 때문에 지형에서도 판단할 수 있는 경우가 있다([부록 그림 4.6]). 조사는 현지답사에 의한 노두관찰, 시추코어 및 탄성파탐사에서 단층·파쇄면의 겉보기 경사각, 파쇄정도(균열간격, 점토화의 유무), 층리 등의 분리면의 방향성 및 지하수 등의 정보를 얻도록 한다. 또한 시추조사의 심도는 계획고하 1~2m에 구애되지 않고 약선을 파악하는 것에 필요한 깊이까지 행하는 것으로 한다.

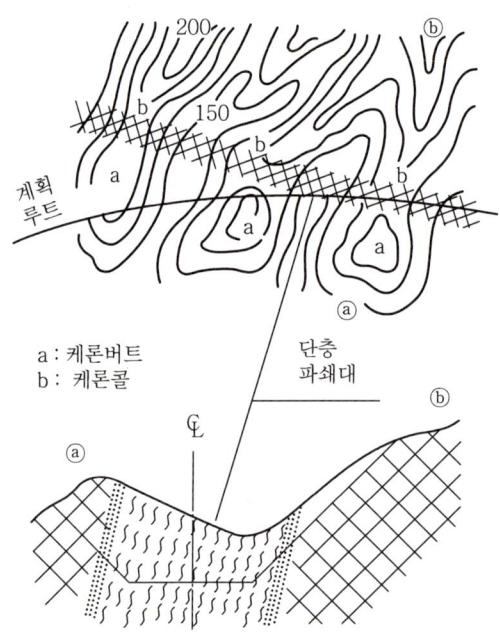

[부록 그림 4.6] 단층지역에서의 깎기 비탈면

3) 조사 및 시험방법 일반

(1) 시추조사

> 시추조사는 깎기 비탈면을 이루는 원지반의 지질 및 지하수 상태를 확인 조사하는 동시에 실내시험을 위한 시료 채취 및 시추공을 이용한 시험을 수행하기 위한 선행작업으로 수행한다.

① 시추조사의 위치, 간격, 심도 및 조사공수는 비탈면 조사등급 및 연장에 따라 달라지며, 대깎기 비탈면에 있어 시추계획의 예를 ⑦에 제시하였다.
② 조사 시 토층이 변화하거나 동일 토층이라도 매 1.5m마다 KSF - 2318 규정에 의거 표준관입시험을 연속성 있게 실시한다.
③ 시추가 진행되는 동안은 공내의 붕괴를 방지하기 위하여 공의 붕괴가 없는 풍화암층까지 Casing을 삽입한다.
④ 지하수위 측정은 시추작업 중 또는 작업완료 후 24시간이 경과한 다음 수위측정봉을 이용하여 측정한다.
⑤ 시추조사 결과는 시추주상도에 심도, 토질 및 암의 기본조직, 밀도, 색조, 함수비, 지하수위, N치, Core 회수율 및 R.Q.D 등을 상세히 기록한다.

⑥ 표준관입시험 시 채취된 시료는 병에 담아 번호, 일자, 채취심도, 지층명 및 N치 등을 명기한 Tag를 시료병에 부착하고 시료상자에 정리한다.
⑦ 대깎기부(깎기높이 20m 이상의 경우) 시추조사계획(예)
   1. 종방향 고려사항
      한 개의 능선인 경우와 여러 능선이 같이 있는 경우는 도로설계요령 7.3.6 내용 참고
   2. 횡방향 고려사항
      ㉠ 양쪽 절취

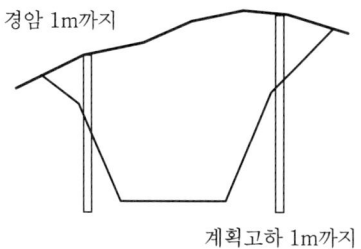

(a) 양쪽 깎기면이 20m 이상

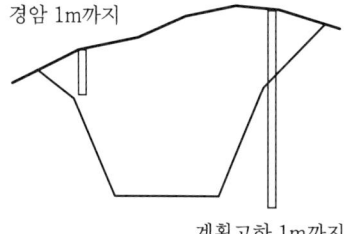

(b) 한쪽 깎기면이 20m 이상

      ㉡ 한쪽 절취

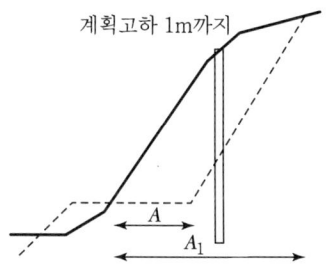

(a) A1 < 50m : 비탈면예정 부근에 1개만, 계획고하 1m 까지

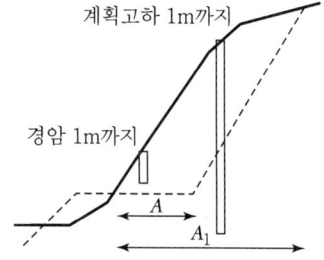

(b) A1 ≥ 50m : 양쪽에 2개
   1개 : 계획고하 1m 까지
   1개 : 경암 1m 까지

      ㉢ 기존 깎기비탈면 노출 시 : 1개소   ㉣ 등비탈면 노출 시

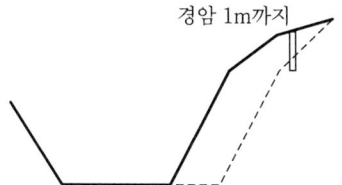

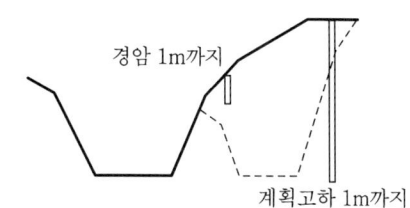

(2) 시험굴 시험

> 시험굴시험은 깎기 지반의 구성상태를 파악하기 위한 조사로 최소 250m 간격으로 1~2m 심도로 수행하며, 시험굴시험으로 얻은 시료를 가지고 함수비시험, 비중시험, 체분석시험, 입도분석시험, 액소성한계시험, 다짐시험, 실내 CBR 시험 등을 수행한다.

(3) 지표지질조사

> 깎기구간 지표지질조사는 깎기 비탈면이 계획되어 있는 지역을 중점적으로 지표에 노출되어 있는 노두를 관찰하여 지층, 단층, 절리, 엽리 등의 불연속면의 지질학적인 특성을 파악하고 측정된 자료를 이용하여 평사투영법에 의한 깎기부 암반 비탈면 안정해석에 활용하는 데 목적이 있다.

깎기 비탈면 구간에 노출되어 있는 노두를 클리노미터 및 슈미트 해머 등을 이용하여 단층, 절리, 암상, 노출암의 풍화정도, 절리면 유형, 틈의 크기, 충진물, 절리면의 풍화정도, 주향경사 등을 측정하여 비탈면안정 해석 시 평사투영 혹은 한계평형 해석자료로 활용한다. 또한 지표지질조사도를 작성하여 지질조건의 변화에 따른 안정한 비탈면 설계가 될 수 있도록 활용한다.

(4) 물리탐사

> 시추조사는 원지반의 지층구성상태나 파쇄대 위치 파악 및 지하수 상황 등을 경제적으로 얻을 수 있는 가장 일반적인 조사방법이지만, 특정지점의 조사이므로 불확실한 지반상태(풍화정도, 파쇄정도)의 연속적인 변화특성을 파악하는 데는 어려움이 있어 합리적인 암선추정에 한계가 있다. 또한 암반비탈면의 경우 안정성에 가장 큰 영향을 미치는 불연속면의 방향성을 파악하는 것은 거의 불가능하다. 따라서 이와 같은 시추조사의 한계성을 극복하고 비탈면의 합리적이고 경제적인 설계를 실시하기 위해 탄성파탐사, 전기비저항탐사, 토모그래피 및 시추공 화상정보시험(BIPS, 텔레뷰어, ABI 등) 등과 같은 물리탐사를 수행한다.

① 탄성파탐사

본 조사의 목적은 깎기비탈면이 계획되어 있는 지역을 중심으로 지반의 탄성파속도를 측정하여 지반의 지층구조를 지구 물리학적으로 규명함으로써 토공 깎기 난이도 결정, 탄성파 속도값에 따라 지층이나 암반의 균열 또는 풍화정도를 파악하고 시추조사와 비교함으로써 수평방향의 지질변화를 파악하는 데 그 목적이 있다. 탄성파 속도의 측정법에는 여러 가지가 있으나 현지의 상황, 탐사의 심도범위, 기기 여건 등을 감안하여 결정해야 하나 일반적으로 굴절법을 사용한다.

② 전기비저항탐사

전기비저항탐사는 땅에 접지시킨 한 쌍의 전류전극을 통하여 땅 속에 전류를 흘려보내고, 역시 접지한 한 쌍의 전위전극 사이의 전위차를 측정하여 지하매질의 전기비저항 변화양상을 탐지하고, 이를 해석함으로써 지하 하부의 층서구조, 단층/파쇄대, 연약대, 지하공동, 지하수, 지열지대의 존재 여부 및 양상 등을 탐사하는 물리탐사법이다. 탄성파탐사보다 정확도가 높고 다양한 지반상태와 관련된 정보를 얻을 수 있는 탐사법으로 지표지질조사 결과와 같이 활용하여 깎기 비탈면 기반암 조사에 효과적으로 사용될 수 있다.

③ 시추공화상정보기법(BIPS, 텔레뷰어 등)

시추조사의 경우 비탈면 안정성에 큰 영향을 미치는 불연속면의 방향성을 파악하는 것이 거의 불가능하고, 특히 활동면으로 작용할 가능성이 큰 연약한 절리충진물의 경우 굴진수에 의해 씻기어 버리는 경우가 많아 많은 취약점을 가지고 있다. 따라서 이러한 문제점을 해결하고 절리의 발달상태를 정량적으로 표현하기 위한 방법으로 최근 시추공화상정보기법(BIPS, 텔레뷰어 등)을 실시하고 있다. 시추공벽상의 실제 이미지를 구하여 암반 비탈면 안정에 있어 매우 중요한 인자인 절리면의 방향성 및 상태 정보를 획득하고 이로부터 붕괴가능성 및 붕괴원인을 파악하는 데 매우 유효하다.

4) 땅깎기 비탈면 경사

(1) 표준 비탈면 경사

땅깎기 비탈면 경사는 지반을 구성하는 지층의 종류, 상태 및 땅깎기 높이에 따라 일반적인 지질부라면 〈부록 표 4.4〉 및 〈부록 표 4.5〉의 값을 표준으로 한다. 붕괴성 요인을 가진 지질부는 별도로 검토하여 종합적으로 판단하여야 한다. 특히, 암반비탈면의 경우는 지표지질조사 및 시추조사에 의해 파악된 절리의 방향성 및 발달상태에 따라 각각의 비탈면에 대하여 안정해석을 실시하여 비탈면 경사를 결정하는 것을 우선으로 한다.

㉠ 원지반 토질에 따른 표준 비탈면 경사

〈부록 표 4.4〉 원지반 토질에 대한 표준 비탈면 경사의 범위

원지반의 토질		땅깎기 높이	경 사	분류기호 (통일분류)
모 래	밀실하지 않고 입도분포가 나쁜 것		1:1.5~5)	SW, SP
사 질 토	밀실할 것	5m 이하	1:0.8~1:1.0	SM, SP
		5~10m	1:1.0~1:1.2	
	밀실하지 않고 입도분포가 나쁜 것	5m 이하	1:1.0~1:1.2	
		5~10m	1:1.2~1:1.5	

원지반의 토질		땅깎기 높이	경사	분류기호 (통일분류)
자갈 또는 암괴 섞인 사질토	밀실하고 입도 분포가 좋은 것	10m 이하	1 : 0.8~1 : 1.0	SM, SC
		10~15m	1 : 1.0~1 : 1.2	
	밀실하지 않거나 입도분포가 나쁜 것	10m 이하	1 : 1.0~1 : 1.2	
		10~15m	1 : 1.2~1 : 1.5	
점성토		0~10m	1 : 0.8~1 : 1.2	ML, MH, CL, CH
암괴 또는 호박돌 섞인 점성토		5m 이하	1 : 1.0~1 : 1.2	GM, GC
		5~10m	1 : 1.2~1 : 1.5	

주1) 실트는 점성토로 간주한다. 표에 표시한 토질 이외에 대해서는 별도로 고려한다.
 2) 표 속의 경사는 소단을 포함하지 않는 단일 비탈면 경사이다.
 3) 땅깎기 높이의 구체적인 예는 아래 그림과 같다.
 4) 대깎기 비탈면에 대해서는 1.11항을 참조한다.
 5) '1.1.5~'는 1 : 1.5보다 완만한 경사를 말한다.

$h_1 : a$ 비탈면 경사는 땅깎기 높이 h_1에 따라 결정된다.
$h_2 : b$ 비탈면 경사는 땅깎기 높이 h_2에 따라 결정된다.

ⓒ 암반의 특성에 따른 표준 비탈면 경사

〈부록 표 4.5〉 암반의 특성에 따른 표준비탈면

암반 구분 (굴착난이도)	암반 파쇄 상태 NX 시추 시(BX)		굴착 난이도	경사	소단 설치	비 고
	TCR(%)	RQD(%)				
풍화암 또는 연·경암으로 파쇄가 극심한 경우	20% 이하 (5% 이하)	10 % 이하 (0%)	리핑암	1 : 1.0~ 1 : 1.2	H=5m마다 1m폭	*최하단기준 매20m 마다 3m소단 설치 *발파암과 리핑암 사이에는 소단을 설치하지 않음 *소단 사이에 토사와 리핑구분선이 발생시 많은 쪽 비탈면 경사를 적용
강한 풍화암으로 파쇄가 거의 없는 경우와 대부분의 연·경암	20~40% (10~30%)	10~25% (0~10%)	발파암 (연암)	1 : 0.8~ 1 : 1.0	H=10m마다 1~2m폭	
	40~60% (30~50%)	25~50% (10~40%)	발파암 (보통암)	1 : 0.7		
	60% 이상 (50% 이상)	50% 이상 (40% 이상)	발파암 (경암)	1 : 0.5	H=20m마다 3m폭	

① 자연지반은 아주 복잡하고 불균일하며 더구나 땅깎기된 비탈면은 시공 후 시간의 경과와 함께 점차로 불안정하게 된다. 따라서 땅깎기 비탈면의 안정을 검토하는 경우, 안정계산에 의미가 있는 경우는 아주 드물다고 생각해도 좋다. 〈부록 표 4.4〉, 〈부록 표 4.5〉는 경험적으로 구한 비탈면 경사의 표준치 범위를 표시한 것이고, 비탈 표면에 침식을 방지하는 정도의 보호공을 전제로 한 표준경사이다.

② 발파암반 하부에 두꺼운 층의 리핑암이 나타나면 상부 발파암도 하부 리핑암에 준하여 1 : 1 경사로 한다.

③ 토질이 동일하지 않은 지역에서 대깎기를 할 경우는 [부록 그림 4.7]과 같이 비탈면 경사를 각 토질에 맞는 비탈면 경사로 하는 것이 바람직하다.

④ 소단과 소단 사이에 토사와 리핑암 구분선이 발생할 시에는 많은 쪽의 비탈면 경사 적용을 원칙으로 하며 미관 및 현장 시공여건을 고려하여 조정설치할 수 있다.

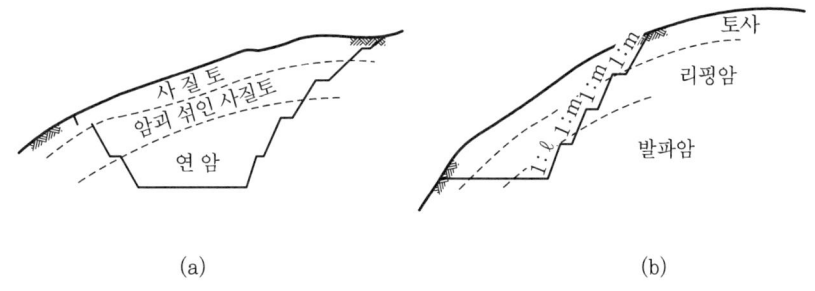

[부록 그림 4.7] 토질이 고르지 않은 경우의 땅깎기 비탈면 경사

⑤ 최근의 공사에서 발파암의 깎기경사가 완화되기 시작하였으나 실제로는 그 효과가 적으므로 암반비탈면 깎기 후에 붕괴위험이 남아있는 경우가 있다. 즉 경암으로 된 암반이라도 불연속면으로 인한 붕괴의 위험이 없으면 1 : 0.5보다 더 급한 경사여도 안전하며, 반면에 경암이라도 불연속 면으로 인한 붕괴위험이 예상되면 경사를 1 : 0.5보다 낮추거나 보강공법을 시행해야 안전하게 되는 경우가 있다. 그러므로 비탈면 경사의 결정은 반드시 각 깎기비탈면의 특성에 맞는 비탈면설계로 최적의 깎기경사를 결정하여야 한다. 지표지질조사 및 시추조사에 의해 파악된 절리의 방향성 및 발달상태에 따라 각각의 비탈면에 대하여 안정해석을 실시하여 깎기비탈면 경사를 결정한다. 그 예로 [부록 그림 4.8]의 a-a′ 비탈면과 같이 붕괴의 위험이 없는 비탈면은 경암층이라도 표준경사인 1 : 0.5보다 더 급한 경사이어도 안정성 확보가 예상되므로 FEED BACK 작업을 통해 합리적인 깎기비탈면 경사를 적용한다. 또한 b-b′ 비탈면과 같이 붕괴의 위험이 예상되는 비탈면은 경암층이라도 표준경사인 1 : 0.5보다 더 낮추거나 보강공법을 시행해야 안정성 확보가 이루어질 수 있는 비탈면으로 분류하여 설계하도록 한다.

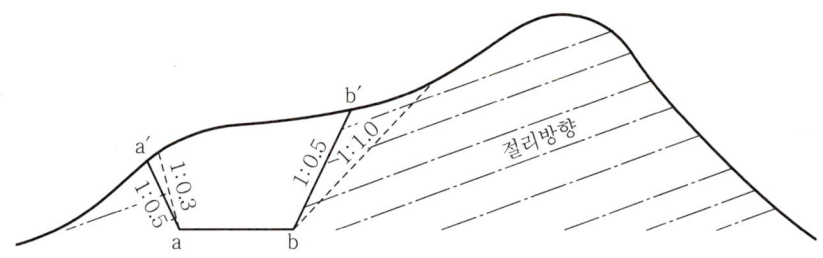

[부록 그림 4.8] 절리방향에 따른 비탈면경사의 조정

(2) 붕괴성 요인을 갖는 지질의 비탈면 경사

.자연 지반의 지질 및 지층 구조는 극히 복잡하고 변화가 많으며, 특히 다음에 표시한 것같이 원지반을 땅깎기하는 경우는 비탈면 붕괴의 위험성이 높아서, 반드시 토질조사 또는 지질조사를 실행하여 비탈면 경사를 검토하고, 비탈면 안정에 대한 대책을 고려하여야 한다.

〈부록 표 4.6〉 붕괴성 요인을 갖는 지질

붕괴성 요인을 갖는 지질	대 표 지 질
풍화가 빠른 암석	이암, 응회암, 셰일, 점판암, 사문암, 편암류 등
균열이 많은 암석	편암류, 셰일, 사문암, 화강암, 차트, 안산암 등
바둑판모양의 균열이 있는 암석	층리, 절리가 경비탈면인 경사방향과 일치한 편암류, 점판암 등
구조적 약선이 있는 지질	단층파쇄대, 지반활동지역, 붕괴지 등

① 붕괴성 요인을 갖는 지질은 〈부록 표 4.6〉과 같이 균열이 많은 암석과 같이 토질이나 암질에 문제가 있는 것과 바둑판 모양의 균열이나 구조적 약선을 갖는 경우와 같이 지질구조에 문제가 있는 것으로 분류된다. 전자는 실내 토질시험 등에서도 어느 정도 추정할 수 있지만, 후자는 설계에서 현지조사를 하여 판단하는 것이 중요하다.
② 안정상의 문제점 및 안정 검토에 유의할 점에 대하여 〈부록 표 4.7〉에 기술한다.

〈부록 표 4.7〉 땅깎기 비탈면의 문제점 및 유의사항

구분	비탈면 안정상의 문제점	안정을 지배하는 요인 및 지표가 되는 공학적 성질	안정상 특히 유의할 점 및 안정검토에 관한 자료
침식에 약한 토질	• 풍화토나 흰 모래는 겉보기의 전단강도는 크고 가령 수직으로 깎아도 평상상태에서는 충분히 안정을 유지하고 있을 때가 많지만, 물이나 지진에 대해서는 대단히 약하다. 건습, 동결, 침식 등의 반복으로 표면은 박리 혹은 침식을 받는다. 또 포화되면 니토화해서 큰 재해로 될 때가 있다. 침식은 비탈면 보호공사시공 전의 비탈면이나 식생공의 활착도가 나쁜 비탈면에서 발생할 때가 많다.	• 세굴되기 쉽기 때문에 원지반의 고결도나 경도가 문제가 된다. 〈공학적 성질〉 1. 토양경도 2. 탄성파속도	• 비탈면 및 주변의 배수처리를 정확히 한다. • 비탈면 보호공사를 조기에 시공하고 피복효과에 기대한다. 〈안정검토자료〉 • 풍화토
고결도가 낮은 토사나 강풍화암	• 투수층과 불투수층이 서로 접해 있고 그 경계면의 경사와 비탈면이 같은 방향으로 되어 있을 경우 상부의 투수층만이 무너질 경우와 하부의 불투수층이 지하수로 인해 약해져 먼저 불투수층의 비탈면 표층부가 미끄러져 점차 붕괴가 위로 파급해 가는 경우가 있다. 낭떠러지 등은 전자에 의해 붕괴되는 경우가 많다. 투수성의 토사 / 지하수 / 모래자갈층 / 지하수 / 암 / 점토층 투수층 밑에 암반이 있을 때 / 투수층과 불투수층이 서로 접해 있을 때	• 상부투수층의 고결도, 함수상태 및 기반의 경사각 등이 문제가 된다. 〈공학적 성질〉 1. 기반경사각 2. 붕적토의 두께 3. 자연함수비 4. 74μ 체 통과량	• 투수층과 불투수층부의 경계에 넓은 소단을 만든다. • 투수층부의 비탈면경사는 가능한 완만히 한다. • 배수대책을 세운다. 〈안정검토자료〉 1. 붕적토에서의 안정검토
풍화가 급속히 진행된 암석	• 강도가 낮은 지층 혹은 제3기의 이암이나 응회암에서 굴삭 시에는 굳고 안정된 비탈면이라도 시간 경과에 따라 급속히 풍화가 진행되어 표층이 붕괴된다. (사암, 이암이 서로 접해 있을 때) (단일지질일 때)	• 풍화되기 쉽기 때문에 원지반의 고결도나 풍화되기 쉬운 정도가 문제가 된다. • 사문암은 고결도 및 풍화에 따른 강도저하상태가 문제가 된다.	• 풍화가 진행되어도 붕괴되지 않기 위한 안정경사의 확보 • 붕괴되도 피해를 최소한으로 막기 위한 소단의 설치

구분	비탈면 안정상의 문제점	안정을 지배하는 요인 및 지표가 되는 공학적 성질	안정상 특히 유의점 및 안정검토에 관한 자료
풍화가 급속히 진행된 암석	• 사문암 속에는 굴삭 후 흡수팽창에 의한 풍화로 급격히 강도가 낮아져 무너지는 것도 있다.	〈공학적 성질〉 1. 토양경도 2. 표면층 풍화대의 두께 3. 탄성파속도 4. N값 5. 흡수팽창률 6. 건습반복시험에서의 취수량 증가율 7. 균열간격 8. R.Q.D 9. 일축압축강도	〈안정검토자료〉 1. 풍화가 빠른 바위에서의 안정검토 2. 사문암에서의 안정검토
균열이 많은 암석	• 편암이나 사문암 등에서 암반 속에 절리나 작은 단층이 발달한 지질에서는 균열에 따라 붕괴한다. 균열의 조합에 따라 붕괴의 형태는 다르나 쐐기 모양으로 무너질 때가 많다. 균열의 경사가 비탈면과 교차할 때도 붕괴한다. • 화강암은 풍화의 영향을 거의 받지 않는 경질로부터 서서히 풍화하여 나중에는 풍화토라 불리는 토사로까지 변화의 상태가 심하다. 기반암이 화강암인 표층은 풍화토가 덮고 있을 때가 많고 땅깎기 후, 호우 등에 의해 표층의 풍화토가 붕괴한다.	• 절리, 층리의 발달정도 및 풍화나 동결융해에 따른 박리성이 문제가 된다. • 화강암은 풍화의 정도나 고결도 및 균열의 빈도가 문제가 된다. 〈공학적 성질〉 1. 탄성파 속도 2. 균열계수 3. 균열간격 4. 토양경도 5. R.Q.D	• 탄성파 속도가 2.0km/s 이하, 균열계수가 0.8 이상 및 연질의 사문암이나 풍화상태가 심한 화강암에서 비탈 높이가 10m 이상의 비탈면에서는 경사 결정에서 충분한 검토필요 〈안정검토자료〉 1. 탄성파속도와 비탈면 경사 2. 균열계수와 비탈면 경사 3. 화강암에서의 안정검토
균열에 따라 활동하는 암석	• 층리나 절리 등이 규칙있게 발달한 결정편암이나 점판암 등은 그들의 층리나 절리가 바둑판 모양으로 되는 경우 빗물 등에 의해 경비탈면에 따라 큰 붕괴를 일으킬 때가 있다. 갈림줄	• 층리, 절리의 경사각과 비탈면 경사와의 관계가 문제가 된다. 〈공학적 성질〉 1. 균열의 겉보기 경사각	• 균열과 겉보기 경비탈면이 25°~45° 사이면 가장 붕괴되기 쉽고 경사각과 같은 비탈경사로 하는 것이 바람직하다. 〈안정검토자료〉 1. 활동비탈면에서의 균열 경사각과 한계비탈면 경사

구분	비탈면 안정상의 문제점	안정을 지배하는 요인 및 지표가 되는 공학적 성질	안정상 특히 유의점 및 안정검토에 관한 자료
구조적 약선을 갖는 지질	• 단층면 및 단층의 영향을 받아서 파쇄로 되어 있는 지질은 일반적으로 약화되어 있어 단층면이나 파쇄대를 경계로 한 대규모이고 급격한 붕괴를 초래할 때가 있다. 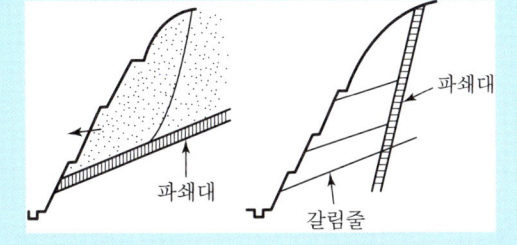	• 단층의 영향으로 강도저하가 심할수록 붕괴위험성이 높고 파쇄정도가 문제가 된다. • 명백한 단층에서는 단층면의 경사각과 비탈면 경사의 관계가 문제가 된다. 〈공학적 성질〉 1. 균열간격 2. 탄성파속도 3. 단층면의 겉보기 경사각	• 파쇄도가 심한 단층 파쇄대에서는 비탈면 경사가 1 : 1.2라도 안정을 확보하기가 곤란할 때가 많다. • 단층면의 외관상 경사각이 20°~60° 부근에는 비탈면 경사도 경사각과 같은 정도로 한다. 〈안정검토자료〉 1. 단층파쇄대의 안정검토 2. 단층면의 경사각과의 비탈면 경사

③ 산사태지, 붕괴지

산사태 대책의 검토에 대해서는 '도로설계요령 제9장 산사태 대책'을 참조한다.

④ 지하수가 있는 경우

지표면이 항상 습윤상태에 있거나 용수가 확인되는 지하수가 많은 곳에서는 땅깎기할 경우 불안정하게 되는 경우가 많아서 비탈면 경사나 '도로설계요령 7.10 땅깎기 비탈의 표면수 및 용수의 처리'를 참조하여 세밀히 검토할 필요가 있다.

⑤ 땅깎기 비탈면의 안정해석

1. 각종 제약조건으로 안정경사를 확보하기가 곤란해서 사전에 구조물에 의한 억지공을 고려할 필요가 있는 경우의 안정해석은 '도로설계요령 9.5.4 억지공'에 준한다. 이 경우는 지질상황, 활동면 및 토질정수를 정확히 파악하는 것이 중요하다.

2. 땅깎기 시공 중에 발생한 붕괴나 활동에 대해서 안정해석을 하는 경우는 '도로설계요령 9.3 산사태 안정해석'에 준하는 것으로 한다. 이 경우도 지질상황, 활동면 및 토질정수를 정확히 파악하는 것이 중요하다.

⑥ 붕적토(Collouvium)는 중력에 의해 퇴적된 지층으로서 원암반이 풍화잔류된 풍화토층에 비해 치밀하지 못한 경향을 보여주며, 이러한 붕적토층의 특성을 감안하여 적정 비탈면 기울기는 다음의 〈부록 표 4.8〉과 같이 추천한다.

<부록 표 4.8> 붕적토의 적정 비탈면 기울기

지하수조건	경 사
강우 시에도 지하수위가 설계고보다 낮은 경우	1 : 1.2
강우 시만 지하수위가 설계고보다 높아질 경우	1 : 1.5
상시 지하수위가 설계고보다 높은 경우	1 : 1.8~1 : 2.0

5) 땅깎기 비탈면의 안정해석방법

(1) 안전율

> 비탈면의 안정 여부는 허용안전율을 설정하여 판단하며 허용안전율은 재하조건 아래서 피해의 정도와 경제성에 따라 설정한다.

① 안전율은 지반이 가지는 전단강도(S)와 현재 지반에 작용하고 있는 전단응력(τ)의 비로 정의되며, 허용안전율은 강도정수, 하중, 파괴모델 등에 대한 불확실성에 대한 대비수단으로 경험적으로 비탈면변형을 허용치 이내로 제한하는 기능을 지닌다.

② 비탈면 허용안전율의 결정에 영향을 미치는 가장 큰 요소는 비탈면의 형상을 포함한 주변환경과 지반의 강도정수, 그리고 만약의 경우 비탈면이 붕괴할 때 발생하는 피해의 정도 등이 있다.

③ 비탈면의 안전율은 피해의 정도와 경제성에 따라 선택되며, 고속도로의 깎기비탈면 붕괴 시 재산의 피해가 크게 예상되므로 영구적인 안전을 도모하기 위해 아래의 <부록 표 4.9>와 같이 추천한다.

<부록 표 4.9> 깎기비탈면의 최소안전율 기준

구 분	최소안전율	참 조
건 기	Fs > 1.5	• 암반 : 인장균열면이나 활동면을 따라 수압이 작용되지 않음 • 토층 및 풍화암 : 지하수위 미고려
우 기	Fs > 1.1~1.2	• 암반 : 인장균열면이나 활동면을 따라 작용되는 수압을 Hw=1/2H로 가정하여 적용 • 토층 및 풍화암 : 지하수위는 지표면에 위치
지진 시	Fs > 1.1~1.2	• 미국 D'APPOLONIA 기준 • NAVFAC - DM 7.1 - 329 기준 적용

④ 지하수위 고려 시 앞에서 언급한 방법 이외에 비탈면 안정에 대해 지하수의 영향을 보다 합리적으로 고려할 수 있는 방법을 적용하여 최소안전율 기준을 적용할 수 있다.

(2) 토층 및 풍화암 비탈면 안정검토

> 토층 및 풍화암 지반의 안정검토는 한계평형해석에 근거한 안전율에 의해 판단하는 것을 기본으로 하며 중요도가 큰 비탈면에 대해서는 유한요소법 및 유한차분법 등의 다양한 해석기법을 적용하여 안정성을 판단한다.

① 한계평형해석법

한계평형이론에 근거한 비탈면 안정해석방법에는 여러 가지가 있으나 강도정수와 비탈면의 기하학적 조건의 정확도 및 각 해석방법 고유의 정밀도에 따라 좌우된다. 그러므로 〈부록 표 4.10〉의 각각의 해석방법의 가정조건과 각 해석프로그램의 특징(보강재 고려 가능 여부, 외부하중 고려 가능 여부, 비원호형태의 파괴 고려 가능 여부 등)을 합리적으로 고려하여 일반적인 범용의 비탈면해석프로그램(STABR, STABGM, SLOPE8R, PCSTABL5M, UTEXAS, MALE, SLOPE/W, STABRD, STABL 등)으로 허용안전율을 계산하여 안정성을 판단하도록 한다.

〈부록 표 4.10〉 비탈면안정 해석방법의 특징

방 법	가정조건	한계평형조건		
		모멘트	수직력	수평력
Fellenius	절편력의 합력은 각 절편의 바닥에 평행	○	×	×
Bishop 간편법	절편력의 합력은 수평방향	○	×	×
Janbu	절편측력은 수평방향	○	○	○
Morgenstern-Price	$X/E = \lambda\ f(x)$	○	○	○
Spencer 간편법	X/E는 모든 비탈면에 대해 일정	○	○	○
GLE	$X/E = \lambda\ f(x)$	○	○	○
Corps of Engineers	절편측력은 비탈면기울기와 평행	×	○	×
Lowe-Karafiath	절편측력은 활동면과 비탈면 기울기의 평균	×	○	○

주) X와 E는 각각 절편에 가해지는 힘들의 수직과 수평성분이다.

단, 각각의 해석프로그램 사용 시에는 다음과 같은 사항에 유의하도록 한다.
1. 현장조건에 적합한 간극수압, 단위중량, 강도정수 등 입력변수의 합리적 적용 및 적합한 해석방법의 선정(전응력 해석, 유효응력 해석)
2. 사용자의 컴퓨터 프로그램에 대한 이해도 여부
3. 사용자와 검토자의 결과에 대한 분석검토능력 여부
4. 평형조건을 모두 만족시키는 비탈면안정 해석방법은 사실상 정해에 가까운 안전율을 산정하

므로 여러 프로그램을 피상적으로 이해하기 보다는 하나의 프로그램에 대한 장단점과 기능을 숙지해야 한다.

② 비탈면안정해석방법의 선택 시 유의사항

1. 활동면이 지표면과 평행한 평면인 균일대깎기 비탈면에 대해서는 무한비탈면 해석방법이 상당히 정확하다.
2. 활동면이 깊이가 얕은 긴 평면이며 지표면과 평행하지 않는 경우에 대해서는 Fellenius방법이 간편하고 정확도도 좋다.
3. 활동면이 2개 또는 3개의 평면으로 이루어진 경우, 예비해석 단계에서는 Fellenius 방법으로 정확도가 낮은 결과를 얻을 수 있고, Janbu의 간편법을 사용하면 그 정확도를 향상시킬 수 있다. 임계활동면과 안전율을 보다 정확히 결정하기 위해서는 Wegde 혹은 Sliding Block 방법을 사용해야 한다.
4. 원호활동면인 경우 예비해석단계에서는 안정도표(Stability Chart)를 이용할 수 있다. 예비해석단계에서 Fellenius 방법을 사용할 수도 있으나 활동면의 깊이가 깊거나 간극수압이 큰 경우 부정확한 결과가 얻어진다. 보다 정확한 해석을 위해서는 Bishop의 간편법을 사용한다.
5. 활동면이 임의의 형상인 경우 예비해석단계에서는 Janbu의 간편법을 사용한다. 보다 정확한 해를 얻기 위해서는 보다 이론적인 방법(예 : Janbu의 보편법, Spencer의 방법, Morgenstern and Price 방법, Fredlund and Krahn의 GLE 방법 등)을 이용한 컴퓨터 프로그램을 사용하며, 결과에 대한 신뢰성은 사용자가 Check하여야 한다.
6. 비탈면 선단부에서 활동면의 경사가 급한 경우에는 측면력의 분포를 예민하게 고려할 수 있는 방법을 선택해야 한다.

③ 유한요소 및 유한차분해석

비탈면 안정해석에 있어서 변형에 대한 검토와 예측은 대단히 중요하며, 특히 지진이나 차량하중과 같은 다양한 형태의 하중을 고려한 비탈면 안정해석의 경우는 전단파괴에 대한 안전율보다는 비탈면에 발생하는 변형이 안정성을 판단하는 데 중요한 요소가 된다. 유한요소 및 유한차분 해석방법의 특징으로는 굴착 및 강우에 따른 지하수의 거동특성(침투 및 과잉간극수압)을 합리적으로 고려할 수 있다는 점과 시공단계별 안정검토가 수행가능하고 장기간의 안정에 대한 검토와 다양한 형태의 하중(동하중 등)을 고려할 수 있으며, 국부적인 파괴를 일으키는 지역을 예측할 수 있고 변형벡터를 통해 파괴형태를 합리적으로 유추할 수 있다는 등의 장점을 지니고 있다. 그러므로 중요도가 높은 비탈면에 대해서는 이와 같은 해석기법을 적용하여 안정성을 파악하여야 한다.

(3) 암반비탈면 안정검토

> 리핑암 및 발파암 지반의 안정검토는 현장의 노출암에 대한 지표지질조사, 시추조사 등에서 얻어지는 암반 불연속면을 고려하여 평사투영법에 의한 개략적인 안정성 평가를 바탕으로 파괴가능성을 가진 비탈면에 대해 한계평형식에 의한 안정해석을 실시한다. 중요도가 큰 비탈면에 대해서는 현지암반의 절리강도특성을 적절히 반영할 수 있는 개별요소법 등에 근거한 불연속체해석을 추가적으로 실시하여 안정성을 평가하는 것으로 한다.

① 평사투영법

비탈면의 방향과 경사, 절리면의 방향과 경사 및 전단저항각을 고려하여 암반비탈면의 안정성을 개략적으로 검토하는 방법으로 암반비탈면의 4가지 일반적인 파괴형태에 대한 평사투영법의 도해는 다음의 〈부록 표 4.11〉과 같다.

〈부록 표 4.11〉 암반비탈면의 일반적인 파괴형태

종류 구분	원 호 파 괴	평 면 파 괴
파괴 및 평사투영 형태		
특 징	• 절리의 극점분포가 매우 분산되어 나타남 • 불연속면의 방향성이 없이 매우 불규칙하게 발달된 경우(폐석, 심한 파쇄암반)	• 극밀도가 Daylight Envelope의 중앙에 존재 • 절개면과 비탈면의 경사방향이 같고 그 주향은 비슷해야 함(층리가 발달된 암반)
파괴 및 평사투영 형태		
특 징	• 두 절리의 교선과 비탈면의 경사방향이 같고 각 절리면 주향이 비탈면의 주향과 비슷 • 극밀도가 Daylight Envelope의 양측면에 각각 존재	• 절개면과 절리면의 경사방향이 반대이고, 절리면의 주향과 절개면의 주향이 비슷 • 극밀도가 Toppling Zone에 존재

② 한계평형해석법에 의한 암반비탈면안정해석

한계평형식은 강체로서 힘의 균형만으로 안정성을 검토하는 방법이며, 간편한 계산방법으로서, 계산에 필요한 입력치도 수치해석법에 비해 적고, 지진 및 지하수의 영향도 검토되어 빈번하게 이용되는 방법이다. 해석을 위한 가정사항으로는

- 활동면과 인장균열의 주향(Strike)은 비탈면방향에 평행하다.
- 인장균열은 수직이고 인장균열 깊이(Z_w)까지 물이 차 있다.
- 물은 인장균열면의 저부를 따라 활동면으로 들어가고 활동면을 따라 침윤한다.
- 각각의 힘 W(미끄러지는 블록의 무게), U(활동면에서 수압에 의해 위로 작용하는 힘), V(인장균열에서의 수압)들은 활동체의 중심을 향해 작용한다.
- 활동면에서의 전단강도는 식 $\tau = C + \sigma \tan\phi$에 관계된 점착력과 내부마찰각에 의해서 정의된다.

1. 평면파괴의 해석

    평면파괴에 대한 기하학적 해석에는 비탈면 위에 인장균열이 있는 비탈면과 비탈면 내에 인장균열이 있는 비탈면으로 구분하여 해석된다.

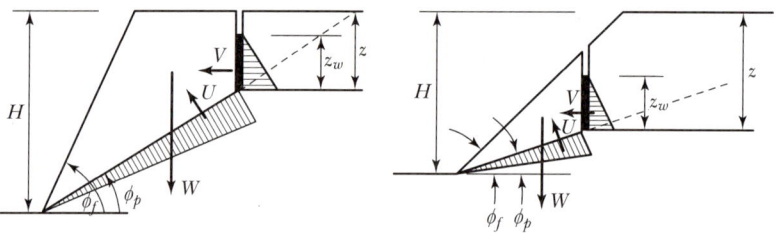

(a) $\dfrac{Z}{H} < (1 - \cot\phi_f \cdot \tan\psi_p)$ (b) $\dfrac{Z}{H} > (1 - \cot\phi_f \cdot \tan\psi_p)$

[부록 그림 4.9] 인장균열의 위치에 따른 평면파괴해석방법의 차이

평면활동에 대한 안전율은 다음과 같이 나타낼 수 있다.

$$F_S = \frac{CA + (W \cdot \cos\phi_P - U - V \cdot \sin\phi_P) \tan\phi}{W \cdot \sin\phi_P + V \cdot \cos\phi_P}$$

여기서, $A = (H - Z) \cdot \csc\psi_p$
$U = \{\gamma_w Z_w (H - Z) \cdot \csc\psi_p\} / 2$
$V = \{\gamma_w Z_w^2\} / 2$
비탈면 상부에 인장균열 존재 시 $W = [\gamma H^2 (1-(Z/H)^2) \cot\psi_p - \cot\psi_f] / 2$
비탈면 내부에 인장균열 존재 시 $W = [\gamma H^2 (1-(Z/H)^2)(\cot\psi_p \cdot \tan\psi_f - 1)] / 2$

또한, 지하수위 조건에 따라 다음과 같이 안정률을 산정한다.
- 건기 시 : 인장균열면이나 활동면을 따라 수압이 없음(V, U=0)

$$F_S = \frac{CA}{W \cdot \sin\psi_P} + \cot\psi_P \cdot \tan\psi$$

- 우기 시 : 건조상태 후에 갑작스런 폭우가 내렸을 경우에는 인장균열면에서 수압증가(U=0)

$$F_S = \frac{CA + (W \cdot \cos\psi_P - V \cdot \sin\psi_P)\tan\psi}{W \cdot \sin\psi_P + V \cdot \cos\psi_P}$$

- 인장균열이 없고 비탈면 내에 활동면만이 존재하는 경우(V=0)

$$F_S = \frac{CA + (W \cdot \cos\psi_P - U)\tan\psi}{W \cdot \sin\psi_P}$$

여기서, $U = \dfrac{\gamma_w H_w^2 \csc\psi_P}{4}$

2. 쐐기파괴의 해석

쐐기파괴는 암반의 비탈면안정해석에서 가장 기본적인 형태로서 쐐기를 형성하는 두 불연속면이 마찰력 및 점착력으로 지지되고 침투수압의 영향을 받을 때 쐐기형상에서 비탈면의 위쪽 면이 경비탈면에 대하여 비스듬하게 기울어져 있는 경우 쐐기 파괴에 대한 안전율은 다음과 같다.

$$F_w = \frac{3}{\gamma \cdot H} \cdot (C_A \cdot X + C_B Y) + (A - \frac{\gamma_w}{2\gamma} \cdot X)\tan\phi_A + (B - \frac{\gamma_w}{2\gamma} \cdot Y)\tan\phi_B$$

여기서, $X = \dfrac{\sin\theta_{2,4}}{\sin\theta_{4,5} \cdot \cos\theta_{2,na}}$, $Y = \dfrac{\sin\theta_{1,3}}{\sin\theta_{3,5} \cdot \cos\theta_{1,nb}}$

$A = \dfrac{\cos\psi_a - \cos\psi_b \cdot \cos\theta_{na \cdot nb}}{\sin\psi_5 \cdot \sin^2\theta_{na,nb}}$, $B = \dfrac{\cos\psi_b - \cos\psi_a \cdot \cos\theta_{na \cdot nb}}{\sin\psi_5 \cdot \sin^2\theta_{na \cdot nb}}$

CA, CB : A 및 B면의 점착력
ϕA, ϕB : A 및 B면의 마찰각
γ, γw : 암체 및 물의 단위중량

H : 쐐기의 높이
ϕa, ϕb : A 및 B면의 경사각
$\phi 5$: 교선 5의 경사각
θ : 두 첨자로 표시되는 교선 사이의 각도
na, nb : A 및 B면의 극점

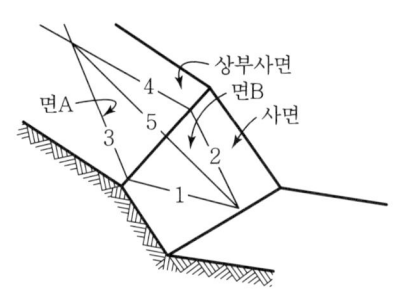

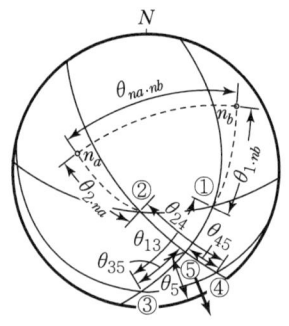

(a) 쐐기의 교선의 번호   (b) 교선 5의 평행방향의 단면   (c) 쐐기형상에 대한 평사투영도

[부록 그림 4.10] 쐐기의 일반해석을 위한 모델

3. 전도파괴의 해석

전도파괴는 비탈면경사각 ϕ, 블록 저면과 비탈면과의 마찰각 φ, 블록의 폭 b 및 높이 h 등의 상호관계로 결정되며 다음 조건에 따라 결정된다.

㉠ 안정영역 ϕa, ϕb : A 및 B면의 경사각역 : $\phi < \varphi$, $b/h > \tan \phi$

㉡ 활동영역 $\phi 5$: 교선 5의 경사각역 : $\phi > \varphi$, $b/h > \tan \phi$

㉢ 전도영역 θ : 두 첨자로 표시되는 교선 사이의 각도역 : $\phi < \varphi$, $b/h < \tan \phi$

㉣ 활동-전도 영역 : $\phi > \varphi$, $b/h < \tan \phi$

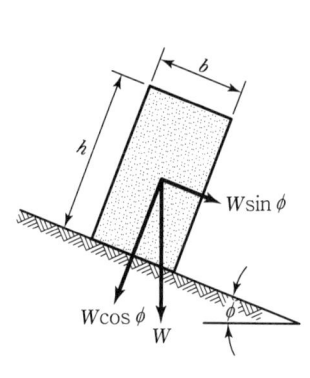

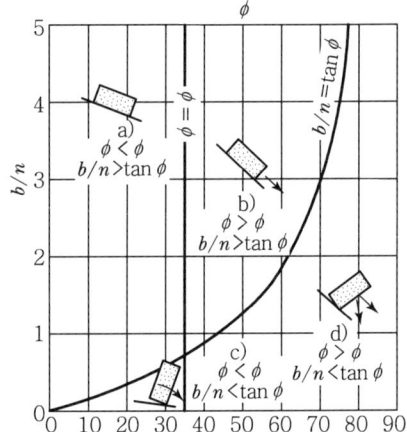

(a) 비탈면 위에 있는 블록   (b) 비탈면 위에 있는 블록의 활동 및 전도에 대한 조건

[부록 그림 4.11] 전도 파괴의 조건

③ 개별요소법에 의한 안정해석

앞에서 언급한 평사투영법 및 한계평형식에 의한 안정성분석방법은 불연속면의 분포에 따른 기하학적 및 경험적 접근방법으로 현지 암반의 특성을 충분히 반영할 수 없다는 단점을 지니고 있다. 그러므로 중요도가 높은 비탈면에 대해서는 절리의 기하학적 분포현황 및 역학적 특성과 응력 및 변위 등 외부적인 조건에 따른 불연속면의 거동을 예측할 수 있는 수치해석기법을 적용하여 안정성을 검토하여야 한다.

6) 깎기부 암발파공법 및 적용기준

(1) 설계 기본사항

> 지상에서 작업하는 노천발파는 지하터널과는 달리 용이하게 자유면을 형성할 수 있으므로 다양한 발파설계가 가능하다. 자유면을 형성하여 발파효율을 높이기가 용이한 반면, 발파에 의한 풍압이 대기 중으로 직접 전달되어 소음공해가 발생할 수 있고 파쇄물의 비산으로 인한 피해가 발생할 수 있으므로 이에 대한 사전검토가 충분히 이루어져야 한다.

건설공사에 있어 불가피하게 수행되는 발파의 영향으로 소음, 진동, 비석 등의 환경공해가 발생함에 따라 각종 민원이 빈발하고 있는 점을 감안, 환경공해를 저감시킬 수 있는 적정 발파공법의 적용기준을 설정하여 효율적인 설계 및 공사추진을 도모하고 민원발생을 사전에 예방하고자 한다.

(2) 깎기부 암발파 설계흐름도

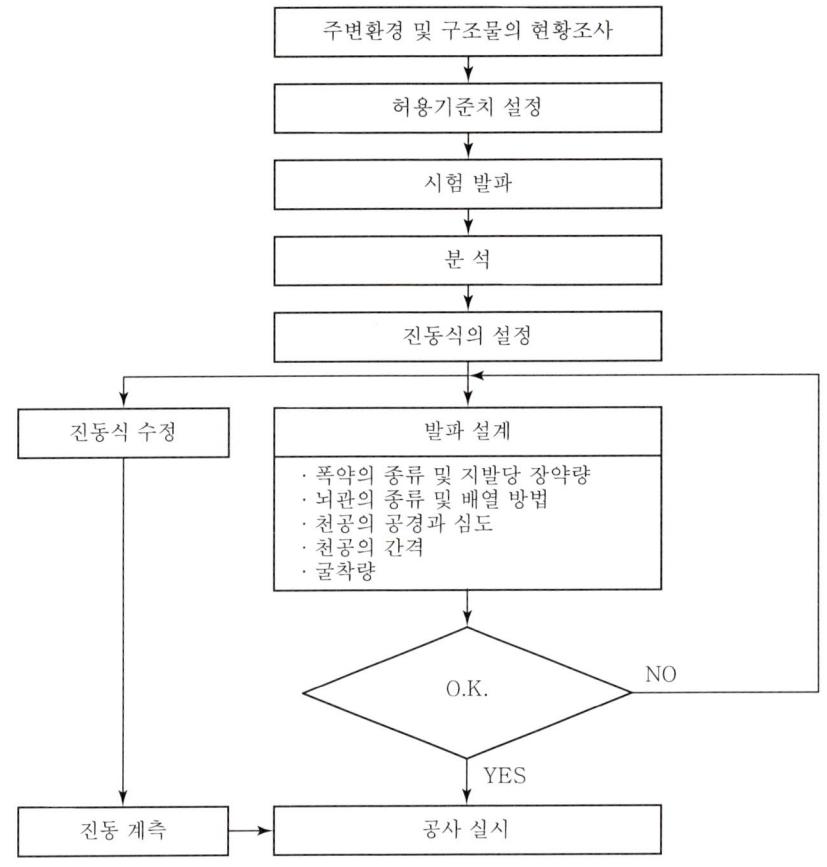

(3) 발파 소음·진동 규제기준

우리나라 소음·진동 규제법은 발파진동과 관련된 독립된 규정은 없고, 발파진동은 광범위하게 제23조 (생활소음·진동의 규제)의 공사장 진동 규제치를 적용한다. 발파진동은 일반 공사장 진동기준으로 충격성 여부에 관계없이 생활소음진동의 연장선에서 규제하고 있다. 외국의 경우는 충격성 진동의 규제기준이 연속성 진동보다 상당히 높기 때문에 발파와 같은 일시적인 진동은 설계를 기준으로 하는 진동속도를 주로 측정하고 있다. 국제규정인 ISO 2631은 연속진동과 충격진동으로 구분하여 진동속도와 진동레벨을 평가항목으로 하여 주간의 경우 충격성 진동에 대해서는 20~30배 정도로 허용기준을 높게 인정하고 있다. 국내에서는 발파진동에 대한 규제기준이 시공적인 측면보다 환경적인 면을 부각하여 진동레벨로 되어 있다.

〈부록 표 4.12〉 생활소음·진동의 규제기준(제23조 관련) 〈개정 00. 5. 4〉

- 생활소음 규제기준 (단위 : dB(A))

대상지역	소음원 시간별		아침(05:00~08:00) 저녁(18:00~22:00)	주간 (08:00~18:00)	심야 (22:00~05:00)
주거지역, 녹지지역, 준도시지역 중 취락지구 및 운동·휴양지구, 자연환경보전지역, 기타 지역 안에 소재한 학교·병원·공공도서관	확성기 소음	옥외설치	70 이하	80 이하	60 이하
		옥내에서 옥외로 소음이 나오는 경우	50 이하	55 이하	45 이하
	공장·사업장		50 이하	55 이하	45 이하
	공 사 장		65 이하	70 이하	55 이하
기타 지역	확성기 소음	옥외설치	70 이하	80 이하	60 이하
		옥내에서 옥외로 소음이 나오는 경우	60 이하	65 이하	55 이하
	공장·사업장		60 이하	65 이하	55 이하
	공 사 장		70 이하	75 이하	55 이하

비고 : 1. 소음의 측정방법과 평가단위는 소음·진동공정시험방법에서 정하는 바에 따른다.
2. 대상지역의 구분은 국토이용관리법(도시지역의 경우에는 도시계획법)에 의한다.
3. 규제기준치는 대상지역을 기준으로 하여 적용한다.
4. 옥외에 설치한 확성기의 사용은 1회 2분 이내, 15분 이상 간격을 두어야 한다.
5. 공사장의 소음규제기준은 주간의 경우 특정공사의 사전신고대상 기계·장비를 사용하는 작업시간이 1일 2시간 이하일 때는 +10dB을, 2시간 초과 4시간 이하일 때는 +5dB을 규제기준치에 보정한다.

- 생활진동 규제기준 (단위 : dB(V))

대상지역	주간 (06:00~22:00)	심야 (22:00~06:00)
주거지역, 녹지지역, 준도시지역 중 취락지구 및 운동·휴양지구, 자연환경보전지역, 기타 지역 안에 소재한 학교·병원·공공도서관	65 이하	60 이하
기타 지역	70 이하	65 이하

비고 : 1. 진동의 측정방법과 평가단위는 소음·진동공정시험방법에서 정하는 바에 따른다.
2. 대상지역의 구분은 국토이용관리법(도시지역의 경우에는 도시계획법)에 의한다.
3. 규제기준치는 대상지역을 기준으로 하여 적용한다.
4. 공사장의 진동규제기준은 주간의 경우 특정공사의 사전신고대상 기계·장비를 사용하는 작업시간이 1일 2시간 이하일 때는 +10dB을, 2시간 초과 4시간 이하일 때는 +5dB을 규제기준치에 보정한다.

<부록 표 4.13> 국내 각 기관별 발파진동 규제기준치

(기준 : kine=cm/sec)

구분	터널 표준시방서 (1999년 건설교통부 제정)		서울지하철공사		토지개발공사 (암발파 기법에 관한 연구)	
	건물종류	허용 진동치	건물종류	허용 진동치	건물종류	허용 진동치
진동 속도 에 따른 규제 기준	• 진동예민 구조물(문화재 등)	0.3	• 문화재	0.2	• 문화재	0.2
	• 조적식 벽체와 목재로 된 천장을 갖는 조적식 건물(재래 가옥, 저층 일반가옥)	1.0				
	• 지하기초와 콘크리트 슬래브를 갖는 조적식 건물(저층 양옥, 연립주택 등)	2.0	• 결함 또는 균열 있는 건물	0.5	• 결함 또는 균열 있는 건물	0.5
	• 철근콘크리트 골조 및 슬래브를 갖는 중소형 건축물(중, 저층 아파트, 중소상가 및 공장)	3.0	• 균열이 있으나 결함 없는 빌딩	1.0	• 균열이 있으나 결함 없는 빌딩	1.0
	• 철근콘크리트 또는 철골골조 및 슬래브를 갖는 중소형 건축물(내진구조물 즉 고층 아파트, 대형 건물 등)	5.0	• 회벽이 없는 공업용 콘크리트 구조물	1.0~4.0	• 회벽이 없는 공업용 콘크리트 구조물	1.0~4.0

(4) 규제법의 기준을 고려한 발파설계

> 건설진동이나 소음, 특히 발파진동이나 소음은 결코 상시적인 일반 진동·소음과 동일시 될 수 없는 충격성 진동임에도 불구하고 현행 환경부에서 규제하고 있는 기준에서는 별도로 정해져 있는 발파진동·소음의 계측방법을 반영하지 않은 채 일반적인 진동·소음과 마찬가지로 Equivalent 값에 기초한 진동레벨 또는 소음레벨로 규제하고 있다. 현재 이 분야 전문가들이 충격성 진동에 대한 규제기준을 제안하여 법제화하려는 중이므로 현재로서는 진동레벨기로 계측한 자료를 이용하여 시험발파하고 환산거리식을 적용하거나 적절한 변화식을 이용하여 환산한 진동수준에 대해 종래의 방식으로 발파설계하는 방법이 바람직할 것이다.

① 발파소음의 측정 변수

발파소음의 원인으로는 암반이나 구조물의 파괴를 수반하는 자체변형으로 인하여 발생하는 공기압력파와 지반진동으로 인한 압력파를 들 수 있으나 주로 공기압력파에 기인하여 발생한다. 발파소음을 표현하는 방법에는 음압(Pa)과 음압레벨(dB)이 있다. 음압은 그 크기가 너무 광범위하고 인체의 감응에 비례하지 않기 때문에 이를 지수척도로 표현한 SPL(Sound Pressure Level)이 많이 사용되고 있다.

$$SPL = 20 \cdot \log_{10} \frac{P}{P_0}$$

여기서, SPL은 음압레벨(dB(A)), P는 폭풍압(P_a), P_0는 기준압으로 2×10^{-5} Pa

압력이 주파수에 관계없이 일정하더라도 귀는 저주파일수록 둔하게 감각하기 때문에 소음의 dB 단위는 주파수에 따른 사람의 청감에 따라 적절한 보정회로를 사용해야 한다. 건강한 사람이 가청할 수 있는 1,000Hz 음을 기준으로 주파수에 따른 보정을 하는데, A와 C 보정회로는 가청응답을 연구하는 데 적합하고, 구조물 응답에 관련한 필요정보는 L회로를 사용한다. 이와 같은 청감보정 회로를 통하여 측정한 소음을 소음도 또는 소음레벨이라 하며, 일반적인 환경소음에서는 A 특성을 사용하고 dB(A)라 표기한다. 발파소음에 의한 인체반응은 Weber-Fechner의 법칙에 따라 대수척도에 비례하므로 청감보정한 소음레벨 dB(A)가 타당한 규제기준이 된다. 반면 구조물의 피해는 폭풍압에 부가적으로 수반되는 저주파의 진동에 의해서 구조물에 피해를 입히는 것으로 알려져 있으므로 음압레벨 dB(L)이 타당한 규제기준이 된다.

〈부록 표 4.14〉 발파폭음 크기에 따른 구조물과 인체의 반응(음압 Level)

dB	psi		구조물 및 인체반응
180	3	←	구조물 손상
170	0.95	←	대부분의 유리창이 깨짐
150	0.095	←	일부 유리창이 깨짐
140	0.030	←	피해 한계, 미광무국 허용 한계치
130	9.5×10^{-3}	←	미광무국 안전수준
120	3×10^{-3}	←	고통 한계, 불평 한계(접시나 창문이 흔들림)
110	9.5×10^{-4}		
70	9.5×10^{-6}		일상적인 대화
60	3×10^{-6}		
40	3×10^{-7}	←	병실
20	3×10^{-8}	←	속삭임
0	3×10^{-9}	←	가청 한계

② 발파소음을 고려한 설계

발파소음은 불연속면의 틈새나 전색의 불량, 뇌관의 배열 미숙 등 여러 요인에 따라 예기치 않는 큰 폭발음이 발생할 수 있다. 또 온도나 대기의 분포상태 등에 따라서도 변하므로 발파소음을 예측하는 일은 대단히 어려운 일이다. 실제 발파소음 계측결과 법규상 규제항목인 소음레벨로 예측하는 방법은 음압레벨로 예측하는 방법에 비해 상관관계가 너무 낮아서 설계에는 부적합하다. Sen, Olofsson 등 외국의 저명한 학자들은 모두 음압레벨을 측정하여 소음을 예측하는 방법을 사용하였다. 발파소음을 고려한 설계의 주안점은 비록 상관관계가 떨어지지만 그나마 가장 비례관계를 보이고 있는 삼승근 환산거리를 이용하여 허용장약량을 산정하고 장약량 또는 연약선을 따라서 철포현상이나 비산이 일어나지 않도록 하는 것이다.

많은 현장에서 양형식 교수 등이 동시계측한 발파음압레벨과 소음레벨의 관계는 다음과 같다.

$$dB(L) = dB(A) + 32 (95\% \text{ 신뢰수준})$$

$$dB(L) = dB(A) + 45 (\text{평균예측식})$$

따라서 주간에 주거지 발파에서 80dB(A)를 초과하지 않기 위해서는 112dB(L)을 초과하지 않도록 해야 한다.(Dupont社는 115dB(L)로 제안)

③ 발파소음 추정식

국내에서 널리 사용되고 있는 발파소음에 대한 추정식은 〈부록 표 4.15〉와 같다.

〈부록 표 4.15〉 국내에서 보편적으로 적용되는 발파소음 추정식의 예

일반적인 경우	$dB(A) = 20 \cdot \log_{10} \dfrac{P}{P_0}$	$P = $ 음압실효치$(= 82 \cdot (\dfrac{D}{W^{1/3}})^{-1.2})$ $P_0 = $ 기준 음압실효치$(= 2 \times 10^{-5} Pa)$
방폭매트 설치 시	$dB(A) = -16.02 \log(D/W^{\frac{1}{3}}) + 95.195$	"소음으로 인한 피해의 인과관계 검토기준 및 산정방법에 관한 연구, 1997, 중앙환경분쟁 조정위원회"

④ 발파에 의한 지반진동

화약의 폭발에 의하여 주위암반으로 전달되는 에너지는 암반을 파쇄시키고 균열과 파괴 네트워크를 형성하는 데 소모되고 암반 중으로 전파되면서 Viscous Damping, 마찰손실과 같은 에너지 손실로 인하여 급격히 감쇠하게 된다. 응력의 크기가 탄성한계수준 이하로 감소하게 되면서 탄성파의 형태로 변화하고 탄성파는 에너지 전달양상에 따라 여러 가지 형태로 전파되어간다. P파, S파와 같은 물체파의 형태나 또는 Rayleigh파, Love파와 같은 표면파의 형태로 전달

되어 지반의 진동으로 나타나게 되는데 이러한 지반 진동을 보통 발파진동이라 부른다. 발파진동은 작업장 인근에 위치한 주거 가옥의 손상에 대한 문제로 일찍부터 관심의 대상이 되어왔다. 발파진동의 허용수준을 초과하지 않도록 발파설계가 이루어져야 하며 또한 규정을 만족시키면서 동시에 생산능률을 보장하는 설계를 위하여 발파기술자는 고심한다. 주위환경에 영향을 주지 않는 발파작업을 위하여는 첫째 인접구조물 및 시설물에 손상을 주지않는 허용수준을 평가하는 일과, 둘째 발파조건 및 지역조건에 따라 발파진동의 세기를 허용수준 이하로 관리하는 일이 필요하다.

⑤ 영향평가를 위한 척도

1. 발파진동의 표시

발파진동의 세기는 에너지원이 되는 화약의 종류, 화약이 폭발하는 반응조건, 화약량의 크기에 따라 방출되는 에너지 양에 좌우된다. 화약을 구성하는 화학적 성분과 성분비, 비중 등에 따라 반응열의 생성, 발생가스의 양, 충격력의 강도가 다르게 된다. 진동의 세기는 일반적으로 실효치(RMS level), P-P치(Peak-to-Peak Value), 최대치(Peak Value) 등으로 정량적인 표현을 할 수 있다. 최대치는 진동이 최대가 되는 순간에서의 수치로 표시하며, P-P치는 어느 순간 한 주기 진동의 최대에서 최소와의 차로 표시하고 실효치는 어느 순간의 진동치를 제곱하여 주기에 대해 평균한 값의 제곱근으로 표시한다. 실효치는 파형의 시간적 변화와 에너지 양을 내포하고 있어 주기적인 진동의 세기를 표시하는 데 적합한 척도이며, P-P치는 기계부품과 같이 진동변위가 최대응력이나 오차에 매우 중요한 허용기준이 될 경우 유용하게 사용할 수 있는 척도이다. 발파진동은 짧은 지속시간을 갖는 일회적인 특성을 갖고 있으므로 최대치를 적합한 척도로 사용할 수 있으나 파형의 시간적 변화가 반영되지 않는 단점이 있다.

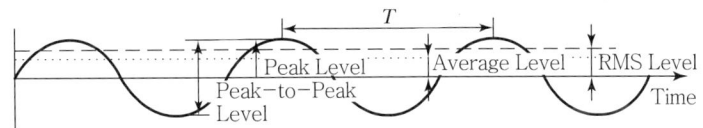

[부록 그림 4.12] 진동의 세기 표시

진동의 크기는 진동하는 매질의 물리적인 변위(Particle Displacement, u), 속도(Particle Velocity, v) 및 가속도(Particle Acceleration, a)로 표시할 수 있다. 진동이 전달되는 어느 한 지점을 생각하면 대상 점은 시간경과와 함께 진동량이 변화하고 있으며 변위는 기준위치로부터의 이동거리를 나타내고, 진동속도는 진동변위의 시간에 대한 변화율이며 진동가속도는 진동속도에 대한 시간의 변화율을 나타낸다.

2. 진동량의 단위

진동의 수준은 다음과 같이 진동하고 있는 입자의 변위, 속도 또는 가속도로 표현할 수 있다.

<부록 표 4.16> 진동량의 측정단위

성 분	기 본 단 위	참 고
변 위	cm, mm, μm	$\mu m = 10^{-4} m = 10^{-3} mm$
속 도	cm/sec, mm/sec	1cm/sec = 1kine
가속도	m/sec², cm/sec²	$1 gal = 1 cm/sec^2$ $1g = 980 cm/sec^2 ≒ 1,000 gal$
주파수	Hz	1Hz = 1cycle/sec(cps)

진동량으로서 cm, cm/sec(kine), cm/sec²(gal) 등의 단위는 선형적 척도이다. 발파진동의 경우 건물에 대한 영향을 평가하는 단위로는 진동속도를 사용하는 것이 일반적이다. 그러나 인체의 감각은 선형적으로 비례하지 않고 Weber-Fechner의 법칙에 따라 대수척도로 대응하므로 대수척도인 dB을 사용하며 건물의 진동피해에 대해 최대진동속도치로 규제하는 방법이 널리 사용되었으나 인체의 감응을 중요시하는 최근의 추세에 따라 dB을 적용하고 있는 사례도 많다.

3. 인체의 감응을 고려한 척도

종래 발파진동의 영향평가는 구조물이 주체로서, 구조물의 피해와 상관관계가 좋은 진동속도 파형 중의 최대속도진폭을 사용한 평가가 이루어지고 있으나 공해진동으로서 인체영향을 대상으로 하는 진동규제법에서는 정해진 진동가속도로부터 정의된 진동레벨에 의한 평가가 주체가 되고 있다. 따라서 발파진동이 공해진동으로서 문제가 되는 경우에는 그 평가에 있어서 종래의 최대속도진폭에 의한 평가와 진동레벨에 의한 평가의 양방에 걸쳐서 평가할 필요성이 높아지고 있다. 인체의 진동에 대한 감지방법은 주파수에 의존하며, 연직방향 진동의 경우 4~8Hz로 가장 민감하다. 진동의 주파수에 대한 인체의 감지방법을 표현하기 위하여 진동레벨 연직, 수평의 양 특성을 갖는 진동감각보정회로를 갖추어야 하며 계측된 가속도의 입력에 대해서 1차 진동감각보정회로에 의해서 주파수 보정이 이루어지며, 다음 지시특성회로에 의해서 계속시간에 대한 보정이 행하여진 결과가 진동레벨 값이 된다. 가속도 레벨은 진동가속도를 dB 단위로 나타낸 것이며 다음과 같이 정의된다.

$$\text{가속도 레벨} \quad L = 20 \log \frac{A}{A_0} \quad (dB)$$

여기서, A : 측정치의 가속도 실효치 (m/s²)
A_0 : 기준치 (10^{-5} m/sec²)

가속도 레벨을 주파수에 의한 인체 진동감각으로 보정한 것이 진동레벨(보정 가속도레벨)이다. 수직방향의 주파수보정은 상기 식의 A_0를 다음 식과 같이 주파수별로 보정한 것이다.

$$
\begin{aligned}
1 \leq f \leq 4 \quad & A_0 = 2 \times 10^{-5} f^{-1/2} \quad m/s^2 \\
4 \leq f \leq 8 \quad & A_0 = 10^{-5} \quad m/s^2 \\
8 \leq f \leq 90 \quad & A_0 = 0.125 \times 10^{-5} f \quad m/s^2
\end{aligned}
$$

선형적으로 나타내는 진동속도치와 진동레벨의 관계는 진동수 8Hz 이상의 조화진동이라고 가정하면 다음과 같이 표시할 수 있으나 발파진동과 같은 1회적인 충격파형에 대해 두 가지 평가법의 관계는 여러 가지 요인에 따라서 일의적으로 결정할 수는 없다.

$$ dB(V) = 20 \log v + 74 $$

여기서, v는 최대 진동속도치(mm/sec), dB(V)은 수직보정한 진동레벨이다.

⑥ 발파진동 추정식

전술한 바와 같이 발파진동이 인체 및 구조물에 주는 영향을 인식하고 발파계획단계에서 그 진동치의 크기를 예상하여 피해방지를 위한 관리치 이하가 되도록 발파설계를 할 필요가 있다. 발파진동식은 시험발파 등을 통하여 결정되는 것이나 설계단계에서 여러 가지 이유로 시험발파를 수행하지 못하는 경우가 생기게 된다. 이럴 경우 발파 전 그 진동치의 예측을 위한 하나의 수단으로서 기존의 많은 연구자들의 노력으로 만들어진 발파진동 추정식을 사용하게 된다. 아래 〈부록 표 4.17〉에 소개된 발파진동 추정식은 국내에서 보편적으로 적용되고 있는 식들이다.

〈부록 표 4.17〉 국내에서 보편적으로 적용되는 발파 추정식의 예

[단위] V : cm/sec, D : m, A : μ, W : kg

제 안 자	추 정 식	발 파 진 동 상 수
Langefors	$V = KW^{0.5} D^{-0.75}$	K = 300~700
USBM	$V = K(D/W^{0.5})n$	n : 감쇠지수 1.083~2.346 K = 12~550
日本油脂	$V = KW^{0.75} D^{-1.5}$	K = 80±40 : Dynamite 사용 시 K = 60±20 : 제어발파 폭약 K = 20±10 : Con'c 파쇄기

(5) 발파공법별 비교

일반적으로 비탈면 깎기부에 적용되는 발파공법은 다음과 같다.

〈부록 표 4.18〉 깎기부 발파공법 비교

구분	비폭성파쇄공법		발파공법		
	무진동파쇄공법 (유압 Jack)	대형브레이커 파쇄공법(확장발파)	일반발파공법 (신설발파)	미진동발파공법 (제어공법)	선균열 발파공법 (Presplitting)
공법개요	• 파쇄방법 천공 후 실린더를 구멍에 삽입 유압을 작동시켜 암석을 파쇄 • 파쇄원리 암석의 인장강도가 작은 특성을 이용 피스톤압에 의해 파쇄	• 파쇄방법 백호 브레이커를 이용하여 암석을 파쇄	• 파쇄방법 일반화약을 이용하여 천공 후 발파	• 파쇄방법 재래식 발파공법을 개량한 방법으로 천공 후 미진동파쇄기를 장진, 나머지 구멍은 모래로 충진 전기점화 하여 파쇄 • 파쇄원리 폭발압력에 의해 발생하는 인장 주응력으로 파쇄 균열 발생	• 파쇄방법 예상 깎기면 선상에 천공 후 화약류로 제어발파한 후 2차로 본 발파 수행 • 파쇄원리 폭발충격파 발생 시 입사압축파보다는 주로 반사인장파에 의한 파괴유도
발파제한범위	제한 없음	제한 없음	60m 이상	30～60m	60m 이상
장점	• 진동이 전혀 없고 비석 및 Gas 발생이 없음 • 시공이 간편하여 연속작업이 용이하고 안전함 • 파쇄방향 및 파쇄량의 조정이 필요 • 안전시공 유리	• 진동이 없고 비석 발생이 없음 • 시공이 간편하여 연속작업이 용이하고 안전함 • 파쇄 후 마무리 작업 불필요	• 공사비 저렴 • 시공이 용이하고 시공실적이 다수	• 진동이 적음 • 시공이 용이함 • 공사비 저렴	• 선균열발생으로 본 발파시 발파진동 저감효과 • 깎기면경사 균일 및 미려한 깎기면 형성 • 깎기단면 감소로 경제적임 • 모암균열 최소화로 깎기비탈면의 안전성 증대

구 분	비 폭 성 파 쇄 공 법		발 파 공 법		
	무진동파쇄공법 (유압 Jack)	대형브레이커 파쇄공법(확장발파)	일반발파공법 (신설발파)	미진동발파공법 (제어공법)	선균열 발파공법 (Pre-splitting)
단 점	• 파쇄 후 마무리면 보완작업 필요 • 공사비 고가	• 소음이 많이 발생 • 공사기간의 장기화 작업효율 불량 • 시공성 불량	• 소음 및 진동이 크다. • 비석 발생 • 안전관리대책 수립 필요 • 파쇄 후 마무리면 보완 작업 불필요	• 반응대기시간 필요 • 암질에 따라 뜻밖의 비석 발생으로 방호시설 필요 • 안전관리 대책 수립 필요 • 공사비 고가	• 파단선 선상 암반 미확인 상태에서 발파 • 파단선, 본발파 2회에 걸친 발파 필요 • 장공천공 시 천공오차 최소화를 위한 정밀천공 요구 • 암질 및 절리각도에 따라 적용

(6) 발파공법 적용기준

> 공사의 효율성과 민원발생 방지를 위하여
> • 진동허용 속도 0.5cm/sec를 기준으로 하고
> • 시험발파를 실시하여 지반진동상수 및 지발당 허용장약량을 결정한 후
> • 지발당 허용장약량을 감안 다음과 같이 발파공법 적용기준을 설정 운용하되
> • 문화재 및 진동에 민감한 영향을 받는 특수시설물이 인접할 경우는 발파영향 검토를 수행하여 발파공법 조정 적용한다.

〈부록 표 4.19〉 발파공법 적용기준

구 분	발파원과의 거리			비 고
	30m 이내	30 ~ 60m	60m 이상	
소음 및 공기에 영향이 없을 경우	브레이커 파쇄공법	미진동 발파공법	일반 발파	
소음 및 공기에 영향이 있을 경우	무진동 파쇄공법	미진동 발파공법	일반 발파	

주) 발파 시 발파진동, 소음, 폭풍압 등의 계측을 실시하여 현장상황에 적절하게 허용지발당 장약량을 조절하도록 한다.

7) 소 단

> 땅깎기 높이가 높은 비탈면에서는 비탈면의 도중에 원칙적으로 소단을 설치하도록 한다. 소단은 땅깎기 높이 5~10m마다 설치하고 폭은 1.0m를 표준으로 한다. 단, 다른 시설의 설치장소로써 이용하는 경우는 그 목적을 충분히 이해한 후, 위치와 폭을 결정한다.

① 소단의 목적은 관리단계에서의 점검보수용 통로, 비탈면의 침식방지를 위한 배수시설 설치에 이용하는 것이다. 소단 설치높이 및 폭에 관한 수치는 점검통로와 배수시설을 위해 필요한 일반적 표준치로 정한 것이다.

② 소단은 일반적으로는 땅깎기 높이 5m마다 설치하는 것이지만, 안정상 문제가 없는 경암이나 안정경사보다 완만하게 땅깎기한 비탈면 등에서는 설치간격을 넓게 할 수도 있다.

③ 소단폭은 빗물 등으로 침식되기 쉬운 토질이나 풍화가 빠른 암석 등에서 소단어깨 등이 무너질 위험이 있는 경우는 현지의 상황에 따라서 넓게 해도 좋다.

④ 소단에 설치하는 시설로서는 배수시설, 낙석방지책, 붕낙석예방책, 측도 등이 있지만 그들의 기능을 충분히 이해하여 설치위치 등에 대해 검토할 필요가 있다.

⑤ 토층이 다른 경우에는 용수를 고려하고 토사와 암석, 투수층과 불투수층의 경계에는 될 수 있으면 소단 및 배수시설을 설치하는 것이 바람직하다.

⑥ 대깎기 비탈면의 소단에 대해서는 '7.11 대깎기비탈면'을 참조한다.

8) 비탈면의 라운딩

> 땅깎기 비탈면의 어깨 및 양단부는 원칙적으로 라운딩을 하도록 하고, 그 형상은 매끄러운 원형으로 한다.

① 땅깎기 비탈면의 어깨나 양단부는 원지반이 불안정해서 식생의 정착이 어렵고 가장침식을 받기 쉬운 곳이기 때문에 붕괴되기 쉽다. 따라서 침식방지, 식생의 정착 및 경관의 측면에서 라운딩 하는 것이 바람직하다.

② 비탈 어깨의 라운딩은 원칙적으로 상하방향으로 접선장 1.0m 정도로 하지만 휴게소나 인터체인지 내 등 특히 경관을 중시하는 비탈면은 별도로 고려할 필요가 있으며, 다음 식을 기준으로 한다.([부록 그림 4.13], [부록 그림 4.14])

$$T = \frac{a}{3} \quad \cdots\cdots\cdots\cdots\cdots\cdots\cdots\cdots\cdots\cdots\cdots\cdots\cdots\cdots\cdots\cdots\cdots\cdots\cdots\cdots\cdots\cdots (1)$$

여기서, T : 접선길이(m)
a : 비탈면 최대 경사길이(m)

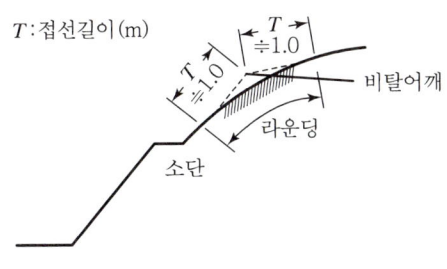
[부록 그림 4.13] 라운딩의 범위

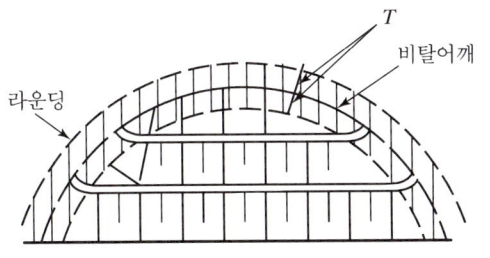
[부록 그림 4.14] 종단방향의 라운딩

9) 땅깎기 비탈의 표면수 및 용수의 처리

> 표면수나 용수에 의해 비탈면이 세굴되든가 붕괴될 염려가 있는 경우에는 비탈어깨나 소단에 배수구를 설치하여야 한다. 특히 용수에 대해서는 용수지점, 용수량 등을 고려해서 설비의 선정 및 배치에 유의하여야 한다.

① 비탈면은 기상 조건에 따라 여러 가지 피해를 받으나, 가장 많은 것은 우수의 흐름에 의한 침식이며, 배수가 충분하면 재해를 방지할 수 있는 경우가 많다. 따라서 비탈면의 배수설비는 되도록 처음에 시공하는 것이 바람직하다.

② 배수구를 설계할 때에는 배수구에 물이 넘치거나 배수구의 측면이나 표면이 세굴되는 경우가 있으므로 주의하여야 한다. 또한 종배수구, 경사배수구 등을 만들 경우에는 흐르는 물이 비탈면이나 노면으로 넘쳐 세굴되지 않도록 적당한 조치를 취해야 한다.

③ 특히 다음과 같은 지형, 지질에서는 용수에 주의해야 하며, 적설지에서는 융설기에 다량의 용수가 발생하기 때문에 주의가 필요하다.
  1. 침식에 약한 토질
  2. 상부에 투수성의 재료(단구자갈, 홍적세 산모래 등)가 있고 하부에 불투수층(제3기 이암등)이 있는 경우
  3. 단구, 부채꼴 땅의 말단부
  4. 붕적토 지대
  5. 투수층과 불투수층이 접해있을 경우

④ 용수처리 방법은 비탈면으로 침출하여 나온 것을 비탈 표면에서 처리하는 경우와 비탈면 심부의 침투수를 물빼기 시추나 집수정으로 비탈면 밖으로 배출하는 경우가 있다.

1. 비탈면 심부의 침수 처리의 예([부록 그림 4.15])

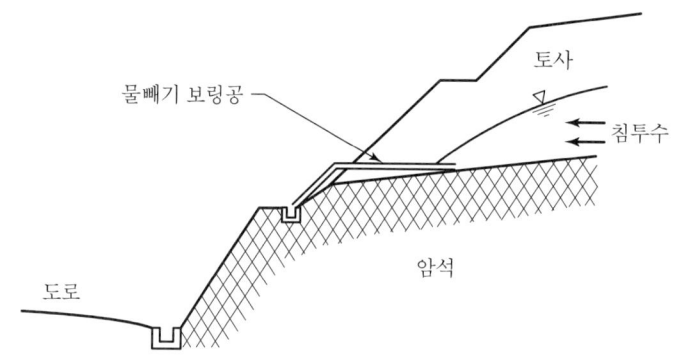

[부록 그림 4.15] 물빼기 시추공의 설치 예

2. 비탈 표면에서의 용수처리 예([부록 그림 4.16])

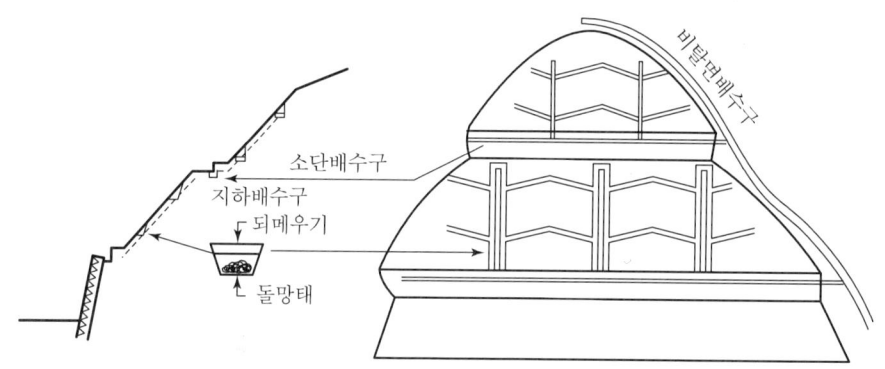

[부록 그림 4.16] 지하배수구의 설치 예

⑤ 비탈표면의 용수처리공은 용수위치를 잘 조사하여 체수층에 따라서 정확히 배치할 필요가 있다. 사용하는 재료는 돌망태나 유공관 등으로 막히지 않는 것을 사용한다.

⑥ 물빼기 시추공은 앙각 5° 이상으로 천공하여 유공관을 삽입한다. 유공관 단부 부근은 돌망태나 콘크리트벽으로 보호해도 좋다.

⑦ 한랭지에서는 용수처리가 지표면 부근에서 동결하여 용수의 배출을 저해하거나 유공관 단부 부근의 원지반이나 보호공을 파괴하는 경우가 있다. 따라서 동결이 심한 지역에서는 특히 유공관 단부의 매설 심도나 종말처리 위치, 방법 등에 대해서 검토할 필요가 있다.

10) 대깎기 비탈면

> 땅깎기 높이가 20m 이상의 대깎기 비탈면은 비탈면 전체의 지질이 균질하고 견고한 것은 드물게 나타나며, 단층 등의 약선을 수반하고 있는 것이 많기 때문에 안정에 관해서 지질, 지하수 상황 등을 보다 상세히 조사하여 설계해야 한다.

① 대깎기 비탈면을 설계하는 경우에는 정확하고 상세한 정보를 알기 위한 조사를 행하는 것이 중요하다. 특히, 단층이나 지하수는 비탈면의 안전에 큰 영향을 주는 경우가 많기 때문에 시추조사 외에 지표답사나 탄성파 탐사 등의 조사를 통한 아주 세밀한 검토가 필요하다.

② 대깎기 비탈면은 시공 중의 붕괴나 상태변화 및 추정 암반선의 변경 등이 발생할 경우 재시공이 많고, 또 관리에서는 점검이 곤란한 것과 보수 시 대규모적인 안전대책을 필요로 하여 비경제적인 경우가 많다. 따라서 시공성과 용지폭 등을 고려하여 설계하는 것이 중요하다.

③ 설계 비탈면 경사와 보호공

  1. 대깎기 비탈면에 있어서도 통상의 지질이라면 각 소단마다 원지반 토질조건에 부합된 표준비탈면의 경사를 적용하면 좋다. 보호공에 대해서도 8장에 기술한 통상의 경우와 동일하게 생각해도 좋다. 그러나 대깎기 비탈면은 땅깎기에 의한 응력이완의 정도가 크고, 원지반 전체가 안정된 지질인 경우는 적어서, 부분적으로는 7.5.2에 기술한 붕괴성 요인을 갖고 있는 것이 많다. 따라서 조사, 설계, 시공단계에서 그러한 경우가 확인된 경우는 조속히 비탈면 경사나 보호공에 대해서 검토할 필요가 있다.

  2. 부득이 대깎기 비탈면이 발생하는 경우는 말뚝이나 옹벽 등으로 소비탈면으로 하는 방법이 고려된다. 이 경우 두 안을 비교한 후에 현지의 토량배분계획, 용지상황, 환경대책, 유지관리면 등을 감안하여 경제적인 설계가 되도록 충분히 검토할 필요가 있다.

④ 소단

  대깎기 비탈면의 소단은 유지관리상 통상의 비탈면에 비해 그 필요성과 중요도가 크다. 또한 폭이 넓은 소단은 소규모적인 상태변화에 대해서 토사를 멈추는 역할을 하거나 보수용 작업대로 되기 때문에 대깎기 비탈면에서는 수직높이 20~30m마다 폭 3~4m 정도의 소단을 설치하는 것이 바람직하다.

⑤ 최하단부의 소단은 측구를 포함해서 3.2m를 설치하고, 리핑암과 발파암의 사이는 소단을 설치하지 않는 것으로 한다. 또한 암반의 특성이 급격히 변화하는 곳에 1.0m의 소단을 설치할 수도 있다.

⑥ 땅깎기 높이 20m마다 [부록 그림 4.17]과 같은 형태의 3.0m의 소단을 설치하고, 소단측구(L형)를 설치하며 풍화암 구간에서는 높이 5.0m마다 소단을 설치하되 최상부 소단에서 리핑암과 토

사의 경계까지 2.5m 이하일 경우는 리핑암과 토사의 경계에만 소단을 설치하고, 2.5m 이상일 경우는 최상부 소단과 리핑암과 토사의 경계에 소단을 추가 설치한다.

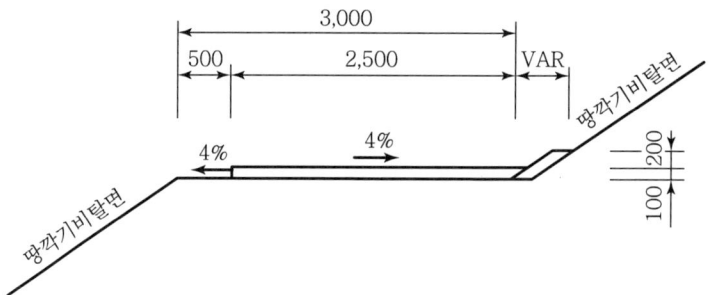

[부록 그림 4.17] 소단의 횡단면

5. 2006년 집중호우 당시 강원도 피해사진

토석류에 의한 도로파손 사례

토석류에 의한 차량전복 사례

토석류에 의한 가옥파손 사례

토석류에 의한 도로 배수로 파손 사례

토석류에 의한 가옥파손 사례

토석류에 의한 마을 침수 사례

토석류유입으로 인한 도로차단 사례

토사에 의한 배수구 막힘 사례

토석류에 의한 도로 파손 및 침하 사례

부록5 | 2006년 집중호우 당시 강원도 피해사진

토석류에 의한 도로유실의 피해사례

한계령 정상 부근에서 발생된 토석류에 의한 암괴크기

6. 사면보강공법 적용사진

장대사면 전경

록볼트+와이어 네트 보강사면

조림으로 보호된 사면

숏크리트 보호사면

식생+낙석방지망+낙석방지책 적용사면

계단식 옹벽 적용사면

녹생토 취부 후 광경

격자블럭+개비온 옹벽

앵커+거적덮기 공

앵커시공 사면

사면형상대로 보강한 사면

강재보강 후 녹화된 사면

참고문헌

- "2005년도 도로절토사면 유지관리시스템 개발 및 운용", 한국건설기술연구원·건설교통부(2006)
- "2006년 7월 태풍 및 집중호우 피해조사", 건설교통부(2006)
- "국도 35호선 혈천지구 위험도로 개량공사 붕괴사면 안정성 해석 및 대책방안 연구", 한국건설기술연구원·대도(주)(2003)
- "국도 5호선 부사원지구 위험도로 개량공사 붕괴사면 안정성 해석 및 대책방안 연구", 한국건설기술연구원·효산건설(2003)
- "국도 5호선 서오지리 위험도로 개량공사 붕괴 절개면 안정성 해석 및 대책안 제시", 한국건설기술연구원(2001)
- "도로사면의 안정성 평가 및 보강 대책방안", 한국터널공학회(2003)
- "사면기술 및 정책과 관련된 해외 동향", Vol. 1, No. 1, pp. 588~595, 한국지반공학회(2007)
- "사면붕괴 피해예방을 위한 낙석신호등 설치 사례 연구", 제17권, 제2회, pp. 253~261, 대한지질공학회(2007)
- "사면붕괴의 유형별 원인과 저감대책 연구", 행정자치부 국립방재연구소(2002), pp. 6~17
- "사면안정의 현재와 미래", 21권 12호(2005), pp. 10~21
- "석탄광산 폐석사면의 안정성 해석", 강상수 외 3인, 한국지구시스템공학회지(2004), Vol. 41, No. 4, pp. 291~300
- "암석특성에 따른 절토사면구배결정 기준연구", 한국도로공사 도로연구원(2000)
- "울산-강동간 도로확장 및 포장공사 절토사면 안정성 해석 및 보강방안 제시", 한국건설기술연구원·삼성엔지니어링(2005)
- "원창지구 사면 안정성 해석 및 대책방안 연구", 한국건설기술연구원·한움종합건설주식회사(2004)
- "절토사면 상시 계측시스템 활용 방안 연구", 한국건설기술연구원(2003)
- "첨단 사면조사 장비 개발을 위한 해외 연구개발 동향에 관한 연구", 한국지반공학회, Vol. 1, No. 1, pp. 259~266(2006)
- "홍산-구룡간 도로확장 및 포장공사 구간 내 절토사면 현황도 작성 보고서", 한국건설기술연구원·(주)SK건설(2006)

- 「2006 토목설계지침」, 대한주택공사(2006)
- 「건설공사 비탈면 설계기준(안)」, 건설교통부(2005)
- 「광섬유 센서를 이용한 산사태 계측기법 개발」, 한국건설기술연구원(2001)
- 「도로설계요령」, 한국도로공사(1992)
- 「도로설계편람(II)」, 건설교통부(2000)
- 「사면안정처리공법에 관한 연구 II」, 한국도로공사 도로연구소(1996), pp. 86~106
- 「석탄지질학 개론」, 박영사(1992)
- 「절토사면 유지관리 매뉴얼」, 한국시설안전기술공단(2004), pp. 54~73
- 「절토사면의 조사·설계·시공」, (사)일본지반공학회(1997)
- 「지반공학의 현기술과 개선방향」, 한국건설기술연구원·구미서관(2007)
- 「지반재해와 저감기술」, 한국지반공학회(2007)
- 「철도설계편람II(토목편)」, "토공 안전 및 부대시설", 한국철도시설공단(2004)

- 「토목기술자를 위한 암반역학」, 정형식, 도서출판 새론(2005), p. 355
- 「土質地質調査要領」, 日本道路公團(1992), pp. 3~76

- "An approach to assess runout distance of debris flows", 1st North american Landslide conference, Vol. 1, No. 1, pp. 1492~1499(2007)
- "Calculation of Deteriaration Depth of Rock Slope Caused by Freezing-Thawing in Korea", No. 1, Vol. 1, pp. 1~8(2006)
- "Characteristics of Cut Slope Failure in Metamorphic Rock Area", IGCP 516, No. 1, Vol. 1, pp. 74~79(2005)
- "Debris flows and debris torrents in the southern Canadian Cordillera. Can. Geotech.", J. 22 : 44-68, VanDine, D.F.(1985)
- "Introduction to the republic of korea and slope-stability related disasters", The KOREA-NEPAL SYMPOSIUM, Vol. 1, No. 1, pp. 40~65(2007)
- "Landslides and surficial deposits in urban areas of British Columbia : a review. Can. Geotech." J. 19 : pp. 269~288, Evans, S.G.(1982)
- "Sensitivity analysis of shear strength parameter(c, ϕ)and slope angle in slope stability analysis, Landslides and Avalanches ICFL 2005 Norway", No. 1, pp. 37~41(2005)
- "Slope movement types and processes. In Landslides - Analysis and Control. TRB Special Report", 176, National Academy of Science, pp. 11~33, Varnes, DJ.(1978)
- "Slope stability problems associated with timber harvesting in mountainous regions of the western United States.", U.S. Dep. Agric. For. Serv., Gen. Tech. Rep. PNW-21. p.14, Swanston, D.N.(1974)
- "Stability Analysis of Complex Soil Slopes using Limit Analysis", Journal of Geotechnical and Geoenvironmental Engineering, Vol. 128, No. 7, pp. 546~556, Kim, J., Salgado, R., and Lee, J.(2002)
- "Stability of Natural Slopes and Embankment Foundations", State of the Art Report, Proc. of 7th Int. Conf. SMFE, Mexico City, Vol. 2, pp. 291~335, Skempton, A.W., and Hutchinson, JN.(1965)
- "Unified Formulation for Analysis of Slopes with General Slip Surface", Journal of Geotechnical Engineering Division, Vol. 120, No. 7, pp. 1185~1204, Espinoza, R. D., Bourdeau, P. L., and Muhunthan, B.(1994)

- 「An Introduction to The Mechanicis of Soils and Foundations」, 99. 337, John Atkinson(1993)
- 「Limit Analysis in Soil Mechanics」, Chen, W. F. and Liu, X. L.(Elsevier, 1990)
- 「Rock Slope Engineering, Revised Second(Third) Edition」, Hoek, E. & Bray, J.W., Institute of Mining and Metallurgy, London, p.358 1997(1981)
- 「Soil Strength and Slope Stability」, Duncan, J. M. and Wright, S. G.(Wiley, 2004)
- 「Temporal Occurrence and Forecasting of Landslides in the European Community」, Contract No. 90 0025, EPOCH(European Community Program, 1993)

저자명단

대표저자	공학박사 **배 규 진** 현) 한국건설기술연구원 연구위원 전) 한국지반공학회 사면안정기술위원회 위원장
집필간사	공학박사 **백　　용** 현) 한국건설기술연구원 책임연구원 현) 한국지반공학회 사면안정기술위원회 간사
집필위원	공학박사 **김 종 민** 현) 세종대학교 교수 현) 한국지반공학회 사면안정기술위원회 운영위원
	공학박사 **박 덕 근** 현) 국립방재교육연구소 연구관 현) 한국지반공학회 사면안정기술위원회 운영위원
	공학박사 **박 종 호** 현) 평화 지오텍(주) 대표이사 현) 한국지반공학회 사면안정기술위원회 운영위원
	공학박사 **박 혁 진** 현) 세종대학교 교수 현) 한국지반공학회 사면안정기술위원회 운영위원
	공학박사 **송 원 경** 현) 한국지질자원연구원 책임연구원
	토질 및 기초기술사 **송 평 현** 현) 세일지오텍 대표이사 현) 한국지반공학회 사면안정기술위원회 간사

집필위원	공학박사 **유 병 옥** 현) 한국도로공사 도로교통연구원 수석연구원 현) 한국지반공학회 사면안정기술위원회 간사
	공학박사 **이 승 호** 현) 상지대학교 교수 전) 한국지반공학회 사면안정기술위원회 위원장
	공학박사 **황 영 철** 현) 상지대학교 교수 현) 한국지반공학회 사면안정기술위원회 간사
감수	공학박사 **신 희 순** 현) 한국지질자원연구원 책임연구원 전) 한국지반공학회 사면안정기술위원회 위원장
	공학박사 **김 성 환** 현) 한국도로공사 도로교통기술원 원장 전) 한국지반공학회 사면안정기술위원회 위원장

Memo...

Memo...

Memo...

Memo...

사면공학 실무

발행일 / 2008년 6월 30일 초판발행

저 자 / 배규진, 백 용, 김종민, 박덕근, 박종호, 박혁진
송원경, 송평현, 유병옥, 이승호, 황영철
감 수 / 신희순, 김성환
발행인 / 정용수
발행처 / 예문사

주 소 / 경기도 고양시 일산구 장항동 548-8
TEL / (031) 905-2100
FAX / (031) 903-8844

등록번호 / 11-76호

정가 : 27,000원

- 이 책의 어느 부분도 저작권자나 발행인의 승인 없이 무단 복제하여 이용할 수 없습니다.
- 파본 및 낙장은 구입하신 서점에서 교환하여 드립니다.
- 예문사 홈페이지 http : //www.yeamoonsa.com

ISBN 978-89-8254-710-2   13530